"十四五"职业教育河南省规划教材

高职高专土建专业"互联网+"创新规划教材

（第三版）

建筑设备基础知识与识图

（含图纸）

主　编　靳慧征　李　斌

副主编　白应毓　李　慧

参　编　王东萍

主　审　张　奎

内 容 简 介

本书突出高等职业教育特色，在讲述建筑设备基础知识的基础上，注重理论与工程实践相结合，突出建筑设备识图、安装和验收等实践性内容，每章均附有学习目标、学习要求和复习思考题以供读者学习参考，实用性、针对性、直观性强。

本书按建筑设备基础知识、系统组成及原理、安装与验收、施工图的思路分别介绍。主要内容包括：建筑设备基础知识，建筑给水系统，建筑消防给水系统，建筑排水系统，热水及燃气供应系统，建筑给水排水施工图，建筑采暖，建筑通风、防火排烟与空气调节，建筑电气，建筑智能化。书中融入建筑设备发展的新技术、新材料、新工艺，及其在建筑物中的设置及应用情况。

本书既可作为高等职业院校建筑工程技术、建筑工程管理、工程造价、工程监理和物业管理等专业的教学用书，也可作为岗位培训教材。同时，本书还可供从事建筑设计、建筑施工、工程监理和物业管理等方面工作的工程技术人员参考。

图书在版编目（CIP）数据

建筑设备基础知识与识图 / 靳慧征，李斌主编. —3版. —北京：北京大学出版社，2020.1
高职高专土建专业“互联网+”创新规划教材
ISBN 978-7-301-30924-7

Ⅰ. ①建… Ⅱ. ①靳… ②李… Ⅲ. ①房屋建筑设备－高等职业教育－教材②房屋建筑设备－工程制图－识别－高等职业教育－教材 Ⅳ. ①TU8

中国版本图书馆CIP数据核字（2019）第256886号

书　　名	建筑设备基础知识与识图(第三版) JIANZHU SHEBEI JICHU ZHISHI YU SHITU(DI-SANBAN)
著作责任者	靳慧征　李　斌　主编
策划编辑	杨星璐
责任编辑	于成成　刘健军
数字编辑	蒙俞材
标准书号	ISBN 978-7-301-30924-7
出版发行	北京大学出版社
地　　址	北京市海淀区成府路205号　100871
网　　址	http://www.pup.cn　新浪官方微博：@北京大学出版社
电子邮箱	编辑部 pup6@pup.cn　总编室 zpup@pup.cn
电　　话	邮购部 010-62752015　发行部 010-62750672　编辑部 010-62750667
印 刷 者	天津中印联印务有限公司
经 销 者	新华书店
	787毫米×1092毫米　16开本　25印张　600千字
	2009年9月第一版　2014年8月第二版　2020年1月第三版
	2023年6月修订　2024年1月第12次印刷（总第41次印刷）
定　　价	59.50元（含图纸）

第三版

国家的快速发展，加快了小城镇建设的步伐，需要更多高素质、高技能型的人才。因此国家高等职业教育政策作了必要的调整，高职高专教育规模得到了迅速的发展，但适合高职高专教育的教材建设却相对滞后。为了更好地体现高职高专教育的特点，满足高职高专培养高素质、高技能型人才的需求，同时为了更好地将理论与实践相结合，应用和推广新技术、新设备、新工艺，并满足建筑类各专业建筑设备课程的教学需要，在第二版的基础上，充分考虑读者意见，广泛征求相关专家建议，按照最新的职业教育教学改革要求和相关专业规范，组织修订本书。此外，本书在修订时融入了党的二十大报告内容，突出职业素养的培养，全面贯彻党的二十大精神。

本书特点如下。

(1) 以高职教育培养目标为出发点，面向广大高职高专学生，理论知识以“必需、够用、会用”为原则，注重实践应用能力的培养。

(2) 系统地介绍了建筑中的给水(包括热水)、排水、供暖、通风、空调、供配电、电气照明、防雷与接地、有线电视电话、火灾自动报警、智能建筑与综合布线等系统和设备的基础理论知识和基本概念。

(3) 注重理论联系实际，强调建筑设备工程设计和施工的密切结合，以工程应用为重点，侧重培养建筑设备识图及安装的能力。

(4) 以最新设计、施工验收规划为依据，涉及国内外在建筑设备技术方面的新发展以及设备在建筑中的设置和应用情况，通过工程实例介绍了新的规范、技术和设备，以推广应用新技术、新设备、新工艺，以及环保、节能的产品，满足建筑行业快速发展的需要，为此本书全面变更了电气施工图。

(5) 紧跟信息时代的步伐，以“互联网+”思维在书中增加了二维码，拓展学习资料、相关工程案例、视频和习题答案等内容。读者可以通过手机“扫一扫”功能，扫描书中的二维码，即可在课堂内外进行相应知识点的拓展学习，节省了搜集、整理学习资料的时间，同时使学习不再枯燥。

本书内容可按照 60～100 学时安排，分一个学期或两个学期学习。推荐学时分配：第 1 章 2～4 学时，第 2 章 8～12 学时，第 3 章 4～6 学时，第 4 章 6～10 学时，第 5 章 4～8 学时，第 6 章 6～10 学时，第 7 章 10～16 学时，第 8 章 4～8 学时，第 9 章 12～18 学时，第 10 章 4～8 学时。教师可根据不同的使用专业灵活安排。

第三版由河南建筑职业技术学院靳慧征、李斌担任主编，靳慧征负责全书的编稿及定稿工作，南阳市水利局白应毓及确山县住房和城乡建设局李慧担任副主编，参加修订工作的有河南建筑职业技术学院靳慧征(第 1、2 章)、王东萍(第 5、8 章)、李斌(第 9、10 章)，南阳市水利局白应毓(第 3、4 章)，确山县住房和城乡建设局李慧(第 6、7 章)，河南城建学院张奎老师担任主审，并对本书提出了很多宝贵意见。

本书在第一、第二版的基础上进行修订。第一版由河南建筑职业技术学院靳慧征、李斌担任主编，濮阳市规划建筑设计研究院侣季青、河北正奇环境科技有限公司王洪华担任副主编，全书由靳慧征负责统稿，河南建筑职业技术学院王东萍老师、河南城建学院张奎老师对本书进行主审。第二版由河南建筑职业技术学院靳慧征、李斌担任主编，靳慧征负责全书的统稿及定稿工作，湖北工程职业学院朱熙、濮阳市规划建筑设计研究院侣季青、河北正奇环境科技有限公司王洪华担任副主编，河南城建学院张奎担任主审。在此对第一、第二版参编的各位老师表示感谢！编写过程中，承蒙有关设计单位提供施工图资料，还得到广州城建职业学院、新疆建筑职业技术学院、江西城市职业技术学院等院校众多师生的大力支持，在此一并表示感谢！同时参考了大量的书籍、文献，向有关编著者表示由衷的感谢！

由于编写水平及篇幅所限，书中难免有疏漏之处，敬请同行专家及读者们批评指正。

编　者

2019 年 3 月

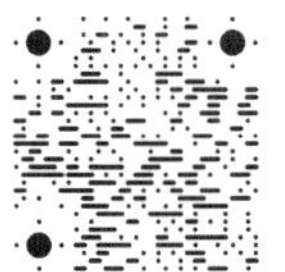

【资源索引】

本书课程思政元素

本书课程思政元素从“格物、致知、诚意、正心、修身、齐家、治国、平天下”的中国传统文化角度着眼，再结合社会主义核心价值观“富强、民主、文明、和谐、自由、平等、公正、法治、爱国、敬业、诚信、友善”设计出课程思政的主题，然后紧紧围绕“价值塑造、能力培养、知识传授”三位一体的课程建设目标，在课程内容中寻找相关的落脚点，通过案例、知识点等教学素材的设计运用，以润物细无声的方式将正确的价值追求有效地传递给学生，以期培养学生的理想信念、价值取向、政治信仰、社会责任，全面提高学生缘事析理、明辨是非的能力，把学生培养成为德才兼备、全面发展的人才。

每个思政元素的教学活动过程都包括内容导引、展开研讨、总结分析等环节。在课堂教学中，教师可结合下表中的内容导引，针对相关的知识点或案例，引导学生进行思考或展开讨论。

页码	内容导引	展开研讨	思政落脚点
6	流体的静压强表示方法和度量单位	1. 压强的单位“帕”是从哪来的？ 2. 相对压强和绝对压强之间的关系是什么？	执着追求 积极探索
22	给水管材	你是否观察到一些新建不久的建筑物，会有管道开裂漏水的现象？	诚信意识 职业精神 公正
29	给水附件	你了解这些阀门的具体用途吗？他们在具体工程中能起到什么作用？	安全意识 严谨负责
45	建筑内给水管道的安装	1. 管道安装时涉及安全文明施工的内容和范围你了解多少？ 2. 普通人日常遇到这些情况应当怎么做？ 3. 施工现场如不遵守安全文明施工会带来哪些后果？ 4. 你遇到过不文明施工现象吗？	遵守规章制度 社会公德感 冷静理智
53	居住小区中水系统介绍	1. 什么是中水？ 2. 建筑中水工程有什么作用？	辩证思想 环保意识
60	建筑消防给水系统概述	1. 消防给水系统包括哪些种类？ 2. 消防给水与生活给水的区别是什么？	爱惜生命 承担责任
72	室内消火栓给水系统的布置及要求	1. 消防管道安装应具备的基础条件是什么？ 2. 当消防管道与其他管道（如污水管道）发生矛盾时，应如何解决？	认真学习 个人管理

续表

页码	内容导引	展开研讨	思政落脚点
91	建筑排水系统的分类及排水体制	近几年夏季的强降雨过程中，不少大城市排水系统瘫痪、城区内涝严重，人民生命财产安全受到极大影响，这是为什么？	科技进步 民族自豪感
101	卫生器具	卫生器具穿过楼板或墙体时应采取什么样的措施？	知法守规 严以律己
111	高层建筑排水系统	1. 高层建筑排水系统的特点有哪些？ 2. 有底商的高层建筑排水系统是如何布置的？	文化自信 与时俱进
130	建筑热水供应系统	1. 热水供应系统的分类有哪些？集中热水供应系统的组成是什么？ 2. 热水供应系统的管网形式是什么？	学习热情 责任感
146	燃气供应系统	1. 你知道什么是“西气东输”吗？ 2. “西气东输”有什么重大的意义？	产业报国 爱国家
156	建筑给水排水施工图	1. 给水排水施工图由哪些部分组成？ 2. 思考一下，如何读懂一套给水排水施工图？	法治意识 逻辑思维
166	建筑采暖	1. 目前采暖的形式有哪些？ 2. 一般室内温度达到多少度才适宜开空调？	节约意识 勤于思考
193	采暖管道的安装	采暖管道如何安装既保证质量又能起到装饰的作用？	艺术培养 追求美、创造美
207	建筑通风与空气调节	1. 通风与空调系统的区别是什么？ 2. 通风与空调系统在工程施工时应具备什么条件？	改革开放 文化素质
209	全面通风	在新冠疫情的新闻报道中，我们经常可以听到“负压病房”，你知道什么是“负压病房”吗？你知道“负压病房”的通风原理吗？	制度自信 集体主义 团结一心
234	电路基本知识	1. 电的发现对世界产生什么影响？ 2. 为什么要用太阳能、风能发电？	科学意识 行业发展
252	照明灯具	观察不同类型的建筑物（如办公室、图书馆、商场、超市、体育馆、高铁站、机场等）室内都是选用什么类型的灯具	辩证思想 专业能力 爱家乡
275	建筑智能化	1. 什么是智能建筑？ 2. 智能建筑的核心技术有哪些？ 3. 我国智能建筑发展现状是什么？	终身学习 创新发展 使命与责任

注：教师版课程思政设计内容可扫描以下二维码联系出版社索取。

目录

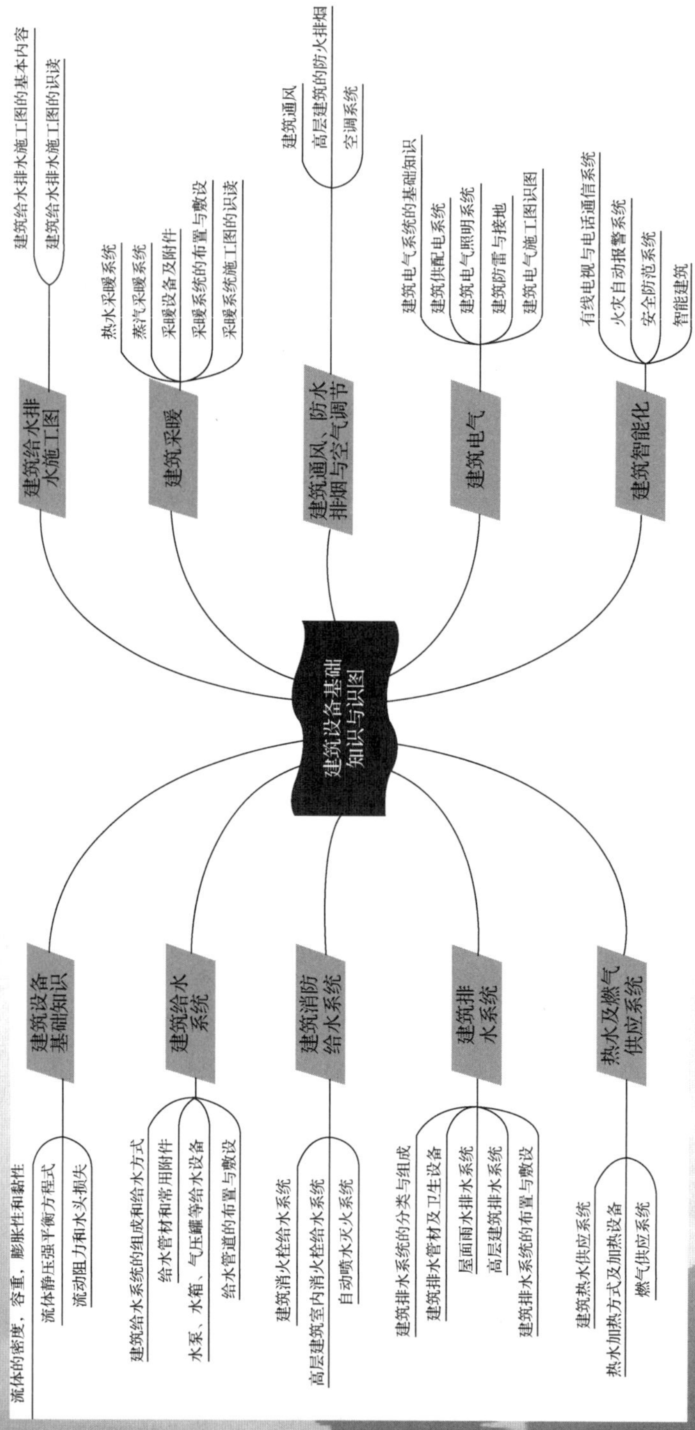

建筑设备基础知识与识图

- 建筑设备基础知识
  - 流体的密度，容重，膨胀性和黏性
  - 流体静压强平衡方程式
  - 流动阻力和水头损失
- 建筑给水系统
  - 建筑给水系统的组成和给水方式
  - 给水管材和常用附件
  - 水泵、水箱、气压罐等给水设备
  - 给水管道的布置与敷设
- 建筑消防给水系统
  - 建筑消火栓给水系统
  - 高层建筑室内消火栓给水系统
  - 自动喷水灭火系统
- 建筑排水系统
  - 建筑排水系统的分类与组成
  - 建筑排水管材及卫生设备
  - 屋面雨水排水系统
  - 高层建筑排水系统
  - 建筑排水系统的布置与敷设
- 热水及燃气供应系统
  - 建筑热水供应系统
  - 热水加热方式及加热设备
  - 燃气供应系统
- 建筑给水排水施工图
  - 建筑给水排水施工图的基本内容
  - 建筑给水排水施工图的识读
- 建筑采暖
  - 热水采暖系统
  - 蒸汽采暖系统
  - 采暖设备及附件
  - 采暖系统的布置与敷设
  - 采暖系统施工图的识读
- 建筑通风、防火排烟与空气调节
  - 建筑通风
  - 高层建筑的防火排烟
  - 空调系统
- 建筑电气
  - 建筑电气系统的基础知识
  - 建筑供配电系统
  - 建筑电气照明系统
  - 建筑防雷与接地
  - 建筑电气施工图识图
- 建筑智能化
  - 有线电视与电话通信系统
  - 火灾自动报警系统
  - 安全防范系统
  - 智能建筑

第1章 建筑设备基础知识

思维导图

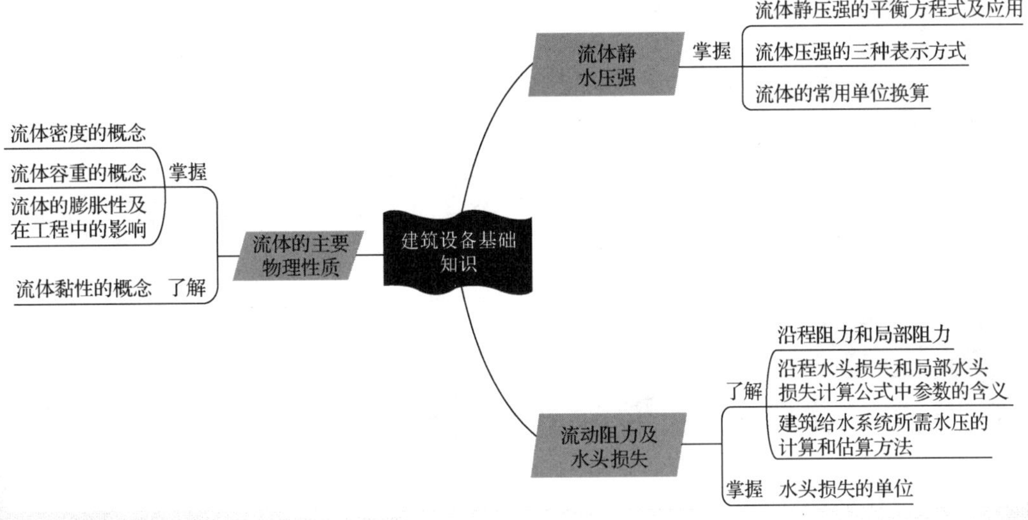

引 例

要满足我们正常工作、学习和生活，建筑物都需要哪些设施呢？给水、排水、消防、采暖、热水、通风、燃气供应、建筑电气是实现建筑物功能的必要设施，除建筑电气外，其他都是通过介质在管道中流动的方式进行输配，流动的介质有液体和气体，统称为流体。

管道中流动液体或气体，在条件相同的情况下对管道内壁造成的压力有所不同，是因为液体或气体的密度不同，而管道中流体的温度视情况不同会有所变化，其密度也会相应地有所变化，使流体的体积增大或减小，即流体的热膨胀性和压缩性。当流体膨胀时系统应采取措施减小其对管道的压力，以防发生泄漏或爆管事故。因此，在工程中应充分考虑流体膨胀性的影响，采取有效措施，避免对工程的危害。

任何物质的运动都需要能量，各系统为实现流体在管道中输送，如何考虑能量供给呢？我们知道流体能从高向低流动是由于具有的势能，水流动时有一定的速度就具有一定的动能，水箱中静止的水从小孔流出是由于水具有压力；给水、消防、采暖系统的水是以埋设在地下的室外管网或水池作为水源，水从低处输送至建筑物内高处的各用水点必须有足够的压力。水在管道中流动时，水流与固体的管道内壁之间的相对运动，产生一定的流动阻力，进而消耗一定的能量，形成能量损失。能量损失的大小与管线长度、水流速度、管道的管径、管道内壁的粗糙程度、水流分流和流向改变所用弯头、三通、大小头、控制水流启闭的阀门等因素有关，故将其分为沿程阻力和局部阻力，相应地，能量损失分为沿程水头损失和局部水头损失。采取有效措施减小水头损失，正确计算水头损失的大小，使建筑给水、消防、采暖及热水供应选用适合的水泵，以满足所需要的压力。

对流体密度、膨胀性、压力、水头损失等基础知识有所了解，是学好建筑给水、排水、消防、采暖、热水、通风、燃气供应系统的基础。

1.1 流体的主要物理性质

物质在自然界中通常按存在状态的不同分为固体、液体和气体。液体和气体具有较大的流动性，统称为流体。在建筑设备工程中，给水、排水、消防、采暖、热水、通风、燃气系统的介质都是流体。因此，必须了解和掌握流体力学的基本知识。

1.1.1 流体的密度和容重

均质流体各点的密度相同，单位体积流体的质量称为流体的密度，用 ρ(单位：kg/m^3)表示，即

$$\rho = \frac{M}{V} \tag{1-1}$$

式中：M——流体的质量，kg；

V——流体的体积，m^3。

同样，单位体积流体的重量称为流体的容重，用 γ (单位：N/m^3)表示，即

$$\gamma = \frac{G}{V} \tag{1-2}$$

式中：G——流体的重量，N；

V——流体的体积，m^3。

根据牛顿第二定律 $G=Mg$，得

$$\gamma = \frac{G}{V} = \frac{Mg}{V} = \rho g \tag{1-3}$$

特别提示

流体的密度和容重随其温度和所受压力的变化而变化，即同一流体的密度和容重不是一个固定值，但在实际工程中，液体的密度和容重随温度和压力的变化而变化的数值不大，可视为一个固定值；而气体的密度和容重随着温度和压力的变化而变化的数值较大，设计计算中通常不能视为一个固定值。

水在一个标准大气压(101.3kPa)下的密度和容重见表 1-1。

表 1-1　水在一个标准大气压(101.3kPa)下的密度和容重

温度/℃	密度/($kg \cdot m^{-3}$)	容重/($N \cdot m^{-3}$)	温度/℃	密度/($kg \cdot m^{-3}$)	容重/($N \cdot m^{-3}$)	温度/℃	密度/($kg \cdot m^{-3}$)	容重/($N \cdot m^{-3}$)
0	999.87	9805	30	995.67	9764	70	977.81	9589
4	1000.00	9807	40	992.24	9731	80	971.83	9530
10	999.73	9804	50	998.07	9690	90	965.34	9467
20	998.23	9789	60	983.24	9642	100	958.38	9399

1.1.2 流体的压缩性和热膨胀性

当流体所受的压力增大时，其体积缩小，密度增大，这种性质称为流体的压缩性。流体因温度升高使原有的体积增大、密度减小的性质称为流体的热膨胀性。从流体的分子结构来看，液体分子之间的间隙很小，在很大的外力作用下，其体积只有极微小的变形，一般计算时可看成是不可压缩流体。而气体分子之间的间隙大，分子之间的引力很小，气体的体积随压强和温度的变化是非常明显的，故称为可压缩流体。

特别提示

在建筑设备中，除水击和热水循环系统外，一般计算均不考虑液体的压缩性。但水的热膨胀性比较特殊，当水温在 4℃以下时，水的体积随温度的降低而增大，密度和容重相

应减小，因此，在北方冬季水暖管道试压后，应及时将水放掉，以免因水冻结、体积膨胀而使管道和散热器损坏。间歇运行的采暖系统，因其温度变化较大，系统中水的体积也有一定的变化，必须在设计中充分考虑并解决。

但是在气体速度较低，流动过程中压强和温度变化较小时，实际工程中便可看作是不可压缩流体。在通风空调工程中，一般不考虑空气的压缩性和热膨胀性。

1.1.3 流体的黏性

流体在运动时，由于内摩擦力的作用，使流体具有抵抗相对变形(运动)的性质，称为流体的黏性。流体的黏性可通过流体在管道中的流动情况来加以说明。

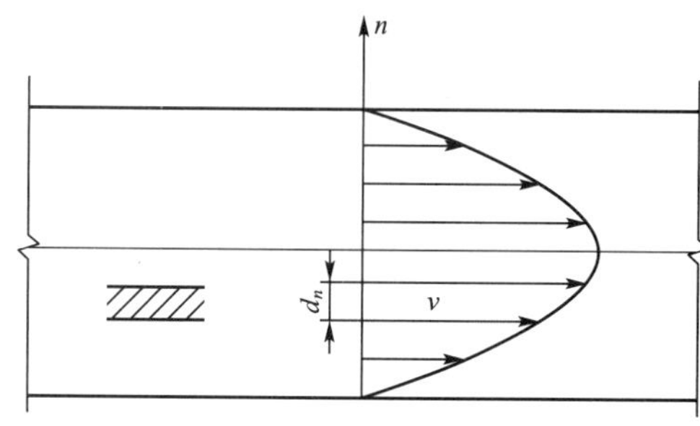

图 1-1　流体在管道中某一断面的流速分布

流体在管道中某一断面的流速分布如图 1-1 所示。流体沿管道直径方向分成很多流层，各层的流速不同，管轴心的流速最大，向着管壁的方向逐渐减小，直至管壁处的流速最小，几乎为零，流速按某种曲线规律连续变化。流速之所以有此分布规律，正是由于相邻两流层的接触面上产生了阻碍流层相对运动的内摩擦力，或称黏性力，这是流体的黏性显示出来的结果。

流体黏性的大小，与流体种类有关，同时与流体的温度和所受压力有关，受温度影响大，受压力影响小。实验证明，水的黏性随温度的增高而减小，而空气的黏性却随温度的增高而增大。

流体在运动过程中，必须克服黏性力，因此要不断消耗运动流体所具有的能量，所以流体的黏性对流体的运动有很大的影响。在水力计算中，必须考虑黏性的重要影响。对于静止流体，由于各流层间没有相对运动，黏性不显示。

1.2　流体静力学基础

流体静力学研究静止状态下流体的力学规律及其在工程中的应用。

1.2.1 流体静压强平衡方程

1. 流体静压强的概念

处于静止状态下的流体，由于本身的重力或其他外力的作用，在流体内部及流体与容器壁之间存在着垂直于接触面的作用力，这种作用力称为静压力。单位面积上流体的静压力称为流体的静压强，以符号 p 表示，单位为 N/m^2。

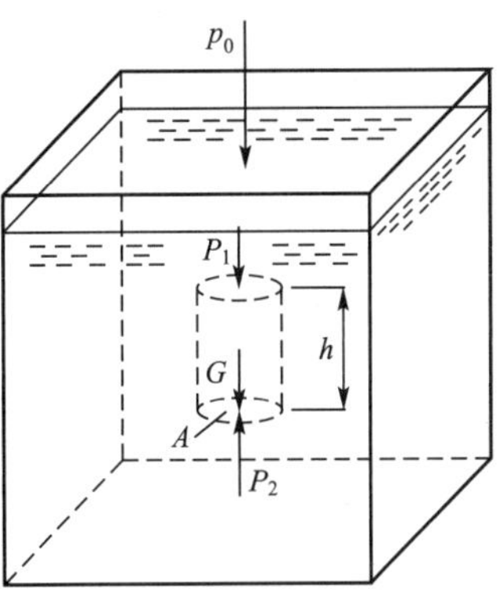

图 1-2 静止液体中压强分布

2. 液体静压强的分布规律

假如一容器内装有密度为 ρ 的液体，液体可认为是不可压缩流体，其密度不随压力变化。在静止的液体中取一铅直小圆柱作为隔离体，研究其底面上的静压强，如图 1-2 所示。

已知圆柱体上、下截面积为 A，高度为 h，此时作用于轴向的外力有：上表面的静压力 P_1，下底面的静压力 P_2，柱体重力 G，柱体侧面积的静压力方向与轴向垂直，而且是对称的，故相互平衡。则其轴向的作用力有

① 上表面压力为 $P_1=p_1A$，方向垂直向下。

② 下表面压力为 $P_2=p_2A$，方向垂直向上。

③ 圆柱体的重力为 $G=\rho ghA=\gamma hA$，方向垂直向下。

根据圆柱体静止状态的平衡条件，令方向向上为正，向下为负，则可得圆柱体的轴向力的平衡方程，即

$$P_2-P_1-G=0$$

$$p_2A-p_1A-\gamma hA=0$$

$$p_2=p_1+\gamma h \tag{1-4}$$

式中：p_2——所研究液柱下表面的压强，N/m^2；

p_1——所研究液柱上表面的压强，N/m^2；

γ——液体的容重，N/m^3；

h——所研究液柱的高度，m。

当液柱上表面设在水平面时，上表面压强即为液体表面压强 p_0，液体中任一点的压强 p 即为该点的下表面压强，则平衡方程为

$$p=p_0+\gamma h \tag{1-5}$$

式中：p——静止液体中任一点的压强，N/m^2；

p_0——液体表面压强，N/m^2；

h——所研究的点在液面下的深度，m。

当液体表面压强为 0，即 $p_0=0$ 时，平衡方程为

$$p=\gamma h \tag{1-6}$$

3. 流体静压强的特性

(1) 静压强的方向性

流体具有各个方向上的静压强，流体的静压强处处垂直并指向作用面。

(2) 静压强的大小

静止流体中任意一点的静压强大小与其作用方向无关，与其高度或在水下的深度有关。气体的静压强沿高度变化小，密闭容器内可以认为气体静压强大小处处相等。

1.2.2 流体静压强的表示方法和度量单位

1. 表示方法

流体的静压强有两种表示方法。

(1) 绝对压强

以绝对真空为零点计算的压强称为绝对压强，用 p_j 表示。绝对压强永远是正值，某一点的绝对压强与大气压强比较时，可以大于大气压强，也可以小于大气压强。

(2) 相对压强

以当地大气压强 p_a 为零点计算的压强称为相对压强，用 p_x 表示。一般结构的压力表测量出的压强即为相对压强，所以相对压强又称为表压强，用 p 表示。相对压强可以是正值，也可以是负值。若某点的绝对压强高于大气压强时，相对压强值为正，相对压强为正值称为正压；某点的绝对压强低于大气压强时，相对压强值为负，相对压强为负值称为负压。

相对压强与绝对压强之间的关系用式(1-7)表示

$$p_x=p_j-p_a \tag{1-7}$$

相对压强为负值时，流体处于真空状态，通常用真空度(或真空压强)来度量流体的真空程度。真空度的含义是指某点的绝对压强不足一个大气压强的部分，用 p_k 表示，即

$$p_k=p_a-p_j \tag{1-8}$$

真空度实际上等于负的相对压强的绝对值，某点的真空度越大，说明它的绝对压强越小，真空度达到最大值时，绝对压强为零，处于完全真空状态；真空度的最小值为零，即绝对压强等于当地的大气压强。

特别提示

工程中不突出说明时，所涉及的压强值均指相对压强值。

2. 度量单位

① 在国际单位制中，用单位面积的压力表示，其单位为 Pa(帕)，1Pa=1N/m^2，也可用kPa(千帕)。

② 用大气压表示，其单位为 atm，1atm=101.325kPa；在工程单位制中，用工程大气压来表示，单位是 at，1at≈98.07kPa。

③ 用液柱高度表示，单位是 mH$_2$O(米水柱)、mmHg(毫米汞柱)。

三种压强单位的关系为

$$1\text{at}\approx10\text{mH}_2\text{O}\approx735.6\text{mmHg}\approx98.07\text{kPa}\quad 1\text{atm}=101.325\text{kPa}=760\text{mmHg}$$

特别提示

在建筑给水、消防、采暖系统中的流体为水，同时建筑物高度是以长度单位“米”为单位，所以在工程中，我们多以“mH$_2$O”为水的压强单位。如在估算建筑物所需水压时，一层为10mH$_2$O，二层为12mH$_2$O，在楼层高度不大于3.5m时，往上每加一层，水压加4mH$_2$O。

1.3 流体流动阻力与水头损失

由于流体具有黏性及固体边壁粗糙，流体在流动过程中既受到存在于相对运动中的各流层间黏性力的作用，又受到流体与固体边壁摩擦阻力的作用，同时由于固体边壁形状的变化，对流体流动产生流动阻力。为了克服上述流动阻力，流体要消耗自身的机械能，造成能量损失，单位重量的流体流动中所造成的能量损失，称为水头损失。流动阻力和水头损失分为两种形式。

1.3.1 沿程阻力和沿程水头损失

流体在长直管道(或明渠)中流动时，所受到的摩擦力称为沿程阻力。为克服沿程阻力，单位重量的流体所造成的水头损失称为沿程水头损失，用 h_f 来表示。

$$h_f = \lambda \frac{L}{d}\frac{v^2}{2g} = \frac{iL}{1000} \tag{1-9}$$

式中：h_f ——沿程水头损失，m；

λ ——沿程水头损失系数；

L——管道长度，m；

d——管道直径，m；

v ——管道断面的平均流速，m/s；

g——重力加速度，m/s^2；

i——单位摩阻，mm/m。

由式(1-9)可以看出，计算沿程水头损失时应先把管道分成若干个管径相同、流速相等的计算管段，然后计算出每一个管段的沿程水头损失，最后将每个计算管段的沿程水头损失累加起来，就是整个计算管路的沿程水头损失。

沿程水头损失系数 λ 的大小，与流体的流动形态及固体壁面的粗糙情况有关，通常采用经验公式或查有关图表确定，也可以通过实验确定。

在实际工程计算中，由于管路系统比较复杂，如果按上式进行计算，工程量非常大，所以在实际设计计算中，通常引入 $1000i$ 的概念，即 1000m 管段的损失值，会使计算量大大减少。

1.3.2 局部阻力和局部水头损失

流体的边界在局部地点(如弯头、三通、阀门、变径等)发生急剧变化时，迫使主流脱离边壁而形成漩涡，流体质点间产生剧烈的碰撞，所造成的阻力称为局部阻力。为了克服

局部阻力，单位重量流体所造成的水头损失称为局部水头损失，用 h_j 表示，即

$$h_j=\xi\frac{v^2}{2g} \tag{1-10}$$

式中：h_j——局部水头损失，m；

ξ——局部水头损失系数。

其他符号意义同前所述。

局部水头损失系数 ξ 与管件的种类、尺寸等因素有关。由式(1-10)可以看出，在计算局部水头损失时，需根据实际管路中的管件和附件，分别计算局部阻力损失，累加起来作为整个计算管路的局部水头损失。

工程实践中管道的转弯、变径、连接非常多，如果逐一计算管道的局部水头损失会使计算变得非常复杂，所以实际计算过程中通常折算成沿程水头损失百分比的形式来进行计算。

1.3.3 总水头损失

各管段的水头损失相叠加就得到了整个管路的总水头损失 h_w。

$$h_w=\sum h_f+\sum h_j \tag{1-11}$$

式中：h_w——计算管段的总水头损失，m；

$\sum h_f$——各管段的沿程水头损失之和，m；

$\sum h_j$——各管段的局部水头损失之和，m。

特别提示

管道水头损失的大小是输送流体耗用动力大小的依据，在供暖系统中循环水泵的选择就是根据系统的总水头损失确定的；通风和空气调节系统中通风机的全压是根据系统的阻力确定的。所以阻力小消耗能量就少，反之亦然，在实际工程中应尽可能减小阻力。减小阻力的方法很多，如改进流体外部的边界，改善边壁对流动的影响。

知识链接

1. 流体在管道中流动时的基本概念

① 过流断面：指流体运动时，与流体的运动方向垂直的流体横断面，单位为 m^2。

② 流量：在单位时间内通过过流断面的流体的体积(质量)称为体积流量(质量流量)，单位为 $m^3/s(kg/s)$。

③ 流速：在单位时间内流体移动所通过的距离称为流速，单位为 m/s。

流体运动时，由于流体黏性的影响，过流断面上的流速不等且一般不易确定，为便于分析和计算，在实际工程中经常采用过流断面上各质点流速的平均值即平均流速。平均流速通过过流断面的流量应等于实际流速通过该断面的流量，这是确定平均流速的假定条件。

2. 流体在建筑给排水系统中运动的类型

① 有压流：流体在压差作用下流动，流体各个过流断面的整个周界都与固体壁面相接触，没有自由表面，这种流体运动称为有压流或压力流，也称为管流。如供热管道中的蒸汽管道、热水管道，给水管道中都是有压流。

② 无压流：流体在重力作用下流动，流体各个过流断面的部分周界与固体壁面相接触，具有自由表面，这种流体的运动称为无压流或重力流，或称为明渠流。如天然河道、明渠、排水管中的水流都是无压流。

③ 恒定流：流体运动时，流体中任一位置的压强、流速等运动要素不随时间变化，这种流体运动称为恒定流。

④ 非恒定流：流体运动时，流体中任一位置的压强、流速等运动要素随时间变化而变化，这种流体运动称为非恒定流。

在实际建筑设备工程中，为使研究的问题得到合理的简化，在绝大多数情况下都可以把流体的运动状态看作是恒定流，但在研究如水泵或风机等启动时的流体运动情况时，因其流速和压强随时间变化较大，所以液体的运动须看作是非恒定流。

本章小结

建筑设备的给水、排水、消防、采暖、热水、通风、燃气供应系统中的介质均为流体，故本章主要讲述流体的基础知识。

流体的物理性质主要介绍了流体的密度和容重及其随温度的变化，流体的压缩性和热膨胀性在工程中的应用，流体黏性的定义及其与水流动阻力、水头损失的关系。

流体静力学基础主要是学习流体静压强平衡方程的应用，绝对压强、相对压强、真空压强的表示方法及其之间的关系，在建筑设备工程中常用的压强单位及与其他单位之间的换算。

流体在建筑设备的各个系统中是流动的，因此必须对流体动力学基础有一定的了解，如过流断面、流量、流速、有压流、无压流、恒定流等基本概念及其在工程中的简化应用。

流体在流动过程中有能量损失，单位重量的流体所具有的能量损失称为水头损失。水在管路中流动的水头损失包括沿程水头损失和局部水头损失，整个管路的总沿程水头损失与总局部水头损失之和即为总水头损失。总水头损失是由流体的机械能提供的，而机械能是由水泵提供的。因此，水头损失是建筑给排水系统中的重点及难点，在学习中要融会贯通，灵活应用。

流体的基础知识是学好建筑设备的基础，其知识要点贯穿建筑设备的各个系统，虽然内容较少，在学习中仍应引起重视。

复习思考题

1. 简述流体主要物理性质的定义。在实际工程中如何考虑？

2. 流体静压强的特性如何？流体静压强有哪几种计算形式？各种形式在什么情况下应用？

3. 试述绝对压强、相对压强和真空压强的定义以及三者之间的关系。

4. 名词解释：沿程水头损失，局部水头损失。

5. 各种水头损失的大小与哪些因素有关？

第2章 建筑给水系统

思维导图

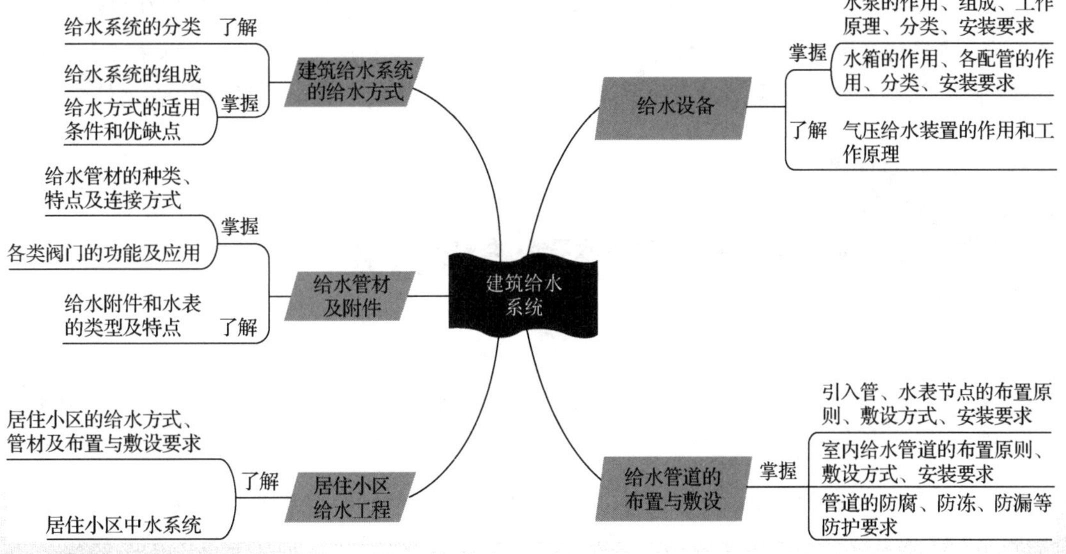

引例

我们所居住的建筑物共 6 层，楼层高度 18m，我们每天都要饮用、洗浴，打开水龙头水就以一定的速度流出。那么水是从哪里来的，我们对水量、水压和水质有哪些要求呢？输送水的管材应达到哪些要求，水在供应的过程中都有哪些设备呢？如果我们居住的建筑物高度是 120m，供水方式和供水设施会有哪些变化呢？建筑给水系统是如何安装在建筑物内部，实现其供水要求的同时，达到防水、防振、防噪声以及美观要求呢？

建筑给水系统从室外给水管网或水池引水，由管道输送、通过各种阀门启闭水流或调节流量、送至建筑物内的各个用水点后，由水龙头等用水附件将水量进行分配，并通过水表对用水量进行计量，作为缴纳水费的依据。当水压不足时设置水泵加压，并用水箱或气压罐调节水泵供水与系统用水的不平衡。考虑到水输送时具有压能、有一定水头损失，所在安装位置及环境对管道的腐蚀，管道的安装方法等因素，要合理选用塑料管、钢管、铸铁管及其连接方式。当建筑物是高层建筑时，由于管道的耐压性需要对供水进行必要的竖向分区，根据建筑物具体情况及供水的可靠性要求，可选用分区串联、分区并联、减压等供水方式。

根据用户对水质、水压、水量、水温的要求，以及建筑物具体情况，绘制建筑给水系统施工图，依据施工图要求在建筑物内进行安装，并验收合格才能交付使用。本章主要介绍建筑给水系统的基础知识，为第 6 章给排水施工图的正确、熟练识读，安装及验收做好铺垫。

2.1 建筑给水系统和给水方式

2.1.1 建筑给水系统的分类

根据用户对水质、水压、水量、水温的要求，并结合外部给水系统情况进行划分，有四种基本给水系统：生活给水系统、生产给水系统、消防给水系统和组合给水系统。

1. 生活给水系统

生活给水系统是提供人们日常生活中所需的饮用、烹饪、盥洗、沐浴、洗涤衣物、冲厕、清洗地面和其他生活用途的用水。近年随着人们对饮用水品质要求的不断提高，在某些城市、地区或高档住宅小区、综合楼等实施分质供水，管道直饮水给水系统已进入住宅。

生活给水系统按供水水质又可分为生活饮用水系统、直饮水系统和杂用水系统。生活饮用水系统包括盥洗、沐浴等用水，直饮水系统包括纯净水、矿泉水等用水，杂用水系统包括冲厕、浇灌花草等用水。

知识链接

生活给水系统从取水水源到用水点，是一个完整的供水系统，要保证向用户供应符合标准的生活饮用水，需要对供水系统进行全面监测、控制和管理。中国国家标准委员会和中华人民共和国卫生部(现为国家卫生和计划生育委员会)联合发布的《生活饮用水卫生标准》(GB 5749—2006)于 2007 年 7 月 1 日实施，部分水质常规指标及限值见表 2-1。

表 2-1 部分水质常规指标及限值

指标	限值	指标	限值	指标	限值
1. 微生物指标	—	氰化物/(mg/L)	0.05	铁/(mg/L)	0.3
总大肠杆菌/(MPN/100mL 或 CFU/100mL)	不得检出	氟化物/(mg/L)	1.0	锰/(mg/L)	0.1
菌落总数/(CFU/mL)	100	硝酸盐(以 N 计)/(mg/L)	地下水源限制时为 20	铜/(mg/L)	1.0
2. 毒理指标	—	3. 感官性状和一般化学指标	—	锌/(mg/L)	1.0
砷/(mg/L)	0.01	浑浊度(NTU-散射浊度单位)	水源与净水技术条件限制时为 3	溶解性总固体/(mg/L)	1000
镉/(mg/L)	0.005	臭和味	无异臭、异味	总硬度(以 $CaCO_3$ 计)/(mg/L)	450
铬(六价)/(mg/L)	0.05	肉眼可见物	无	4. 放射性指标	—
铅/(mg/L)	0.01	pH	6.5～8.5	总 α 放射性/(Bq/L)	0.5
汞/(mg/L)	0.001	铝/(mg/L)	0.2	总 β 放射性/(Bq/L)	1

2. 生产给水系统

生产给水系统是供生产过程中产品工艺用水、清洗用水、生产空调用水、稀释用水、除尘用水、锅炉用水等用途的用水。由于工艺过程和生产设备的不同，生产给水系统种类繁多，对各类生产用水的水质要求有较大的差异，有的低于生活饮用水标准，有的则远远高于生活饮用水标准。

3. 消防给水系统

消防给水系统是指消防灭火设施用水，主要包括消火栓、消防卷盘和自动喷水灭火系统等设施的用水。消防用水用于灭火和控火，即扑灭火灾和控制火势蔓延。消防用水对水质要求不高，但必须按照建筑设计防火规范要求保证供给足够的水量和水压。

4. 组合给水系统

上述三种基本给水系统，可以根据具体情况，建筑物用途和性质，设计规范等要求，设置独立的某种系统或组合系统(如生活-生产共用给水系统、生产-消防共用给水系统等)。

上述各种给水系统，在同一建筑中不一定要全部具有，系统的选择，应根据生活、生产、消防等各项用户对水质、水量、水压、水温的要求，结合室外给水系统的实际情况，经方案技术经济比较确定。

2.1.2 建筑给水系统的组成

建筑给水系统一般由水源、引入管、水表节点、室内给水管道、给水附件、配水设施、升压和贮水设备、给水局部处理设备等组成。

1. 水源

水源是指市政给水管网或自备的贮水池等。

2. 引入管

引入管是指从室外给水管网的接管点引至建筑物内的管段，又称进户管，是室外给水管网与室内给水管网之间的联络管段。引入管段上一般设有水表、阀门等附件。

3. 水表节点

水表节点是指引入管上装设的水表及前后设置的阀门、泄水阀等装置的总称，也指配水管网中装设的水表，以便于计量局部用水量，如分户水表节点。

4. 室内给水管道

室内给水管道是室内水平干管、立管、横支管的总称。

水平干管是将水从引入管输送至各个立管的管道。

立管是将干管的水沿垂直方向输送至各个楼层的管道。

横支管是在各层设置的将立管的水送到各用水点的管道。

5. 给水附件

给水附件是指给水管道上的用以调节水量、水压，控制水流方向，以及断流后便于管道、仪器和设备检修用的各种阀门。具体包括：止回阀、安全阀、水锤消除器、过滤器、减压孔板等管路附件。

6. 配水设施

配水设施是生活、生产和消防给水系统管网终端用水点上的设施，如生活给水系统卫生器具上的配水龙头，生产给水系统上与生产工艺有关的用水设备，消防给水系统的室内消火栓、消防软管卷盘、自动喷水灭火系统的各种喷头等。

7. 升压和贮水设备

当室外给水管网的水压、水量不足，或为了保证建筑物内部供水的稳定性、安全性，应根据要求设置水泵、水箱、水池、吸水井、气压给水设备等。

8. 给水局部处理设备

建筑物所在地点的水质如不符合要求或高级宾馆、涉外建筑的给水水质要求超出我国现行标准的情况下，需要设置给水深处理构筑物和设备，以进行局部给水深处理。

建筑给水系统组成如图 2-1 所示。

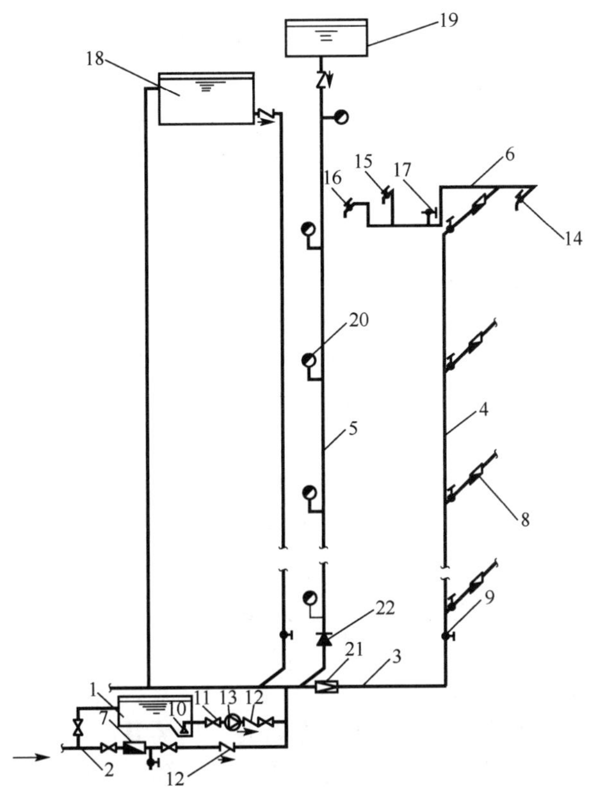

1—贮水池；2—引入管；3—水平干管；4—给水立管；5—消防给水立管；6—给水横支管；7—水表节点；8—分户水表；9—截止阀；10—喇叭口；11—闸阀； 12—止回阀；13—水泵；14—水龙头；15—盥洗龙头；16—冷水龙头；17—角形截止阀；18—高位生活水箱；19—高位消防水箱；20—室内消火栓；21—减压阀；22—倒流防止器

图 2-1 建筑给水系统组成

2.1.3 建筑给水系统的给水方式

根据供水用途，对水量、水压的要求和建筑物条件，给水系统有不同的给水方式。选定合理的给水方式应按照配水点的位置、建筑物的性质及高度、室内所需水压及室外给水管网所提供的最低水压等因素，进行方案的技术经济比较后确定。

特别提示

建筑内部给水系统所需水压和室外管网所提供的水压是选定合理给水方式的主要依据。对于一般民用建筑的生活给水系统，在进行方案的初步设计时，给水系统所需的水压可根据建筑层数估算自室外地面起的最小水压值：一层 $10mH_2O$，二层为 $12mH_2O$，二层以上每增加一层，增加 $4mH_2O$。估算时应注意，以层数确定最小服务水压时，建筑的层高不超过 3.5m，最高层卫生器具配水点的出流压力在 $2mH_2O$ 以内。

建筑给水系统最基本的给水方式有以下几种。

1. 直接给水方式

直接给水方式即室内给水管网与室外给水管网直接相连，室内给水系统是在室外给水管网的压力下工作，如图 2-2 所示。

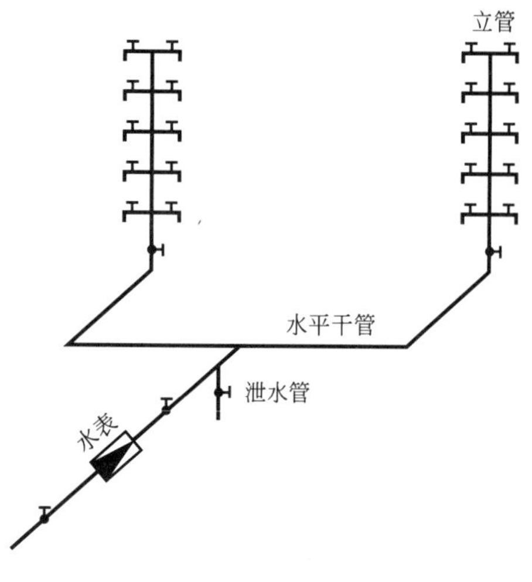

图 2-2　直接给水方式

这种给水方式的优点是：可以充分利用室外管网水压，减少能源浪费；系统简单，安装维护方便；不设室内动力设备，节省投资；当室外管网的水压、水量能够保证时，供水安全可靠。其缺点是水量、水压受室外给水管网的影响较大，当市政管网发生事故断水时，建筑物内部因无贮水设施会立即停水，室内各用水点的压力受室外水压波动的影响。

直接给水方式适用于室外管网水量和水压充足，能够全天保证室内用户用水要求的地区。室外给水管网的水质、水量、水压均能满足建筑物内部用水要求时，应首先考虑采用这种给水方式。

2. 单设水箱的给水方式

当室外给水管网供应的水压大部分时间能满足室内需要，仅在用水高峰时出现不足，且允许设置高位水箱的建筑可采取此种给水方式，如图 2-3 所示。

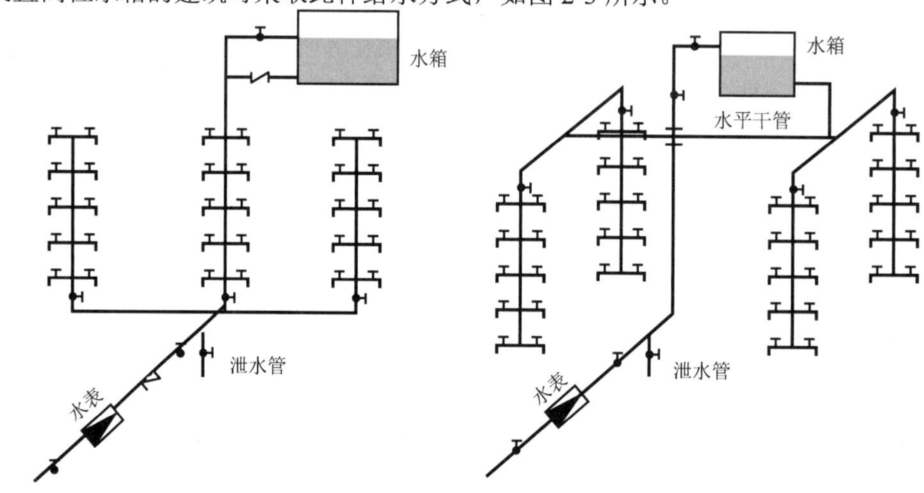

(a)室内所需水量由室外给水管网和水箱联合供水　　(b)室内所需水量全部由水箱供水

图 2-3　单设水箱的给水方式

单设水箱的给水方式可布置成两种方式：一种是室外给水管网供水到室内管网和水箱，如图 2-3(a)所示；另一种是室内所需水量全部经室外给水管网送至水箱，然后由水箱向系统供水，如图 2-3(b)所示。在室外管网水压周期性不足的多层建筑中，建筑物下面几层也可以由室外管网直接供水，建筑物上面几层采用有水箱的给水方式。这样可以减小水箱的容积。

第一种方式的优点是：投资较省；充分利用室外管网的压力供水，节省电耗；系统具有一定的储备水量，供水的安全可靠性较好。第二种方式还可起到稳压和减压的作用，缺点是系统设置了高位水箱，增加了建筑物的结构荷载，并给建筑物的立面处理带来一定困难。

3. 设有水泵升压的给水方式

(1) 设水池、水泵、水箱的给水方式

设水池、水泵、水箱的给水方式宜在室外给水管网压力低于或经常不满足建筑内给水管网所需的水压，并且室内用水不均匀时采用，如图 2-4 所示。这种方式是城市给水管网的水经自动启闭的浮球阀充入水池，然后利用恒速泵将水池中的水提升至高位水箱，用高位水箱贮存调节水量并向用户供水。水箱内设水位继电器来控制水泵的开停(水箱内水位低于最低水位时开泵，满至最高设计水位时停泵)。

该给水方式的优点是水泵能及时向水箱供水，可减少水箱的容积，又因有水箱的调节作用，水泵出水量稳定，能保持在高效区运行；由于水池、水箱储有一定水量，停水停电时可延时供水，供水可靠，供水压力较稳定。由于水泵振动，有噪声干扰，所以该给水方式普遍适用于多层或高层建筑。

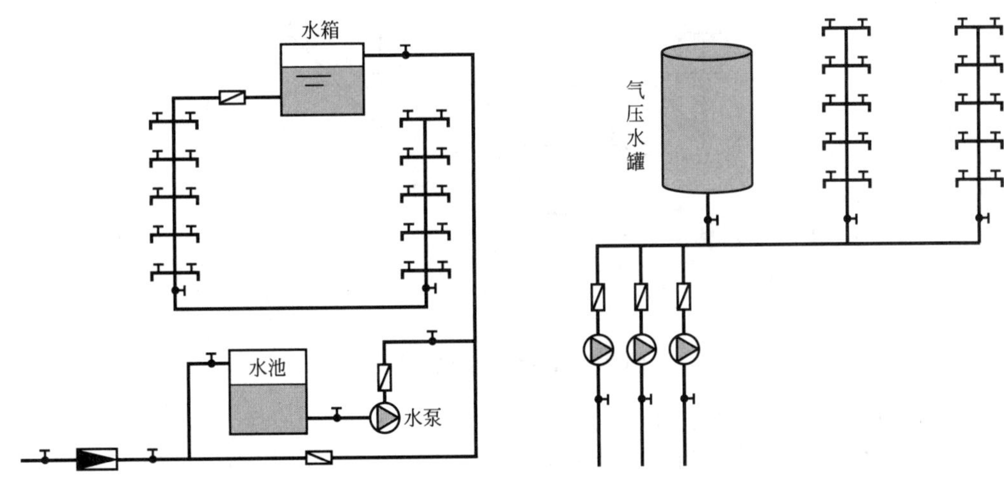

图 2-4 设水池、水泵、水箱的给水方式

图 2-5 设气压给水设备的给水方式

(2) 设气压给水设备的给水方式

室外管网压力经常不足，且不宜设置高位水箱的建筑，可采用气压给水设备给水方式，如图 2-5 所示。

气压给水装置是利用密闭压力水罐内空气的可压缩性进行储存、调节和压送水量的给水装置，其作用相当于高位水箱和水塔。水泵从贮水池或室外给水管网吸水，经加压后送至给水系统和气压水罐内，停泵时，再由气压水罐向室内给水系统供水。由气压水罐调节储存水量及控制水泵运行。

这种给水方式的优点是：气压罐可设在建筑物的任何高度上，便于隐蔽，安装方便，水质不易受污染，投资省，建设周期短，便于实现自动化等。但是，给水压力波动较大，管理及运行费用较高，且调节能力小。

(3) 设叠压给水方式

为充分利用室外管网压力，节省电能，采用水泵直接从室外给水管网抽水的叠压供水，应设旁通管，如图 2-6 所示。当室外管网压力足够大时，可自动开启旁通管的止回阀直接向建筑内供水。因水泵直接从室外管网抽水，会使室外管网压力降低，影响附近用户用水，严重时还可能造成室外给水管网负压，在管道接口不严密时，其周围土壤中的渗漏水会吸入管网，污染水质。当采用水泵直接从室外管网抽水时，必须征得供水部门的同意，并在管道连接处采取必要的防护措施，以免污染水质。为避免上述问题，可在系统中增设贮水池，采用水泵与室外管网间接连接的方式。

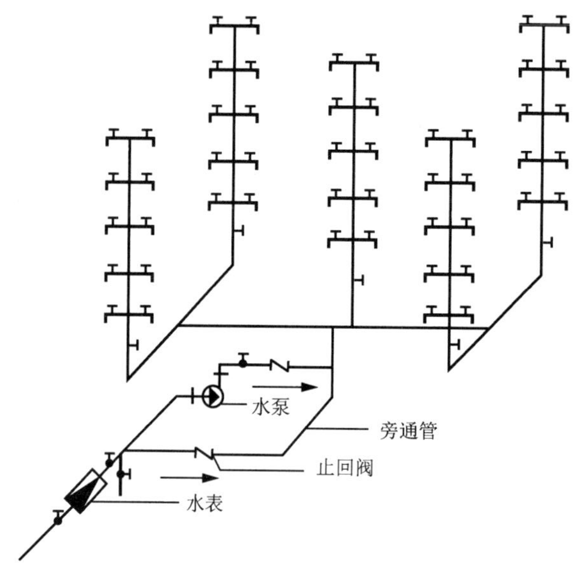

图 2-6　设叠压给水方式

(4) 设变频调速泵的给水方式

在无水箱的给水方式中，目前大都采用变频调速水泵。这种水泵的构造与恒速水泵一样也是离心式水泵，不同的是变频调速水泵配用变速配电装置，其转速可随时调节。

该种给水方式主要由微机控制器、变频调速器、水泵机组、压力传感器四部分组成。其工作原理是：系统中扬程发生变化时，压力传感器不断向微机控制器输入水泵出水压力的信号，若测得的压力值大于设计供水量对应的压力时，则微机控制器即向变频调速器发出降低电流频率的信号，从而水泵转速随之降低，水泵出水量减小，水泵出水管压力下降；反之亦然。设变频调速泵的给水方式供水压力可调，可以方便地满足各种供水压力的需要，如图 2-7 所示。

目前，变频器技术已很成熟，在建筑给水中应用越来越广泛，对于用水流量经常变化的场合(如生活用水)，采用变频调速泵调节流量，具有优良的节能效果。

4．分区给水方式

多层建筑或高层建筑，室外给水管网的水压往往只能满足建筑下部几层的要求，为了充分有效地利用室外给水管网的水压，常将建筑物分成上下两个给水区，如图 2-8 所示，即分区给水方式。室外给水管网水压线以下楼层为低区，由室外管网直接供水，以上楼层为高区，由升压贮水设备供水。可将两区的一根或几根立管相连，在分区处设阀门，以备低区进水管发生故障或室外给水管网压力不足时，打开阀门由高区水箱向低区供水。

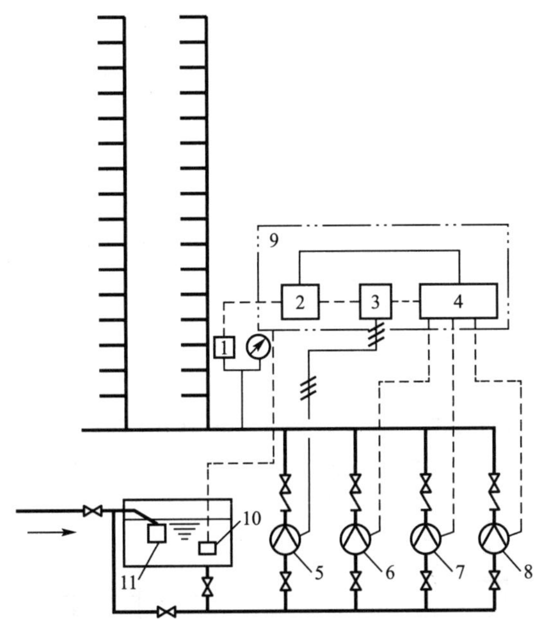

1—压力传感器；2—微机控制器；3—变频调速器；4—恒速泵控制器；5—变频调速泵；6、7、8—恒速泵；9—电控柜；10—水位传感器；11—液位自动控制阀

图 2-7　设变频调速泵的给水方式

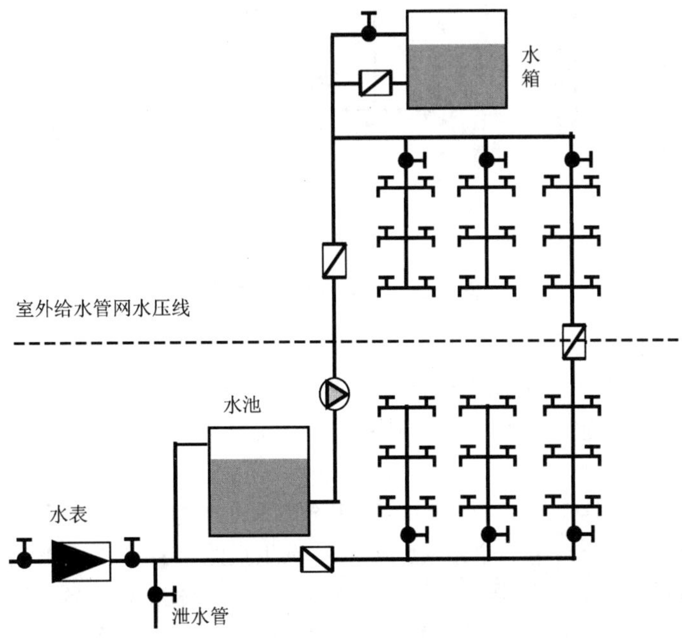

图 2-8　分区给水方式

在高层建筑中常见的分区给水方式有水泵并联分区给水方式、水泵串联分区给水方式和水泵供水减压阀减压分区给水方式。

(1) 水泵并联分区给水方式

各给水分区分别设置水泵或调速水泵，各分区水泵采用并联方式供水，如图 2-9(a)所示。优点是：供水可靠；设备布置集中，便于维护、管理；省去水箱占用面积；能量消耗较少。缺点是：水泵数量多，扬程各不相同。

(2) 水泵串联分区给水方式

各分区均设置水泵或调速水泵，各分区水泵采用串联方式供水，如图 2-9(b)所示。优点是：供水可靠，不占用水箱使用面积，能量消耗较少。缺点是：水泵数量多，设备布置不集中，维护、管理不便。在使用时，水泵启动顺序为自下而上，各区水泵的能力应匹配。

(3) 水泵供水减压阀减压分区给水方式

水泵供水减压阀减压分区给水方式，如图 2-9(c)所示。优点是：供水可靠；设备与管材少，投资省；设备布置集中，省去水箱占用面积。缺点是：下区水压损失大，能量消耗多。

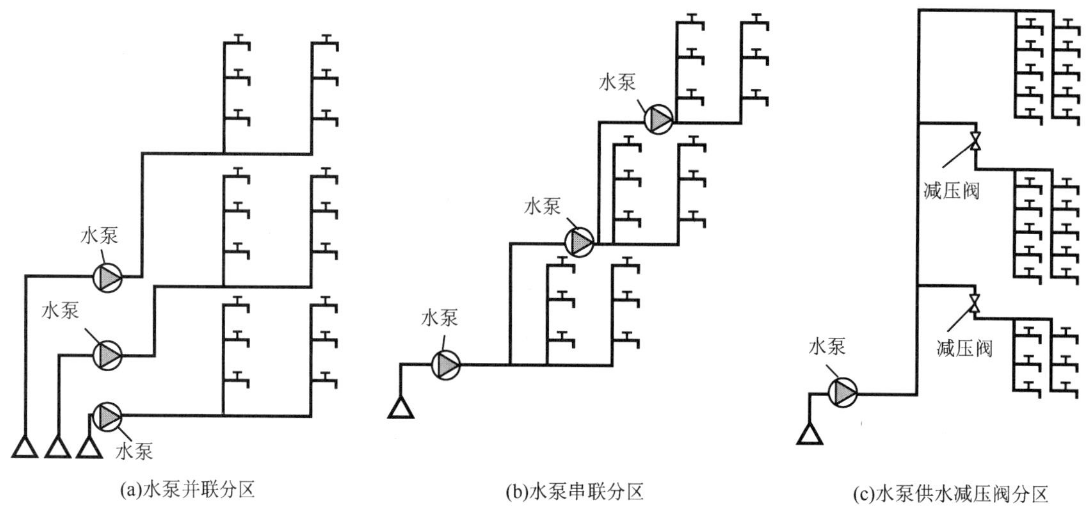

(a)水泵并联分区　(b)水泵串联分区　(c)水泵供水减压阀分区

图 2-9　水泵分区给水方式

5．给水方式的选择原则

① 尽量利用室外给水管网的水压直接供水。在室外给水管网水压和流量不能满足整个建筑物用水要求时，则建筑物下几层应利用外网水压直接供水，上层可设置加压和流量调节装置供水。

② 除高层建筑和消防要求较高的大型公共建筑和工业建筑外，一般情况消防给水系统宜与生活或生产给水系统共用一个系统。但应注意生活给水管道水质不能被污染。

③ 生活给水系统中，卫生器具处的静压力不得大于 0.60MPa。各分区最低卫生器具配水点静水压不宜大于 0.45MPa(特殊情况下不宜大于 0.55MPa)。水压大于 0.35MPa 的入户管(或配水横管)，宜设减压或调压设施。

一般最低处卫生器具给水配件的静水压力应控制在以下数值范围。

① 旅馆、招待所、宾馆、住宅、医院等晚间有人住宿和停留的建筑，在0.30～0.35MPa范围。

② 办公楼、教学楼、商业楼等晚间无人住宿和停留的建筑，在0.35～0.45MPa范围。

2.1.4 建筑给水系统的布置形式

各种给水方式，按照其水平配水干管在建筑内敷设的位置可分为下分式、上分式、中分式和环状式四种布置形式，见表2-2。

表2-2 管网布置形式

名称	特征及使用范围	优 缺 点
下分式	水平配水干管敷设在底层(明装、埋设或沟敷)或地下室天花板下。 居住建筑、公共建筑和工业建筑，在利用外网水压直接供水时多采用下分式	图式简单，便于安装维修。 与上分式布置相比，最高层配水点流出水头较低，埋地管道检修不便
上分式	水平配水干管敷设在顶层天花板下或吊顶之内，对于非冰冻地区，也有敷设在屋顶上的，对于高层建筑也可设在技术夹层内。 设有屋顶水箱的建筑一般采用此种方式	与下分式布置相比，最高层配水点流出水头稍高。 安装在吊顶内的配水干管可能因漏水或结露损坏吊顶和墙面，要求外网水压稍高，管材消耗也比较多
中分式	水平配水干管敷设在中间技术层内或某中间层吊顶内，向上、下两个方向供水。 屋顶用作露天茶座、舞厅或设有中间技术层的高层建筑多采用这种方式	管道安装在技术层内便于安装维修，不影响屋顶多功能使用。 需要设置技术层或增加中间层的层高
环状式	水平配水干管或配水立管互相连接成环，组成水平干管环状或立管环状。在有两个引入管时，也可将两个引入管通过水平配水干管相连通，组成贯穿环状。 在任何时间都不允许间断供水的大型公共建筑、高层建筑和工艺要求不间断供水的工业建筑常用环状式，消防管网均采用环状式	任何管段发生事故时，可用阀门关闭事故管段而不中断供水，水流通畅，水头损失小，水质不易因滞流而变质。 管网造价较高

2.2 给水管材与附件

给水系统是由管道、管件和各种附件连接而成的，管道材料及附件合适与否，将对工程质量、工程造价及使用产生直接影响。

2.2.1 给水管材

1. 钢管

(1) 钢管的分类及规格

钢管有焊接钢管、无缝钢管两种。焊接钢管又分为普通钢管和加厚钢管，各又分为非镀锌钢管和镀锌钢管。

钢管强度高、承受压力大、抗震性能好，每根管长度大、质量比同等规格的铸铁管轻、接头少，加工安装方便，但造价较高，抗腐蚀性差。

给水用焊接钢管(镀锌钢管和非镀锌钢管)的规格型号见表 2-3。

表 2-3 低压流体输送用焊接钢管（GB/T 3091—2015）

公称直径/mm	公称外径/mm	普通钢管		加厚钢管	
		公称壁厚/mm	理论重量/(kg/m)	公称壁厚/mm	理论重量/(kg/m)
8	13.5	2.5	0.68	2.8	0.74
10	17.2	2.5	0.91	2.8	0.99
15	21.3	2.8	1.28	3.5	1.54
20	26.9	2.8	1.88	3.5	2.02
25	33.7	3.2	2.41	4.0	2.93
32	42.4	3.5	3.36	4.0	3.79
40	48.3	3.5	3.87	4.5	4.86
50	60.3	3.8	5.29	4.5	6.19
65	76.1	4.0	7.11	4.5	7.95
80	88.9	4.0	8.38	5.0	10.35
100	114.3	4.0	10.38	5.0	13.48
125	139.7	4.0	13.39	5.5	18.20
150	165.1	4.5	18.18	6.0	24.02

(2) 钢管的连接方式

钢管的连接方式分为螺纹连接、焊接连接、法兰连接和沟槽式(卡箍)连接。

① 螺纹连接。螺纹连接是利用配件连接，连接配件形式及应用如图 2-10 所示。配件用可锻铸铁制成，抗腐蚀能力及机械强度均较大，分为镀锌和非镀锌两种，钢制配件较少。

② 焊接连接。焊接的优点是接头紧密，不漏水，施工迅速，不需要配件。缺点是不能拆卸。焊接只能用于非镀锌钢管，因为镀锌钢管焊接时锌层被破坏，反而加速锈蚀。

③ 法兰连接。在较大管径的管道上(50mm 以上)，常将法兰盘焊接或用螺纹连接在管端，再以螺栓连接它。法兰连接一般用在连接闸阀、止回阀、水泵、水表等处，以及需要经常拆卸、检修的管道上。其配件形式及应用，如图 2-11 所示。

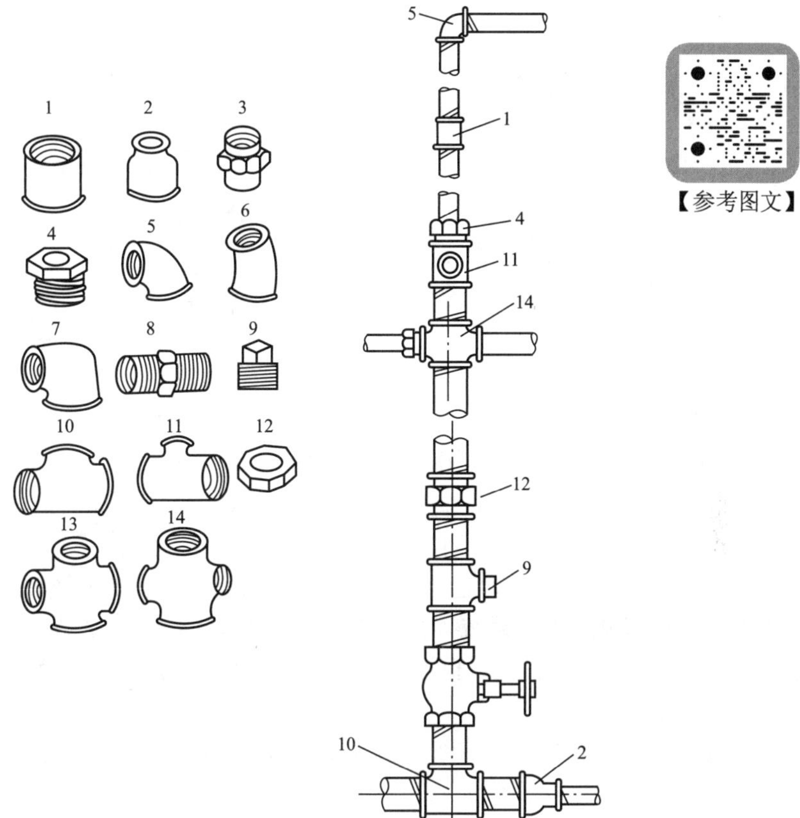

1—管箍；2—异径管箍；3—活接头；4—补心；5—90° 弯头；6—45° 弯头；7—异径弯头；
8—外螺纹；9—堵头；10—等径三通；11—异径三通；12—根母；13—等径四通；14—异径四通

图 2-10　钢管螺纹连接配件形式及应用

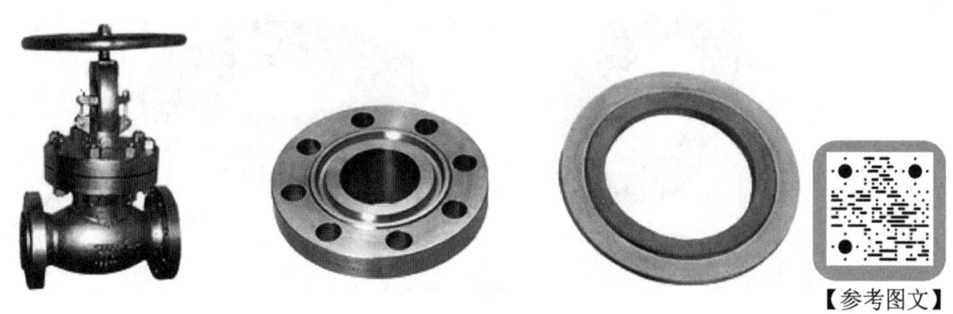

【参考图文】

图 2-11　钢管法兰连接配件形式及应用

④ 沟槽式(卡箍)连接。用滚槽机(开槽机)在管材上滚(开)出沟槽，套上密封圈，再用卡箍固定，如图 2-12 所示。

它与螺纹连接相比，可以将连接口径的尺寸范围扩大，能承受较高的压力；较大口径镀锌管之间的连接，与法兰连接相比，具有不破坏镀锌层，不需要二次镀锌，操作方便，拆卸灵活等优点。

【参考图文】

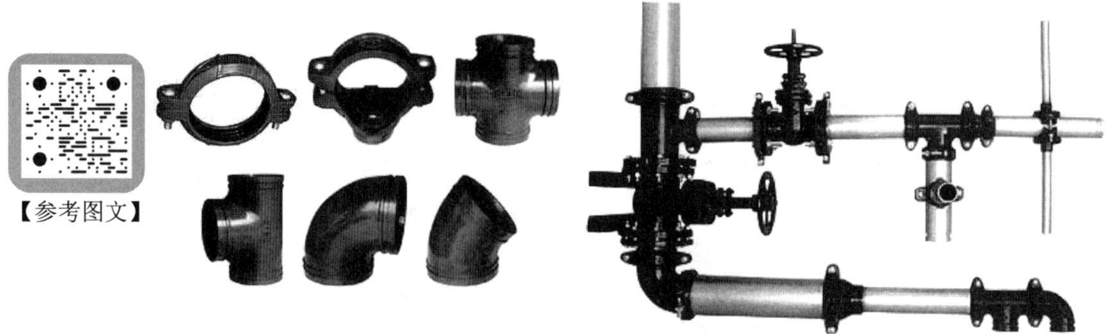

图 2-12　钢管沟槽式(卡箍)连接管件及安装图例

沟槽式(卡箍)连接方式不仅用于钢管，还可以用于不锈钢管、铸铁管、铝塑复合管、铜管等类型管材的连接，今后还要拓宽至塑料管材。

沟槽式(卡箍)连接适用于下列情况下的管道连接。

a. 消防给水系统中的管道连接。自动喷水灭火系统、消火栓给水系统、水喷雾喷水灭火喷水系统、水幕喷水灭火系统等管网中公称直径大于或等于 25mm 的镀锌钢管或镀锌无缝钢管，当不允许破坏镀锌层，也不宜焊接后再次镀锌、再次安装时，应采用沟槽式(卡箍)连接。

b. 城镇供水、生产给水、污废水排放等系统的钢管、钢塑复合管宜采用沟槽式(卡箍)连接。

沟槽式(卡箍)连接分刚性接头连接和柔性接头连接。刚性接头连接可用于明装或暗装的一般管段(每隔 4～5 根管道的接头处应设一个柔性接头)或不允许纵向(横向或角向)有位移的情况下，如图 2-13(a)所示；柔性接头连接用于埋地管道或允许纵向(横向或角向)有位移的情况下，如图 2-13(b)所示。

(a)沟槽式刚性连接

(b)沟槽式柔性连接

图 2-13　钢管的沟槽式(卡箍)连接

2. 给水铸铁管

给水铸铁管与钢管相比有不易锈蚀、造价低、耐久性好等优点，适合于埋地敷设，但管质脆、质量大、长度短、接口施工麻烦，适用于消防系统、生产给水系统的埋地管材。

给水铸铁管有低压管、普压管和高压管三种，工作压力分别不大于 0.45MPa、0.75MPa、1MPa。实际选用时应根据管道的工作压力来选择，表 2-4 为常用给水铸铁管规格。

表 2-4 常用给水铸铁管规格

公称内径/mm	壁厚/mm		有效长度/m		质量/kg			
					低压		高压	
	低压	高压			3m	4m	3m	4m
75	9	9	3	4	58.5	75.6	58.5	75.6
100	9	9	3	4	75.5	97.7	75.5	97.7
125	9	9	—	4	—	119	—	119
150	9	9.5	—	4	—	143	—	149
200	9.4	10	—	4	—	196	—	207

给水铸铁管可采用承插连接，也可采用法兰连接。承插连接的接口做法有：石棉水泥接口、铅接口、沥青水泥接口、膨胀性填料接口、水泥砂浆接口等。常用给水铸铁管管件，如图 2-14 所示。

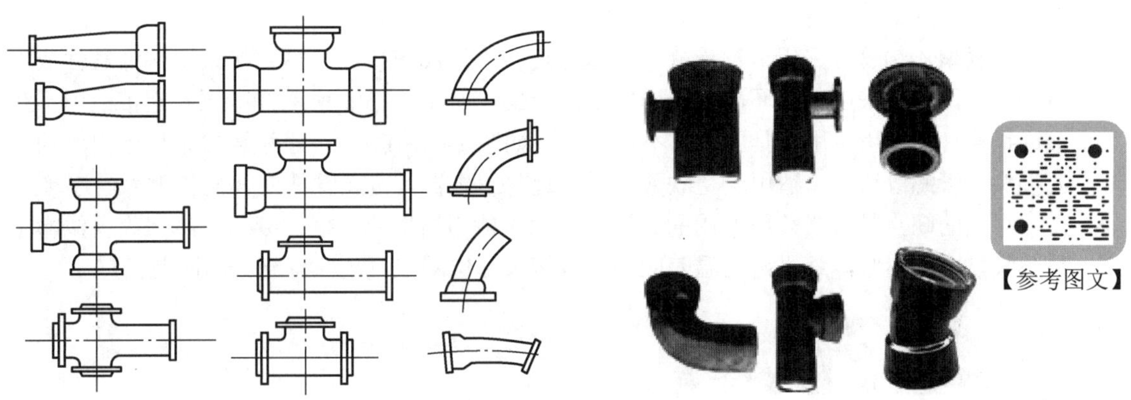

图 2-14 常用给水铸铁管管件

铸铁管件的用途同钢管管件。弯头用来使管道转弯，分为 90°、45°、22.5°三种。三通、四通用于管道汇合或分支处。异径管用于管道直径改变处，即管径由大变小或由小变大处。

3. 给水塑料管

给水塑料管作为一种新型化学管材，加快了民用建筑“以塑代钢”的步伐。塑料管因具有质轻、耐腐蚀、不生锈、易着色、隔热保温性能好，以及外观美观等金属管无可比拟的优点，而得到了较快的发展，各种新型塑料管材相继推出，由最先的聚氯乙烯(PVC)管逐步发展到高密度聚乙烯(HDPE)管、铝塑复合管、聚丁烯(PB)管、无规共聚聚丙烯(PP-R)管等，这些管材已在不同领域得到越来越广泛的应用。

(1) 硬聚氯乙烯(UPVC)管

生产该种管材的材料以 PVC 树脂为主，加入必要的添加剂。硬聚氯乙烯管的使用温度为 5～45℃，公称压力为 0.6～1.0MPa。优点是耐腐蚀性好、抗衰老性强、粘接方便、价格低、产品规格全、质地坚硬。缺点是无韧性、环境温度低于 5℃时脆化，高于 45℃时软化，长期使用有硬聚氯乙烯单体和添加剂渗出，在饮用水应用上受到很大的限制，已广泛用于

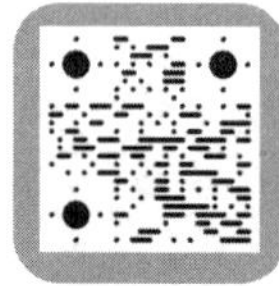

【参考图文】

排水系统中。该管材可采用承插粘接，也可采用橡胶密封圈柔性连接、螺纹或法兰连接。

(2) 聚乙烯(PE)管

聚乙烯管包括高密度聚乙烯(HDPE)管和低密度聚乙烯(LDPE)管。聚乙烯管的特点是质量轻、韧性好、耐腐蚀、耐低温性能好、运输及施工方便、具有良好的柔性的抗蠕变性能，在建筑给水中得到广泛应用。目前国内产品的规格在*De*16～*De*160之间，最大可达*De*400。聚乙烯管道的连接可采用电熔、热熔、橡胶圈柔性连接，工程上主要采用熔接。

(3) 交联聚乙烯(PE-X)管

普通聚乙烯是一种高分子材料，其分子为线状结构。交联聚乙烯是通过化学方法，使普通的聚乙烯的线性分子结构改性成三维交联网状结构，从而具有强度高、韧性好、抗老化(使用寿命达50年以上)、温度适应范围广(−70～110℃)、无毒、不滋生细菌、安装维修方便等优点。目前常用规格在*De*10～*De*32之间，少量达*De*63，缺少大直径的管道，主要用于室内热水供应系统。

交联聚乙烯管可采用卡箍连接、卡压式连接、过渡连接。卡箍连接采用铜锻压件或不锈钢铸件，卡箍采用紫铜环，使用专用工具卡紧，如图2-15(a)所示；卡压式连接采用不锈钢或铜管件，使用专用工具压紧，不可拆卸，如图2-15(b)所示；过渡连接采用带内丝的过渡接头，管螺纹连接，适用于交联聚乙烯管道与卫生器具金属管件或其他各类管道连接。

存在的缺点是，必须用专用的金属管件而不能用熔接或粘接，废品不能回收；线膨胀系数大，由于热胀冷缩引起的温差应力导致接头部位漏水，故应有充分的防范措施。

(a)卡箍连接　　(b)卡压式连接

图2-15　PE-X管的连接方法

【参考图文】

(4) 无规共聚聚丙烯管

聚丙烯(PP)属聚烯烃类，具有良好的耐热性及较高的强度，但其熔体黏度低，且低温时易脆。为此，对聚丙烯进行改性，采用气相共聚法使聚乙烯与聚丙烯的分子链均匀地聚合，称为无规共聚聚丙烯。聚合后具有抗冲击性能，在温度和内压长期作用下其强度衰减更慢，即在相同温度和内压条件下使用寿命更长。

无规共聚聚丙烯管的优点是热膨胀系数小，耐压可达4.9MPa，可输送90℃热水。管件由同种材料制成，采用焊接熔合方式，连接牢固，不需铜接头，成本较低。无规共聚聚丙烯管材、管件在生产及施工过程中产生的废品可回收利用，废料经清洁、破碎后可直接用于生产。

聚丙烯管采用热熔连接、电熔连接、过渡接头螺纹连接和法兰连接。管径 *De*≤110mm 时，采用热熔连接；*De*＞110mm、管道最后连接或热熔连接困难的场合，采用电熔连接；无规共聚聚丙烯管道与小管径的金属管或卫生器具金属配件连接时，可采用带铜内丝或外丝嵌件的无规共聚聚丙烯过渡接头螺纹连接；无规共聚聚丙烯管道与较大管径的金属附件或管道连接时，可采用法兰连接，如图 2-16 所示。

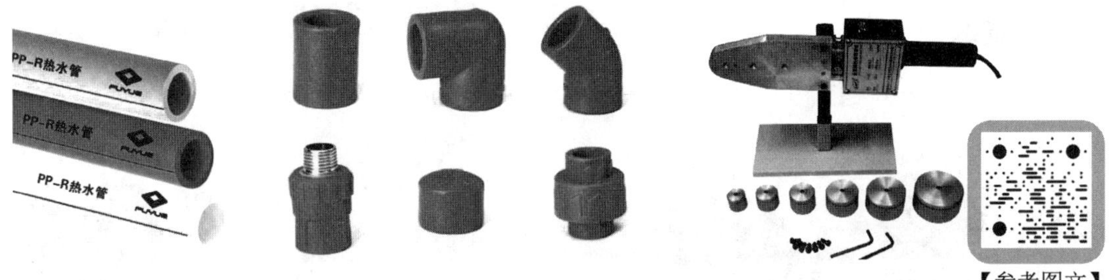

【参考图文】

图 2-16 无规共聚聚丙烯管材、管件及热熔连接器

无规共聚聚丙烯管的缺点主要是刚性和抗冲击性能比金属管道差；线膨胀系数较大，在设计、施工时应重视管道的正确敷设、支吊架的设置、伸缩器的选用等因素；抗紫外线性能差，在阳光的长期直接照射下容易老化；给水聚丙烯管属于可燃性材料，所以不得用于消防给水系统，也不得与消防给水管道相连接。

无规共聚聚丙烯管应用于公共及民用建筑的输送冷热水、采暖系统和空调系统中。

(5) 复合材料管道

① 铝塑复合压力管。铝塑复合压力管是以焊接铝管为中间层，内外层均为聚乙烯塑料，采用专用热熔胶，通过挤出成型方法复合成一体的管材，如图 2-17 所示。铝塑复合压力管分为铝合金-聚乙烯(PAP)型和铝合金-交联聚乙烯(XPAP)型两种。

铝塑复合压力管既保持了聚乙烯管和铝管的优点，又避免了各自的缺点。其可以弯曲，弯曲半径等于 5 倍直径；耐温差性能强，使用温度范围-100～110℃；耐高压，工作压力可以达到 1.0MPa 以上。

铝塑复合压力管可采用卡压式连接、卡套式连接、螺纹挤压式连接。卡压式连接是采用不锈钢接头，专用卡钳压紧，可用于各种规格的管道，不可拆卸；卡套式连接是采用铸铜接头，采用螺纹压紧，可拆卸，用于 *DN*≤32mm 的管道的连接；螺纹挤压式连接采用铸铜接头，接头与管道之间加密封层，锥形螺帽挤压形成密封，不能拆卸，适用于 *DN*≤32mm 的管道的连接；铝合金-聚乙烯管与其他管材、卫生器具金属配件或阀门连接时，采用带铜内丝或外丝的过渡接头螺纹连接。

② 钢塑复合管。钢塑复合管是在钢管内壁衬(涂)一定厚度的塑料层复合而成，依据复合管基材的不同，可分为衬塑复合管和涂塑复合管两种。衬塑复合管是在传统的输水钢管内插入一根薄壁的聚氯乙烯管，使两者紧密结合，就成了聚氯乙烯衬塑钢管；涂塑复合管是以普通碳素钢管为基材，将高分子聚乙烯粉末融熔后均匀地涂敷在钢管内壁，经塑化后，形成光滑、致密的塑料涂层。

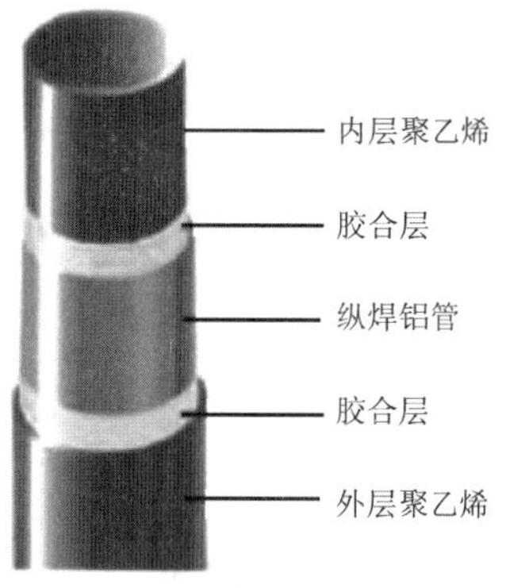

(a)铝塑复合压力管结构

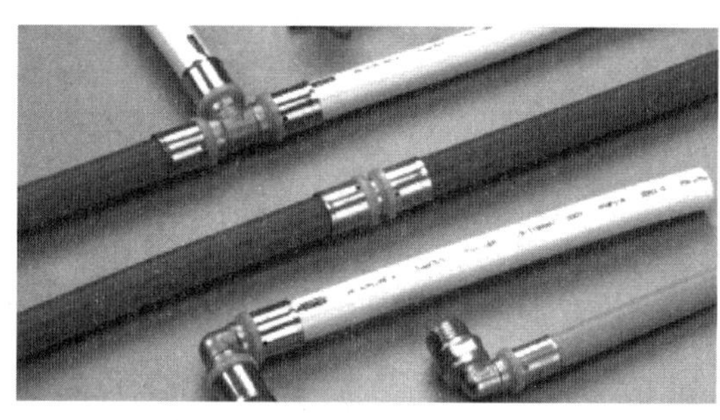

(b)铝塑管卡压式连接

(c)铝塑管卡套式连接

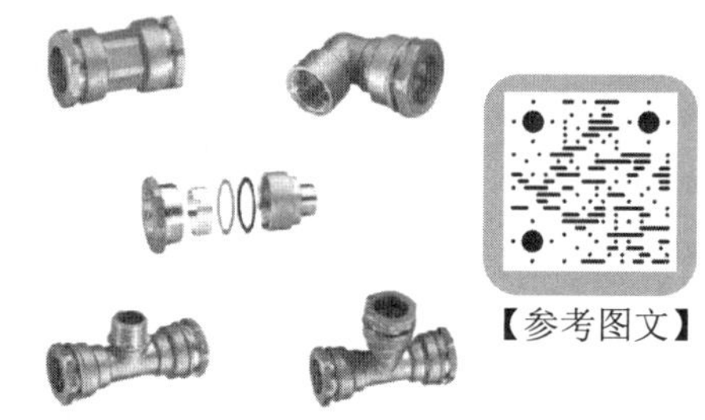

(d)铝塑管螺纹挤压式连接

图 2-17　铝塑复合压力管结构图及连接方式

钢塑复合管兼备了金属管材强度高、耐高压、能承受较强的外来冲击力和塑料管材的耐腐蚀性、不结垢、导热系数低、流体阻力小等优点。钢塑复合管可采用沟槽、法兰或螺纹连接的方式，同原有的镀锌管系统完全相同，应用方便，但需在工厂预制，不宜在施工现场切割。

知识链接

给水管材的选用方法

① 镀锌钢管在过去相当长的时间内几乎作为建筑给水系统最常用、最普遍的管材，它具有抗老化、强度高、价格低廉、连接简单等优点。但在使用中，因发生电化学反应，使镀锌层受到破坏，锈蚀现象日趋严重，管内出现严重结垢，导致水的色度增大，浑浊度和细菌超标，以及其他水质指标恶化，同时也在卫生器具等表面染上铁锈污迹，造成清洗困难，提前报废，其正常使用的年限只有 8～10 年。鉴于镀锌钢管的上述缺点，在二十世纪六七十年代，一些国家的生活饮用水给水管就开始禁止使用镀锌钢管。我国在二十世纪九十年代末期，开始限制或禁止在建筑内的生活给水系统中使用该种管材。但是，并不意味着镀锌钢管在所有给水管网中就被取代，它在自动喷水灭火系统中仍为首选，消防、生产-消防共用的给水系统中，钢管和热浸镀锌钢管也不能被取代。

② 塑料管道按照安装地点的环境温度、供水水温、输配水管的工作压力，参考化学建材(塑料管道-G)技术与产品公告目录选型。

③ 从经济和技术条件全方位考虑，硬聚氯乙烯给水管材本应为建筑生活给水系统的优

选对象之一。但是，目前市场销售的硬聚氯乙烯给水管材，合格率偏低，劣质产品混入市场的比例相当高。

④ 塑料管材中的交联聚乙烯管，卫生性能好，使用温度范围宽，是国际公认的适用于建筑给水(热水供应系统)的最佳管材。但是，该管材生产工艺要求高，必须用专用管件金属连接，而且其线膨胀系数大，若热胀冷缩处理不当，将引发漏水事故。

⑤ 无规共聚聚丙烯管材和管件采用相同的原材料，废料可以回收再利用，具有良好的热(电)熔焊性能，管材和管件可用热熔和电熔连接成一个整体，连接部分的强度不低于管材本身的强度。无规共聚聚丙烯管道这种独特的连接方法较黏结弹性密封承插法和其他连接方法成本低、速度快、操作简单、安全可靠，杜绝了渗漏隐患，特别适合直埋和暗装的场合。

⑥ 复合材料管兼有金属管和塑料管的优点，但是，管材之间，管材和管件、附件之间的连接须用专用管件，造价高，连接较困难。

2.2.2 给水附件

1. 配水附件

配水附件和卫生器具(受水器)配套安装，它主要起分配给水流量的作用，还有调节给水流量的作用。

(1) 旋塞式水嘴

旋塞式水嘴的主要零件为柱状旋塞，沿径向开有一圆形孔，旋塞限定旋转90° 即可完全关闭，可在短时间内获得较大流量，因水流呈直线流过水嘴，阻力较小，但由于启闭迅速，容易产生水击，一般配水点不宜采用，仅用于浴池、洗衣房、开水间等需要迅速启闭的配水点，如图2-18所示。

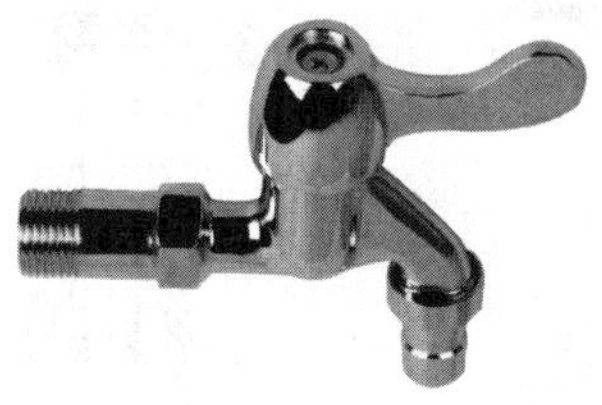

图2-18 旋塞式水嘴

(2) 混合式冷(热)水嘴

混合式冷(热)水嘴又分双把手和单把手，如图2-19所示。

(3) 电子自动水嘴

电子自动水嘴，其控制能源仅需安装几节干电池，使用时不用接触水嘴，只需将手伸至出水口下方，即可使水流出，既卫生安全又节约用水。

2. 控制附件

控制附件用来调节水压、调节管道水流量大小及切断水流、控制水流方向，如闸阀、截止阀、蝶阀、球阀、止回阀、倒流防止器、安全阀、减压阀、自动水位控制阀等。

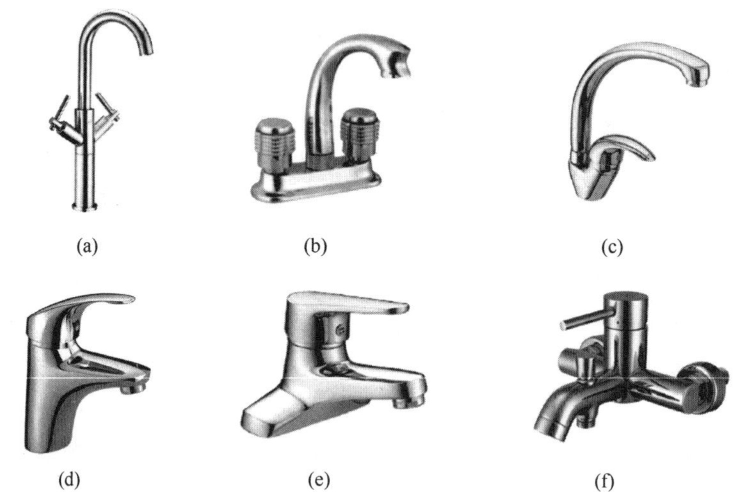

(a)双把单孔洗涤盈水嘴；(b)双把双孔面盆水嘴；(c)单把单孔洗涤盆水嘴
(d)单把单孔面盆水嘴；(e)单把双孔面盆水嘴；(f)单把淋浴器水嘴

图 2-19　混合式冷(热)水嘴

(1) 闸阀

闸阀如图 2-20 所示，闸阀全开时水流呈直线通过，阻力小，但水中有杂质落入阀座后，使闸阀不能关闭到底，因而产生磨损和漏水。闸阀多用于 *DN*50 以上或允许水双向流动的管道上，用来开启和关闭管道中的水流，调节流量。

(2) 截止阀

截止阀如图 2-21 所示，此阀关闭后是严密的，但水流阻力较大。一般用于管径不大于 50mm 或经常启闭的管道上，用来启闭水流，调节流量，同时也可用来调节压力。安装时注意方向，应使水流低进高出，不得装反。

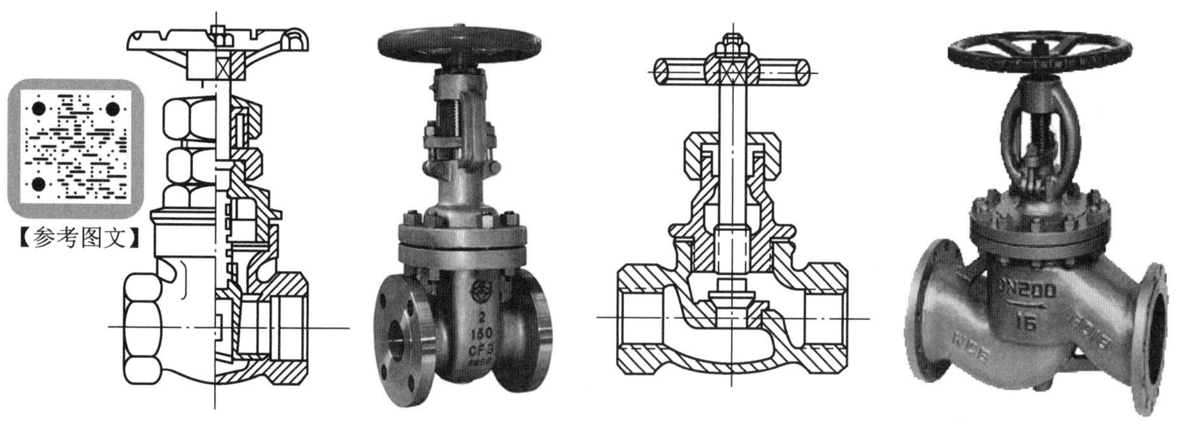

图 2-20　闸阀　　**图 2-21　截止阀**

(3) 蝶阀

蝶阀如图 2-22 所示。此阀为盘状圆板启闭件，通过绕其自身中轴旋转改变与管道轴线间的夹角，而控制水流通过。其具有结构简单、尺寸紧凑、启闭灵活、开启度指示清楚、水流阻力小等优点。

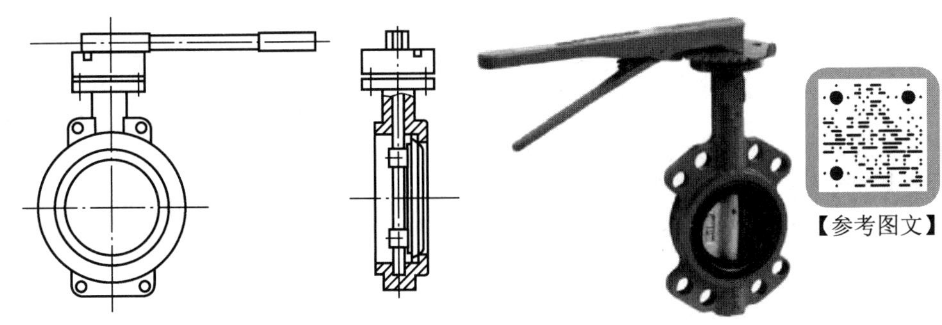

图 2-22　蝶阀

(4) 球阀

球阀如图 2-23 所示。它具有截止阀或闸阀的作用，与截止阀和闸阀相比，具有阻力小、密封性能好、机械强度高、耐腐蚀等特点。

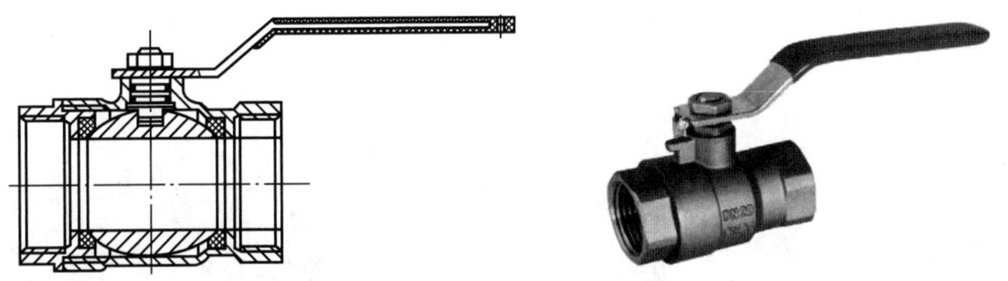

图 2-23　球阀

特别提示

给水管道上使用的阀门，应根据使用要求按下列原则选型：需调节流量、水压时，应采用闸阀；要求水流阻力小的部位(如水泵吸水管上)的阀门，宜采用闸阀；安装空间小的场所，宜采用蝶阀、球阀；水流需双向流动的管段上的阀门，不得使用截止阀。

(5) 止回阀

止回阀用来阻止水流的反向流动，有升降式和旋启式两种类型。

① 升降式止回阀，如图 2-24(a)所示，装于水平管道上，水头损失较大，只适用于小管径。

② 旋启式止回阀，如图 2-24(b)所示，一般直径较大，水平、垂直管道上均可装置。

特别提示

以上两种止回阀安装都有方向性，阀板或阀芯启闭既要与水流方向一致，又要在重力作用下能自动关闭，以防止常开不闭的状态。

(6) 倒流防止器

倒流防止器是防止倒流污染的专用附件。它由进水止回阀、出水止回阀和泄水阀共同连接在一个阀腔上构成，如图 2-25 所示。它在正常工作时不会泄水，当止回阀有渗漏时能自动泄水，当进水管失压时，阀腔内的水会自动泄空，形成空气间隙，从而防止倒流污染。

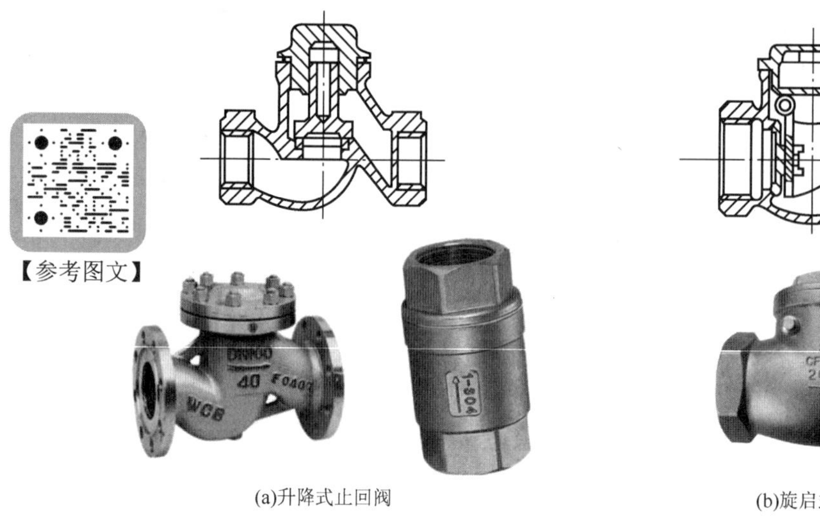

(a)升降式止回阀　　(b)旋启式止回阀

图 2-24　止回阀

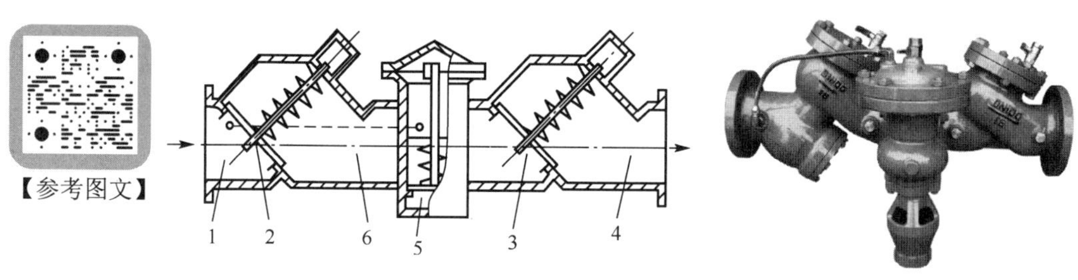

1—进口；2—进水止回阀；3—出水止回阀；
4—出口；5—泄水阀；6—阀腔

图 2-25　倒流防止器结构

(7) 安全阀

安全阀是在管网和其他设备所承受的压力超过规定的情况时，为了避免管网和设备遭受破坏而装设的附件。一般有弹簧式安全阀和杠杆式安全阀两种，如图 2-26 所示。

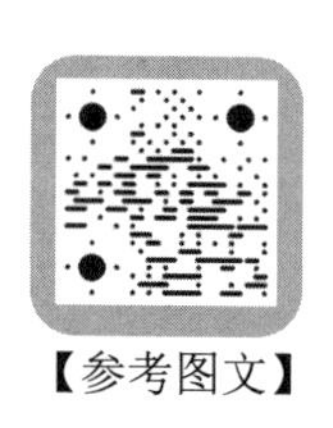

(a)弹簧式安全阀　　(b)杠杆式安全阀

图 2-26　安全阀

(8) 减压阀

减压阀的作用是降低水流压力。在高层建筑中，它可以减少或替代减压水箱，简化给水系统，增加建筑的使用面积，同时可防止水质的二次污染。在消火栓给水系统中，可以防止消火栓栓口处的超压现象。

常用的减压阀有两种，即可调式减压阀和比例式减压阀，如图 2-27 所示。可调式减压阀采用阀后压力反馈机构，工作中既减动压也减静压，既可水平安装也可垂直安装，在高层建筑冷热供水系统中完全可以代替分区供水中的分区水箱。比例式减压阀是在进口压力的作用下，浮动活塞被推开，介质通过。由于活塞两端截面积不同而造成的压力差改变了阀后的压力，也就是在管路有压力的情况下，活塞两端的面积比构成了阀前与阀后的压力比。无论阀前压力如何变化，阀后静压及动压按比例可减至相应的压力值。

(a)可调式减压阀

(b)比例式减压阀

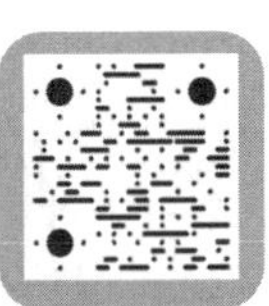

【参考图文】

图 2-27　减压阀

(9) 自动水位控制阀

给水系统的调节水池(箱)，除能自动控制切断进水者外，其进水管上还应设自动水位控制阀，如图 2-28 所示。水位控制阀的公称直径应与进水管管径一致。常见的有浮球阀、液控浮球阀、活塞式液压水位控制阀、薄膜式液压水位控制阀等。

(a)电磁遥控浮球阀　　(b)液压水位控制阀　　(c)浮球阀

图 2-28　自动水位控制阀

2.2.3 水表

水表是计量用户累计用水量的仪表。建筑给水系统中常用水表的类型有以下几类。

1. 流速式水表

水表的类型有流速式和容积式，在建筑内部给水系统中广泛采用流速式水表。它是根据水表公称直径一定时，通过该水表的水流速度与流量成正比的原理来测量用水量。流速式水表主要由外壳、翼轮和减速指示机构组成。水流通过水表时推动翼轮旋转，翼片转轴传动一系列联动齿轮(减速装置)，再传递到记录装置，在度盘指针下便可读到流量的累计值。

流速式水表按翼轮转轴不同分为旋翼式水表、螺翼式水表和复式水表。图 2-29 所示为旋翼式水表，图 2-30 所示为螺翼式水表。旋翼式的翼轮与水流方向垂直，水流阻力较大，多为小口径水表，宜计量的用水量较小。螺翼式的翼轮与水流方向平行，水流阻力较小，多为大口径水表，宜计量的用水量较大。复式水表是旋翼式和螺翼式的组合形式，在流量变化很大时采用。

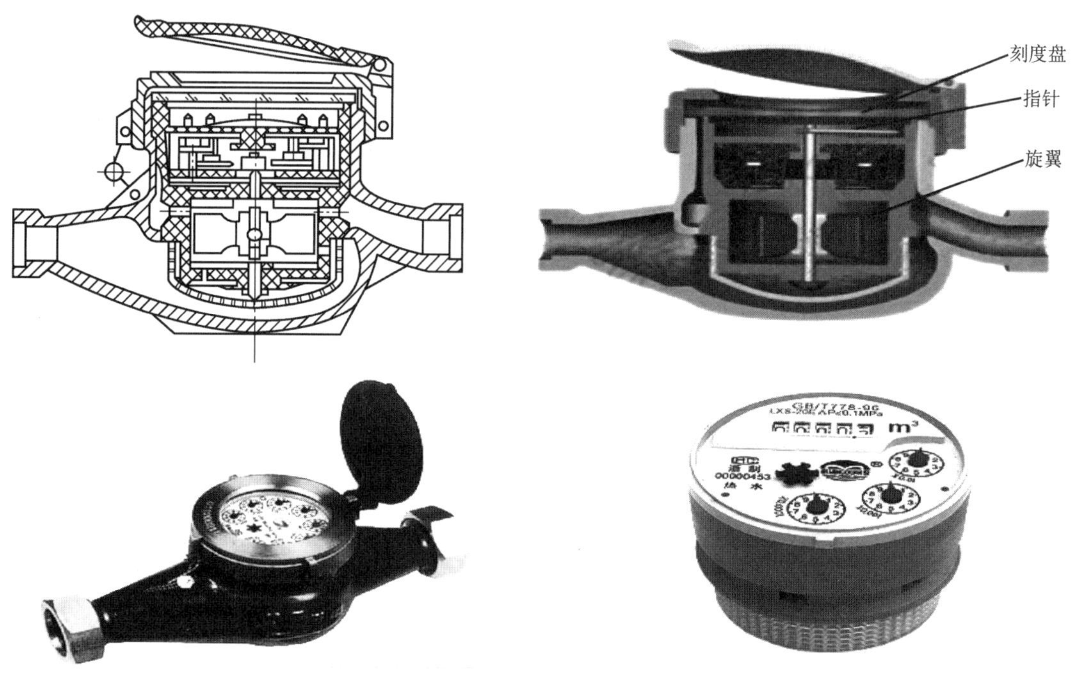

图 2-29　旋翼式水表

流速式水表按其计数机件所处状态又分干式和湿式两种。干式水表的计数机件用金属圆盘与水隔开，精确度较差，仅用于水质浑浊的场合下。湿式水表的计数机件浸在水中，在计数度盘上装一块厚玻璃，用以承受水压。湿式水表机件简单，计量准确，密封性能好，但只能用在水中不含杂质的管道上，如果水质浊度高，将降低水表精度，对水表产生磨损，缩短水表寿命。

2. IC 卡智能水表

IC 卡智能水表是普通水表上附带有卡器，并通过其控制累计水量(金额)的水量(金额)计量器。该种水表在安装后，用户必须先交一定数量的水费，买好专用磁卡，将磁卡插入智能水表中，打开阀门才可供水，如图 2-31 所示。

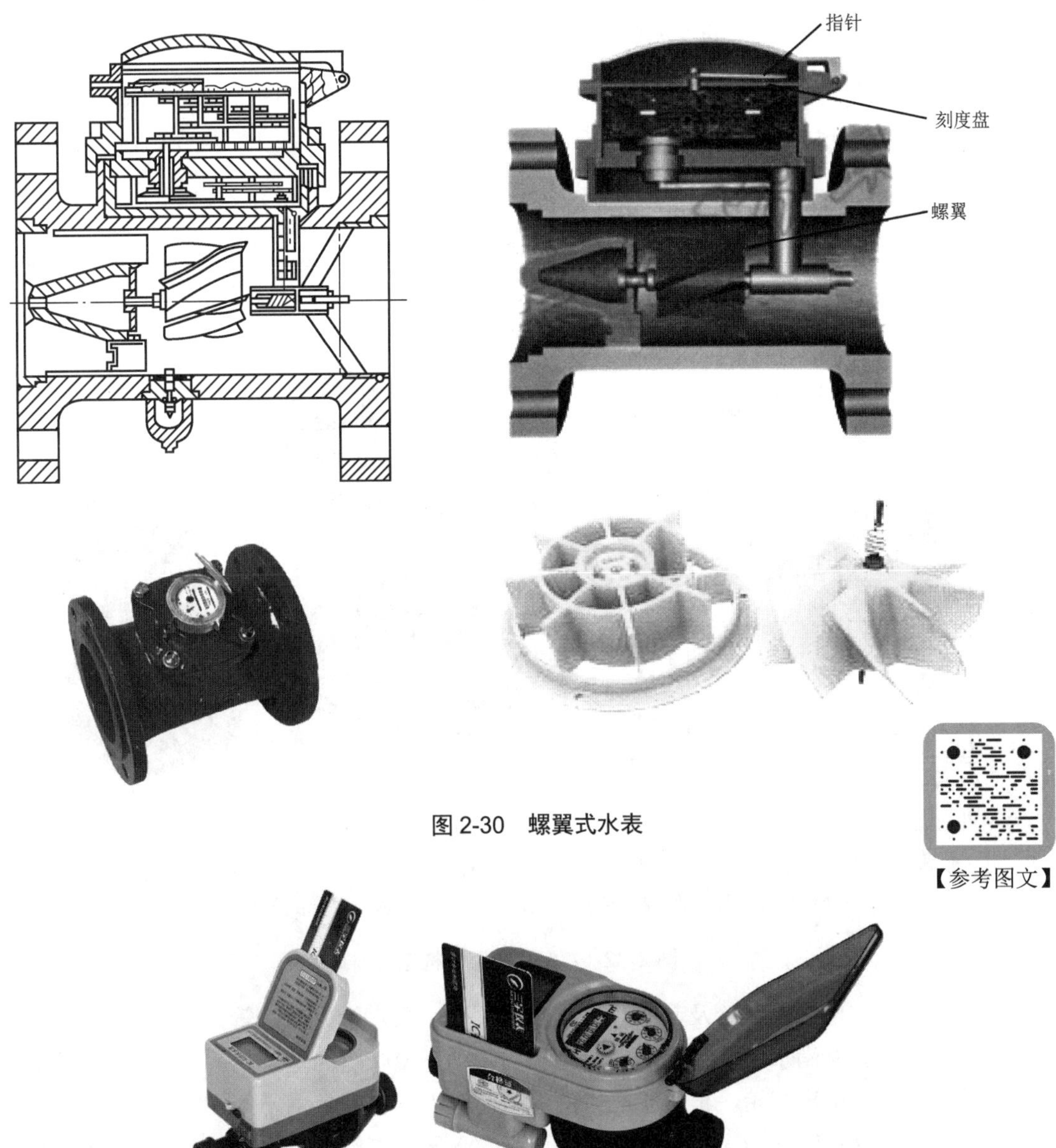

图 2-30　螺翼式水表

【参考图文】

图 2-31　IC 卡智能水表

2.3 给水设备

建筑供水的给水设备包括水泵、高位水箱及气压给水装置等。

2.3.1 水泵

水泵是将原动机的机械能传递给流体的一种动力机械，是提升和输送水的重要工具。水泵的种类很多，有离心泵、轴流泵、混流泵、活塞泵、真空泵等。这里介绍在水暖工程中常用的离心泵。

1. 离心泵的基本构造和工作原理

图 2-32 是一个单级离心泵的构造，主要由叶轮、泵壳、泵轴、轴承和填料函等组成。

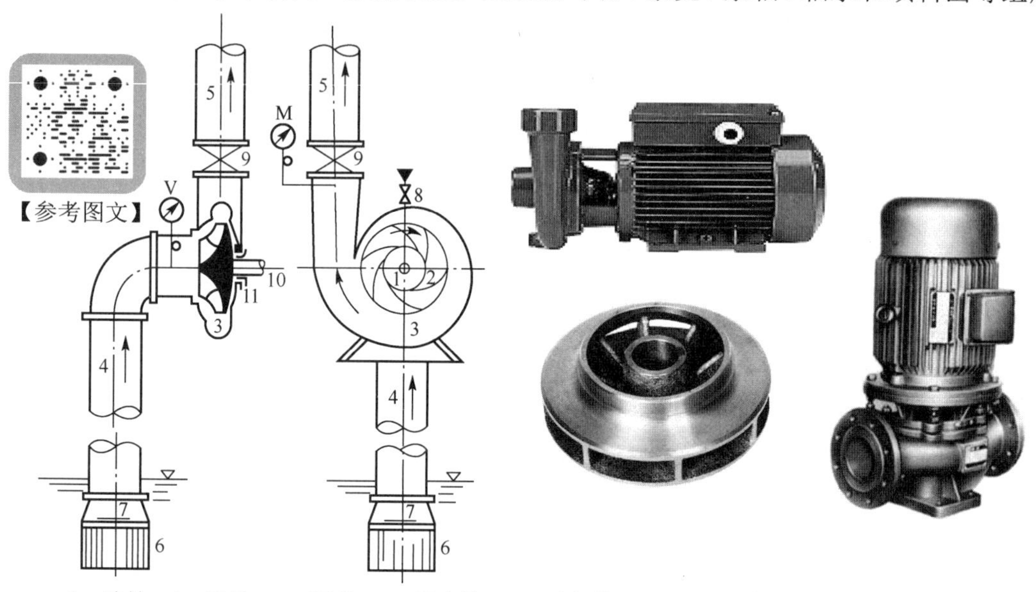

1—叶轮；2—叶片；3—泵壳；4—吸水管；5—压水管；6—拦污栅；7—底阀；8—灌水斗；9—阀门；10—泵轴；11—填料函；M—压力表；V—真空计

图 2-32 单级离心泵的构造

泵的主要工作部分有叶轮及其叶片、泵轴、泵壳、吸水管、压水管。泵在启动前必须先将泵壳与吸水管充满水，启动后，在电动机的带动下使叶轮高速旋转，在离心力的作用下，叶片间的水被甩出叶轮，再沿泵壳中的流道而流入压水管。由于水经叶轮甩出后获得了动能，又经泵壳后转化为很高的压能，因此水流入压水管时具有很大的压力，就可压向管网。同时在叶轮中心处，水被甩出而形成真空，水池的水便在大气压力的作用下，经吸水管不断地流入叶轮空间，由于叶轮的连续旋转，水泵就连续不断地吸水和压水。

为了保证水泵正常工作，还必须装设一些管路附件，如压力表、闸阀等，当水泵从水池吸水时，还应装设底阀、真空表等。

2. 水泵的基本性能参数

水泵的基本性能，通常用以下几个参数来表示。

(1) 流量

水泵在单位时间内输送的液体体积称为流量，以符号 Q 表示，单位为 m^3/h 或 L/s。

(2) 扬程

单位重量的液体通过水泵后所获得的能量称为扬程，以符号 H 表示，单位为 m。

特别提示

流量和扬程表明了水泵的工作能力，是水泵的主要性能参数，也是选择水泵的主要依据。

(3) 功率和效率

水泵的功率是水泵在单位时间内所做的功，也就是单位时间内通过水泵的液体所获得的能量，水泵的这个功率称为有效功率，以符号 N 表示，单位为 kW。电动机通过泵轴传递给水泵的功率称为轴功率，以符号 $N_{轴}$ 表示。轴功率大于有效功率，这是因为电动机传递给水泵的功率除了用于增加水的能量之外，还有一部分功率损失掉了，这些损失包括水泵转动时产生的机械摩擦损失，水在泵中流动时由于克服水力阻力而产生的水头损失等。

水泵的有效功率 N 与轴功率 $N_{轴}$ 比值称为水泵的效率，用符号 η 表示，即

$$\eta=\frac{N}{N_{轴}}\times 100\% \tag{2-1}$$

特别提示

效率 η 是评价水泵性能的一项重要指标。小型水泵效率为 70%左右，大型水泵可达 90%以上，但一台水泵在不同的流量、扬程下工作时，其效率也是不同的。

(4) 转速

转速指的是水泵叶轮的转动速度，以每分钟转动的转数来表示，符号为 n，单位为 r/min。常用的转速为 2900r/min、1450r/min、960r/min。选用电动机时，必须使电动机的转速与水泵转速相一致。

(5) 吸程

吸程也称作允许吸上真空高度，是指水泵在标准状态下(即水温为 20℃，水面压力为一个标准大气压)运转时，进口处允许产生的真空度数值，一般为生产厂家以清水做试验得到的发生汽蚀时的吸水扬程减去 0.3m，以符号 H_s 表示。

特别提示

吸程是确定水泵的安装高度时使用的重要参数，单位为 m。

3. 水泵的隔振

水泵在运行时有很大的噪声，当对邻近建筑物或房间有影响时，应采取隔振措施。水泵隔振主要包括下列内容：水泵机组隔振，管道隔振，支架隔振。水泵机组隔振可采用橡胶隔振垫、橡胶隔振器或弹簧阻尼隔振器。管道隔振是在水泵的进、出水管处设置可曲挠管道配件。支架隔振是选用弹性支架、弹性托架和弹性吊架。水泵隔振安装结构，如图 2-33 所示。

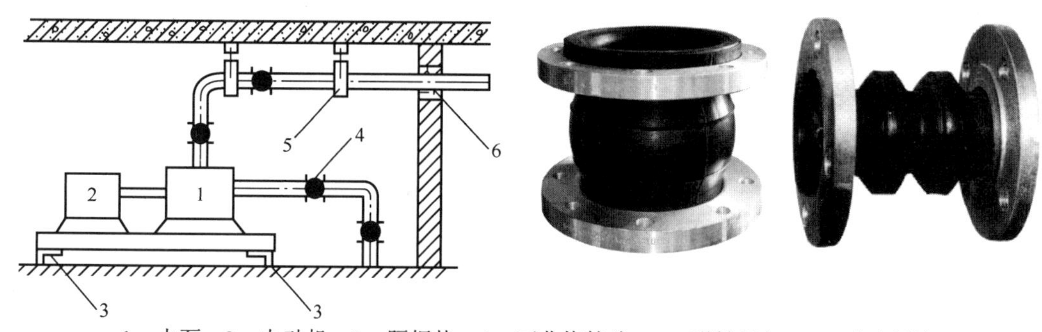

1—水泵；2—电动机；3—隔振垫；4—可曲挠接头；5—弹性吊架；6—玻璃纤维

图 2-33　水泵隔振安装结构

2.3.2 高位水箱

水箱设在建筑物给水系统的最高处，其目的是储存用水，调节用水量和稳定供水水压。

水箱有圆形和矩形两种，可用钢板或钢筋混凝土制成。钢板水箱自重小，容易加工，工程上采用较多，但其内外表面均应防腐，并且水箱内表面涂料不应影响水质。钢筋混凝土水箱经久耐用，维护方便，不存在腐蚀问题，但自重较大，如果建筑物结构允许应尽量考虑采用。

【参考图文】

1. 水箱附件

水箱应设进水管、出水管、溢流管、泄水管、通气管、水位信号装置，以及液位计、人孔、内外爬梯等附件，如图 2-34、图 2-35 所示。

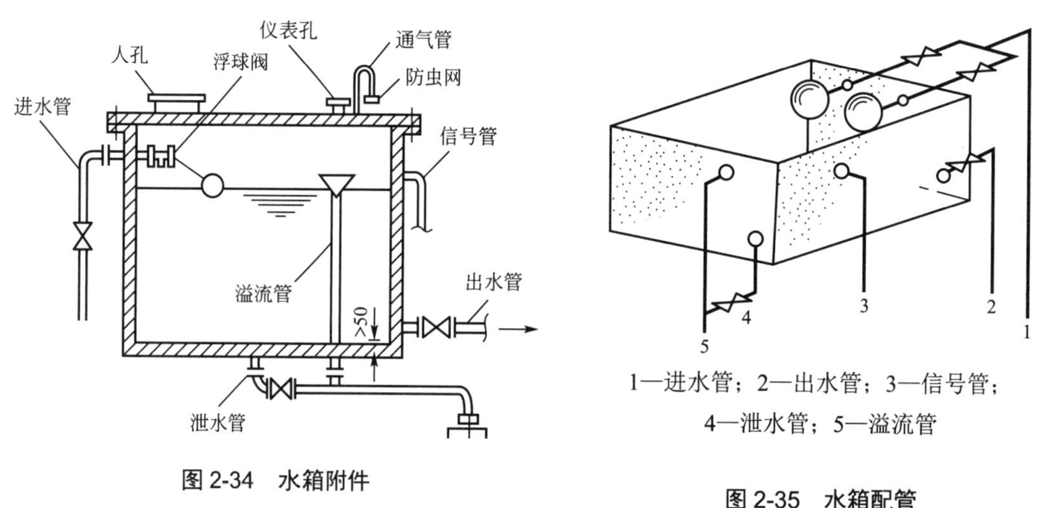

图 2-34　水箱附件

1—进水管；2—出水管；3—信号管；
4—泄水管；5—溢流管

图 2-35　水箱配管

(1) 进水管

水箱进水管一般从侧壁接入，也可以从底部或顶部接入。当水箱利用管网压力进水时，其进水管出口处应设浮球阀或液压阀。浮球阀一般不少于两个。浮球阀直径与进水管直径相同，每个浮球阀前应装有检修阀门。

(2) 出水管

水箱出水管可从侧壁或底部接出。从侧壁接出的出水管内底或从底部接出的出水管口顶面，应高出水箱底 50mm。出水管口应设置闸阀。水箱的进、出水管宜分别设置，当进、出水管为同一条管道时，应在出水管上装设止回阀。当需要加装止回阀时，水箱进出管宜在水箱不同侧分别设置，以使水箱内的水经常流动，以免水质变坏。

(3) 溢流管

溢流管管口设在水箱允许最高水位以上 50mm，管径应按水箱最大流入量确定，一般比进水管大一级。溢流管上不得装设阀门，不得与排水管直接连接，必须采用间接排水，溢流管应设防止尘土、昆虫和蚊蝇等进入的滤网。

(4) 泄水管

泄水管装在水箱底部，用以泄水。管径不得小于 *DN*50，管上应设阀门，可与溢流管连接后用同一管道排水，但不得与排水管道直接连接。

(5) 通气管

通气管设在饮用水箱的密封盖上，管上不应设阀门，管口应朝下，并设防止尘土、昆虫和蚊蝇进入的滤网，通气管径一般宜为 100～150mm。

(6) 水位信号装置

水位信号装置是反映水位控制阀是否失灵的信号装置，可采用自动液位信号计，设在水箱内。若在水箱未装液位信号计时，可设信号管给出溢水信号。信号管一般自水箱侧壁接出，其设置高度应使管内底低于溢流管底或喇叭口溢流水面 10mm，管径一般采用 *DN*15～*DN*20。信号管可接至经常有人值班房间内的洗脸盆和洗涤盆等处。若需随时了解水箱水位，也可在水箱侧壁便于观察处，安装玻璃液位计。

(7) 液位计、人孔、内外爬梯等附件(略)

2. 水箱的安装和布置

水箱间的位置应便于管道布置，尽量缩短管线长度；水箱间应有良好的通风、采光和防蚊蝇措施，室内最低气温不得低于 5℃；水箱间的承重结构应为非燃烧材料；水箱间的净高不应低于 2.2m，同时还应满足水箱布置间距要求，见表 2-5。

表 2-5 水箱布置间距 (单位：mm)

形式	箱外壁至墙面的距离		水箱之间的距离	箱顶至建筑最低点的距离
	有管道一侧	无管道一侧		
圆形	0.8	0.7	0.7	0.8
矩形	1.0	0.7	0.7	0.8

钢制水箱安装用横钢梁或钢筋混凝土支墩支承。为防止水箱底与支承的接触面腐蚀，要在它们之间垫以石棉橡胶板、橡胶板或塑料板等绝缘材料，热水箱底的垫板还应考虑材料的耐热要求，水箱底距地面宜有不小于 800mm 的净空高度，以便安装管道和进行检修。

2.3.3 气压给水装置

【参考图文】

气压给水装置俗称“无塔上水器”，其作用与高位水箱或水塔相同，可以调节和储存水量，保持所需压力。由于供水压力是由罐内的压缩空气提供的，所以罐体的安装高度可不受限制，对于不宜设置水塔和高位水箱的场所，如地震区建筑物、隐蔽的国防工程、建筑艺术以及消防要求较高的建筑物等都可以采用。气压给水装置的优点是投资少，建设速度快，容易拆迁，灵活性大，不妨碍美观；与高位水箱和水塔相比，气压给水装置的水质不易被污染，但调节能力小，经常性费用高，耗用钢材较多，而且有效容积较小，供水压力变化幅度较大，不适于用水量大和要求水压稳定的用水对象。

气压给水装置一般由密封罐、水泵、空气压缩机和控制设备等组成。图 2-36 为一种最简单的变压式单罐气压给水装置，其工作原理是密封罐内空气的起始压力高于给水系统所必需的设计压力，水在压缩空气的作用下，被送往配水点。随着罐内水量的减少，空气压力相应减小，当水位下降到最低值时，压力也减少到规定的下限值，在压力继电器的作用下，水泵自动启动，将水压入罐内，当罐内水位逐渐上升到最高值时，压力也达到了规定的上限值，压力继电器切断电路，水泵停止工作，如此循环往复。

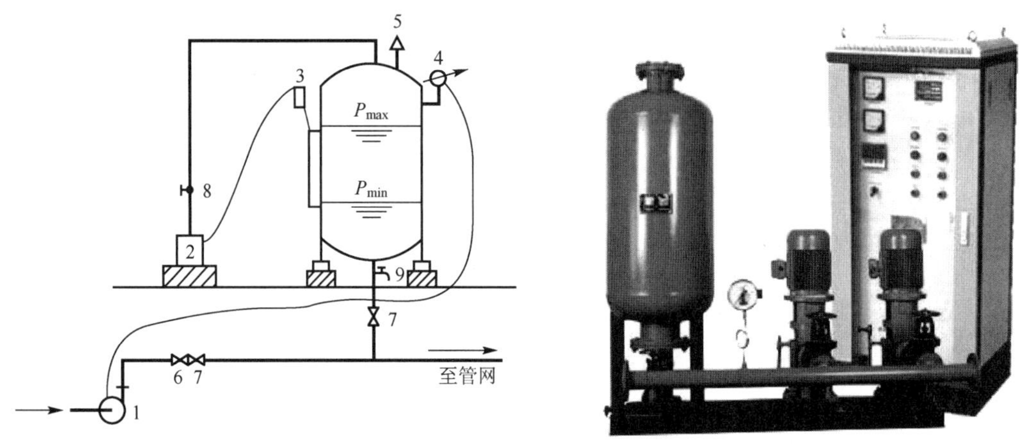

1—水泵；2—空气压缩机；3—水位继电器；4—压力继电器；
5—安全阀；6—止回阀；7—阀门；8—截止阀；9—放水阀

图 2-36 变压式单罐气压给水装置

一般密封罐中的水与空气接触，经过一段时间后，罐中的压缩空气量由于溶解于水并随之流入管网而逐渐减少，如不补充空气就会失去升压作用，因此设置了补气装置。当罐内空气减少，水位上升至设计最高水位时，水面与水位继电器触点接触，空气压缩机被启动，向罐内补气；当罐内气压逐渐增加，水面就随着下降，当与水位继电器的触点脱离时，空气压缩机就停止运转。这种补气方法补气比较可靠，但增加了设备费用，同时由于随着空气的补入，还会把空气压缩机中的润滑油一起带入水中而污染水质，为此，出现了目前常用的隔膜式气压给水装置，即在罐内设置橡胶隔膜，将水、气隔开，由于水、气不接触，空气不受损失，水质不受污染，因此不需补气设备。此种装置较一般气压给水装置既节省动力，又不污染水质，保证卫生条件，是一种较好的气压给水装置，如图2-37所示。

此装置对隔膜材料的质量要求十分严格，为防隔膜材料的老化，国内的做法是罐内橡胶袋采用夹布橡胶或软橡胶，一次或分次粘拼。橡胶应无毒、无味，要有良好的气密性。

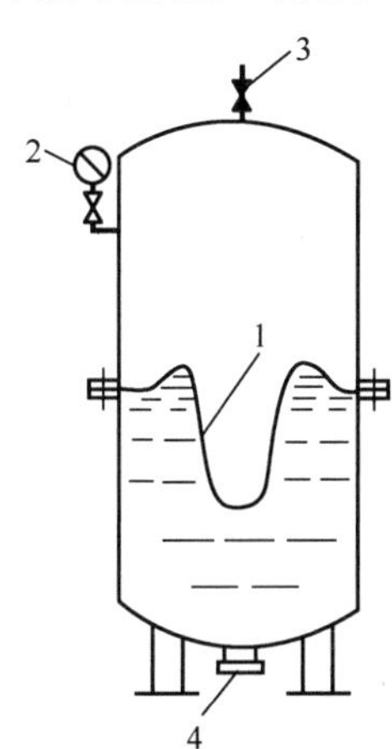

1—橡胶隔膜；2—压力继电器；3—补气阀；4—进、出口

图2-37 隔膜式气压给水装置

2.4 给水管道的布置与敷设

合理地布置室内给水管道和确定管道的敷设方式，可以保证供水的安全可靠，节省工料，同时便于施工和日常维护管理。管网布置的总原则：缩短管线、减少阀门、安装维修方便、不影响美观。

2.4.1 引入管和水表节点

1. 引入管

引入管将水从室外管网引入室内，引入管力求简短，铺设时常与外墙垂直，引入管的位置，结合室外给水管网的具体情况，由建筑物用水量最大处接入；在居住建筑中，如卫生器具分布比较均匀，则从房屋中央接入。在选择引入管的位置时，应考虑便于水表安装与维修，同时要注意与其他地下水管线保持一定的距离。一般的建筑物设一根引入管，单向供水。对不允许间断供水及用水量大、设有消防给水系统的大型或多层建筑，应设两根及以上引入管，在室内连成环状或贯通枝状供水。引入管的埋设深度主要根据城市给水管网及当地的气候、水文地质条件和地面的荷载而定。在寒冷地区，引入管应埋在冰冻线以下 0.15m 处。生活给水引入管与污水排出管管外壁的水平距离不宜小于 1.0m，引入管应有不小于 0.3%的坡度，坡向室外给水管网。

引入管穿越承重墙的基础时，应注意管道保护。如果基础埋层较浅时，管道可以从基础底部穿过，如图 2-38(a)所示；如果基础埋层较深，则引入管将穿越承重墙的基础墙体，如图 2-38(b)所示，此时应预留洞口，管顶上部净空高度一般不小于 0.15m。

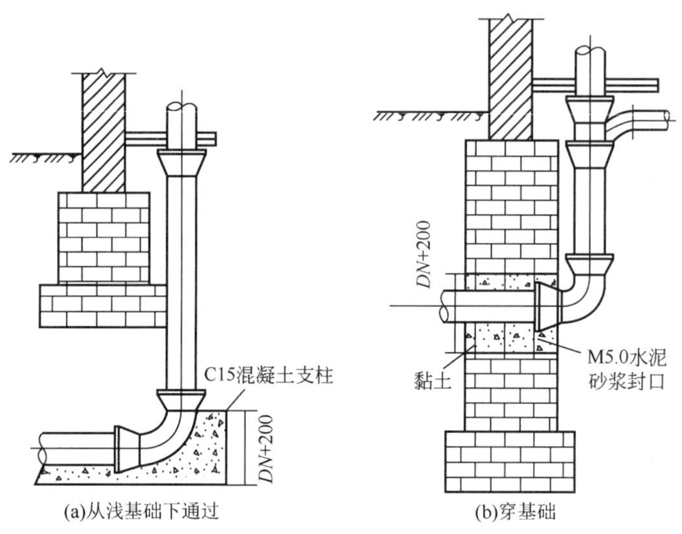

(a)从浅基础下通过　　(b)穿基础

图 2-38　引入管进入建筑物

2. 水表节点

必须单独计量水量的建筑物，应在引入管上装设水表。为检修水表方便，水表前后应设阀门，水表后可设止回阀和放水阀。放水阀主要用于检修室内管路时，将系统内的水放空与检验水表灵敏度，对因断水而影响正常生产的工业、企业建筑，当只有一条引入管时，应绕水表设旁通管。水表节点如图 2-39 所示。

水表节点在我国南方地区可设在室外水表井中，井距建筑物外墙 2m 以上；在寒冷地区常设于室内的供暖房间内。

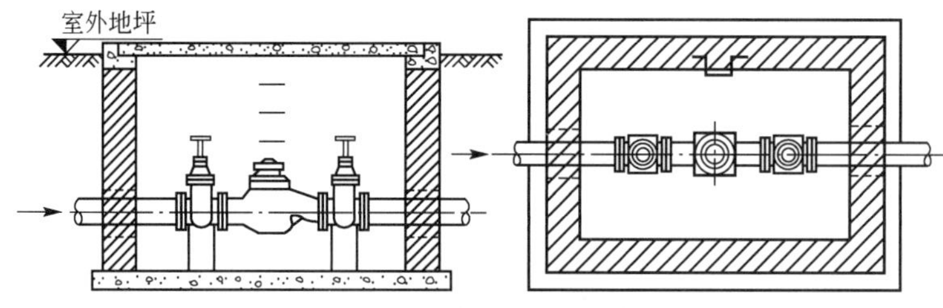

(a)不设旁通管的水表节点

图 2-39　水表节点

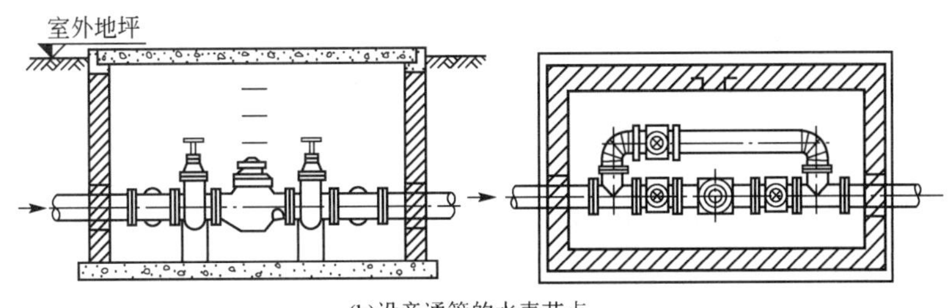

(b)设旁通管的水表节点

图 2-39 水表节点(续)

2.4.2 室内给水管道布置

室内给水管道的布置与建筑性质、外形、结构状况、卫生器具布置及采用的给水方式有关，一般要布置成枝状，单向供水。对于不允许中断供水的建筑物，在室内应连成环状，双向供水，如消火栓给水系统。

特别提示

室内给水管道布置应遵循以下几点原则。

① 力求长度最短，尽可能呈直线走，平行于墙、梁、柱，照顾美观，并考虑施工检修方便。

② 给水干管应尽可能靠近用水量最大或不允许中断供水的用水处，在保证供水可靠的情况下，使大口径管道长度最短。

③ 埋地给水管道应避免布置在可能被重物压坏或设备振动处，管道不得穿过设备基础。

④ 工厂车间内的管道不得妨碍生产操作，不得布置在遇水能引起爆炸、燃烧或损坏原料、产品、设备的地方。

⑤ 给水管道不得穿过伸缩缝，必须通过时，应采取相应的技术措施。

⑥ 给水管道可与其他管道同沟或共架敷设，但给水管应布置在排水管、冷冻管的上面，热水管或蒸汽管的下面。

⑦ 给水管道不易与输送易燃易爆或有害的气体及液体的管道同沟敷设。

⑧ 给水管道横管应有 0.2%～0.5%的坡度坡向泄水装置。

⑨ 给水立管穿过楼层时需加套管，在土建施工时要预留孔洞。

2.4.3 给水管道的敷设

根据建筑对卫生、美观方面的要求不同，管道敷设可分为明装和暗装两种。

1. 明装

管道的明装是指管道在室内沿墙、梁、柱、天花板下、地板旁暴露敷设。管道的明装造价低，便于安装维修；但是存在不美观，易凝结水，积灰，妨碍环境卫生等方面的缺点。

2. 暗装

管道的暗装是指管道敷设在地下室或吊顶中，或在管井、管槽、管沟中隐蔽敷设。管道的暗装卫生条件好，美观，但造价高，施工维护均不便。对于建筑标准高的建筑，如高层建筑、宾馆，要求室内洁净无尘的车间，如精密仪器、电子元件等场所应进行暗装敷设。室内给水管道可以与其他管道一同架设，应当考虑安全、施工、维护等要求。

3. 敷设要求

① 给水管道在穿过建筑物内墙及楼板时，一般均应预留孔洞或设置金属或塑料套管，安装在楼板内的套管，其顶部应高出装饰地面 20mm；安装在卫生间及厨房内的套管，其顶部应高出装饰地面 50mm，底部应与楼板底面相平；安装在墙壁内的套管，其两端与饰面相平。暗装管道在墙中敷设时，也应预留墙槽，待管道装好后，用水泥砂浆堵塞，以防孔洞墙槽影响结构强度。横管穿过预留洞时，管顶上部净空不能小于建筑物的沉降量，以保护管道不致因建筑沉降而损坏，一般不小于 0.1m，敷设具体要求见表 2-6。

表 2-6 给水管道预留孔洞、墙壁尺寸(mm)

管道名称	管径	明装管道		暗管墙槽尺寸宽×深
		留孔尺寸长(高)×宽	管外皮距墙面距离	
立管	≤25	100×100	25～35	130×130
	32～50	150×150	30～50	150×130
	75～100	200×200	50	200×200
两根立管	≤32	150×100	—	200×130
横支管	≤25	100×100	—	60×60
	32～40	150×130	—	150×100
引入管	≤100	300×300	—	—

② 管道在空间敷设时，必须采取固定措施，以保证施工方便和安全供水。固定水平管道常用的支、托架如图 2-40 所示。给水立管当层高不大于 5m 时，一般每层安装 1 个管卡，距地面高度 1.5～1.8m。当层高大于 5m 时，则每层须安装 2 个管卡，均匀安装。钢管水平安装管道支架最大间距见表 2-7。

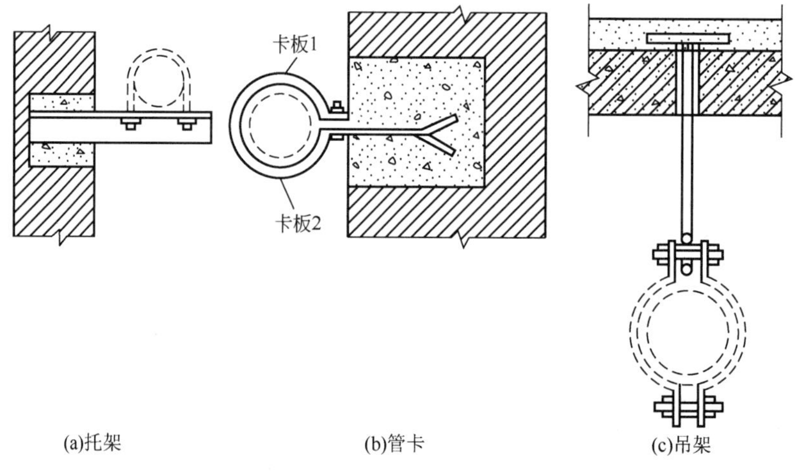

图 2-40 支、托架

表 2-7 钢管水平安装管道支架最大间距

公称直径 DN/mm		15	20	25	32	40	50	70	80	100	125	150
支架的最大间距/m	保温管	2	2.5	2.5	2.5	3	3	4	4	4.5	6	7
	非保温管	2.5	3	3.25	4	4.5	5	6	6	6.5	7	8

建筑内给水管道的安装

建筑内给水管道的安装包括生活给水、消防及生活热水管道的施工。一般按引入管(总管)→水平干管→立管→横支管→支管的顺序施工。

1. 建筑内给水管道安装的技术要求

① 管道穿越建筑物基础，墙、楼板的孔洞和暗装时管道的墙槽，应配合土建预留。

② 管道穿过墙壁和楼板，应设置金属或塑料套管。穿过楼板的套管与管道之间的缝隙应用阻燃密实材料和防水油膏填实，端面光滑。穿墙套管与管道之间的缝隙宜用阻燃密实材料填实，且端面应光滑。管道的接口不得设在套管内。

③ 管道支、吊、托架的安装，应符合下列规定。

a. 位置正确，埋设应平整牢固。

b. 固定支架与管道接触应紧密，固定应牢靠。

c. 滑动支架应灵活，滑托与滑槽两侧间应留有 3～5mm 的间隙，纵向移动量应符合设计要求。

d. 固定在建筑结构上的管道支、吊架不得影响结构的安全。

④ 直埋管在室外部分要考虑冰冻线深度和地面荷载情况，室内直埋管应避免穿越柱基，埋深不应小于 500mm。管道及其支墩严禁铺设在冻土和未经处理的松土上。

⑤ 隐蔽管道和给水、消防系统的水压试验及管道冲洗，应按规定执行。

⑥ 生活给水管、消防管，应根据需要及设计要求，进行保温处理，以防止结露。

⑦ 除敷设于地下室的给水管道外，给水引入管(总管)入户处均应设竖井，并盖活动盖板以便于维修，而且应设置总阀(或装水表组)，以利启闭与调节。

⑧ 管道安装用螺纹连接时，凡采用管段原有螺纹，均应检查螺纹的完整情况，并应切去 2～3 个螺纹，重新套丝，以保证连接的严密。

2. 建筑内给水管道的安装

① 引入管的安装。引入管穿过建筑物基础时，应按图 2-41 所示的要求施工，并妥善封填预留的基础孔洞。当有防水要求时，给水引入管应采用防水套管，常用的刚性防水套管如图 2-42 所示。

引入管底部宜用三通管件连接，三通底部装泄水阀或管堵，以利管道系统试验及冲洗时排水，引入管在室外的埋深应大于当地的冰冻深度。

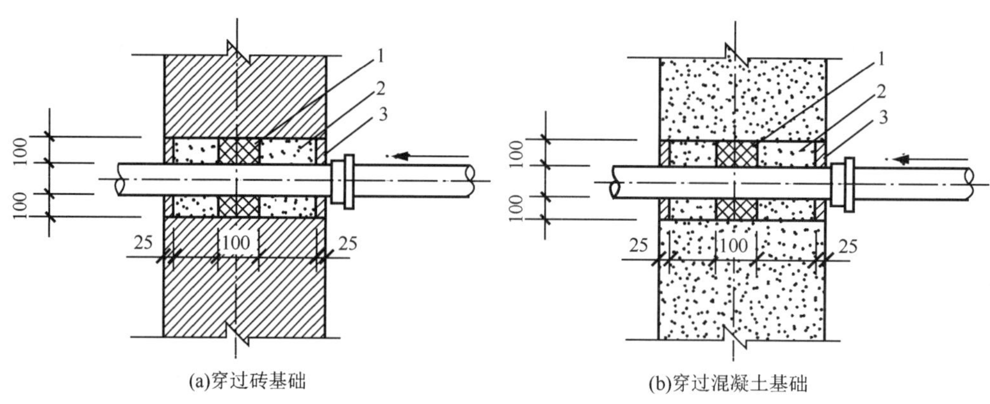

1—沥青油麻；2—黏土捣实；3—5.0#水泥砂浆

图 2-41　引入管穿过建筑物基础

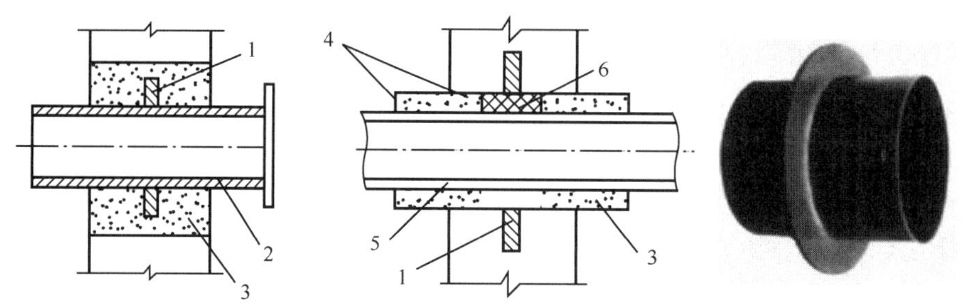

1—翼环；2—钢管；3—石棉水泥；4—挡圈；5—钢套管；6—油麻

图 2-42　刚性防水套管

② 给水干管的安装。给水干管对下分式系统，可置于地下室楼板下、地沟内或沿一层地面拖地安装，对上分式系统可明装于顶层楼板下，也可暗装于屋顶内、吊顶内或技术层内。所有暗装给水干管均应在压力试验合格后，方可进行隐蔽。

给水干管的安装程序如下。

a. 管子的调直与刷油。

b. 管子的定位放线及支架安装。

依据施工图所要求的干管走向、位置、标高和坡度，检查预留孔洞。如未预留孔洞时，应打通干管需穿越的隔墙洞，挂通线弹出管子安装的坡度线。在此管中心坡度线下方，画出支架安装打洞位置方块线，即可安装支架。

c. 管子的上架与连接。

对焊接连接的干管，直线部分可整根管子上架，弯曲部分应在地面上焊好弯管后上架。

干管如采用焊接连接时，对口应不错口并留有对口间隙(1.5mm)，点焊后调直管道最后焊死。

③ 给水立管的安装。给水立管可分为明装或暗装，暗装即安装于管道竖井内或墙槽内。

立管预制以楼层管段长度为单元。每安装一层立管，均应使其就位于立管安装中心线上，并用立管卡予以固定。立管卡的安装高度宜为 1.5m。

给水立管与排水立管并行时，应置于排水立管的外侧，与热水立管(蒸汽立管)并行时，应置于热水立管的右侧。

从地下室、地沟干管上接出给水立管时，应用 2～3 个弯头引向地面上(或墙槽内)，如图 2-43 所示。立管穿越各层楼板时，应加钢套管。

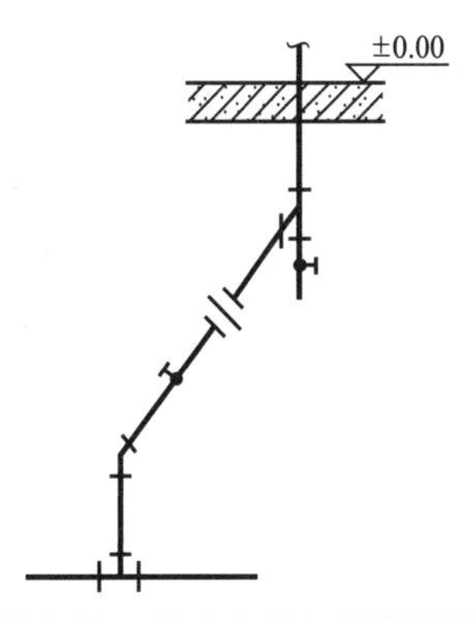

图 2-43　给水立管与干管连接

④ 给水横支管的安装。给水系统的横支管安装应具有不小于 0.2%的坡度。

⑤ 给水管道的特殊处理。

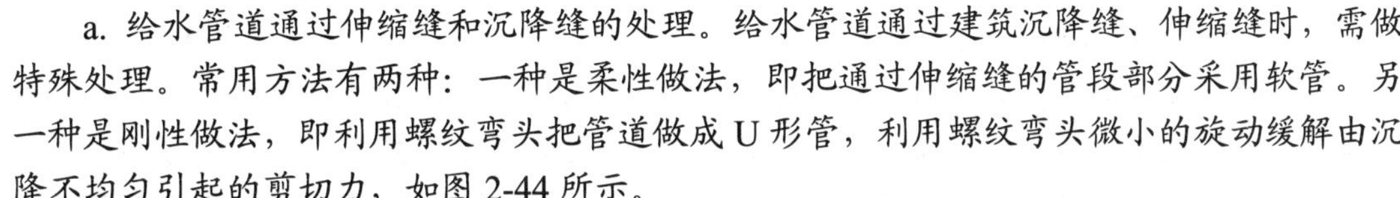

a. 给水管道通过伸缩缝和沉降缝的处理。给水管道通过建筑沉降缝、伸缩缝时，需做特殊处理。常用方法有两种：一种是柔性做法，即把通过伸缩缝的管段部分采用软管。另一种是刚性做法，即利用螺纹弯头把管道做成 U 形管，利用螺纹弯头微小的旋动缓解由沉降不均匀引起的剪切力，如图 2-44 所示。

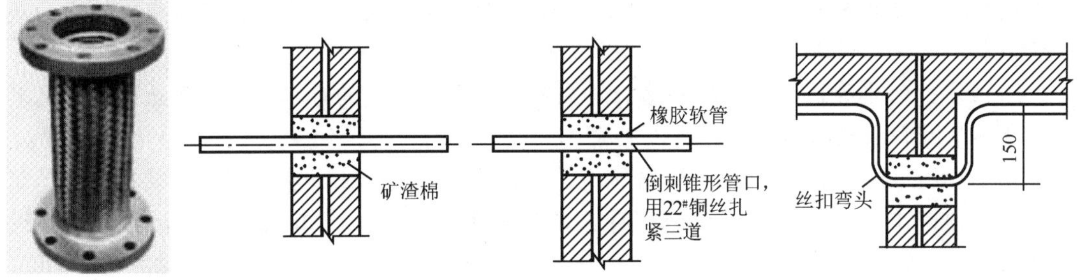

图 2-44　管道穿过伸缩缝的做法

b. 给水管道的防噪声处理。给水管道的噪声源主要来自水泵运行，水流速度较大，阀门或水嘴启闭引起的水击等。减弱和消除这些噪声的措施除了在设计方面采用合理流速、水泵减振等方法外，从安装角度考虑，主要是利用吸声材料隔离管道与其依托的建筑实体的硬接触。如暗装管和穿墙套管填充矿渣棉、管道托架及立管卡和管子之间的衬垫橡胶或毛毡，水嘴采用软管连接等。

室内给水工程的验收

室内给水工程的验收包括室内给水管道的试压、冲洗及消毒。

1. 室内给水管道的试压

① 水压试验，是在管道系统施工完毕后，对其管道的材质、配件结构的强度和接口严密性检查的必要手段，是确保管道系统安全使用功能的关键措施，也是管道安装质量检验评定中的保证项目之一。室内给水管道系统水压试验适用范围：室内生活用水、消防用水和生活(生产)与消防合用的管道系统，工作压力不大于 0.6MPa 的管道工程。

② 水压试验操作程序。

a. 向管道系统注水：水压试验是以水为介质，可用自来水，也可用未被污染、无杂质、无腐蚀性的清水为介质。向管道系统注水时，水压试验的充水点和加压装置，一般应选在系统或管段的较低处，以利于低处进水、高处排气。当注水压力不足时，可采取增压措施。注水时需将给水管道系统最高处用水点的阀门打开，关闭最低处的排水阀，连接好进水管、压力表和打压泵等，待管道系统内的空气全部排净见水后，再将阀门关闭，此时表明管道系统注水已满(可反复关闭数次进行验证)。

b. 向管道系统加压：管道系统注满水后，启动加压泵使系统内水压逐渐升高，先升至工作压力，停泵观察。当各部位无破裂、无渗漏时，再将压力升至试验压力，其试验压力不应小于 0.6MPa。生活饮用水和生产与消防合用的管道，试验压力应为工作压力的 1.5 倍，但不得超过 1.0MPa。管道试压标准是在试验压力下，10min 内压力降不大于 0.05MPa，表明管道系统强度试验合格。然后再将试验压力缓慢降至工作压力，再做较长时间观察，此时全系统的各部位仍无渗漏，则管道系统的严密性为合格。只有强度试验和严密性试验均合格时，水压试验才算合格。在气温低于 0℃时进行水压试验，应采用严格的防冻措施，并用 50℃左右的热水进行试验，或在水中掺入 20%～30%的盐，以冷盐水试验。冬季进行水压试验时，应准备充分，动作迅速，以不超过 2～3h 结束试验为好。最后将工作压力逐渐降为零。至此，管道系统试压全过程才算结束。

c. 泄水：给水管道系统试压合格后，应及时将系统低处的存水泄掉，防止积水，尤其避免在冬季因积水冻结而破坏管道。

③ 填写管道系统试压记录：填写管道系统试压记录时，应如实填写试压实际情况。试压记录是管道工程的重要技术资料，存入工程技术档案里，随工程的完工，转交给建设单位留存。

2. 室内给水管道的冲洗

先冲洗给水管道系统底部干管，后冲洗各环路支管。

冲洗时，应把已安装的水表拆下，并加以短管代替。由给水入户管控制阀前接临时供水入口向系统供水。关闭其他支管的控制阀门，只开启干管末端支管(一根或几根)最底层的阀门，由底层放水并引至排水系统内。观察出水口处水质的变化。底层干管冲洗后再依次冲洗各分支(一支或几支)环路。直至全系统管路冲洗完毕为止。冲洗后如实填写冲洗记录，存入工程技术档案内。

冲洗时应符合下述几项技术要求。

① 冲洗时水压应大于系统供水的工作压力。

② 出水口处的管径截面不得小于被冲洗管径截面的 3/5(即出水口管径应比被冲洗管径小 1 号)。出口管径截面大，出水流速低即无冲洗力；出口管径截面小，出水流速大，不好控制和观察。

③ 出水口处的排水流速 $v \geq 1.5$m/s。

④ 控制冲洗水管管径与流速的关系。

3. 室内给水管道的消毒

对于室内饮用给水管道，应先进行管路的冲洗，再进行管路的消毒，然后用饮用水再冲洗。进行消毒处理时，先将漂白粉放入桶内加以溶解，然后用含 20～30mg/L 游离氯的水灌满管道，浸泡 24h 以上，再用饮用水冲洗，并经有关部门取样检验，直至合格为止。

2.4.4 管道的防护

1. 防腐

不论明装或暗装的管道和设备，都必须做防腐处理。通常的防腐做法是管道除锈后，在外壁刷防腐涂料。明装的管道刷外防锈底漆一道，面漆两道；暗装和埋地管道均应采用有足够的耐压强度，与金属有良好的黏结性，以及防水性、绝缘性和化学稳定性能好的材料做管道防腐层。如环氧煤沥青防腐层即在管道外壁刷底漆后，再刷环氧煤沥青面漆，然后外包玻璃布。管道外壁所做的防腐层数，可根据防腐要求确定。铸铁管因自身具有较好的防腐性能，可只刷沥青漆。

2. 防冻与防结露

设在温度低于 0℃以下位置的设备和管道，如寒冷地区的屋顶水箱，冬季不供暖的室内和阁楼中的管道以及敷设在受室外冷空气影响的门厅、过道等处的管道，均应采取保温防冻措施。常用的防冻做法是：管道除锈后，包扎矿渣棉、石棉硅藻土、玻璃棉、膨胀蛭石或泡沫水泥瓦等做保温层，外包玻璃布、涂漆等做保护层。

给水管道明装在湿热气候条件下或空气湿度较高的房间，如厨房、洗涤间或某些车间等，由于管道内的水温较低，空气中的水分会凝结成水珠附着在管道表面，严重时还会产生滴水、管道结露现象，不但会加速管道的腐蚀，还会影响建筑的使用，如使墙面受潮、粉刷层脱落，影响墙体质量和建筑美观。防结露措施与管道保温方法相同。

3. 防漏

管道布置不当或管材质量和施工质量低劣，均能导致管道漏水。管道漏水不仅浪费水，影响给水系统正常供水，而且还会损坏建筑物。特别是湿陷性黄土地区，管道漏水将会造成土壤湿陷，严重影响建筑物基础的稳固性，是绝对不允许的。防漏的主要措施是避免将管道布置在易受外力损坏的位置，或采取必要的保护措施，避免其直接承受外力。并要健全管理制度，加强管材质量和施工质量的检查监督。在湿陷性黄土地区，可将埋地管道敷设在防水性能良好的检漏管沟内，一旦漏水，水可沿沟排至检漏井内，便于及时发现和检修。管径小的管道，也可敷设在检漏套管内。

4. 防噪声

当管道中水流速度过大时，启闭水嘴、阀门，易出现水锤现象，引起管道、附件的振动，不但会损坏管道附件造成漏水，还会产生噪声。为防止噪声污染，应控制管道的水流速度，在系统中尽量减少使用电磁阀或速闭型水栓。住宅建筑入户管的阀门后(沿水流方向)，宜装设家用可曲挠橡胶接头进行隔振。并可在管支架、吊架内衬垫减振材料，以减少噪声的扩散，如图 2-45 所示。

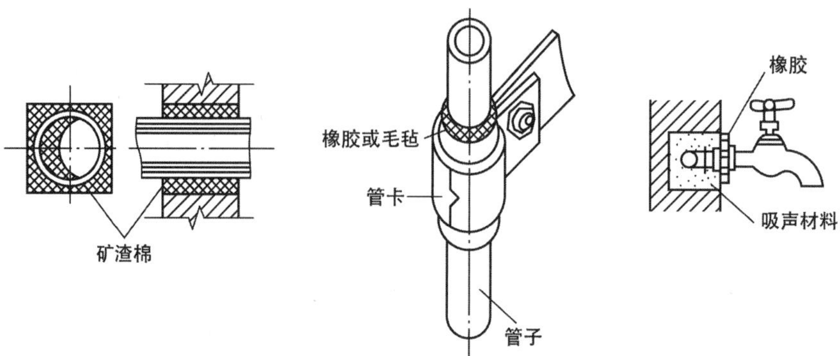

图 2-45　各种管道器材的防噪声措施

2.5　居住小区给水工程

2.5.1　居住小区的给水方式

一般工业与民用建筑小区的水源应首选城市自来水，小区的给水方式有以下类型。

1. 城市给水管网直接给水方式

城市给水管网直接给水方式即城市管网→小区管网→建筑物。

这一给水方式适用于城市给水管网的水压能满足建筑物直接给水的要求，或城市给水管网的水压能在夜间将水压入建筑物屋顶水箱，利用建筑物的屋顶水箱调节日间外管网水压的不足。

2. 小区集中加压给水方式

小区集中加压给水方式即城市管网→小区升压→建筑物。

当城市给水管网水量、水压不能满足小区给水要求时，整个小区由一个集中设置的加压泵房供水，当小区内各建筑物的高度相近时，应根据最不利点所需压力确定供水压力。当小区内各建筑物的高度相差较大时，可考虑分压供水。小区集中加压给水方式的优点是加压泵站集中设置，维护管理方便，节省投资。缺点是不能充分利用城市管网的压力，增加了能源消耗，如采用分压供水就会增加管网造价。

3. 小区内各建筑分散加压的给水方式

小区内各建筑分散加压的给水方式即城市管网→小区管网→建筑物升压(部分为城市管网→小区管网→建筑物)。

当城市给水管网水量、水压不能满足小区内的建筑物要求时，小区内的各建筑分别设置一个加压水泵房，每个水泵房只负责一栋楼或几栋楼的给水，此系统使用较为普遍。通常下面几层由市政给水管网直接供水，上面几层由水泵加压后供水。其优点是可以充分利用城市给水管网的压力，节约能源。缺点是水泵房分散布置，维护管理较麻烦，投资较大，有水泵振动噪声干扰。

4. 集中加压与分散加压相结合的给水方式

对建筑物高度相差较大的小区，城市给水管网水压不能满足小区给水要求，集中加压站的供水压力只满足一部分高度相近的建筑物对水压的要求，而另一部分较高的建筑物，则需另外进行加压。这种给水系统的优、缺点介于集中加压给水系统与分散加压给水系统之间。

2.5.2 小区给水管道的布置、敷设及管材

1. 小区给水管道布置与敷设原则

① 小区的给水管网宜布置成环状或与城市给水管道连成环网；小区支管和接户管可布置成枝状。小区干管宜沿用水量较大的地段布置，以最短距离向大用户供水。小区支管一般不宜布置在底层住户的庭院内。给水管网应尽量敷设在人行道和绿地下，便于检修和减少对道路交通的影响。

② 小区管线应进行综合布置，根据其用途、性能等合理安排，避免产生不良影响。如污水管应尽量远离生活给水管，减少生活用水被污染的可能性；金属管不宜靠近电力电缆，以免加速金属管的腐蚀。

③ 管道与建筑物及构筑物的水平最小净距见表 2-8。

表 2-8　给水管和排水管离建筑物及构筑物的水平最小净距　(单位：m)

名称	给水管		污水管	雨水管	排水沟
	d>200mm	d≤200mm			
建筑物	3～5	3～5	3.0	3.0	1.0
铁路中心线	4.0	4.0	4.0	4.0	4.0
城市型道路边缘	1.5	1.0	1.5	1.5	1.0
郊区型道路边沟边缘	1.0	1.0	1.0	1.0	1.0
围墙	2.5	1.5	1.5	1.5	1.0
照明及通信电杆	1.0	1.0	1.0	1.0	1.5
高压电线杆支座	3.0	3.0	3.0	3.0	3.0

④ 居住小区的室外给水管网与其他地下管线之间的最小净距应符合表 2-9 的规定。

⑤ 给水管道的埋深应大于冻土深度，在道路路面下的给水管覆土厚度应大于 0.7m，给水管应埋于排水管的上侧。当给水管与排水管排列发生冲突，给水管为压力管时，应使排水管避免垂直埋于给水管上侧。

表 2-9　居住小区的室外给水管网与其他地下管线之间的最小净距　(单位：m)

种类	给水管		污水管		雨水管	
	水平	垂直	水平	垂直	水平	垂直
给水管	0.5～1.0	0.1～0.15	0.8～1.5	0.1～0.15	0.8～1.5	0.1～0.15
污水管	0.8～1.5	0.1～0.15	0.8～1.5	0.1～0.15	0.8～1.5	0.1～0.15
雨水管	0.8～1.5	0.1～0.15	0.8～1.5	0.1～0.15	0.8～1.5	0.1～0.15
低压煤气管	0.5～1.0	0.1～0.15	1.0	0.1～0.15	1.0	0.1～0.15
直埋式热水管	1.0	0.1～0.15	1.0	0.1～0.15	1.0	0.1～0.15
热力管沟	0.5～1.0	—	1.0	—	1.0	—
电力电缆	1.0	直埋 0.5 穿管 0.25	1.0	直埋 0.5 穿管 0.25	1.0	直埋 0.5 穿管 0.25
通信电缆	1.0	直埋 0.5 穿管 0.15	1.0	直埋 0.5 穿管 0.15	1.0	直埋 0.5 穿管 0.15
通信及照明电缆	0.5	—	1.0	—	1.0	—

2. 小区给水管道布置与敷设

居住小区给水管道有干管、支管和接户管三类，布置顺序为干管→支管→接户管。

干管布置在小区道路或城市道路下，以最短距离向大用户供水。干管宜布置成环状或与城市管网连成环网，与城市给水管之间的连接管不宜少于 2 条，当其中 1 条发生故障时，其余连接管应能通过不小于 70%的设计流量。

支管布置在居住物群的道路下，与小区干管连接，一般为枝状。

接户管布置在建筑物周围人行便道或绿地下，与小区支管连接，向建筑物内供水。

居住小区室外给水管道外壁距建筑物外墙的净距不宜小于 1m，且不得影响建筑物的基础。

室外给水管道应布置在土壤冰冻线以下 0.15m，车行道下的管线覆土深度不宜小于 0.7m。为便于小区管网的调节和检修，应在居住小区给水管道从城市给水管道的引入管段上设置阀门。

以下管道需安装阀门。

① 居住小区室外环状管网的节点处，应按分隔要求设置阀门。

② 管段过长时，宜设置分段阀门。

③ 从居住小区给水干管上接出的支管起端应设置阀门；配水点在 3 个及 3 个以上的配水支管上应设置阀门。

④ 室外给水管道上的阀门，宜设置阀门井或阀门套筒。

3. 小区给水管管材

给水系统采用的管材、配件，应符合现行产品标准要求；生活饮用水给水系统所涉及的材料必须达到饮用水卫生标准；管道的工作压力不能大于产品标准允许的工作压力。小区给水管道的管材，应具有耐腐性和承受相应的面荷载的能力，当 *DN*>75mm 时可采用有内衬的给水铸铁管、给水塑料管和复合管；当 *DN*≤75mm 时，可采用给水塑料管、复合管或经可靠防腐处理的钢管、热镀锌钢管。由于给水铸铁管的韧性和高防腐蚀性能，且其连接方式也由普通给水铸铁管的油麻石棉水泥承插连接改进为橡胶圈承插连接，大大加快了施工速度，减小了漏水的可能，因此在小区给水工程中的应用也越来越普遍。

金属管材一般应采用适当的防腐措施。铸铁管及大口径钢管可采用水泥砂浆衬里，钢塑复合管就是钢管加强防腐性能的一种形式。铸铁管埋地前宜在管外壁刷冷底子油一遍、石油沥青两道；钢管(包括热镀锌钢管)埋地前宜在外壁刷冷底子油一道、石油沥青两道外加保护层(当土壤腐蚀性能较强时可采用加强级或特加强级防腐)；钢塑复合管埋地敷设，其外壁防腐标准同普通钢管。

居住小区中水系统介绍

党的二十大报告提出，实施全面节约战略，推进各类资源节约集约利用，加快构建废弃物循环利用体系。我国人均淡水资源量仅为世界平均水平的1/4，且时空分布极不平衡。在建筑给水系统中采用中水系统，既节约水资源，又减少污水排放，保护水环境。中水工程是由给水工程和排水工程派生出来的，其水质介于给水和排水之间。居住小区中水系统是指居住小区内排放的各种污、废水经集流、水质处理、配送等技术措施，回用于居住小区，用于冲洗便器、冲洗汽车、绿化和浇洒道路等杂用水的供水系统。

1. 小区中水系统的原水和水质

小区中水系统的原水取自居住小区内建筑物排放的污、废水。根据居住小区所在城市排水设施的完善程度，确定室内排水系统，但应使居住小区给排水系统与建筑内部给排水系统相配套。目前，居住小区内多为分流制，以优质杂排水或普通杂排水为中水水源。居住小区和建筑内部供水管网分为生活饮用水和杂用水双管配水系统。

居住小区中水水源的选择要依据水量平衡和技术经济比较来确定，并应优先选择水量充裕稳定、污染物浓度低、水质处理难度小、安全且居民宜接受的中水水源。

居住小区内建筑中水的选取，应根据所需中水水量按污染程度的不同优先选用污染程度轻的排水，可按以下顺序取舍：淋浴排水、盥洗排水、空调循环冷却水、洗衣排水、厨房排水、厕所排水。实际的建筑中水水源不是单一水源，多为上述几种水源的组合，所以综合考虑原排水的水质、水量状况以及中水供水量来选择中水水源的类型。

2. 小区中水系统的组成

小区中水系统由中水原水系统、中水处理设施、中水管道系统三部分组成。

(1) 中水原水系统

中水原水系统指收集、输送中水原水到中水处理设施的管道系统和一些附属构筑物。

(2) 中水处理设施

中水处理设施包括预处理设施、主要处理设施和后处理设施。

① 预处理设施用来截留大的漂浮物、悬浮物和杂物，主要设施有格栅、调节池、化粪池等。

② 主要处理设施是为了去除水中的有机物和无机物等，主要设施有沉淀池、接触氧化池、生物转盘等。

③ 当中水水质要求很高时，应根据需要增加深度处理，即再经过后处理设施处理，如过滤、消毒等。

(3) 中水管道系统

中水管道系统包括中水原水集水系统与中水供水系统。

中水原水集水系统是指将小区内部排水系统排放的污、废水送入中水处理站，根据体制不同分为合流制和分流制集水系统。

中水供水系统的任务是将中水处理设施的出水(符合中水水质标准)引至中水贮水池，再经水泵提升后与建筑内部的中水供水系统连接。中水供水系统应单独设立，包括配水管网、中水贮水池、中水高位水箱、中水泵站或中水气压给水设备。

2.5.3 小区给水工程施工

室外给水管道的敷设形式分为埋地和架空两种，其中多采用埋地敷设。常用的管材有钢管和给水铸铁管两种，其中多采用承插式(高压)给水铸铁管。

承插式给水铸铁管的接口填料通常为两层。

① 第一层，对于生产给水可采用白麻、油麻、石棉绳、胶圈等，对于生活给水一般采用白麻或胶圈。

② 第二层，采用石棉水泥、自应力水泥砂浆、青铅等。其中多采用石棉水泥，青铅较贵且有毒，除管道穿越铁路时的前、后 1～2 个接口和抢修时个别的接口外，一般均不用青铅。

1. 室外给水管道埋地敷设施工程序

(1) 管沟的放线与开挖

① 设置中心桩。根据施工图纸测出管道的中心线，在其起点、终点、分支点、变坡点、转弯点的中心钉上木桩。

② 设置龙门板。在各中心桩处测出其标高并设置龙门板，龙门板以水平尺找平，且标出开挖深度以备开挖中检查。板顶面钉三颗钉，中间一颗为管沟中心线，其余两颗为边线，在两边线钉上各拉一细绳，沿绳撒上石灰即为管沟开挖的边线。

③ 沟槽的形式。沟槽通常分为直槽、梯形槽、混合槽三种。

④ 沟槽的开挖。沟槽采用机械或人工开挖，挖出的土放于沟边一侧，距沟边 0.5m 以上。

⑤ 沟底的处理。沟底要平，坡度、坡向符合设计要求，土壤坚实；松土应夯实，砾石沟底应挖出 200mm，用好土回填且夯实。

(2) 铺管

铺管之前要根据施工图检查管沟的坐标、沟底标高等，确认无误后方可铺管。

① 检查管材。管材应符合设计要求，无裂纹、砂眼等缺陷。检查地点宜在管材堆放场。

② 清理承插口。承插式给水铸铁管出厂之前内外表面涂刷的沥青漆，影响接口的质量，应将承口内侧和插口外侧的沥青除掉。

③ 运管及排放。将检查合格并清理承插口的管材，以汽车(大口径给水铸铁管尚需 3t 汽车吊)运至施工现场，一根接一根排放于沟边，使承口向着来水方向。

④ 铺管与对口。以吊车(或人工)的方法将放在沟边的管子逐根放入沟底；使插口插入承口内，通常不插到底，留 3～5mm 的间隙；然后用三块楔铁调整承插口的环形间隙，使之均匀。

管道铺完后应找平、正。为防止捻口时管道位移，在其始端、分支、拐弯处以道木顶住，每节管的中部铺 400mm 左右厚的土，如图 2-46 所示。

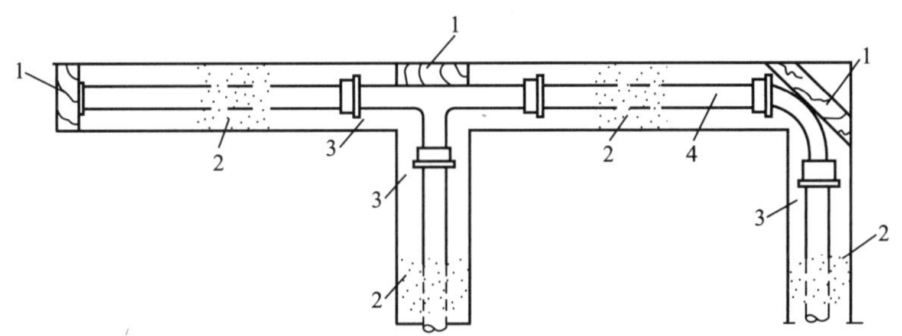

1—道木；2—培土；3—管沟；4—给水铸铁管道

图 2-46 道木及培土位置

(3) 捻麻与捻石棉水泥

① 捻麻。将白麻先扭成辫子，直径约为承插口环形间隙的 1.5 倍，然后以捻凿逐圈塞入接口内并打实，打实后占承口深 1/3 为宜。

② 捻石棉水泥。首先配料，然后拌料，拌完料立即捻口，方法是先将拌料填满接口，再以捻凿捣实，3kg 榔头敲击捻凿。依此，将拌料逐层填满接口并捻实，捻好后应凹入承口内 1～2mm，如图 2-47 所示。

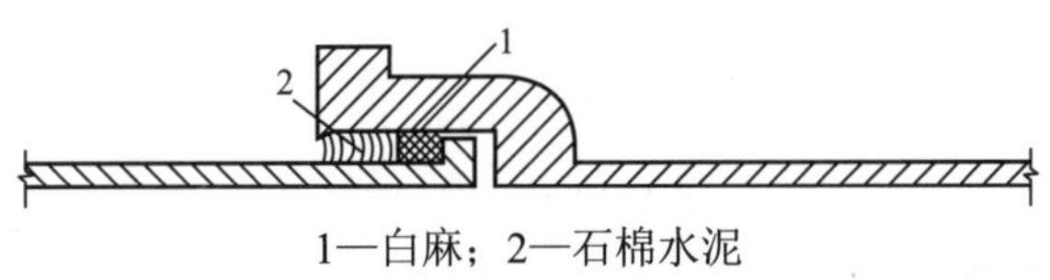

1—白麻；2—石棉水泥

图 2-47 石棉水泥捻口

(4) 接口的养护

养护就是使石棉水泥接口在一段时间内保持湿润、温暖，以达到水泥标号的强度。养护方法：通常在接口上涂泥、盖草袋定期浇水。春、秋季每天大于 2 次，夏季每天大于 4 次；冬季不浇水，管道施工完成后管顶覆土约 400mm，两端封堵。养护时间越长越好，通常 7 天即可。

(5) 阀门井及阀门安装

室外埋地给水管道上的阀门均应设在阀门井内。阀门井有混凝土制(预制)和砖砌制两种。井盖有混凝土制、钢制、铸铁制三种。井和井盖的形式分为圆形和矩形两种，其中多采用圆形阀门井及井盖。

① 阀门井安装。通常井底为现浇混凝土，安装混凝土制的井圈(或砌筑井壁)时要垂直，井底和井口标高以及截面尺寸要符合设计要求。

② 阀门安装。阀门通常为法兰式闸阀，阀门前后采用承盘或插盘铸铁给水短管。安装时阀门手轮垂直向上，两法兰之间加 3～4mm 厚的胶皮垫，以“十字对称法”拧紧螺帽，螺帽外余 1～5 扣(一般余 2 扣)，且螺帽位于法兰的同一侧。

(6) 室外消火栓安装

室外消火栓的安装形式，分为地上和地下两种。前者装于地上，后者装于地下消火栓井内，如图 2-48 所示。通常消火栓的给水管进水口为 *DN*100，出水口有两个：*DN*100 和 *DN*65。

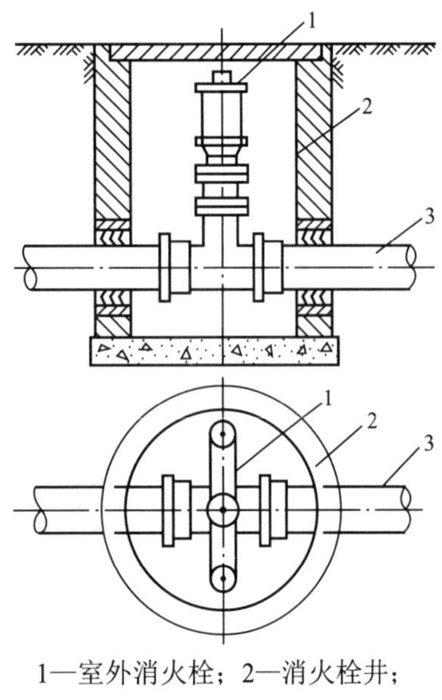

1—室外消火栓；2—消火栓井；
3—室外给水管

图 2-48　室外地下消火栓

(7) 管道的水压试验

管道接口养护期满即可进行水压试验。水压试验时，室外气温通常应在3℃以上(冬天负温时不宜进行水压试验)。

(8) 管道的防腐

给水铸铁管出厂之前其表面已涂刷沥青漆，一般不再刷漆。但在清理接口时将管子的插口端附近、承口外侧的沥青烧掉了，应补刷沥青漆；吊、运管时被钢丝绳损伤的部位也应补刷沥青漆。若采用钢制三通、弯头等管件时，一般应做正常防腐。

(9) 回填土

室外埋地给水管道试压、防腐之后可进行回填。在回填之前应进行全面检查，确认无误之后方可回填。

回填土内不得有石块，要具有最佳含水量。分层回填并夯实，每层宜 100～200mm；最后一层应高出周围地面 30～50mm。

2. 室外给水管道架空敷设

架空敷设的室外给水管道，常采用承插式给水铸铁管(较少采用钢管)。

主要施工程序：安装管架(墩)→铺设管道→水压试验→防腐。其安装时的方法步骤和要求与室外给水管道埋地敷设基本相同。

2.5.4 小区给水工程的验收

1. 试压条件

试压条件应符合以下要求。

① 给水管道试压一般采用水压试验，在冬季或缺水时，也可用气压试验。

② 在回填管沟前，先分段进行试压。回填管沟和完成管段各项工作后，再进行最后试压。试验时，管道全线长度大于 1000m 应分段进行，管道全长小于 1000m 可一次试压。试验压力标准为工作压力加 0.5MPa，但不超过 1MPa。应在管件支墩达到要求强度后方可进行，否则应作临时支撑，未做支墩处应作临时后背。

③ 凡在使用中易于检查的地下管道允许进行一次性试压。敷设后必须立即回填的局部地下管道，可不作预先试压。焊接接口的地下钢管的各管段，允许在沟边作预先试压。

④ 埋于地下的管道经检查管基合格后，管身上部的回填土应回填不小于 500mm 厚以后方可进行试压(管道接口工作坑除外)。

2. 试压操作程序

试压操作程序，应符合以下要求。

① 试压之前，按标准工艺量尺、下料、制作、安装堵板和管道末端支撑。将管道的始、末端设置堵板，在堵板、弯头和三通等处以道木顶住。并从水源开始，敷设和连接好试压给水管，安装给水管上的阀门和试压水泵。在管道的高点设排气阀，低点设放水阀。管道

较长时，在其始、末端各设压力表一块；管道较短时，只在试压水泵附近设压力表一块。将试压水泵(一般使用手压泵)与被试压管道连接上，并安装好临时给水管道，向被试压管道内充水至满，先不升压，养护 24h，如图 2-49 所示。

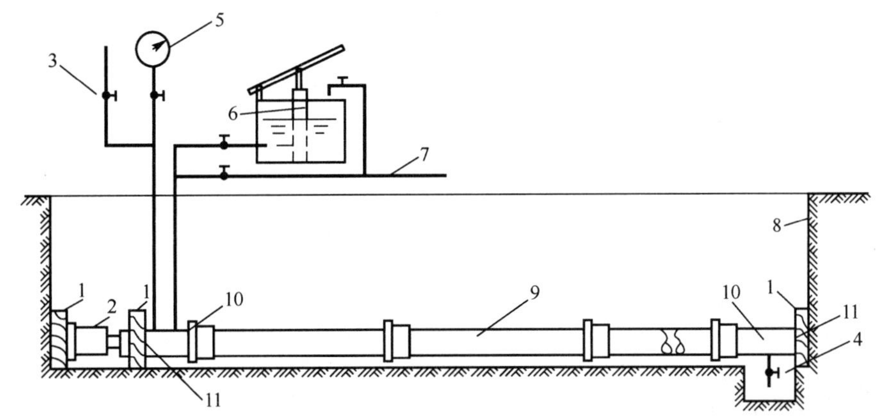

1—道木；2—千斤顶；3—放空气阀；4—放水阀；5—压力表；6—手压泵；7—临时上水管道；8—沟壁；9—被试压管道；10—钢短管；11—钢堵板

图 2-49　给水铸铁管道水压试验前的准备工作

② 非焊接或螺纹连接管道，接口后须在养护期内达到强度以后方可进行充水。充水后应把管内空气全部排尽。

③ 空气排尽后，将检查阀门关闭好，以手压泵向被试压管道内压水，升压要缓慢。当升压至 0.5MPa 时暂停，做初步检查。无问题后，徐徐升压至试验压力 p_{s1}，在此压力下恒压 10min，若压力无下降或压力降不超过 0.05MPa，管道、附件和接口等未发生漏裂，然后将压力降至工作压力，再进行外观全面检查，以接口不漏为合格(工作压力由项目设计要求确定)。试压时自始至终升压要缓慢且无较大的振动。

④ 试压过程中通过全部检查，若发现接口渗漏，应标记好明显记号，然后将压力降为零。制定补修措施，经补修后再重新试验，直至合格。试压完毕后打开放(泄)水阀，将被试压管道内的水全部放净，以防冻坏管道。

⑤ 试压时要注意安全，管道水压试验具有危险性，因此要划定危险区，严禁闲人进入该区。操作人员应远离堵板、三通及弯头等处，以防因管沟浅或沟壁后座墙支撑力不够，在试压过程中压力将堵板冲出打伤人。

⑥ 管道试压合格后，应立即办理验收手续并填写好试压报告方可组织回填。

本章小结

建筑给水系统是建筑物满足居民生活和生产的基本设施，应满足用户对水质、水量、水压、水温的要求。

建筑给水系统主要学习其分类、组成、给水方式。给水方式根据建筑物的特点及室外给水管网提供的压力可以采取不同的方式。如直接、单设水箱、水池水泵水箱联合、气压罐给水、变频调速泵等给水方式，同时根据建筑物的实际情况及给水干管所在的位置形成不同的管网布置形式。

给水管材与附件是建筑给水系统安装必须考虑的主要问题，根据不同的实际情况选用承压大、水头损失小、对水质没有影响、使用寿命长、便于安装的管材及附件。其主要介绍了钢管、给水铸铁管、多种塑料管的特点、连接方式、规格等内容，同时介绍了常用的配水附件、控制附件、水表的不同类型、特点及在工程中的选用原则。

水箱、水泵、气压罐是建筑给水系统常用的给水设备，其性能的优劣直接决定着给水的可靠性，主要介绍了水箱、水泵、气压罐三种给水设备的类型、组成、工作原理、基本参数、设置要求等知识点。

建筑给水系统的布置、敷设是与建筑物融为一体的主要环节，与建筑物有着紧密的联系。其主要包括引入管及水表节点的布置与敷设、室内给水管道的布置与敷设、给水工程施工的注意事项等内容。

小区给水工程为各幢建筑物供水，小区内枝状或环状的给水管网实现了不同建筑的供水可靠性，小区管道在室外地下埋设应考虑哪些布置与敷设原则(如埋深、坡度、管材、与其他管道的间距等)，小区绿化、浇洒道路及冲洗汽车所考虑的中水系统的水源、标准、组成及防护措施等内容。

室内给水工程是建筑设备中的重要章节，是重点也是难点，在学习中应引起足够的重视。

复习思考题

1. 室内给水按用途可分为哪几类？
2. 建筑给水系统由哪些部分组成？
3. 建筑给水系统的给水方式有哪几种？各种给水方式在哪些情况下适用，有何特点？
4. 室内给水管道的布置形式有哪些？各具有哪些优、缺点？
5. 建筑给水系统常用的管材有哪些？各有什么特点？采用什么连接方式？
6. 常用的控制附件有哪些？各自的作用是什么？
7. 常用的水表有哪些类型？
8. 离心式水泵的工作原理是什么？
9. 离心式水泵的基本参数有哪些？各表示什么意义？
10. 水箱的作用是什么？常用的水箱材料有哪几种？
11. 水箱上有哪些配管？
12. 气压给水装置由哪些设备组成？其工作原理是什么？
13. 引入管的布置与敷设应注意哪些？
14. 室内给水管道的布置应遵循哪些原则？
15. 小区给水管道的布置与敷设应遵循哪些原则？

第3章 建筑消防给水系统

思维导图

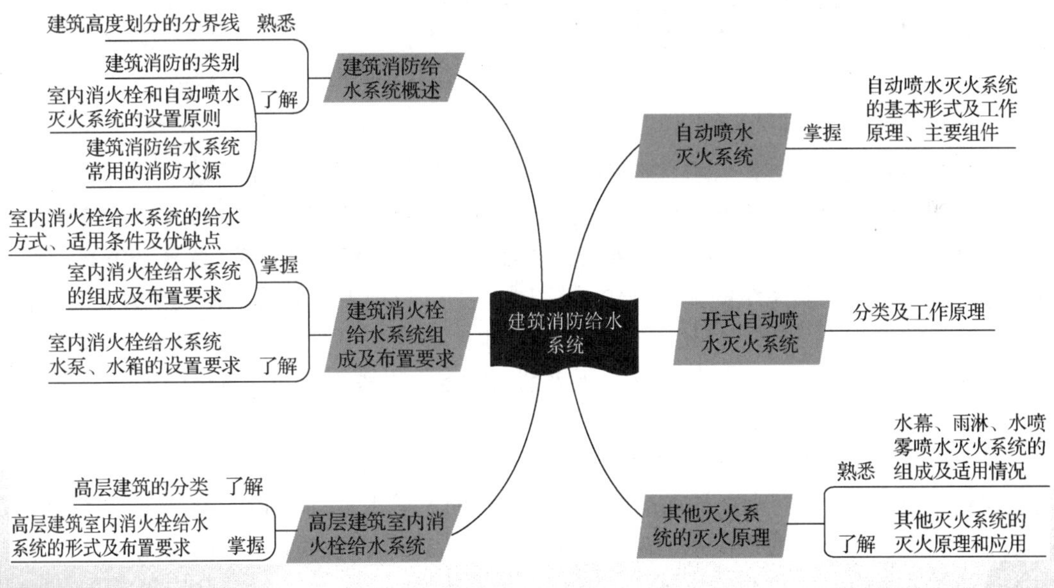

引 例

2000 年 12 月 25 日河南洛阳东都商厦因违规电焊引起特大火灾，造成 309 人死亡；2009 年 2 月 9 日央视新大楼北配楼发生火灾，火灾损失保守估计达 7 亿元；2010 年 11 月 15 日，上海静安区胶州路一幢 28 层居民楼在外墙装修时发生特大火灾，导致 58 人死亡。重大火灾事故不仅给国家带来巨大的经济损失，也危及人们的生命财产安全。为此工业与民用建筑应考虑建筑消防，以尽量减少火灾损失。

建筑火灾资料表明，绝大多数火灾是用水扑灭的，在有成效扑灭的火灾案例中有 93%的火场消防给水条件较好。而在失利的火灾案例中有 81%是由于扑救初期失利，导致火灾蔓延扩大，其中主要因素之一是火场缺水或没有完善的消防给水设施。

建筑物设置消火栓给水系统、自动喷水灭火系统、水幕喷水灭火系统、水喷雾喷水灭火系统就是采用的常规灭火系统。本章通过学习建筑消防系统的设置要求、系统组成、消火栓、洒水喷头、消防水泵、消防水量的储存、报警装置等知识的学习，并结合第 10 章中火灾自动报警系统的学习，对建筑消防有全面、正确的认识。

3.1 建筑消防给水系统概述

随着建筑业快速发展，各种住宅小区、高层建筑群大量出现。由于城市人口多，建筑物密集，如果没有合理、安全的消防设施，一旦发生火灾，损失将难以估计。我国制定的《建筑设计防火规范》(GB 50016—2014)和《自动喷水灭火系统设计规范》(GB 50084—2017)等规范对需要设置消防系统的建筑物作了若干规定，以防止火灾的发生和减少火灾的危害。

建筑消防给水系统根据使用灭火剂的种类和灭火方式可分为：①消火栓给水系统；②自动喷水灭火系统；③其他使用非水灭火剂的固定灭火系统，如二氧化碳灭火系统、干粉灭火系统和其他气体灭火系统等。

水是不燃液体，在与燃烧物接触后会通过物理、化学反应从燃烧物中摄取热量，对燃烧物起到冷却作用。同时水在被加热的过程中产生的大量水蒸气，能阻止空气进入燃烧区，并能稀释燃烧区内氧气的含量从而减弱燃烧强度。另外经水枪喷射出来的水流压力具有很大的动能和冲击力，可以冲散燃烧物使燃烧强度显著减弱。

在水、泡沫、酸碱、卤代烷、二氧化碳和干粉等灭火剂中，水灭火剂具有使用方便、灭火效果好、来源广泛、价格便宜、器材简单等优点，是目前建筑消防的主要灭火剂。本章重点介绍多层民用建筑中以水作为灭火剂的消火栓给水系统和自动喷水灭火系统。

3.1.1 建筑高度分界线

建筑高度是指室外设计地面到其屋面面层或檐口的高度，屋面上的瞭望塔、冷却塔、水箱间、微波天线间或设施、电梯机房、排风或排烟机房及楼梯出口小间等，不计入建筑高度。

根据建筑高度和层数的不同，民用建筑可分为以下几类。

① 多层民用建筑：9 层及 9 层以下的居住建筑(包括设置商业服务网点的居住建筑，居住建筑包括住宅、公寓、宿舍等)；建筑高度不大于 24m 的公共建筑；建筑高度超过 24m 的单层公共建筑。

② 高层民用建筑：10 层及 10 层以上的居住建筑(包括设置商业服务网点的居住建筑)；建筑高度超过 24m 且层数为 2 层及 2 层以上的公共建筑。

③ 超高层建筑：建筑高度 100m 以上的建筑。

3.1.2 室内消火栓等的设置场所

《建筑设计防火规范》(GB 50016—2014)中对建筑物是否设置消防给水作了若干规定。

1. 多层建筑室内消火栓的设置范围

下列建筑可不设消火栓给水系统，但宜设置消防软管卷盘或轻便消防水龙：

① 耐火等级为一、二级且可燃物较少的单、多层丁、戊类厂房(仓库)。

② 耐火等级为三、四级且建筑体积不大于 3000m^3 的丁类厂房和建筑体积不大于 5000m^3 的戊类厂房(仓库)。

③ 粮食仓库、金库、远离城镇且无人值班的独立建筑。

④ 存有与水接触能引起燃烧爆炸的物品的建筑物。

⑤ 室内没有生产、生活给水管道，室外消防用水取自储水池且建筑体积不大于 5000m^3 的其他建筑。

下列建筑或场所应设置室内消火栓：

① 建筑占地面积大于 300m^2 的厂房和仓库。

② 高层公共建筑和建筑高度大于 21m 的住宅建筑。(注：建筑高度不大于 27m 的住宅建筑，设置室内消火栓系统确有困难时，可只设置干式消防竖管和不带消火栓箱的 *DN*65 的室内消火栓。)

③ 体积大于 5000m^3 的车站(码头、机场)的候车(船、机)建筑、展览建筑、商店建筑、旅馆建筑、医疗建筑、老年人照料设施和图书馆建筑等单、多层建筑。

④ 特等、甲等剧场，超过 800 个座位的其他等级的剧场和电影院等以及超过 1200 个座位的礼堂、体育馆等单、多层建筑。

⑤ 建筑高度大于 15m 或体积大于 10000m^3 的办公建筑、教学建筑和其他单、多层民用建筑。

2. 自动喷水灭火系统的设置

下列场所应设置自动喷水灭火系统：

① 不小于 50000 纱锭的棉纺厂的开包、清花车间，不小于 5000 锭的麻纺厂的分级、梳麻车间，火柴厂的烤梗、筛选部位。占地面积大于 1500m^2 的木器厂房。占地面积大于 1500m^2 或总建筑面积大于 3000m^2 的单层、多层制鞋、制衣、玩具及电子等类似生产厂房。泡沫塑料厂的预发、成型、切片、压花部位。高层乙、丙类厂房。建筑面积大于 500m^2 的地下或半地下丙类厂房。

② 每座占地面积大于 1000m^2 的棉、毛、丝、麻、化纤、毛皮及其制品的仓库。每座占地面积大于 600m^2 的火柴仓库。邮政建筑内建筑面积大于 500m^2 的空邮袋库。总建筑面积大于 500m^2 的可燃物品地下仓库。可燃、难燃物品的高架仓库和高层仓库设计温度高于 0℃的高架冷库，设计温度高于 0℃且每个防火分区建筑面积大于 1500m^2 的非高架冷库。每座占地面积大于 1500m^2 或总建筑面积大于 3000m^2 的其他单层或多层丙类物品仓库。

③ 特等、甲等剧场，超过 1500 个座位的其他等级的剧院，超过 2000 个座位的会堂或礼堂，超过 3000 座位的体育馆，超过 5000 人的体育场的室内人员休息室与器材间等。

④ 任一楼层建筑面积大于 1500m^2 或总建筑面积大于 3000m^2 的展览、商店、旅馆建筑以及医院中同样建筑规模的病房楼、门诊楼、手术部。建筑面积大于 500m^2 的地下商店。

⑤ 设置有送回风道(管)的集中空气调节系统且总建筑面积大于 3000m^2 的办公楼等。

⑥ 设置在地下、半地下或地上四层及四层以上或设置在建筑的首层、二层和三层且任一层建筑面积大于 300m^2 的地上歌舞娱乐放映游艺场所(除游泳场所外)。

⑦ 藏书量超过 50 万册的图书馆。

⑧ 大、中型幼儿园，老年人照料设施。

⑨ 总建筑面积大于 500m^2 的地下或半地下商店。

3. 水幕喷水灭火系统的设置

下列部位宜设置水幕喷水灭火系统：

① 特等、甲等剧场，超过 1500 个座位的其他等级的剧院、超过 2000 个座位的会堂或礼堂和高层民用建筑内超过 800 个座位的剧场或礼堂的舞台口及上述场所内与舞台相连的侧台、后台的洞口。

② 应设置防火墙等防火分隔物而无法设置的局部开口部位。

③ 需要防护冷却的防火卷帘或防火幕的上部。

3.1.3 建筑消防给水系统的分工与联系

建筑消防给水系统可分为室外消防给水系统和室内消防给水系统，它们之间有明确的消防范围，承担不同的消防任务，又有紧密的衔接性、配合性和协同工作的关系。室外消防给水系统的任务是供给消防水池和消防车消防用水。室内消防给水系统的任务主要是扑灭建筑物的初期火灾，后期火灾可依靠消防车扑救。

3.1.4 消防水源

1. 市政消防管网为水源

城镇、居住区、企业单位的室外消防给水，一般均采用低压给水系统，即市政消防管网中最不利点的供水压力为大于或等于 0.1MPa。市政给水管网在满足建筑物内最大生活用水量的同时，还要确保建筑物所需的消防用水量(包括室内、室外消防用水量)。

2. 天然水源

当建筑物靠近江、河、湖泊、泉水等天然水源时，可采用其作为消防水源，但应采取必要的技术措施使消防车能靠近水源，最低水位也能正常吸水，为消防车取水和往返提供方便条件。天然水源的水量可靠性，一般为25年一遇的保证概率。在寒冷地区，应有可靠的防冻措施，使水源在冰冻期内仍能供水。

3. 消防水池

储有消防用水的水池均称为消防水池。生活用水、生产用水通常也需要储备。因此，除设置独立的消防水池外，还可以和储备其他用水设备合建。当采用合建时，应有确保消防用水不作他用的技术措施。

具有下述情况之一者应设消防水池。市政给水管道为树状或只有一条进水管，且室内、室外消防用水量之和大于25L/s；当生产、生活用水量达到最大时，市政给水管道、进水管或天然水源不能满足室内、室外消防用水量。

消防用水可由市政给水管网、天然水源或消防水池供给，为了确保供水安全可靠，高层建筑室外消防给水系统的水源不宜少于两个。

3.1.5 建筑消防给水系统的类别

建筑消防给水可按以下不同方法分类。

① 按我国目前消防登高设备的工作高度和消防车的供水能力分，有低层建筑消防给水系统和高层建筑消防给水系统。

低层建筑与高层建筑消防给水系统的划分，主要是根据我国目前普遍使用的消防车的供水能力及消防登高器材的性能来确定的。9层及9层以下的住宅及建筑高度小于24m的低层民用建筑，属低层建筑消防系统。10层及10层以上的住宅建筑(包括底层设有商业服务网点的住宅)和建筑高度24m以上的其他民用和工业建筑，属高层建筑消防系统。对于高层建筑而言，因我国目前登高消防车的工作高度约为24m，消防云梯一般为30～48m，普通消防车通过水泵接合器向室内消防系统输水的供水高度约为50m，因此发生火灾时建筑的高层部分已无法依靠室外消防设施协助救火，所以高层建筑消防给水系统要立足于自救，即立足于用室内消防设施来扑救火灾。

② 按消防给水系统的救火方式分，有消火栓给水系统、自动喷水灭火系统、水喷雾喷水灭火系统和水幕喷水灭火系统。其中消火栓给水系统由水枪喷水灭火，系统简单，工程造价低，是我国目前各类建筑普遍采用的消防给水系统。自动喷水灭火系统由喷头喷水灭火，该系统自动喷水并发出报警信号，灭火、控火成功率高，是当今世界上广泛采用的固定灭火设施，但因工程造价高，所以目前我国主要用于建筑内消防要求高、火灾危险性大的场所。

③ 按消防给水压力分，有高压消防给水系统、临时高压消防给水系统和低压消防给水系统。

④ 按消防给水系统的供水范围分，有独立消防给水系统和区域集中消防给水系统。

3.2 建筑消火栓给水系统

3.2.1 室内消火栓给水系统的给水方式

室内消火栓给水系统的给水方式，由室外给水管网(简称室外管网)所能提供的水压、水量及室内消火栓给水系统所需水压和水量的要求来确定。

1. 无加压泵和水箱的室内消火栓给水系统

无加压泵和水箱的室内消火栓给水系统如图 3-1 所示。当建筑物高度不大，而室外给水管网的压力和水量在任何时候均能够满足室内最不利点消火栓所需的设计流量和压力时，宜采用此种方式。

2. 设有水箱的室内消火栓给水系统

此系统如图 3-2 所示。在室外管网中水压变化较大的城市和居住区，当生活、生产用水量达到最大时，室外管网不能保证室内最不利点消火栓的压力和流量，而当生活、生产用水量较小时，室外管网的压力又能较高出现，昼夜内间断地满足室内需求。在这种情况下，宜采用此种方式。在室外管网水压较大时，室外管网向水箱充水，由水箱储存一定水量，以备消防使用。

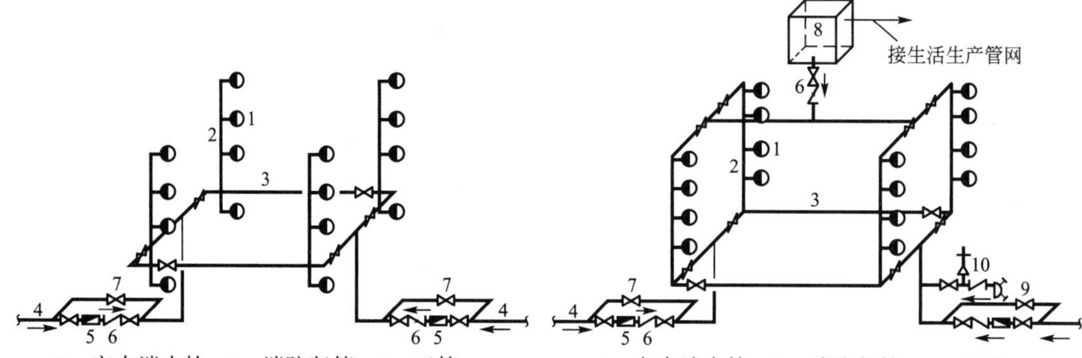

1—室内消火栓；2—消防竖管；3—干管；4—进户管；5—水表；6—止回阀；7—阀门

图 3-1　无加压泵和水箱的室内消火栓给水系统

1—室内消火栓；2—消防竖管；3—干管；4—进户管；5—水表；6—止回阀；7—阀门；8—水箱；9—水泵接合器；10—安全阀

图 3-2　设有水箱的室内消火栓给水系统

消防水箱的容积按室内 10min 消防用水量确定。当生活、生产与消防合用水箱时，应具有保证消防水不做他用的技术措施，以保证消防储水量。水箱的设置高度应保证室内最不利点消火栓所需的水压、水量要求。

3. 设有消防水泵和水箱的室内消火栓给水系统

此系统如图 3-3 所示。当室外管网水压、水量经常不能满足室内消火栓给水系统水压和水量要求时，宜采用此种给水方式。当消防用水与生活、生产用水共用室内给水系统时，其消防水泵应保证供应生活、生产、消防用水的最大秒流量，并应满足室内最不利点消火栓的水压、水量要求。水箱储存用水量及设置高度与上述设有水箱的室内消火栓给水系统要求一致。

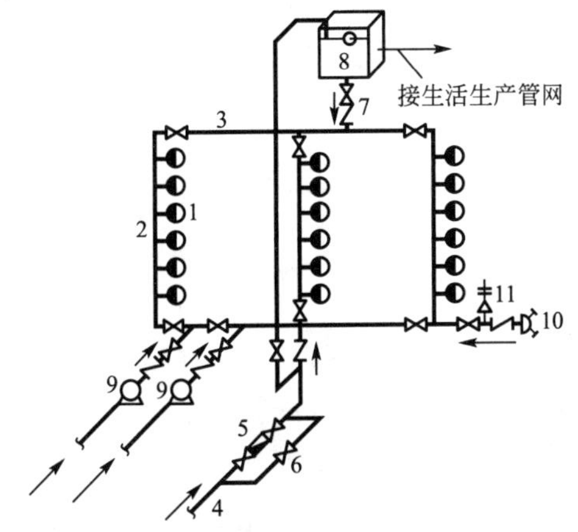

1—室内消火栓；2—消防竖管；3—干管；4—进户管；
5—水表；6—止回阀；7—旁通管及阀门；8—水箱；
9—水泵；10—水泵接合器；11—安全阀

图 3-3 设有消防水泵和水箱的室内消火栓给水系统

3.2.2 室内消火栓给水系统的组成

室内消火栓给水系统主要是由室内消火栓、水带、水枪、消防卷盘(消防水喉设备)、水泵接合器，以及消防管道(进户管、干管、立管)、水箱、增压设备、水源等组成。下面重点介绍前五个部分。

1. 消火栓

室内消火栓分为单阀和双阀两种，如图 3-4(d)、(e)所示。单阀消火栓又分为单出口、双出口和直角双出口三种。双阀消火栓为双出口。在低层建筑中多采用单阀单出口消火栓，消火栓口直径有 *DN*50、*DN*65 两种，对应的水枪最小流量分别为小于 5L/s 和不小于 5L/s。双出口消火栓直径为 *DN*65，对应每支水枪最小流量不小于 5L/s。高层建筑消火栓一般选择 *DN*65。消火栓进口端与管道相连接，出口端与水带相连接。

2. 水带

水带有麻质和化纤两种，还有衬胶与不衬胶之分，衬胶水带阻力小。口径有 50mm、65mm 两种，长度有 15m、20m、25m 三种，选用时根据水力计算确定。

3. 水枪

室内一般采用直流式水枪，喷口直径有 13mm、16mm、19mm 三种。喷嘴口径 13mm 水枪配 *DN*50 接口；喷嘴口径 16mm 水枪配 *DN*50 或 *DN*65 两种接口；喷嘴口径 19mm 水枪配 *DN*65 接口，如图 3-4(f)所示。

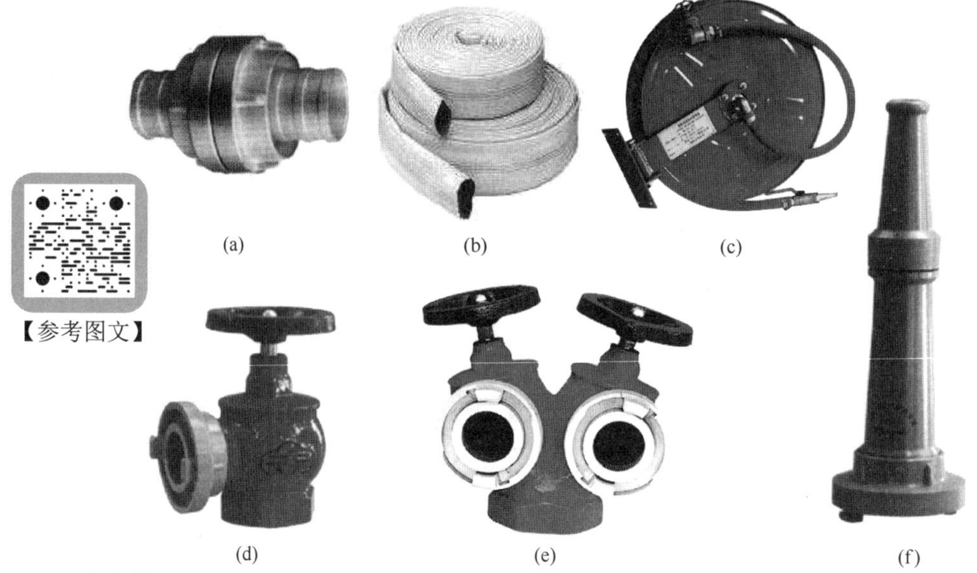

(a) 水带接口；(b) 水带；(c) 消防卷盘；(d) 单阀单出口消火栓；(e) 双阀双出口消火栓；(f) 水枪

图 3-4　消火栓设备

【参考图文】

4. 消防卷盘(消防水喉设备)

消防卷盘是由 *DN*25 的小口径消火栓、内径不小于 19mm 的橡胶胶带和口径不小于 6mm 的消防卷盘喷嘴组成，胶带缠绕在卷盘上，如图 3-4(c)所示。

在高层建筑中，由于水压及消防用水量大，对于没有经过专业训练的人员，使用 *DN*65 口径的消火栓较为困难，因此可使用消防卷盘进行有效的自救灭火。

特别提示

消火栓、水枪、水带设于消防箱内，常用消防箱的规格有 800mm×650mm×200mm，用钢板、铝合金等制作。消防卷盘设备可与 *DN*65 消火栓同放置在一个消防箱内，也可设置单独的消防箱，如图 3-5 所示。

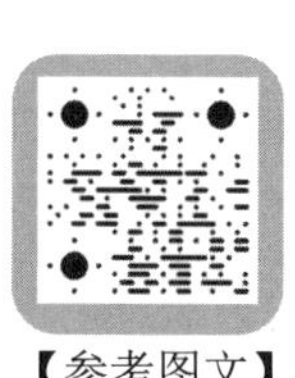

【参考图文】

图 3-5　消火栓箱

室内消火栓、水枪、水带之间采用内扣式快速接头连接。

5. 水泵接合器

当建筑物发生火灾，室内消防水泵不能启动或流量不足时，消防车可由室外消火栓、水池或天然水源取水，通过水泵接合器向室内消防给水管网供水。水泵接合器是消防车或移动式水泵向室内消防给水管网供水的连接口。消防水泵接合器的接口直径有 *DN*65 和 *DN*80 两种，分墙壁式、地上式、地下式三种类型(图 3-6)。

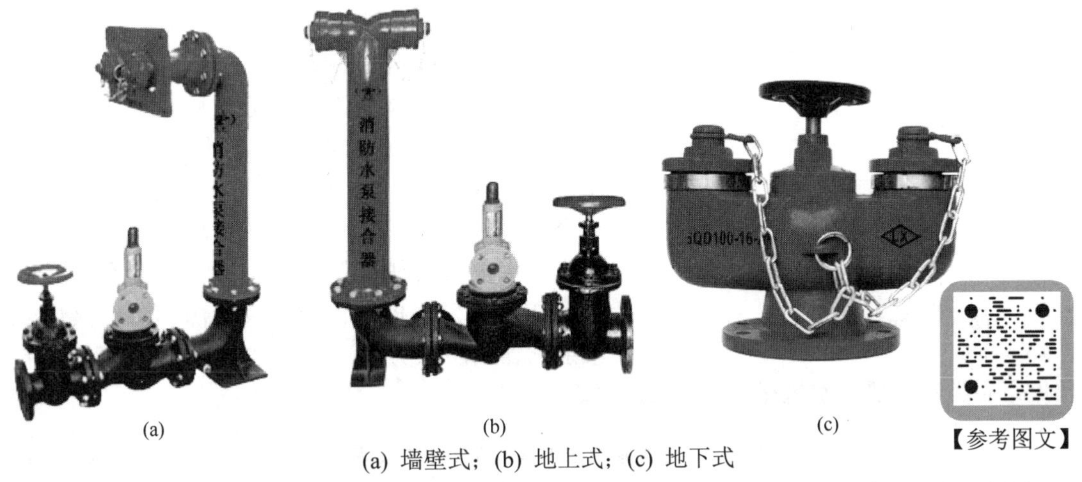

(a) (b) (c)

(a) 墙壁式；(b) 地上式；(c) 地下式

图 3-6 消防水泵接合器

3.2.3 室内消火栓给水系统的布置要求

1. 室内消防给水管道要求

① 室内消火栓超过 10 个且室外消防用水量大于 15L/s 时，其消防给水管道应连成环状，且至少应有两条进水管与室外管网或消防水泵连接。当其中一条进水管发生事故时，其余的进水管应仍能供应全部消防用水量。

② 高层厂房(仓库)应设置独立的消防给水系统。室内消防竖管应连成环状。

③ 室内消防竖管直径不应小于 *DN*100。

④ 室内消火栓给水管网宜与自动喷水灭火系统的管网分开设置；当合用消防水泵时，供水管路应在报警阀前分开设置。

⑤ 高层厂房(仓库)、设置室内消火栓且层数超过 4 层的厂房(仓库)、设置室内消火栓且层数超过 5 层的公共建筑，其室内消火栓给水系统应设置消防水泵接合器。消防水泵接合器应设置在室外便于消防车使用的地点，与室外消火栓或消防水池取水口的距离宜为 15～40m。消防水泵接合器的数量应按室内消防用水量计算确定。每个消防水泵接合器的流量宜按 10～15L/s 计算。

⑥ 室内消防给水管道应用阀门将其分成若干独立段。对于单层厂房(仓库)和公共建筑，检修时停止使用的消火栓不应超过 5 个。对于多层民用建筑和其他厂房(仓库)，室内消防给水管道上阀门的布置应保证检修管道时关闭的竖管不超过一根，但设置的竖管超过三根时，可关闭两根。阀门应保持常开，并应有明显的启闭标志或信号。

【参考图文】

⑦ 消防用水与其他用水合用的室内管道，当其他用水达到最大小时流量时，管道应仍能保证供应全部消防用水量。

⑧ 允许直接吸水的市政给水管网，当生产、生活用水量达到最大且仍能满足室内、室外消防用水量时，消防水泵宜直接从市政给水管网吸水。

⑨ 严寒和寒冷地区非采暖的厂房(仓库)及其他建筑的室内消火栓给水系统，可采用干式系统，但在进水管上应设置快速启闭装置，管道最高处应设置自动排气阀。

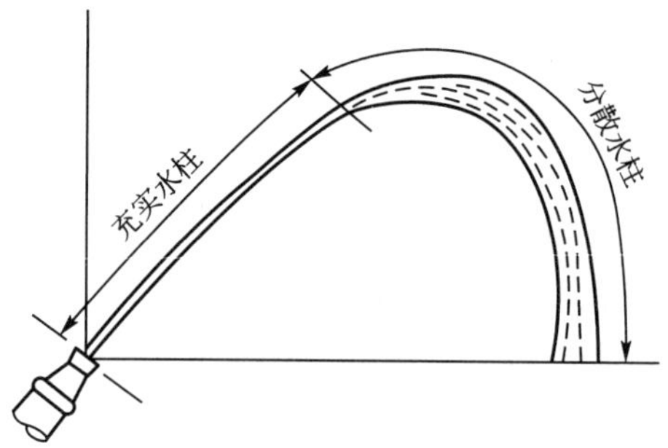

图 3-7　直流水枪密集射流

2. 水枪的充实水柱长度

水枪的充实水柱是指靠近水枪出口的一段密集不分散的射流。由水枪喷嘴起到射流 90%的水柱水量穿过直径 380mm 圆孔处的一段射流长度，称为充实水柱长度。这段水柱具有扑灭火灾的能力，为直流水枪灭火时的有效射程，如图 3-7 所示。为使消防水枪射出的水流能射及火源和防止火焰热辐射烤伤消防队员，水枪的充实水柱应具有一定的长度，各类建筑要求水枪充实水柱长度见表 3-1。

表 3-1　各类建筑要求水枪充实水柱长度

(单位：m)

建筑物类别		长度	建筑物类别		长度
多层建筑	一般建筑	≥7	高层建筑	民用建筑高度≥100	≥13
	甲、乙类厂房，大于 6 层民用建筑，大于 4 层厂房(库房)	≥10		民用建筑高度<100	≥10
				高层工业建筑	≥13
	高架库房	≥13	停车库、修车库内		≥10

3. 室内消火栓布置的规定

① 除无可燃物的设备层外，设置室内消火栓的建筑物，其各层均应设置消火栓。当设两根消防竖管确有困难时，可设一根消防竖管，但必须采用双阀型消火栓。

② 消防电梯间前室内应设置消火栓。

③ 室内消火栓应设置在位置明显且易于操作的部位。栓口离地面或操作基面高度宜为 1.1m，其出水方向宜向下或与设置消火栓的墙面成 90°；栓口与消火栓箱内边缘的距离不应影响消防水带的连接。

④ 冷库内的消火栓应设置在常温穿堂或楼梯间内。

⑤ 室内消火栓的间距应由计算确定。高层厂房(仓库)、高架仓库和甲、乙类厂房中室内消火栓的间距不应大于 30m；其他单层和多层建筑中室内消火栓的间距不应大于 50m。

⑥ 同一建筑物内应采用规格统一的消火栓、水枪和水带。每条水带的长度不应大于 25m。

⑦ 室内消火栓的布置应保证每一个防火分区同层有两支水枪的充实水柱可以同时到达任何部位。建筑高度不大于 24m 且体积不大于 5000m^3 的多层仓库，可采用一支水枪，保证充实水柱到达室内任何部位。

⑧ 高位消防水箱静压不能满足最不利点消火栓水压要求的高层厂房(仓库)及其他建筑，应在每个室内消火栓处设置直接启动消防水泵的按钮，并应有保护设施。

⑨ 室内消火栓栓口处的出水压力大于 0.5MPa 时，应设置减压设施；静水压力大于 1.0MPa 时，应采用分区给水系统。

⑩ 设有室内消火栓的建筑，如为平屋顶时，宜在平屋顶上设置试验和检查用的消火栓。

3.2.4 对消防给水设备的要求

1. 消防水泵的要求

① 消防水泵房应有不少于两条的出水管且直接与消防给水管网连接。当其中一条出水管关闭时，其余的出水管应仍能通过全部用水量。

② 出水管上应设置试验和检查用的压力表和 *DN*65 的放水阀门。当存在超压可能时，出水管上应设置防超压设施。

③ 一组消防水泵的吸水管不应少于两条。当其中一条关闭时，其余的吸水管应仍能通过全部用水量。

④ 消防水泵应采用自灌式吸水，并应在吸水管上设置检修阀门。

⑤ 当消防水泵直接从环状市政给水管网吸水时，消防水泵的扬程应按市政给水管网的最低压力计算，并以市政给水管网的最高水压校核。

⑥ 消防水泵应设置备用泵，其工作能力不应小于最大一台消防工作泵。当工厂、仓库、堆场和储罐的室外消防用水量不大于 25L/s 或建筑的室内消防用水量不大于 10L/s 时，可不设置备用泵。

⑦ 消防水泵与动力机械应直接连接，消防水泵应保证在发生火警后 30s 内启动。

2. 对室内消防水箱的要求

室内消防水箱的设置，应根据室外管网的水压和水量及室内用水要求来确定。

① 设置常高压给水系统并能保证最不利点消火栓和自动喷水灭火系统等的水量和水压的建筑物，或设置干式消防竖管的建筑物，可不设置消防水箱。

② 设置临时高压给水系统的建筑物，应设消防水箱或气压水罐、水塔，并符合下列要求。

a. 重力自流的消防水箱应设置在建筑物的最高部位。

b. 消防水箱应储存 10min 的消防用水量。当室内消防用水量不大于 25L/s，经计算消防水箱所需消防储水量大于 12m^3 时，仍可采用 12m^3；当室内消防用水量大于 25L/s，经计算消防水箱所需消防储水量大于 18m^3 时，仍可采用 18m^3。

c. 消防用水与其他用水合用的水箱，应采取消防用水不作他用的技术措施。

d. 发生火灾后，由消防水泵供给的消防用水不应进入消防水箱。为维持管网内的消防水压，可在与水箱相连的消防用水管道上设置单向阀。发生火灾后，消防水箱的补水应由生产或生活给水管道供应，严禁消防水箱采用消防水泵补水，以防火灾时消防用水进入水箱。

e. 消防水箱可分区设置。

3. 对减压节流设备的要求

在低层室内消火栓给水系统中，消火栓口处静水压力不能超过 1.0MPa，否则应采用分区给水系统。消火栓栓口处出水水压超过 500kPa 时应考虑减压。

3.3 高层建筑室内消火栓给水系统

高层建筑消防用水量与建筑物的类别、高度、使用性质、火灾危险性和扑救难度有关。我国《建筑设计防火规范》(GB50016—2014)中对建筑物的分类，见表 3-2。

表 3-2 民用建筑物的分类(GB50016—2014)

名称	高层民用建筑		单多层民用建筑
	一类	二类	
住宅建筑	建筑高度大于 54m 的住宅(包括设置商业服务网点的住宅建筑)	建筑高度大于27m，但不大于 54m 的住宅建筑(包括设置商业服务网点的住宅建筑)	建筑高度不大于 27m 的住宅建筑(包括设置商业服务网点的住宅建筑)
公共建筑	1. 建筑高度大于 50m 的公共建筑； 2. 建筑高度 24m 以上部分任一层建筑面积大于 $1000m^2$ 的商店、展览、电信、邮政、财贸金融建筑和其他多种功能组合的建筑； 3. 医疗建筑、重要公共建筑、独立建造的老年照料设备； 4. 省级及以上的广播电视和防灾指挥调度建筑、网局级和省级电力调度建筑； 5. 藏书超过 100 万册的图书馆、书库	除一类高层公共建筑外的其他高层公共建筑	1. 建筑高度大于 24m 的单层公共建筑； 2. 建筑高度不大于 24m 的其他公共建筑

3.3.1 高层建筑室内消火栓给水系统的形式

1. 按管网的服务范围分类

(1) 独立的室内消火栓给水系统

独立的室内消火栓给水系统即每幢高层建筑设置一个室内消防给水系统。这种系统安全性高，但管理比较分散，投资也较大。在地震区要求较高的建筑物及重要建筑物宜采用独立的室内消火栓给水系统。

(2) 区域集中的室内消火栓给水系统

区域集中的室内消火栓给水系统即数幢或数十幢高层建筑物共用一个泵房的消防给水系统。这种系统便于集中管理。在有合理规划的高层建筑区，可采用区域集中的高压或临时高压消防给水系统。

2. 按建筑高度分类

(1) 不分区室内消火栓给水系统

建筑高度在 50m 以内或建筑内最低消火栓处静水压力不超过 1.0MPa 时，整个建筑物组成一个消防给水系统。火灾时，消防队使用消防车，从室外消火栓或消防水池取水，通过水泵接合器往室内管网供水，协助室内扑灭火灾。可根据具体条件确定分区高度，并配备一组高压消防水泵向室内管网系统供水灭火，如图 3-8 所示。

(2) 分区供水的室内消火栓给水系统

建筑高度超过 50m 的高层建筑或建筑内最低消火栓处静水压力大于 1.0MPa 时，室内消火栓给水系统，难以得到一般消防车的供水支援，为加强供水安全和保证火场灭火用水，宜采用分区给水系统。

分区供水的室内消火栓给水系统可分为并联分区供水和串联分区供水。

① 并联分区供水。其特点是水泵集中布置，便于管理。它适用于建筑高度不超过 100m 的情况，如图 3-9 所示。

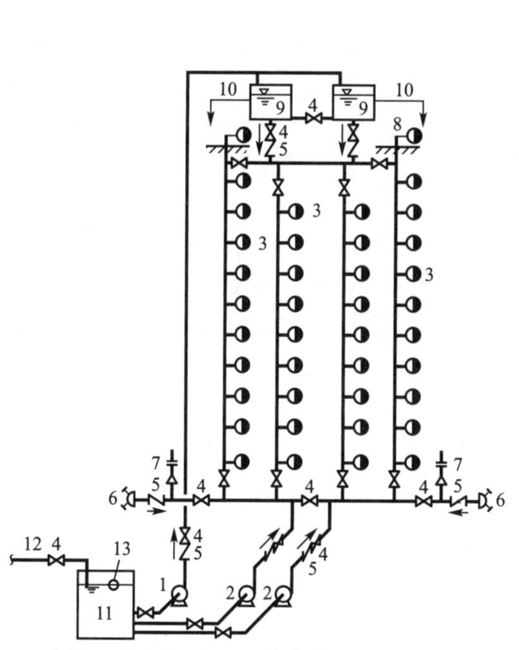

1—生活、生产水泵；2—消防水泵；3—消火栓；4—阀门；5—止回阀；6—水泵接合器；7—安全阀；8—屋顶消火栓；9—高位水箱；10—至生活、生产管网；11—水池；12—来自城市管网；13—浮球阀

图 3-8 不分区室内消火栓给水系统

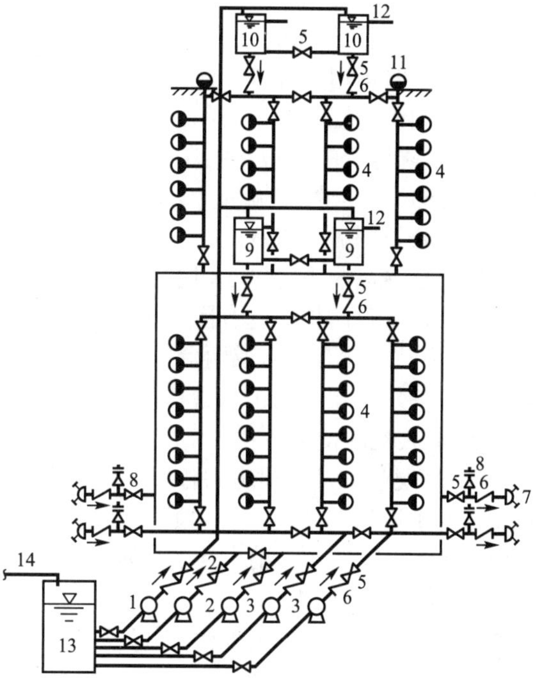

1—生活、生产水泵；2—二区消防泵；3—一区消防泵；4—消火栓；5—阀门；6—止回阀；7—水泵接合器；8—安全阀；9—一区水箱；10—二区水箱；11—屋顶水箱；12—至生活、生产管网；13—水池；14—来自城市管网

图 3-9 并联分区供水的室内消火栓给水系统

② 串联分区供水。其特点是系统内设中转水箱(池)，中转水箱(池)的蓄水由生活给水补给，消防时生活给水补给流量不能满足消防要求，随水箱(池)水位降低，形成的信号使下一区的消防水泵自动开泵补给。

3.3.2 室内消火栓给水系统的布置及要求

1. 室内消防给水管道

① 高层建筑室内消防给水系统，应是独立的室内高压(或临时高压)消防给水系统或区域集中的室内高压(或临时高压)消防给水系统，室内消防给水系统不能和其他给水系统合并。

② 消防管道宜采用非镀锌钢管。

③ 室内消防给水管道应布置成环状管网，室内环网有水平环网、垂直环网和立体环网，可根据建筑物体型、消防给水管道和消火栓布置确定，但必须保证供水干管和每个消防竖管都能做到双向供水。

④ 室内管道的引入管不少于两条，当其中一条发生故障时，其余引入管仍能保障消防用水量和水压的要求，以提高管网供水的可靠性。

⑤ 室内消火栓给水管网与自动喷水灭火系统应分开设置，增加其可靠性。若分开设置有困难时，可合用消防泵，但在自动喷水灭火系统的报警阀前(沿水流方向)两者必须分开设置，避免互相影响。

⑥ 室内消防给水管道应该用阀门将室内环状管网分成若干独立段。阀门的布置，应保证检修管道时停用的竖管不超过一根。当竖管超过四根时，检修管道时可关闭不相邻的两根竖管。阀门处应有明显启闭标志，阀门应处于正常开启状态。

⑦ 消防竖管的布置，应保证同层相邻两个消火栓水枪的充实水柱同时到达室内任何部位。竖管的直径应按其流量计算确定，但不应小于 100mm，以保证消防车通过水泵接合器向室内消防管网顺利供水。

对于建筑高度不超过 18 层及 18 层以下，每层不超过 8 户且面积不超过 650m^2 的普通塔式住宅，如设两根竖管有困难时，可设一根，但必须采用双阀的消火栓。

⑧ 泵站内设有两台或两台以上的消防泵与室内消防管网连接时，应采用单独直接连接法，不宜共用一根总的出水管与室内消防管网相连接。

2. 消火栓的设置

① 高层建筑及其裙房的各层(除无可燃物的设备层外)均应设室内消火栓，消火栓应设在明显易于取用的地方，有明显的红色标志。

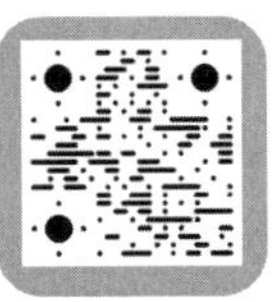

【参考图文】

② 消火栓的出水方向宜向下或与设置消火栓的墙面成 90°，出水高度离地 1.1m。

③ 消火栓的间距不应大于 30m，与高层建筑直接相连的裙房其间距不应大于 50m，以保证由相邻两个消火栓水枪的充实水柱同时达到被保护的任何部位，尽快出水灭火。

④ 高层民用建筑室内消火栓水枪的充实水柱长度应通过水力计算确定，建筑高度不超过 100m 的高层建筑其水枪充实长度不应小于 10m；建筑高度超过 100m 高层建筑，水枪充实水柱长度不应小于 13m。

⑤ 主体建筑和与其相连的附属建筑应采用同一型号、规格的消火栓和配套的水带及水枪。高层建筑室内消火栓栓口直径应采用消防队通用直径为 65mm 的水带与之配套，配备的水带长度不应超过 25m，水枪喷嘴口径不应小于 19mm，其目的是使水带、水枪与消防队常用的规格一致，便于扑救火灾。

⑥ 消火栓栓口的静水压力不应大于 1.0MPa，当大于 1.0MPa 时，应采取分区给水系统。

消火栓栓口的出水压力大于 0.50MPa 时，消火栓处应设减压装置。

⑦ 临时高压给水系统，每个消火栓处应设启动消防水泵的按钮，并有保护设施。

⑧ 消防电梯间前室应设有消火栓，屋顶应设检验用消火栓，在北方寒冷地区，屋顶消火栓应有防冻和泄水装置。

⑨ 高级旅馆、重要办公楼、一类建筑的商业楼、展览楼、综合楼和建筑高度超过 100m 的其他高层建筑应增设消防卷盘，以便于一般工作人员扑灭初期火灾。

3. 水泵接合器的设置

① 水泵接合器的数量应按室内消防用水量计算确定，每个水泵接合器的流量为 10～15L/s，采用竖向分区给水方式的高层建筑，在消防车供水压力范围内的各个分区，应分别设置水泵接合器。采用单管串联给水方式时，可仅在下区设水泵接合器。

② 室内消火栓给水系统和自动喷水灭火系统均应设置水泵接合器。

③ 水泵接合器的设置应便于消防车的消防水泵使用，应设在室外不妨碍交通的地方，与建筑物外墙应有一般不小于 5m 的距离；离水源(室外消火栓或消防水池)不宜过远，一般为 15～40m；水泵接合器的间距不宜小于 20m，有困难时也可缩小间距，但应考虑停放消防车的位置和消防车转弯半径的需要。采用墙壁式水泵接合器时，其上方应有遮挡落物的装置。

④ 水泵接合器应与室内环状管网相连接，外形不应与消火栓相同，以免误用而影响火灾的及时扑救。

⑤ 水泵接合器在温暖地区宜采用地上式，寒冷地区采用地下式，地面应有明显标志。墙壁式水泵接合器是将其安装在建筑物的墙角或外墙处，不占地面位置，且使用方便。

4. 消防水箱的设置

① 临时高压消防给水系统应设消防水箱，采用高压消防给水系统可不设水箱。其消防储水量为一类公共建筑不应小于 $18m^3$，二类公共建筑和一类居住建筑不应小于 $12m^3$，二类住宅建筑不应小于 $6m^3$，其储水量已包括消火栓给水和自动喷水灭火两个系统的必备用水量。

② 高位消防水箱的设置高度应保证系统最不利点消火栓静水压力。建筑高度不超过 100m 时高层建筑最不利点消火栓的静水压力不应低于 0.07MPa(检查用消火栓除外)。当建筑高度超过 100m 时，其最不利点消火栓的静水压力不应低于 0.15MPa。如不能保证，应设增压设施，其增压设施应符合如下条件：增压水泵的出水量，对消火栓给水系统不应大于 5L/s，对自动喷水灭火系统不应大于 1L/s，气压水罐的调节水量宜为 450L。

在屋顶设小水泵或气压给水设备增压时，小水泵只需满足顶部一层或数层火灾初期 10min 的消防水量和水压。

③ 高位消防水箱出水管应设止回阀。

④ 消防水箱宜与其他用水的水箱合用，但应有防止消防储水长期不用而水质变坏和确保消防水量不作他用的技术措施。

⑤ 除串联消防给水系统外，当发生火灾时，由消防水泵供给的消防用水不应进入高位消防水箱。

5. 消防水泵房

① 独立建造的消防水泵房耐火等级不应低于二级。

② 附设在建筑物内的消防水泵房，不应设置在地下三层及以下，或室内地面与室外出入口地坪高差大于 10m 的地下楼层。

③ 附设在建筑物内的消防水泵房，应采用耐火极限不低于 2.0h 的隔墙和 1.50h 的楼板

与其他部位隔开，其疏散门应直通安全出口，且开向疏散走道的门应采用甲级防火门。

④ 消防水泵房做到定期维护保养。

⑤ 消防水泵房当设在首层时，出口宜直通室外；设在楼层和地下室时，宜直通安全出口，以便于火灾时消防队员安全接近。消防水泵房内的架空水管道，不应阻碍通道和跨越电气设备，当必须跨越时，应采取保证通道畅通和保护电气设备的措施。

⑥ 高层建筑消防给水系统应采取防超压措施。

工程实例

消防水泵设置如图 3-10 所示。

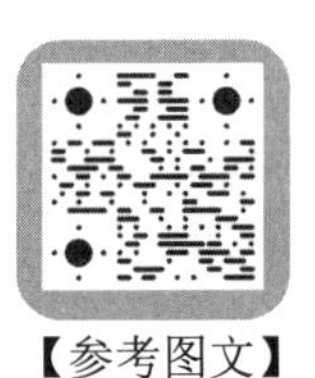

【参考图文】

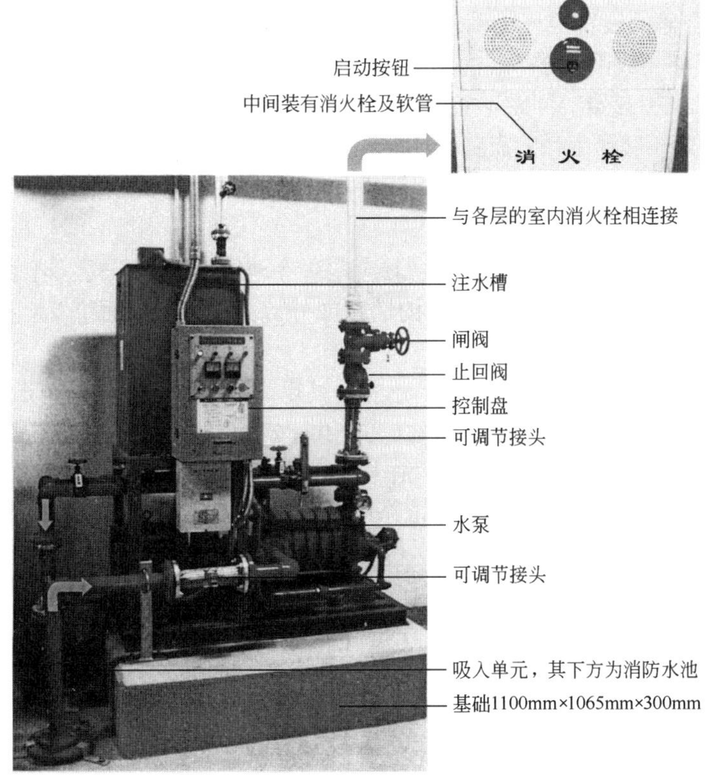

图 3-10 消防水泵设置

⑦ 室内消防水泵应按消防时所需的水枪实际出水流量进行设计，其扬程应满足消火栓给水系统所需的总压力的需要。室外消防水泵按室内、外消防水量之和设计。

3.4 自动喷水灭火系统

自动喷水灭火系统是一种在火灾发生时，能自动打开喷头喷水灭火并同时发出火警信号的消防灭火设施。据资料统计，自动喷水灭火系统扑灭初期火灾的效率在97%以上，因此一些国家的公共建筑都要求设置自动喷水灭火系统。鉴于我国的经济发展状况，目前要求在人员密集不易疏散，外部增援灭火与救生较困难，或火灾危险性较大的场所设置自动喷水灭火系统。

3.4.1 自动喷水灭火系统的基本形式及工作原理

自动喷水灭火系统根据组成构件、工作原理及用途可以分成若干种形式。按喷头平时开阀情况分为闭式和开式两大类。属于闭式自动喷水灭火系统的有湿式系统、干式系统、预作用系统、重复启闭预作用系统、自动喷水-泡沫联用灭火系统。属于开式自动喷水灭火系统的有水幕系统、雨淋系统和水喷雾系统。

【参考视频】

1. 湿式喷水灭火系统

该系统由闭式喷头、湿式报警阀、报警装置、管网及供水设施等组成，如图3-11所示。由于该系统在准工作状态时报警阀的前后管道内始终充满着压力水，故称湿式喷水灭火系统。

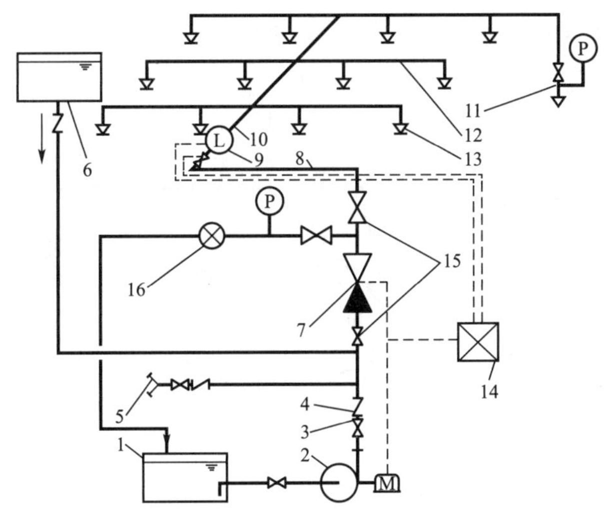

1—水池；2—水泵；3—闸阀；4—止回阀；5—水泵接合器；6—消防水箱；7—湿式报警阀；8—配水干管；9—水流指示器；10—配水管；11—末端试水装置；12—配水支管；13—闭式喷头；14—报警控制器；15—控制阀；16—流量计；P—压力表；M—驱动电机

图3-11 湿式喷水灭火系统

其工作原理为火灾发生的初期，建筑物的温度随之不断上升，当温度上升到闭式喷头感温元件爆破或熔化脱落时，喷头即自动喷水灭火。此时，管网中的水由静止变为流动，水流指示器被感应送出电信号，在报警控制器上指示某一区域已在喷水。持续喷水造成报警阀的上部水压低于下部水压，其压力差值达到一定值时，原来处于闭状的报警阀就会自动开启。消防水通过湿式报警阀，流向干管和配水管供水灭火。同时一部分水流沿着报警阀的环节槽进入延迟器、压力开关及水力警铃等设施发出火警信号。此外，根据水流指示器和压力开关的信号或消防水箱的水位信号，控制箱内报警控制器能自动启动消防水泵向管网加压供水，达到持续自动供水的目的。

该系统结构简单、使用方便、可靠、便于施工、易于管理、灭火速度快、控火效率高、比较经济、适用范围广，占整个自动喷水灭火系统的75%以上。适合安装在常年室温不低于4℃(经常低于4℃的场所有使管内充水冻结的危险)且不高于70℃(高于70℃的场所，管内充水汽化的加剧有破坏管道的危险)能用水灭火的建筑物、构筑物内。鉴于上述特点，应优先考虑选用湿式喷水灭火系统。

湿式喷水灭火系统用于扑救初期火灾。系统有限的喷水强度和喷水面积，不能控制进入猛烈燃烧阶段的火灾。系统控火灭火的有效性，取决于闭式喷头的开放时间和投入的灭火能力。灭火能力体现在两个方面，即抑制燃烧的喷水强度和覆盖起火范围的喷水面积。所以，系统的设计，首先应保证闭式喷头响应火灾的灵敏性，使之在初期火灾阶段被热烟气流启动，在此基础上应保证喷头开放后立即喷水并持续和在喷水范围内保持足够的喷水强度。此类系统的一大弱点是喷水容易受障碍物的阻挡而不能顺利到达起火部位，因此必须确定系统的最大喷水范围，即作用面积。

【参考视频】

2. 干式喷水灭火系统

该系统是由闭式喷头、管道系统、干式报警阀、报警装置、充气设备、排气设备和供水设施等组成，如图3-12所示。

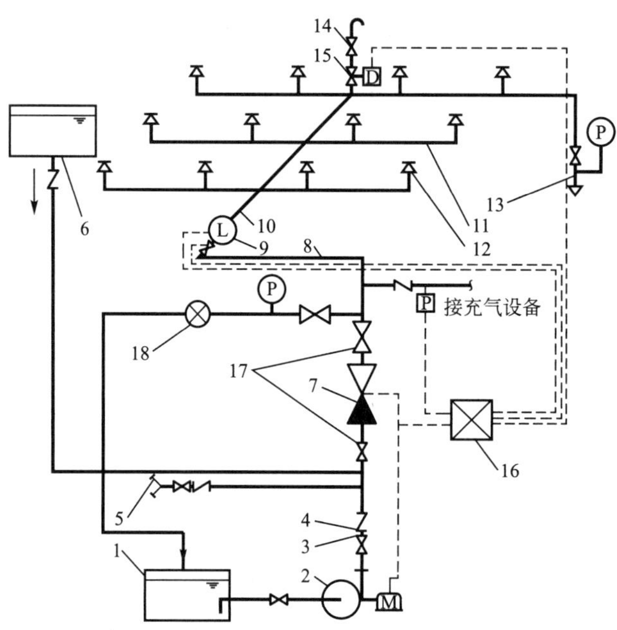

1—水池；2—水泵；3—闸阀；4—止回阀；5—水泵接合器；6—消防水箱；7—干式报警阀；8—配水干管；9—水流指示器；10—配水管；11—配水支管；12—闭式喷头；13—末端试水装置；14—快速排气阀；15—电动阀；16—报警控制器；17—控制阀；18—流量计；P—压力表；M—驱动电机

图3-12　干式喷水灭火系统

该系统与湿式喷水灭火系统类似，只是控制阀的结构和作用原理不同，配水管网与供水管间设置干式控制阀将它们隔开，而配水管网中平时充满有压气体用于系统的启动。火灾时，喷头首先喷出气体，致使管网中压力降低，供水管道中的压力水打开控制阀而进入配水管网，接着从喷头喷出灭火。

其特点是报警阀后的管道无水，不怕冻、不怕环境温度高，能减少水渍造成的严重损失。干式和湿式喷水灭火系统相比较，干式喷水灭火系统多增设一套充气设备，一次性投资高、平时管理较复杂、灭火速度较慢。该系统适用于温度低于4℃或高于70℃的场所。

3. 预作用喷水灭火系统

预作用喷水灭火系统是将火灾探测报警技术和自动喷水灭火系统结合起来，对保护对象起双重保护作用的自动喷水灭火装置。预作用喷水灭火系统为喷头常闭的灭火系统，管网中平时不充水，只有发生火灾时，火灾探测器报警后，自动控制系统控制阀门排气、充水，由干式变为湿式系统，当着火点温度达到开启喷头温度时，才开始喷水灭火。该系统弥补了上述两种系统的缺点，通常安装于那些既需要用水灭火，但又不允许发生非火灾原因而喷水的地方，如贮藏珍稀真本的图书馆、档案室、博物馆、贵重物品贮藏室、计算机机房等。由于管路内平时充满低压压缩空气，具有干式喷水灭火系统的特点，能够满足寒冷场所安装自动喷水灭火系统的需要，如地下车库、仓库、温度低于冰点的大型冷冻库等地方。

3.4.2 闭式自动喷水灭火系统主要组件

1. 管道

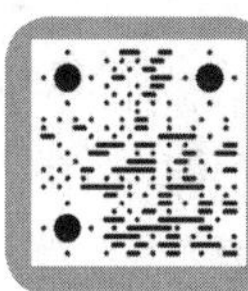

【参考视频】

自动喷水灭火系统的管网由供水管、配水立管、配水干管、配水管及配水支管组成，如图3-13所示，管道布置形式应根据喷头布置的位置和数量来确定。

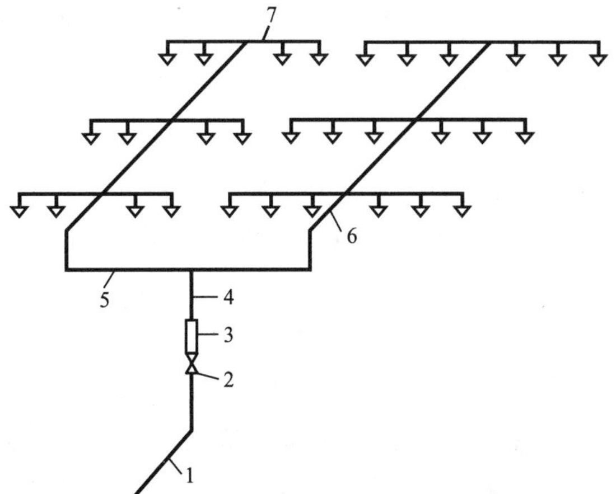

1—供水管；2—总闸阀；3—报警阀；4—配水立管；
5—配水干管；6—配水管；7—配水支管

图3-13 管段名称

特别提示

管道布置应符合以下要求。

① 自动喷水灭火系统报警阀后的管道上不应设置其他用水设施，并应采用镀锌钢管或镀锌无缝钢管。干式喷水灭火系统、预作用喷水灭火系统的供气管道，采用钢管时，管径不宜小于 15mm；采用铜管时，管径不宜小于 10mm。

② 每根配水支管或配水管的直径不应小于 25mm。

③ 为了避免配水支管过长造成水头损失增加，每侧每根配水支管设置的喷头数应符合下列要求，如图 3-14 所示。

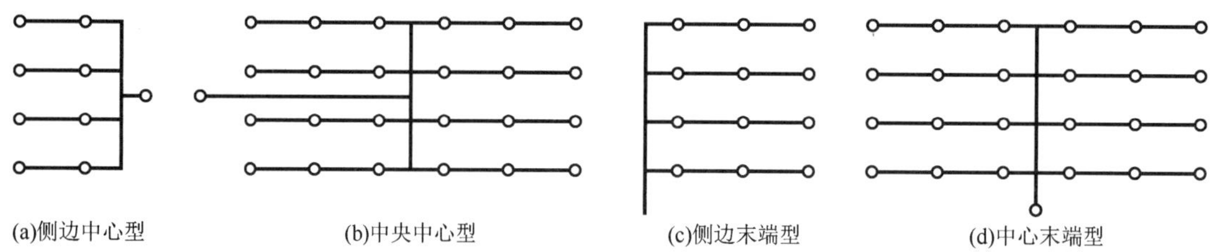

图 3-14　管网布置方式

a. 轻危险级、中危险级建筑物、构筑物均不应多于 8 个。

b. 当同一配水支管的吊顶上下布置喷头时，其上下侧的喷头数各不多于 8 个。

c. 严重危险级的建筑物、构筑物不应多于 6 个。

④ 自动喷水灭火系统应设泄水装置，且在管网末端设有充水的排气装置。水平安装的管道宜有坡度，并应坡向泄水阀，充水管道的坡度不宜小于 0.2%，准工作状态不充水管道的坡度不宜小于 0.4%。

⑤ 自动喷水灭火系统管网内的工作压力不应大于 1.2MPa。

⑥ 干式喷水灭火系统的配水管道充水时间，不宜大于 1min；预作用喷水灭火系统与雨淋喷水灭火系统的配水管道充水时间，不宜大于 2min。

2. 喷头

闭式喷头是自动喷水灭火系统的关键部件，起着探测火灾、启动系统和喷水灭火的重要作用。根据系统的应用可将喷头分为标准闭式喷头和特殊喷头。

(1) 标准闭式喷头

标准闭式喷头是带热敏感元件及其密封组件的自动喷头。该热敏感元件在预定温度范围下动作，使热敏感元件及其密封组件脱离喷头主体，并按规定的形状和水量在规定的保护面积内喷水灭火。此种喷头按热敏感元件分为玻璃球喷头和易熔元件喷头两种类型；按安装形式、布水形状分为直立型、下垂型、边墙型、吊顶型、普通型等多种。常用闭式喷头的性能见表 3-3，常用闭式喷头如图 3-15 和图 3-16 所示。

表 3-3 常用闭式喷头的性能

喷头类型	适用场所	溅水盘朝向	喷水量分配
玻璃球	宾馆等美观要求高或具有腐蚀性场所；环境温度高于 10℃		
易熔元件	外观要求不高或腐蚀性不大的工厂、仓库或民用建筑		
直立型	在管路下经常有移动物体的场所或尘埃较多的场所	向上安装	向下喷水量占 60%～80%
下垂型	管路要求隐蔽的各种保护场所	向下安装	全部水量洒向地面
边墙型	安装空间狭窄、走廊或通道状建筑，以及需靠墙壁安装的场所	向上或水平	85%喷向前方，15%喷在后面
吊顶型	装饰型喷头，可安装于旅馆、客房、餐厅、办公室等建筑	向下安装	
普通型	可直立或下垂安装，适用于可燃吊顶的房间	向上或向下	40%～60%向地面喷洒

(a)普通型

(b)下垂型

(c)直立型

(d)边墙型(立式)

(e)吊顶型

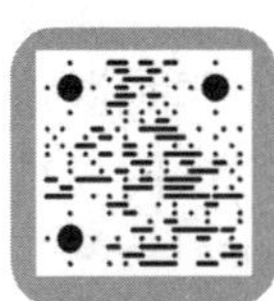
【参考图文】

图 3-15 玻璃球喷头

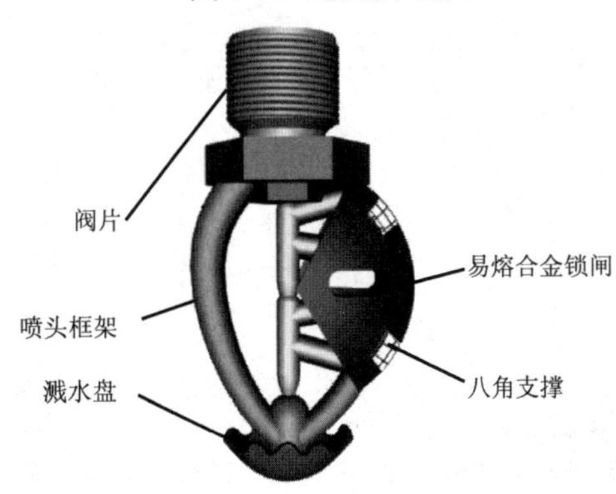

图 3-16 易熔元件喷头

标准闭式喷头应用范围广，能有效地灭火、控火，但其有局限性，适用场所的最大净空高度限制在 8m 范围以内，喷头喷水的覆盖面积较小，喷头喷出的水滴较小，穿透力较弱，在可燃物较多的仓库内用以灭火、控火有一定难度，喷头的响应时间较长，滞后于火灾探测器等。

(2) 特殊喷头

① 快速响应喷头。快速响应喷头的原理是，由于该种喷头的感温元件表面积较大，使具有一定质量的感温元件的吸热速度加快。因此，在同样条件下，喷头的感温元件吸热较快，喷头的启动时间就可缩短。

快速响应喷头应作为高级住宅或高度超过 100m 的超高层住宅喷水灭火的必选喷头，该种喷头尤其适用于公共娱乐场所，中庭环廊，医院、疗养院的病房及治疗区域，老年、少儿、残疾人的集体活动场所，超出水泵接合器供水高度的楼层，地下的商业及仓储用房等。

② 快速响应早期抑制喷头。该种喷头是用于保护高堆垛与货架仓库的大流量特种洒水喷头。这种喷头水滴直径大，穿透力强，能够穿过火舌到达可燃物品的表面，喷头适用场所的最大净空高度可达 12m，远远超过标准闭式喷头的能力。快速响应早期抑制喷头不应用在不属于仓库建筑的大空间上。

3. 报警阀

报警阀是自动喷水灭火系统的关键组件之一，它在系统中起着启动系统、确保灭火用水畅通、发出报警信号的关键作用。报警阀的类型包括湿式报警阀、干式报警阀、干湿式报警阀、雨淋阀和预作用阀。

(1) 湿式报警阀

湿式报警阀主要用于湿式喷水灭火系统上，在其立管上安装。其作用是接通或切断水源；输送报警信号启动水力警铃报警；防止水倒流回供水源。自动喷水灭火系统湿式报警阀是湿式喷水灭火系统的一个重要组成部件，主要由湿式阀、延迟器及水力警铃等组成，如图 3-17 所示。

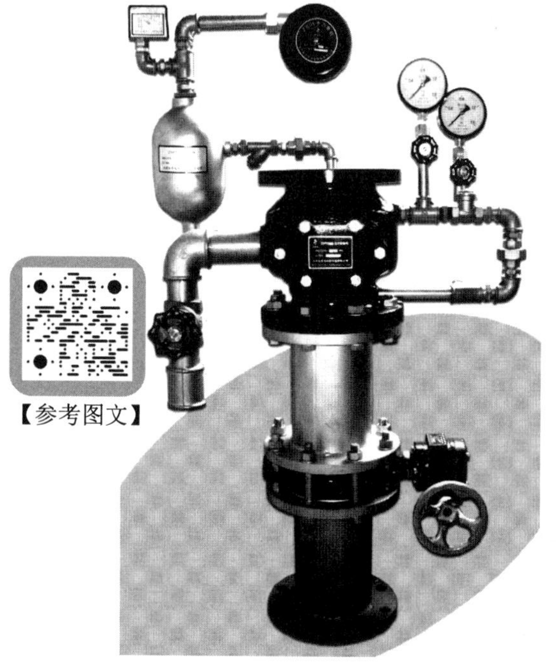

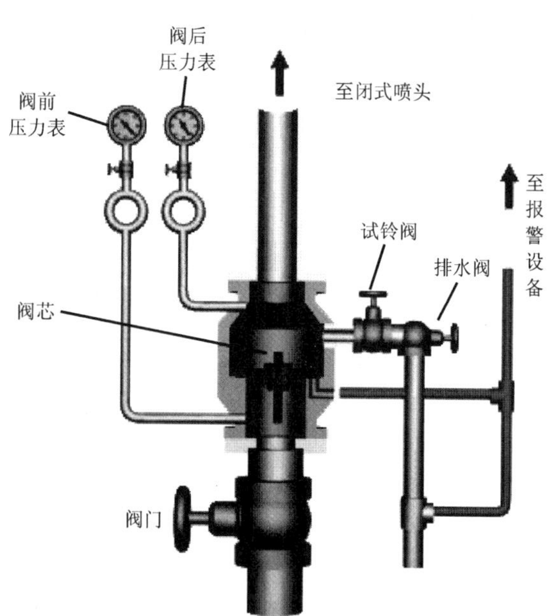

图 3-17　湿式报警阀

(2) 干式报警阀

干式报警阀主要用于干式喷水灭火系统上，在其立管上安装。干式报警阀后面的系统管道内充的是加压空气或氮气，且气压一般为水压的1/4。

(3) 干湿式报警阀

干湿式报警阀用于干、湿交替式喷水灭火系统，是既适合湿式喷水灭火系统，又适合干式喷水灭火系统的双重作用阀门，它是由湿式报警阀与干式报警阀依次连接而成。在温暖季节用湿式装置，在寒冷季节则用干式装置。

(4) 雨淋阀

雨淋阀主要用于雨淋喷水灭火系统、水幕喷水灭火系统和水喷雾喷水灭火系统。

(5) 预作用阀

预作用阀主要用于预作用喷水灭火系统。

4. 水流报警装置

水流报警装置包括水力警铃、延迟器、压力开关和水流指示器。

(1) 水力警铃

水力警铃主要用于湿式喷水灭火系统，安装在湿式报警阀附近。当报警阀打开水源，水流将冲动叶轮，旋转铃锤，打铃报警，如图3-18(a)所示。

(2) 延迟器

延迟器主要用于湿式喷水灭火系统，安装在湿式报警阀和水力警铃、压力开关之间的管网上，用以防止湿式报警阀因水压不稳所引起的误动作而造成误报，如图3-18(b)所示。

(3) 压力开关

压力开关安装在延迟器后水力警铃入口前的管道上，在水力警铃报警的同时，由于警铃管水压升高，接通电触点而成报警信号向消防中心报警或启动消防水泵。稳压泵的控制应采用压力开关，并应能调节启闭压力；雨淋喷水灭火系统和防火分割水幕的水力报警装置宜采用压力开关，如图3-18(c)所示。

(4) 水流指示器

水流指示器的作用在于当失火时喷头开启喷水或者管道发生泄漏或意外损坏时，有水流过装有水流指示器的管道，则其发出区域水流信号，起辅助电动报警作用。每个防火分区或每个楼层均应设置水流指示器，如图3-18(d)所示。

5. 火灾探测器

目前常用的有感烟和感温两种探测器，感烟探测器是根据烟雾浓度进行探测并执行动作；感温探测器是根据火灾引起的温升产生反应。火灾探测器通常布置在房间或走道的天花板下面，数量应根据其技术规格和保护面积计算而定，感温探测器如图3-18(e)所示。

6. 控制和检验装置

(1) 控制阀

控制阀一般选用闸阀，平时应全开，应用环形软锁将手轮锁死在开启位置，并应有开关方向标记，安装位置在报警阀前。

(a)水力警铃

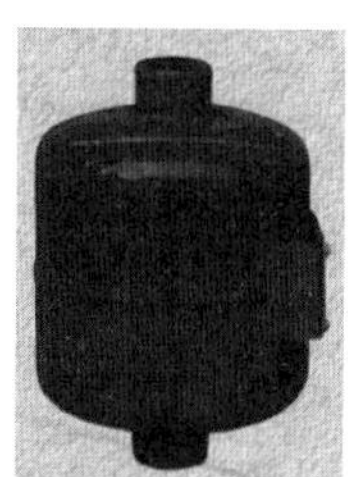

(b)延迟器

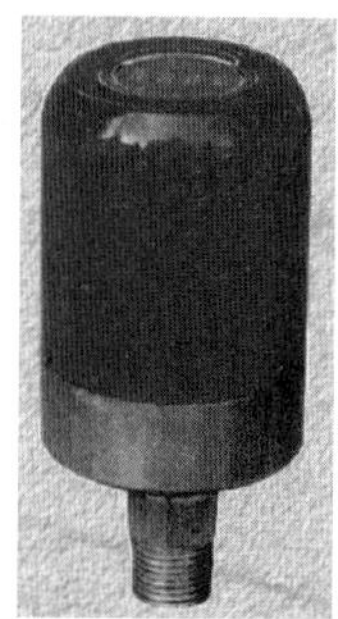

(c)压力开关

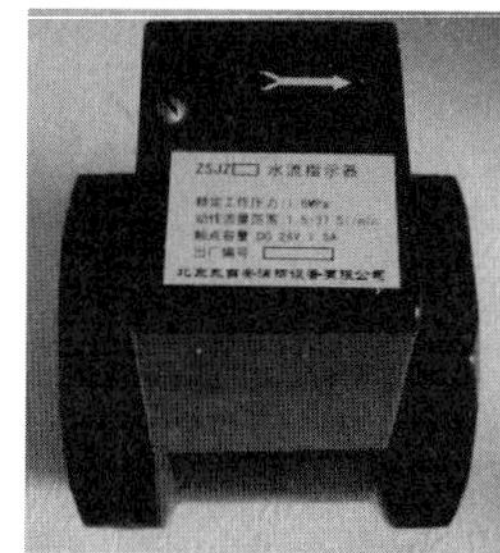

(d)水流指示器

(e)感温探测器

图 3-18　水流报警装置及火灾探测器

(2) 末端监测装置

为了检验系统的可靠性，测试系统能否在开放一只喷头的最不利条件下可靠报警并正常启动，要求在每个报警阀的供水最不利点处设置末端监测装置。

末端监测装置由排水阀门、压力表、排气阀组成。测试的内容包括水流指示器、报警阀、压力开关、水力警铃的动作是否正常，配水管道是否畅通，以及最不利点处的喷头工作压力等。打开排水阀门相当于一个喷头喷水，即可观察到水流指示器和报警阀是否正常工作。压力表可测量系统水压是否符合规定要求，排气阀用来排除管中的气体，安装在系统管网末端，管径为 *DN*25。

3.5　开式自动喷水灭火系统

开式自动喷水灭火系统的开式喷头，由感温(或感光、感烟)等火灾探测器接到火灾信号后，通过自动控制雨淋阀而自动喷水灭火。其不仅可以扑灭着火处的火源，而且可以同时自动向整个被保护的面积上喷水，从而防止火灾的蔓延和扩大。开式自动喷水灭火系统一般由三部分组成：一是火灾探测自动控制传动系统，二是自动控制雨淋阀系统，三是带开式喷头的自动喷水灭火系统。

开式自动喷水灭火系统包括水幕式喷水灭火系统、雨淋式喷水灭火系统和水喷雾喷水灭火系统。水幕式喷水灭火系统用于阻火、隔火、冷却、防火、隔绝物和局部灭火。雨淋式喷水灭火系统用于扑灭大面积火灾。水喷雾喷水灭火系统用于扑救电气设备或可燃液体发生的火灾。

3.5.1 水幕式喷水灭火系统

水幕式喷水灭火系统(简称水幕系统)的喷头沿线状布置，发生火灾时主要起阻火、冷却、隔离作用。该系统主要由水幕喷头、水幕系统控制设备及探测报警装置、供水设备、管网等组成，如图 3-19 所示。水幕系统形式与闭式喷水灭火系统相似，但属于开式系统。

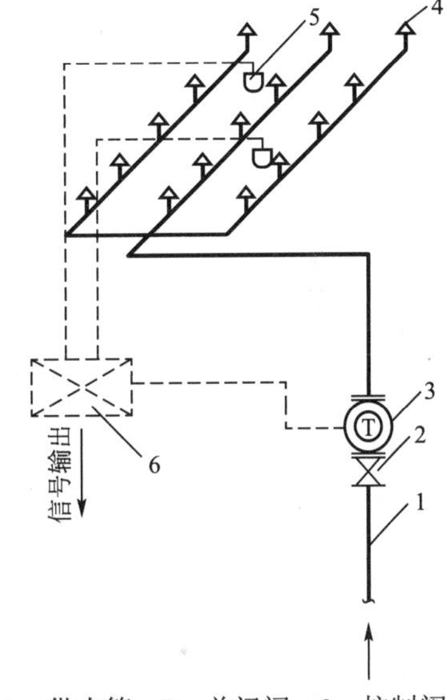

1—供水管；2—总闸阀；3—控制阀；4—水幕喷头；5—火灾探测器；6—火灾报警控制器

图 3-19 水幕系统

1. 水幕喷头

水幕喷头为开式喷头，按其构造和用途不同可分为幕帘式、窗口式和檐口式三种。

2. 水幕系统控制设备

水幕系统的控制阀可采用自动控制，也可采用手动控制，例如手动球阀或手动蝶阀。但在无人看管的场所应采用自动控制。当采用自动控制阀时，还应设手动控制阀，以备自动控制失灵时，可用手动控制开启水幕。手动控制阀应尽量采用快开阀门，并应设在人员便于接近的地方。

电动控制阀(如雨淋阀)是水幕式等开式系统自动开启的重要组件。在水幕控制范围内，所布置的感温或感烟等火灾探测器，与水幕系统电动控制阀联锁而自动开启。火灾探测器将火灾信号传递到电控箱使水泵启动并打开电动控制阀，同时电铃报警。如果发生火灾，火灾探测器尚未动作时，可按电钮启动水泵和电动控制阀。如果电动控制阀出现事故，可打开手动控制阀。

此外可采用易熔锁封传动装置和闭式喷头传动装置来自动控制水幕系统。

3. 水幕系统管网

为了保证喷水均匀，水幕系统管道应对称布置。配水支管上安装的喷头数不应超过 6 个，一组水幕系统不超过 72 个。管道在控制阀之后可布置成枝状，也可以布置成环状。支管最小管径不得小于 25mm。

水幕系统设计要求如下。

① 水幕喷头的布置，应保证在规定的喷水强度原则下均匀分布，而不应出现空白点。喷头布置间距与其流量和喷水强度有关，一般不宜大于 2.5m。

② 当水幕作为保护功能使用时，喷头成单排布置，并喷向被保护对象。

③ 在同一配水支管上应布置相同口径的喷头。

④ 水幕系统应按同一组中所有喷头全部开放计算。当建筑物中设有多组水幕系统时，

应按具体情况确定同时使用的组数。

⑤ 为了确保水幕的阻火作用，水幕管网最不利点喷头压力一般不应小于 0.05MPa。

⑥ 水幕系统火灾延续时间按 1h 计算。

⑦ 在同一系统中，处于下面的管道必要时应采取减压措施。

⑧ 控制阀后配水管网中流速不应大于 2.5m/s；控制阀前输水管道流速不宜大于 5m/s。

3.5.2 雨淋式喷水灭火系统

雨淋式喷水灭火系统是一种喷头常开的灭火系统，也是自动喷水灭火系统的一种，如图 3-20 所示。

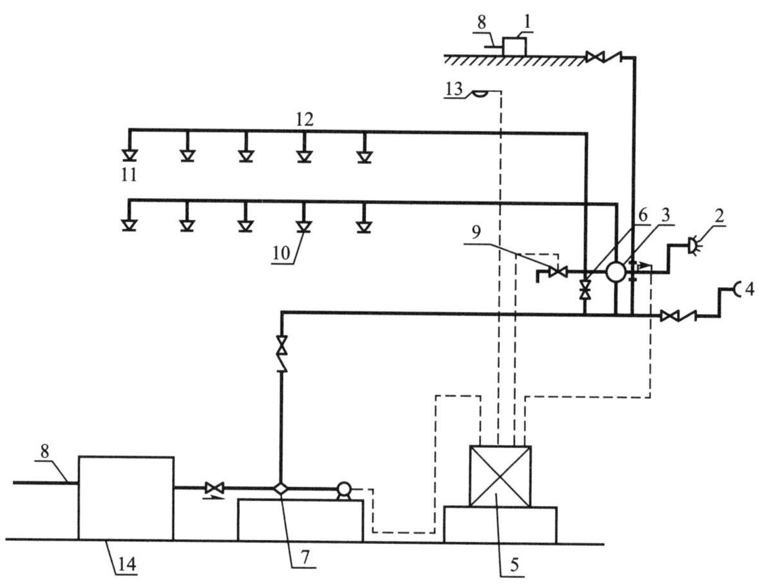

1—高位水箱；2—水力警铃；3—雨淋阀；4—水泵接合器；5—控制箱；6—手动阀；7—水泵；8—进水管；9—电磁阀；10—开式喷头；11—闭式喷头；12—传动管；13—火灾探测器；14—水池

图 3-20 雨淋式喷水灭火系统

注：①手动控制阀旁管道连接。②水箱下水管与水力警铃交叉的管道断开。

雨淋式喷水灭火系统采用的是开式喷头，所以喷水是在整个保护区域内同时进行的。发生火灾时，由火灾探测传动系统感知火灾，控制雨淋阀开启，接通水源和雨淋管网，喷头出水灭火。该系统具有出水量大，灭火控制面积大，灭火及时等优点。

闭式喷水灭火系统在灭火时只有火焰直接影响到的喷头才被开启喷水，由于喷头开放的速度往往慢于火势扩张的速度，因此往往不能控制火情。而雨淋式喷水灭火系统克服了以上缺点，适用于大面积喷水快速灭火的特殊场所。火灾时由火灾探测传动系统中两路不同的探测信号自动开启雨淋阀，由该雨淋阀控制的系统管道上的所有开式喷头同时喷水，达到灭火目的。

3.5.3 水喷雾喷水灭火系统

水喷雾喷水灭火系统用水雾喷头取代雨淋式喷水灭火系统中的干式喷头。该系统是用水雾喷头把水粉碎成细小的水雾之后喷射到正在燃烧的物质表面，通过表面冷却、窒息以及乳化、稀释的同时作用实现灭火。由于水喷雾具有多种灭火机理，使其具有适用范围广的优点，不仅可以提高扑灭固体火灾的灭火效率，同时由于水雾具有不会造成液体飞溅、电气绝缘性好的特点，在扑灭可燃液体火灾、电气火灾等均得到广泛应用，如飞机发动机试验台、各类电气设备、石油加工贮存场所等。

知识链接

由于建筑使用功能不同，其内部的可燃物质性质各异，仅仅使用水作为消防手段是远远不够的，有时不能达到扑灭火灾的目的，甚至还会带来更大的损失。因此应该根据可燃物的物理性质、化学性质，采用不同的灭火方法和手段，才能达到预期的目的。建筑内常用的其他固定灭火系统有以下几种。

1. 蒸汽灭火系统

蒸汽灭火系统是在经常具备充足蒸汽源的条件下使用的一种灭火方式。其工作原理是向火场燃烧区内释放蒸汽，阻止空气进入燃烧区致使燃烧窒息。蒸汽灭火系统具有设备造价低、淹没性能好等优点，适用于石油化工、煤油、火力发电等厂房，也适用于燃油锅炉、重油油品等库房或扑救高温设备。但不适用于大体积、大面积的火灾区，也不适用于扑灭电器设备、贵重仪表、文物档案等的火灾。

蒸汽灭火系统分为固定式和半固定式两种类型。固定式蒸汽灭火系统为全淹没式灭火系统，保护空间的容积不大于500m^{3}效果较好。半固定式蒸汽灭火系统多用于扑灭局部火灾。

2. 二氧化碳灭火系统

二氧化碳灭火系统在我国应用始于20世纪70年代，后因80年代风行卤代烷灭火系统，阻碍了二氧化碳灭火系统的推广使用。但自从发现氟氯烃对地球大气臭氧层的破坏作用后，国际社会及我国政府开始了淘汰卤代烷灭火剂的行动，二氧化碳灭火系统因同样具有灭火后无污渍的特点，所以作为气体灭火技术替代卤代烷灭火系统的使用。在国际和国内的大气候环境下，二氧化碳灭火系统作为一种现代化消防设备，其应用越来越广泛。二氧化碳灭火剂具有无毒、不污损设备、绝缘性能好等优点，主要缺点是灭火时需要的二氧化碳浓度高，会使人员受到窒息毒害，若设计不合理易引起爆炸。

二氧化碳灭火系统一般为管网灭火系统，是一种固定装置，主要适用于：①固体表面火灾及部分固体的深位火灾(如棉花、纸张)和电气火灾。②液体或可溶化固体(如石蜡、沥青等) 火灾。③灭火前可切断气源的气体火灾。

3. 卤代烷灭火系统

卤代烷灭火系统是把具有灭火功能的卤代烷碳氢化合物作为灭火剂的消防系统。目前卤代烷灭火剂主要有一氯一溴甲烷(简称1011)、二氟二溴甲烷(简称1202)、二氟一氯一溴甲烷(简称1211)、三氟一溴甲烷(简称1301)、四氟二溴乙烷(简称2402)。

4. 干粉灭火系统

干粉灭火剂是用于灭火的、易于流动的干燥微细粉末，由具有灭火效能的无机盐和少量的添加剂经干燥、粉碎、混合而成，主要是通过化学抑制和窒息作用灭火。除扑救金属

火灾的专用干粉灭火剂外，常用干粉灭火剂一般分为BC干粉灭火剂和ABC干粉灭火剂两大类，如碳酸氢钠干粉、改性钠盐干粉、磷酸二氢铵干粉、磷酸氢二铵干粉、磷酸干粉等。干粉灭火剂主要通过在加压气体的作用下喷出的粉雾与火焰接触、混合时发生的物理作用、化学作用灭火。一是靠干粉中的无机盐的挥发性分解物与燃烧过程中燃烧物质所产生的自由基或活性基发生化学抑制和负化学催化作用，使燃烧的链式反应中断而灭火；二是靠干粉的粉末落到可燃物表面上，发生化学反应，并在高温作用下形成一层覆盖层，从而隔绝氧气窒息灭火。

干粉灭火剂具有灭火时间短、效率高、绝缘好、灭火后损失小、不怕冻、可以长期储存等优点，但干粉灭火剂的主要缺点是对于精密仪器火灾易造成污染。

5. 泡沫灭火系统

泡沫灭火剂是通过与水混溶、采用机械或化学反应的方法产生泡沫的灭火剂。一般由化学物质、水解蛋白或由表面活性剂和其他添加剂的水溶液组成。通常有化学泡沫灭火剂、机械烷基泡沫灭火剂、洗涤剂泡沫灭火剂。目前，在灭火系统中使用的泡沫主要是机械烷基泡沫。

泡沫灭火剂的灭火机理主要是应用泡沫灭火剂，使其与水混溶后产生一种可漂浮、黏附在着火的燃烧物表面的连续泡沫层，或者充满某一火场空间，起到隔绝、冷却、窒息的作用。即通过泡沫本身和所析出的混合液对燃烧物表面进行冷却，以及通过泡沫层的覆盖作用使燃烧物与氧气隔绝而灭火。泡沫灭火剂的主要缺点是水渍污染、不能用于带电火灾的扑救。

泡沫灭火系统广泛用于油田、炼油厂、油库、发电厂、汽车库、飞机库、矿井坑道等场所。泡沫灭火系统按其使用方式有固定式、半固定式和移动式之分。选用泡沫灭火系统时，应根据可燃物的性质选用泡沫液。泡沫罐应储存于通风、干燥场所，温度应在0～40℃范围内。

6. 水基型灭火器

水基型灭火器的灭火机理为物理性灭火原理。水基型灭火剂主要由碳氢表面活性剂、氟碳表面活性剂、阻燃剂和助剂组成。水基型灭火剂在喷射后，成水雾状，瞬间蒸发火场大量的热量，迅速降低火场温度，抑制热辐射，表面活性剂在可燃物表面迅速形成一层水膜，起到降温、隔离双重作用，同时参与灭火，从而达到快速灭火的目的。水基型灭火剂对木材、布匹等易燃物具有渗透作用，可以渗透可燃物内部，即便火势较大未能全部扑灭，其喷射的部位也可以有效的阻断火源，控制火灾的蔓延速度；对汽油及挥发性化学液体火灾具有隔离的作用，可在其表面形成长时间的水膜，即便水膜受外界因素遭到破坏，其独特的流动性可以迅速愈合，使火焰窒息。

水基型灭火器不受室内、室外、大风等环境的影响，灭火剂可以最大限度的作用于燃烧物表面，灭火后药剂可100%生物降解，不会对周围设备、空间造成污染，具有绿色环保，高效阻燃、抗复燃性强，灭火速度快，渗透性极强等特点，是之前介绍的灭火器所无法相比的。除可燃金属起火外，其他火灾全部可以扑救，并可绝缘36kV电压，是扑救电器火灾的最佳选择。不仅如此，除了灭火之外，水基型灭火器还可以用于火场自救。在起火时，将水基型灭火器中的喷剂喷在身上，并涂抹于头上，可以使自己在普通火灾中完全免除火焰伤害，在高温火场中最大限度地减轻烧伤。故水基型灭火器具备其他灭火器无法媲美的阻燃性。

本章小结

建筑消防设施是建筑物内必备的安全设施，《建筑设计防火规范》(GB 50016—2014)中对此做了严格的规定。

建筑物高度不同所采取的消防设施有所不同，对建筑物高度的划分标准必须熟悉。不同功能的建筑发生火灾的危害有所不同，应了解建筑消防给水系统的设置原则，同时对消防所用水源有一定了解。

建筑消火栓给水系统是建筑消防给水的主要系统。文中介绍了消火栓给水系统的给水方式、组成、消火栓的布置要求、消防管道的布置要求、消防水泵及水箱的设置要求等内容。

高层建筑消火栓给水系统根据建筑物高度、使用性质、火灾危险性的差异而有所不同。高层建筑的消防系统是否采取分区的形式，消防管网必须为环状管网、消火栓必须为*DN*65、充实水柱长度必须为 13m、水泵接合器的设置要求、消防水箱储存的消防水量等要求比低层建筑要严格。

自动喷水灭火系统用于扑灭火灾发生的初期，根据建筑物情况不同采取不同形式。分为闭式和开式自动喷水灭火系统。其中闭式系统主要有湿式、干式、预作用、重复启闭预作用、自动喷水-泡沫联用等灭火系统。讲解了自动喷水灭火系统的管道、喷头、报警阀、水流报警装置、控制和检验装置等主要组成部分的作用、类型、原理、选用原则进行介绍。

文中简单介绍了开式自动喷水灭火系统中的水幕、雨淋、水雾喷水灭火系统的组成、作用、原理及适用情况等内容。

室内消防系统是建筑设备中的重要章节，是重点也是难点，在学习中应引起足够的重视。

复习思考题

1. 建筑物高度如何划分？
2. 消防水源有哪几种？各适用于何种情况？
3. 室内消火栓给水系统的给水方式有哪几种？
4. 消火栓给水系统由哪几部分组成？各部分的作用是什么？
5. 室内消火栓布置有哪些要求？

6. 何谓充实水柱？充实水柱的确定需要考虑哪些因素？

7. 高层建筑室内消防给水管道的布置要求有哪些？

8. 消防水泵接合器的作用是什么？高层建筑消防水泵接合器的布置要求有哪些？

9. 怎样确定消火栓的布置间距？布置间距的确定需要考虑哪些因素？

10. 闭式自动喷水灭火系统有哪几种类型？各自的主要特点是什么？分别适用于什么场合？

11. 常用的闭式喷头有哪几种？

12. 报警阀的作用是什么？有哪几种类型？

13. 水流报警装置有哪些？各起什么作用？

14. 开式自动喷水灭火系统有哪几种类型？各自的特点是什么？分别适用于什么场合？

15. 开式自动喷水灭火系统与闭式自动喷水灭火系统有哪些相同和不同之处？

第4章 建筑排水系统

思维导图

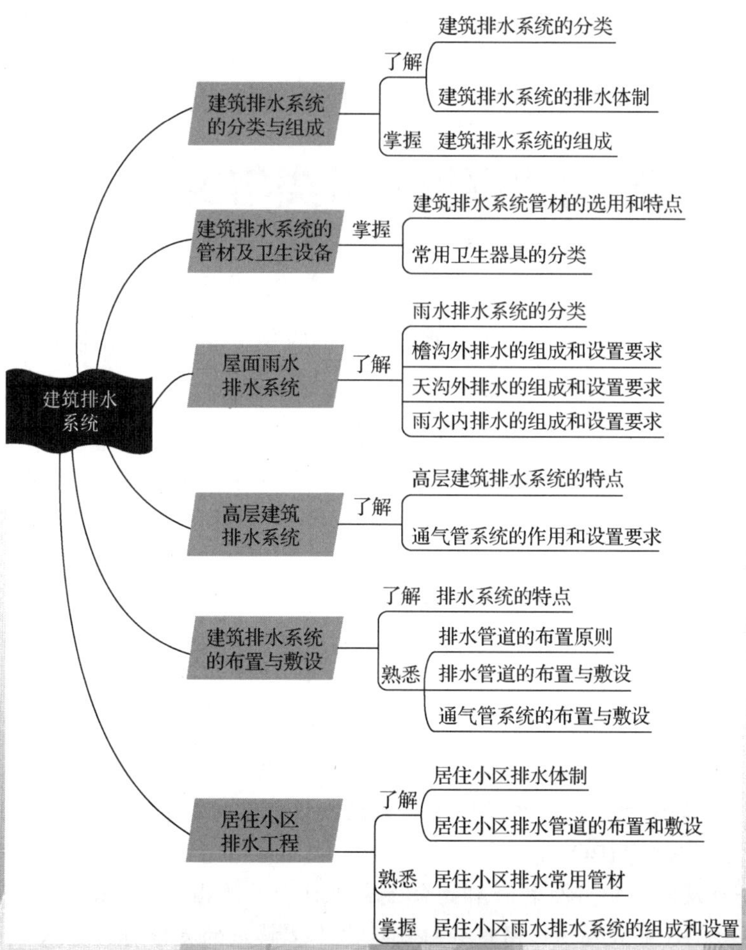

引例

我们所居住的宿舍楼六层，平屋顶，楼层高度 18m，各层卫生间的大便器、小便槽、地漏、盥洗槽、污水池、洗手盆所产生的生活污、废水由生活排水系统收集并排放；降落在屋面的雨水和融化的雪水，由雨水排水系统收集并排放。将污、废水快速、畅通地收集、输送、排出建筑物是建筑排水系统的任务。

污、废水经卫生器具收集后，经存水弯、排水支管、横管、立管、干管、排出管排出室外，通过检查井与室外排水管网相连。考虑到排水管道堵塞时清通方便，在排水系统的横管上设置清扫口，在排水立管上设置检查口等清通设施。

污、废水对排水管道具有腐蚀性，所含有的固体污物对管道磨损严重，同时因为排水系统是依靠势能使水从高处向低处汇流至室外，排水管道必须保证自由液面，故排水管道一般管径较大，所以排水系统所用管材在选用上与给水管材有很大区别，视情况不同可选用排水铸铁管、UPVC 管。

我们所在的建筑物每个卫生器具虽然都按要求设置了水封装置，但时常仍有管道中的臭气向室内溢出，影响室内的空气质量，主要是因为管道内部气压波动造成水封被吸入或被压出的原因。随着建筑物高度增大，排水立管长度增加，会加剧水封的破坏，故高层建筑的排水系统应采取一定措施平衡排水立管中的气压，防止水封破坏。

4.1 建筑排水系统的分类与组成

建筑排水系统主要包括建筑物内污水与废水的收集、输送、排出以及进行局部处理。

知识链接

排水水质指标

由于室内排水是使用后受污染的水，水中会含有不同的污染物，且污染物的种类繁多，为了能够简单反映水质受污染的程度，常用排水水质指标表示。

1. 悬浮物

悬浮物是指不溶于水的颗粒物，其粒径在 1μm 以上，可以用普通滤纸将它与水分离，被滤纸截留的残渣，在 103～105℃温度下烘干至恒重的固体物质称为悬浮物，常用 SS 来表示。

2. 有机物

由于有机物种类繁多，组成复杂，用直接测定各种有机物方法来表示有机物多少有一定困难，因此，我们常用氧化有机物所消耗氧的数量——耗氧量来间接表示有机物的数量。

(1) 生物化学耗氧量(BOD)

BOD 是一个反映水中可生物降解的含碳有机物含量的指标。一般以 20℃温度下经过 5 天时间，有机物在好氧微生物作用下分解前后水中溶解氧的差值称为 5 天生物耗氧量，即

BOD_5，单位通常用 mg/L。

(2) 化学耗氧量(COD)

COD 是在高温、有催化剂及酸性条件下，用强氧化剂(K_2MnO_4)氧化有机物所消耗的氧量，单位为 mg/L。由于 BOD 只能氧化可生物降解的有机物，而 COD 对难生物降解的有机物也可以氧化，因此，COD 一般高于 BOD。

3. pH

酸度和碱度是污水的重要污染指标，用 pH 来表示。

4. 色度

水的色度有碍于感观，同时有些色度是由有毒有害物质造成的，应引起充分的重视。

5. 有毒物质

有毒物质对人体和污水处理中的生物都有一定的毒害作用。如氰化物、砷化物、酚，及重金属汞、镉、铬、铅等。

4.1.1 建筑排水系统的分类及排水体制

1. 建筑排水系统的分类

建筑排水系统根据所接纳污、废水类型不同，可分为三类。

(1) 生活排水系统

生活排水系统排除居住建筑、公共建筑以及工厂生活间的污、废水。生活排水系统又可进一步分为排除冲洗厕所的生活污水排水系统和排除盥洗、沐浴、洗涤废水的生活废水排水系统。

(2) 工业废水排水系统

工业废水排水系统排除生产过程中所产生的污、废水，根据污染的程度不同，又可分为生产污水和生产废水。生产污水是指生产过程中被化学物质(氰、铬、酸、碱、铅、汞等)和有机物污染较重的水，生产污水必须经过相关处理达到排放标准后才能排放；生产废水是指生产过程中受污染较轻或被机械杂质(悬浮物及胶体)污染的水。

(3) 屋面雨水排水系统

屋面雨水排水系统是收集并排除降落到建筑物屋面的雨、雪水的排水系统。雨、雪水一般较清洁，可以直接排入水体。

2. 室内排水系统的排水体制

室内排水系统的排水体制分为合流制和分流制两种。选择排水体制时主要考虑以下因素：污、废水性质、污、废水污染程度、室外排水体制以及污、废水综合利用的可能性和处理要求等。

知识链接

污水排放标准

建筑排水的出路有两条：一是排入水体，二是排入城市下水道中。如果直接排向天然河流湖泊，会破坏水体，产生各种不利影响，如水体富营养化等；如果直接向市政管道排放，会影响污水厂的工艺流程及处理效果，因此，各种污水的排放，都必须达到国家规定的相关排放标准。

1. 排入城镇下水道的污水水质标准

其最高允许浓度必须符合表 4-1 的水质标准。

表 4-1　污水排入城镇下水道水质标准

序号	项目名称	单位	最高允许浓度	序号	项目名称	单位	最高允许浓度
1	pH		6.5～9.5	14	总砷	mg・L	0.3
2	化学需氧量	mg・L^{-1}	500	15	总铅	mg・L	0.5
3	总有机碳		180	16	总镍	mg・L	1.0
4	生化需氧量	mg・L^{-1}	350	17	总铜	mg・L	2.0
5	悬浮物	mg・L	400	18	总锌	mg・L	5.0
6	动植物油	mg・L	100	19	总锰	mg・L	5.0
7	总氮	mg・L	70	20	总铁	mg・L	10.0
8	总磷	mg・L	8	21	挥发酚	mg・L	1.0
9	色度	稀释倍数	64	22	氯化物	mg・L	800
10	水温	℃	40	23	氰化物	mg・L	0.5
11	总汞	mg・L	0.005	24	硫化物	mg・L	1.0
12	总镉	mg・L	0.05	25	硫酸盐	mg・L	600
13	总铬	mg・L	1.5	26	苯系物	mg・L	2.5

2. 排入天然水体的水质标准

(1) 污染物最高允许排放浓度标准值

排放的污染物按其性质及控制方式分为两类。

第一类污染物，不分行业和污水排放方式，也不分受纳水体的功能类别，一律在车间或车间处理设施排放口采样，其最高允许排放浓度必须达到本标准要求，见表 4-2。

表 4-2　第一类污染物最高允许排放浓度标准　(单位：mg・L^{-1})

序号	污染物	一级标准	二级标准	序号	污染物	一级标准	二级标准
1	总汞	0.001	0.001	8	总镍	1.0	1.0
2	烷基汞	不得检出	不得检出	9	苯并(a)芘	0.00003	0.00003
3	总镉	0.005	0.01	10	总铍	0.005	0.005
4	总铬	1.5	1.5	11	总银	0.5	0.5
5	六价铬	0.05	0.1	12	总α放射性	1Bq/L	1Bq/L
6	总砷	0.1	0.1	13	总β放射性	10 Bq/L	10 Bq/L
7	总铅	0.05	0.1	14			

第二类污染物，在排污单位排放口采样，其最高允许排放浓度必须达到本标准要求，见表 4-3。

表 4-3 第二类污染物(部分)最高允许排放浓度标准 (单位：mg·L^{-1})

序号	污染物	排放级别			序号	污染物	排放级别		
		一级	二级	三级			一级	二级	三级
1	pH	6～9	6～9	6～9	9	硫化物	0.5	1.0	1.0
2	色度	20	30	64	10	氨氮(以N计)[a]	1.5(3.0)	2.0(3.5)	45
3	(SS)	10	10	400	11	氟化物	1.5	1.5	20
4	BOD_5	6	10	300	12	硝基苯类	2.0	3.0	5.0
5	COD	30	40	500	13	总铜	0.5	1.0	2.0
6	石油类	0.5	1.0	15	14	总锌	2.0	5.0	5.0
7	挥发酚	0.01	0.1	1.0	15	总锰	2.0	2.0	5.0
8	总氰化合物	0.2	0.2	0.5					

注：[a]为每年 11 月 1 日至次年 3 月 31 日执行括号内的排放限值。

(2) 污染物最高允许排放浓度标准分级

《地表水环境质量标准》(GB 3838—2002)中规定排入Ⅲ类水域(划定的保护区和游泳区除外)的污水，执行污染物最高允许排放浓度的一级标准；排入Ⅳ、Ⅴ类水域的污水，执行污染物最高允许排放浓度的二级标准。排入设置二级污水处理厂的城镇排水系统的污水，执行污染物最高允许排放浓度的三级标准。

4.1.2 建筑排水系统的组成

建筑排水系统的主要任务是将生活污水、工业废水及降落在屋面上的雨、雪水用最经济合理的方式迅速通畅地排至室外。完整的排水系统由以下部分组成。多层住宅排水系统如图 4-1 所示。

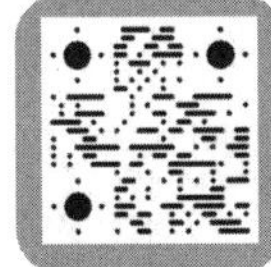

【参考图文】

1. 污水和废水收集器具

污水和废水收集器具往往就是用水器具，是排水系统的起点，收集和排出污、废水，包括各种卫生器具、生产设备上的受水器和收集屋面雨水的雨水斗等。

2. 水封装置

水封装置是设置在污水和废水收集器具的排水口下方处，与排水横支管相连的一种存水装置，俗称存水弯。其作用是阻挡排水管道中的臭气和其他有害气体、虫类等通过排水管进入室内污染室内环境。

存水弯一般有 S 形和 P 形两种，水封高度不能太高，也不能太低，若水封高度太高，污水中固体杂质容易沉积，太低则存水弯容易被破坏，因此水封高度一般在 50～100mm 之间，水封底部应设清通口，以利于清通。存水弯的形式及水封原理如图 4-2 所示。

3. 排水管道

排水管道可分为以下几种。

(1) 器具排水支管

器具排水支管是指连接污水和废水收集器具与排水横管之间的短管。

【参考图文】

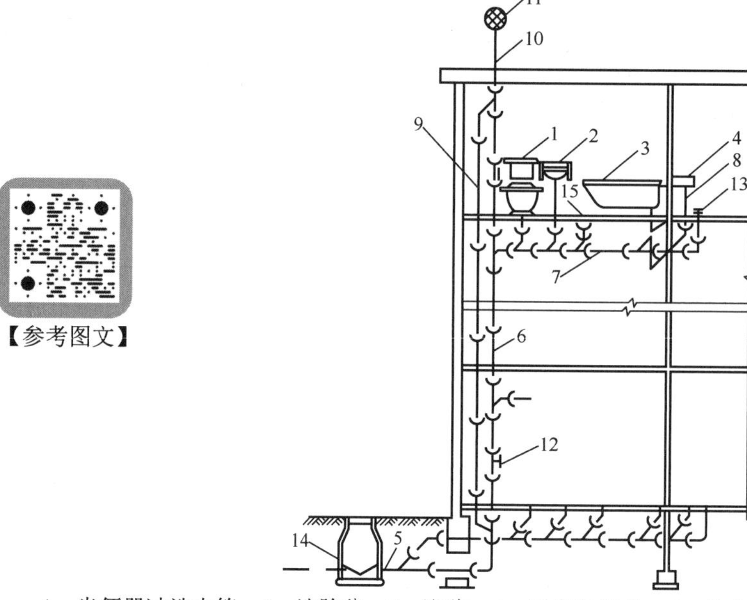

1—坐便器冲洗水箱；2—洗脸盆；3—浴盆；4—厨房洗涤盆；5—排水出户管；6—排水立管；7—排水横管；8—排水支管；9—专用通气管；10—伸顶通气管；11—通风帽；12—检查口；13—清通口；14—排水检查井；15—地漏

图 4-1　多层住宅排水系统

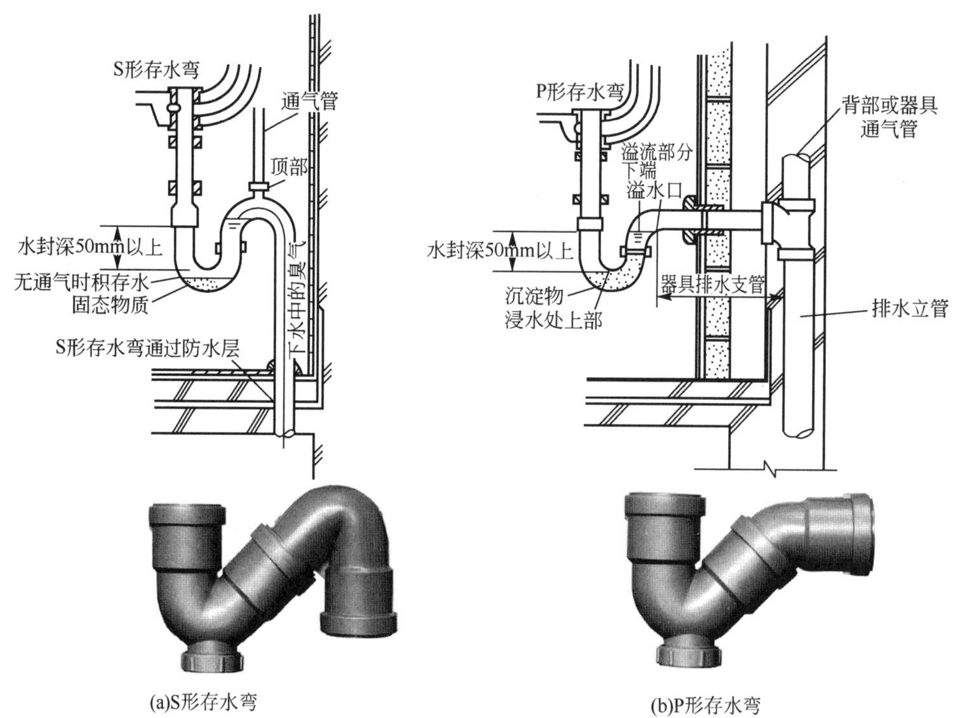

(a)S形存水弯　(b)P形存水弯

图 4-2　存水弯的形式及水封原理

(2) 排水横管

排水横管是汇集各器具排水支管的来水，水平方向输送污、废水的管道。排水横管应有一定的坡度坡向立管。

(3) 排水立管

排水立管是收集各排水横管、支管的来水，为保证污、废水的水流畅通，立管的管径不应小于任何一根接入的横支管管径。

(4) 排水干管

排水干管是收集排水立管的污、废水，水平方向输送污、废水的管道。排水干管应有一定的坡度。

(5) 排出管

排出管是水平方向穿过建筑外墙或外墙基础，连接室内排水立管与室外污水检查井之间的管段，也称出户管。排出管的管径不得小于所连接立管的管径，排出管也应具有一定的坡度。

4. 通气管系统

绝大多数排水管道内部流动的是重力流，即管系中的污、废水是依靠重力的作用排出室外，因此排水管道系统必须和大气相通。

(1) 通气管系统的作用

通气管既能向排水管内补充空气，使水流畅通，减少排水管内的气压变化幅度，防止卫生器具水封被破坏，并将管道中散发的有毒、有害气体和臭气排到大气中去，同时还可以保持管道内的新鲜空气流通，减轻废气对管道的锈蚀。

(2) 通气管系统的形式

对于楼层不高、卫生器具不多的建筑物，通气管是将排水立管的上端伸出屋顶一定高度，为防止异物落入立管，通气管顶端应装设网罩或伞形通气帽(通气帽如图 4-3 所示)，该通气管称为伸顶通气管。对于层数较多或卫生器具较多的建筑物，必须设置专用通气管。

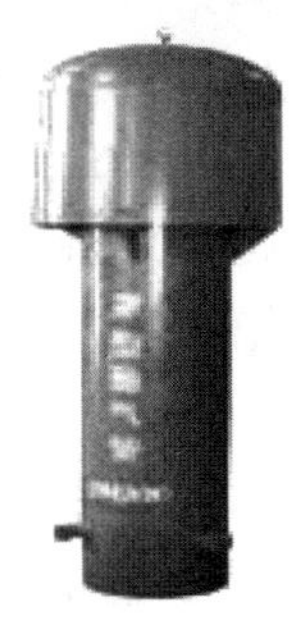

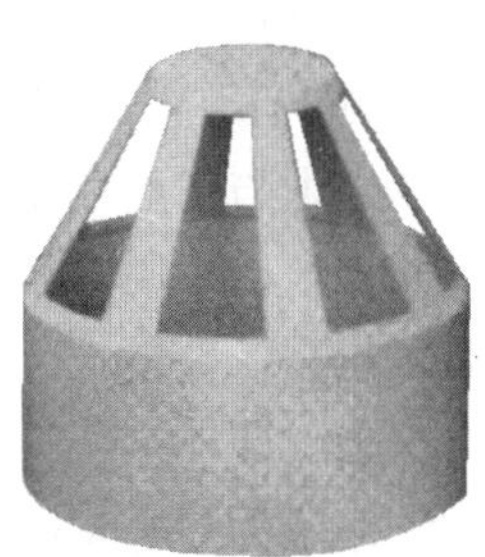

图 4-3　通气帽

5. 清通设备

为了排水管道疏通方便，管道上需设清通设备。在室内排水系统中，清通设备一般有清扫口、检查口、检查井等。

(1) 清扫口

清扫口是一种装在排水横管上，用于清扫排水横管的附件。清扫口设置在楼板或地坪上，且与地面相平，也可用带清扫口的弯头配件或在排水管起点设置堵头代替清扫口，清扫口构造见图 4-4。

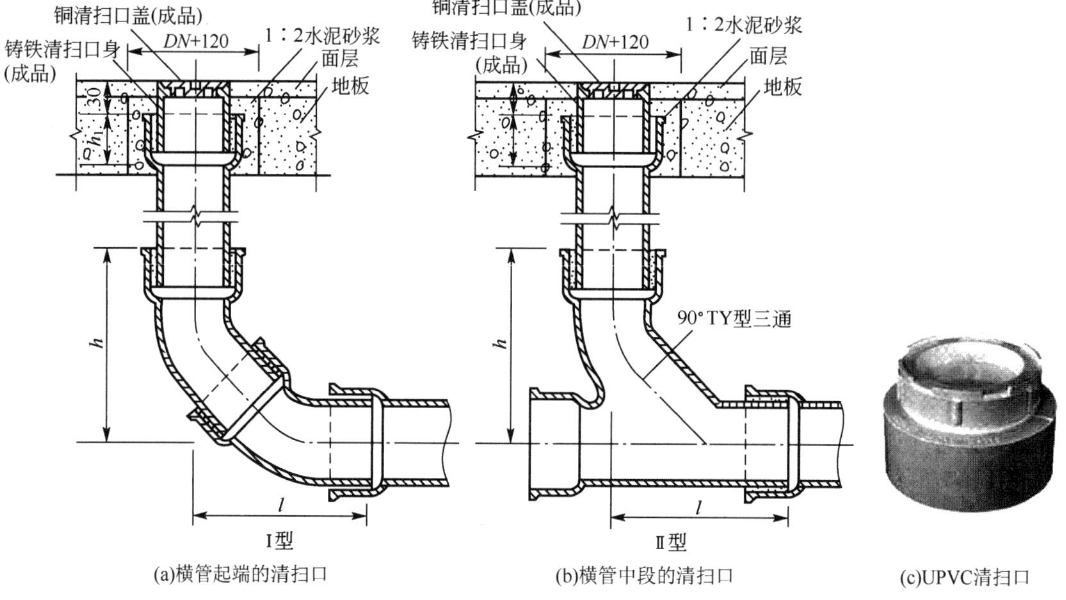

(a)横管起端的清扫口　(b)横管中段的清扫口　(c)UPVC清扫口

图 4-4　清扫口构造

清扫口的设置应符合以下要求。

① 在排水横管直线管段上的一定距离处，应设清扫口。

② 当排水横管连接卫生器具数量较多时，在横管起端应设置清扫口。如系统采用铸铁管时，连接 2 个及 2 个以上大便器的排水横管或连接 3 个及 3 个以上卫生器具宜设置清扫口；如系统采用硬聚氯乙烯管时，连接 4 个及 4 个以上大便器的排水横管上宜设置清扫口。

③ 在水流偏转角大于 45° 的排水横管上，应设清扫口。

④ 管径小于 100mm 的排水管道上，设置清扫口的尺寸应与管道同径；管径等于或大于 100mm 的排水管道上，设置清扫口的尺寸应采用 100mm。

⑤ 清扫口不能高出地面，必须与地面相平。污水横管起端的清扫口与墙面的距离不得小于 0.2m。当采用管堵代替清扫口时，为了便于清通和拆装，管堵与墙面的净距不得小于 0.4m。

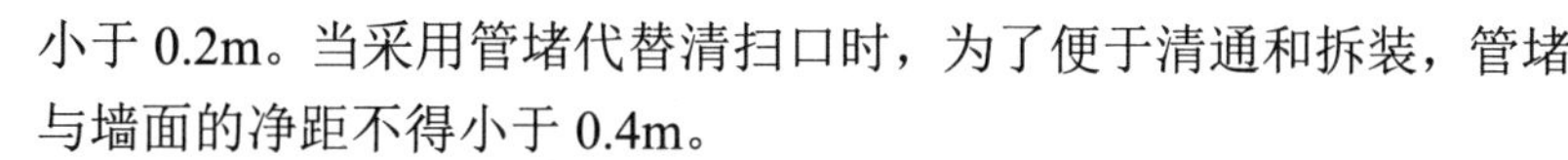

(2) 检查口

图 4-5　检查口构造

检查口设在排水立管以及较长的水平管段上，是一个带盖板的开口短管，清通时将盖板打开，其构造如图 4-5 所示。

在生活排水管道上，应按下列规定设置检查口：铸铁排水立管上检查口之间的距离不宜大于 10m；塑料排水立管宜每六层设置一个检查口。但在建筑物最底层和设有卫生器具的二层以上建筑物的最高层，应设置检查口，当立管有水平拐弯或乙字管时，在该层立管拐弯处和乙字管的上部应设检查口。

排水管上设置检查口应符合下列要求。

① 立管上设置检查口，应在地(楼)面以上 1.0m 位置，并应高于该层卫生器具上边缘 0.15m。

② 地下室立管上设置检查口时，检查口应设置在立管底部之上。

③ 立管上的检查口应面向便于检查清扫的方位。

④ 横干管上的检查口方向应垂直向上。

(3) 检查井

埋地管道上应设检查井，以便清通，如图 4-6 所示。

图 4-6 检查井

检查井的设置应符合以下要求。

① 生活污水排水管道，在建筑物内不宜设检查井。

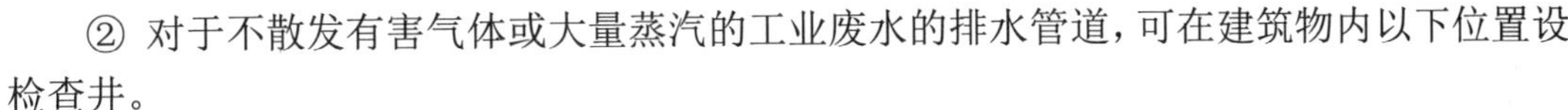

② 对于不散发有害气体或大量蒸汽的工业废水的排水管道，可在建筑物内以下位置设检查井。

a. 在管道转弯或连接支管处。

b. 在管道管径及坡度改变处。

c. 在直线管段上每隔一定距离处(生产废水不宜大于 30m，生产污水不宜大于 20m)。

③ 检查井直径不得小于 0.7m。

④ 检查井中心至建筑物外墙的距离不宜小于 3.0m。

6. 地漏

地漏是一种内有水封，用来排除地面水的特殊排水装置，一般由铸铁或塑料制成。

地漏有 50mm、75mm、100mm 三种规格，卫生间及盥洗室一般设置直径为 50mm 的地漏，地漏一般设在地面的最低处，地面做成 0.5%～1%的坡度坡向地漏，地漏箅子面应低于地面标高 5～10mm。地漏有多种类型，如图 4-7 所示。

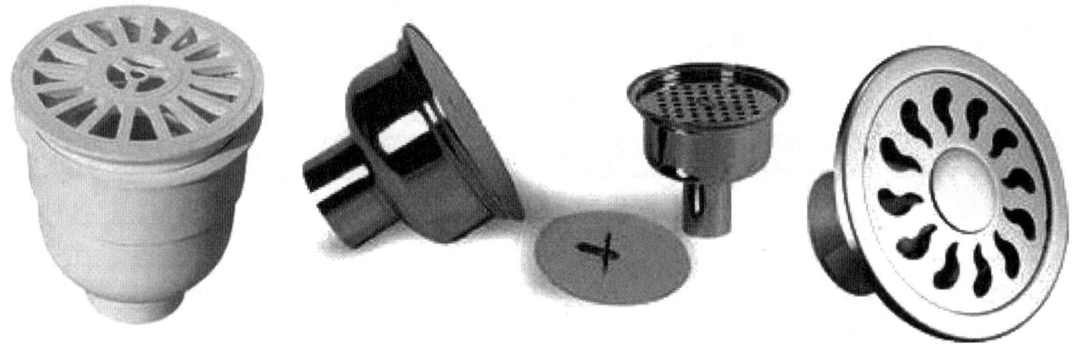

图 4-7 地漏类型

7. 污、废水抽升设备

当建筑物的地下室、人防建筑工程等地下建筑物内的污、废水不能以重力流排入室外检查井时，应利用集水池、污水泵等污、废水抽升设备把污、废水集流，提升后排放。

8. 局部处理构筑物

当建筑内部污水未经处理不允许直接排入市政排水管网或水体时，须设污水局部处理

构筑物。如处理民用建筑生活污水的化粪池，去除含油污水的隔油池，降低锅炉、加热设备排放的高温污水温度的降温池，以及以消毒为主要目的的医院污水处理设施等。

以隔油池为例，公共食堂和饮食业排放的污水中含有植物油和动物油脂。如果污水中含油量超过 400mg/L，污水排入下水道后随着水温的下降，污水中夹带的油脂颗粒开始凝固，黏附在管壁上，使管道过水断面逐渐减小，甚至造成管道堵塞，所以公共食堂和饮食业排放的污水在排入水体和城市排水管网前，应去除污水中的可浮油(占总油量的 65%～70%)，目前一般采用隔油池。其他设施不再进行叙述。

4.2 建筑排水系统的管材及卫生设备

4.2.1 排水管材

对敷设在建筑物内部的排水管道，要求有足够的机械强度、抗污水侵蚀性能好、不漏水等特性。下面重点介绍几种常用管材的性能及特点。

1. 排水铸铁管

排水铸铁管具有耐腐蚀性，有一定的强度、使用寿命长、价格便宜等优点，每根管长一般在 1.0～2.0m 之间，与给水铸铁管相比管壁较薄，不能承受较大的压力，主要用于一般的生活污水、雨水和工业废水的排水管道，要求强度较高或排除压力水的地方常用给水铸铁管代替。

排水铸铁管有承插连接和法兰连接，其中承插连接有刚性接口和柔性接口两种。排水铸铁管承插直管的规格见表 4-4。

表 4-4　排水铸铁管承插直管的规格

管内径/mm	壁厚/mm	长度/m	质量/kg	管内径/mm	壁厚/mm	长度/m	质量/kg
50	5	1.5	10.3	125	6	1.5	29.4
75	5	1.5	14.9	150	6	1.5	34.9
100	5	1.5	12.6	200	7	1.5	53.7

(1) 刚性接口排水铸铁管及管件

刚性接口排水铸铁管采用承插连接，承插连接管件如图 4-8 所示，接口有铅接口、石棉水泥接口、沥青水泥砂浆接口、膨胀性填料接口、水泥砂浆接口等。实践证明，刚性接口排水管道的寿命可与建筑物使用寿命相同。

(2) 柔性接口排水铸铁管及管件

随着房屋建筑层数和高度的增加，刚性接口已经不能适应高层建筑在风荷载、地震等作用下的位移，宜采用柔性接口，使其具有良好的曲挠性和伸缩性，以适应建筑楼层间变位导致的轴向位移和横向曲挠变形，防止管道裂缝、折断。柔性接口排水铸铁管具有强度高、抗震性能好、噪声低、防火性能好、寿命长、膨胀系数小、安装施工方便、美观、耐磨、耐高温的优点，缺点是造价高。对于建筑高度超过 100m 的高层建筑、防火等级要求高的建筑物、要求环境安静的场所、环境温度可能出现 0℃以下的场所，以及连续排水温度大于 40℃或瞬间排水温度大于 80℃的排水管道应采用柔性接口排水铸铁管。

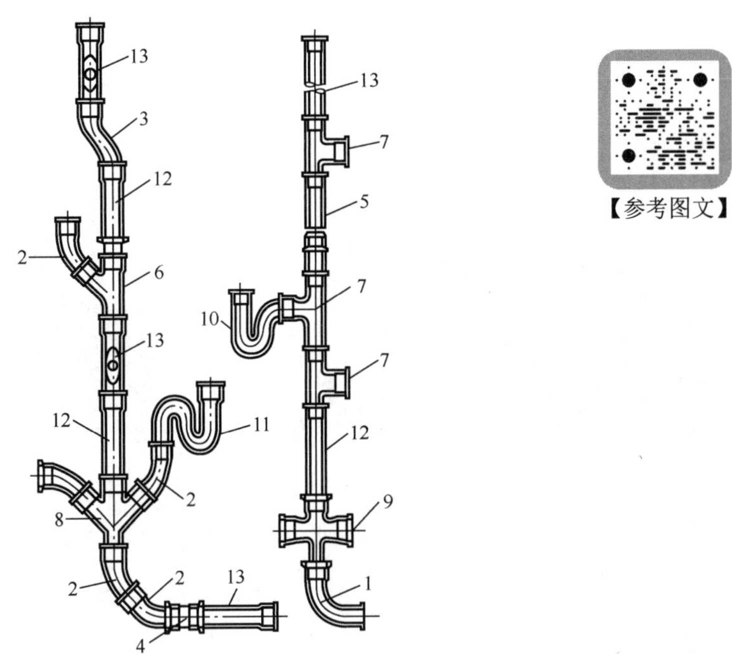

【参考图文】

1—90° 弯头；2—45° 弯头；3—乙字管；4—双承管；5—大小头；6—斜三通；7—正三通；8—斜四通；9—正四通；10—P 形存水弯；11—S 形存水弯；12—直管；13—检查口

图 4-8 承插连接管件

柔性抗震接头的构造有两种，如图 4-9 所示，一种是由承口、插口、法兰压盖、密封橡胶圈、紧固螺栓、定位螺栓等组成，橡胶圈在螺栓和压盖的作用下，呈压缩状态与管壁紧贴，起到密封作用，承口端有内八字，可以使橡胶圈嵌入，增强了阻水效果，同时由于橡胶圈具有弹性，插口可在承口内伸缩和弯折，接头仍可保持不渗不漏，定位螺栓则在安装时起定位作用；另一种是采用不锈钢带、橡胶圈密封、卡紧螺栓连接，安装时只需将橡胶圈套在两根连接管的端部，用不锈钢带卡紧，螺栓锁住即可。这种连接方法具有安装和更换管道方便、接头轻巧、美观等优点。

2. 塑料管

塑料管具有质轻、耐腐蚀、水流阻力小、外表美观、施工安装方便、价格低廉等优点。近几年，塑料管在国内建筑排水工程中得到普遍认可和应用，最常用的是硬聚氯乙烯管。

(1) 硬聚氯乙烯管的特点

硬聚氯乙烯管(简称 UPVC 管)是以聚氯乙烯树脂为主要原料，加入必要的助剂，经注塑成型，具有质轻、不结垢、耐腐蚀、抗老化、强度高、耐火性能好、施工方便、造价低、可制成各种颜色、节能等优点，在正常的使用情况下寿命可达 50 年以上，但排水时噪声大。

目前在一般民用建筑和工业建筑的内排水系统中得到广泛使用。

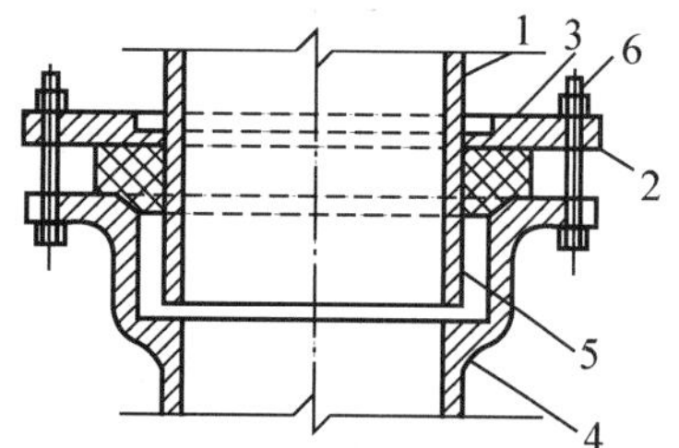

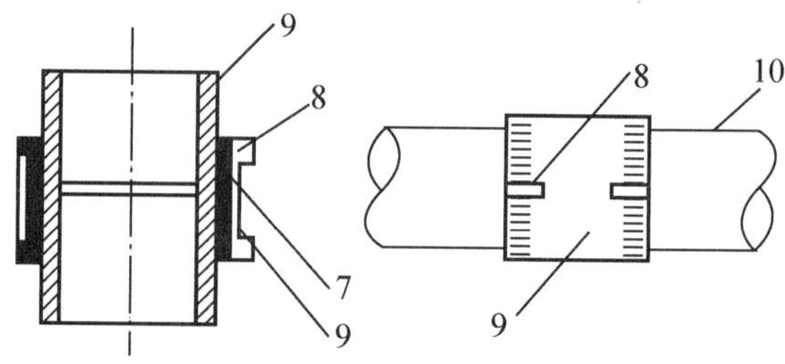

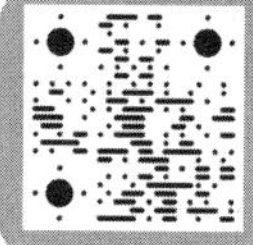

【参考图文】

(a)法兰压盖螺栓连接

(b)不锈钢带卡紧螺栓连接

1—直管、管件直部；2—法兰压盖；3—橡胶密封圈；4—承口端头；5—插口端头；6—定位螺栓；7—橡胶圈；8—卡紧螺栓；9—不锈钢带；10—排水铸铁管

图 4-9　排水铸铁管柔性抗震接头构造

(2) 硬聚氯乙烯管的规格

排水硬聚氯乙烯管规格见表 4-5。

表 4-5　排水硬聚氯乙烯管规格

单位：mm

公称外径 D	平均外径极限偏差	直管				粘接承口		
		壁厚 e		长度 L		承口内径 d_3		承口深度
		基本尺寸	极限偏差	基本尺寸	极限偏差	最小	最大	最小长度
40	+0.30	20	+0.40	4000 或 6000	±10	40.1	40.4	25
50	+0.30	20	+0.40			50.1	50.4	25
75	+0.30	23	+0.40			75.1	75.5	40
90	+0.30	32	+0.60			90.1	90.5	46
110	+0.40	32	+0.60			110.2	110.6	48
125	+0.40	32	+0.60			125.2	125.6	51
160	+0.50	40	+0.60			160.2	160.7	58

(3) 硬聚氯乙烯管的管件

排水塑料管道连接方法有粘接、橡胶圈连接、螺纹连接等。

排水管件是用来改变排水管道的直径、方向以及连接交汇的管道，并便于检查和清通管道的配件。常用的排水硬聚氯乙烯管管件如图 4-10 所示。

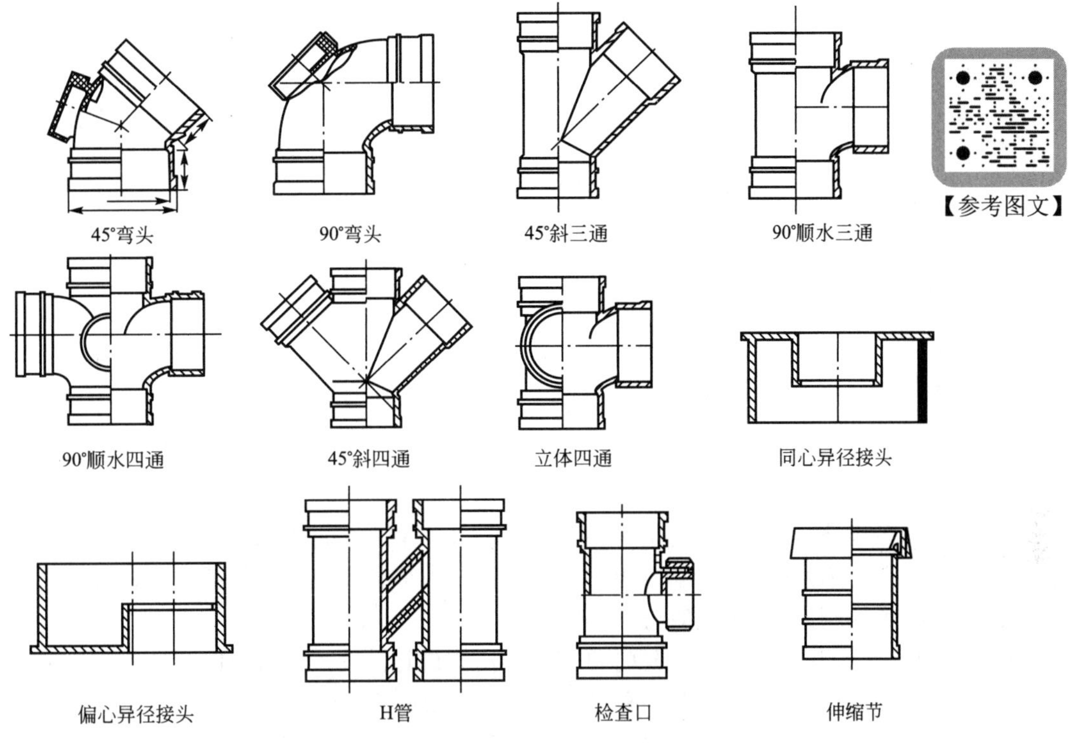

图 4-10 排水硬聚氯乙烯管管件

(4) 伸缩节设置要求

排水硬聚氯乙烯管使用时，要求瞬时排水水温不超过 80℃，连续排水水温不超过 40℃。为消除硬聚氯乙烯管受温度变化影响而产生的伸缩，通常采用设置伸缩节的方法，一般立管应每层设一伸缩节。

4.2.2 卫生器具

卫生器具是用来满足日常生活的各种卫生要求，收集和排除生活及生产中产生的污、废水的设备，它是建筑给排水系统的重要组成部分。

为防止粗大污物进入管道发生堵塞，除大便器外，所有卫生器具均应在放水口处设截留杂物的栏栅。卫生器具与排水管道连接处应设存水弯，但坐式大便器和地漏因自带水封而例外。

卫生器具按其用途可分为以下四类。

1. 便溺用卫生器具

便溺用卫生器具用来收集和排出粪便污水。便溺用卫生器具包括大便器、小便器和冲洗设备三部分。

(1) 大便器

常用的大便器有坐式大便器、蹲式大便器和大便槽三类。

① 坐式大便器的冲洗设备一般为低水箱或延时自闭式冲洗阀，如图 4-11 所示。坐式大便器多装设在住宅、宾馆或其他高级建筑内。

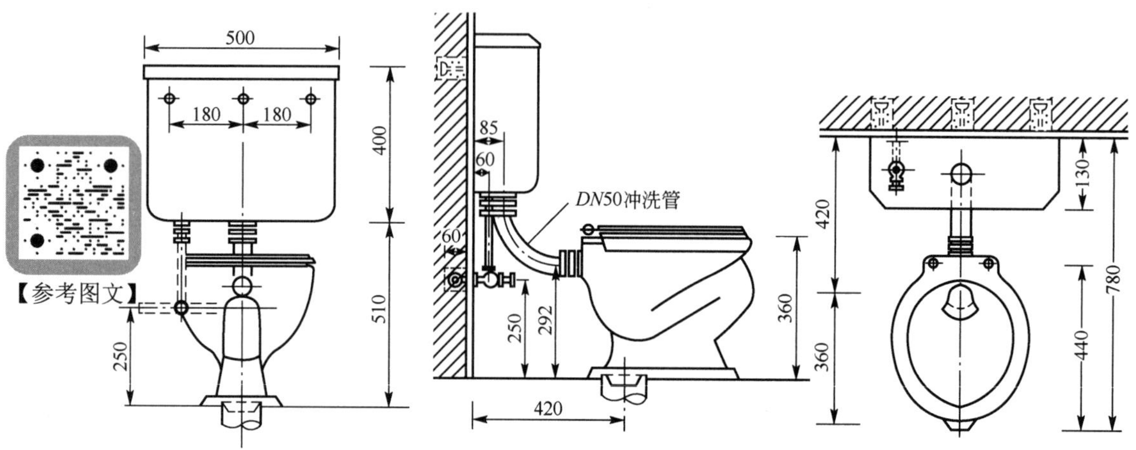

图 4-11　低水箱坐式大便器

② 蹲式大便器(图 4-12)有自带存水弯、不带存水弯和自带冲洗阀、不带冲洗阀、水箱冲洗等多种形式。使用蹲式大便器时可避免某些因与人体直接接触引起的疾病传染，所以多用于集体宿舍、学校、办公楼等公共场所中。

蹲式大便器多采用高位水箱或延时自闭式冲洗阀进行冲洗，延时自闭式冲洗阀可采用脚踏式、手动式、红外线数控式等多种开启方式，可根据不同场合选取。

③ 大便槽一般用于建筑标准不高的公共建筑或公共厕所内，其优点是设备简单、造价低。从卫生观点评价，大便槽受污面积大、有恶臭且耗水量大、不够经济。大便槽可采用集中冲洗水箱或红外线数控冲洗装置进行冲洗。

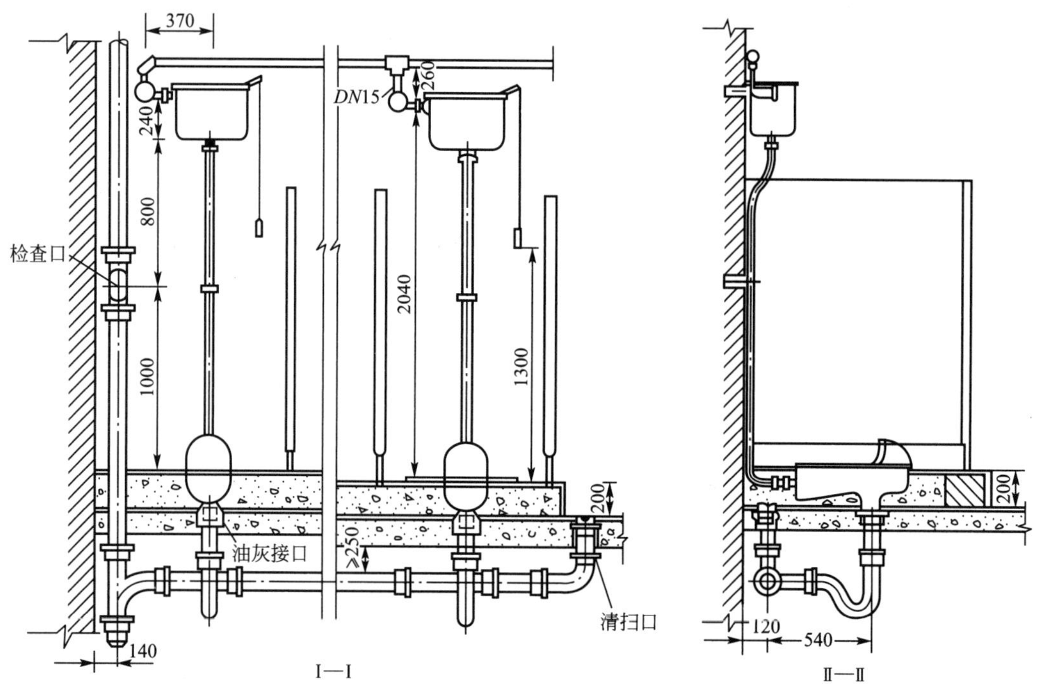

图 4-12　蹲式大便器

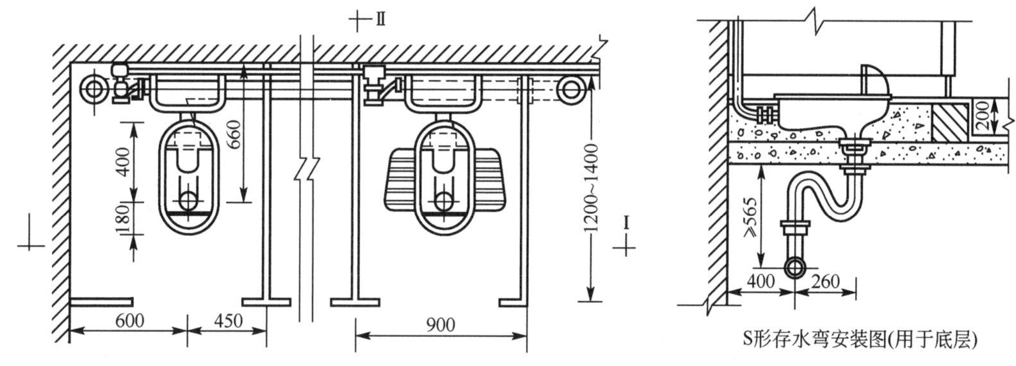

图 4-12 蹲式大便器(续)

(2) 小便器

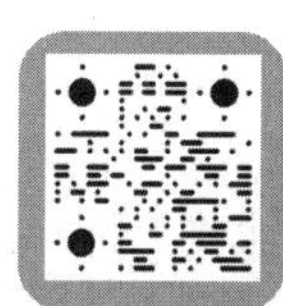
【参考图文】

小便器设在机关、学校、旅馆等公共建筑的男卫生间内，用以收集和排除小便的便溺用卫生器具，多为陶瓷制品。小便器有立式、挂式和小便槽三类。其中，立式小便器用于标准高的建筑中，多为成组设置；挂式小便器悬挂在墙壁上，多采用手动启闭截止阀进行冲洗，如图 4-13 所示。

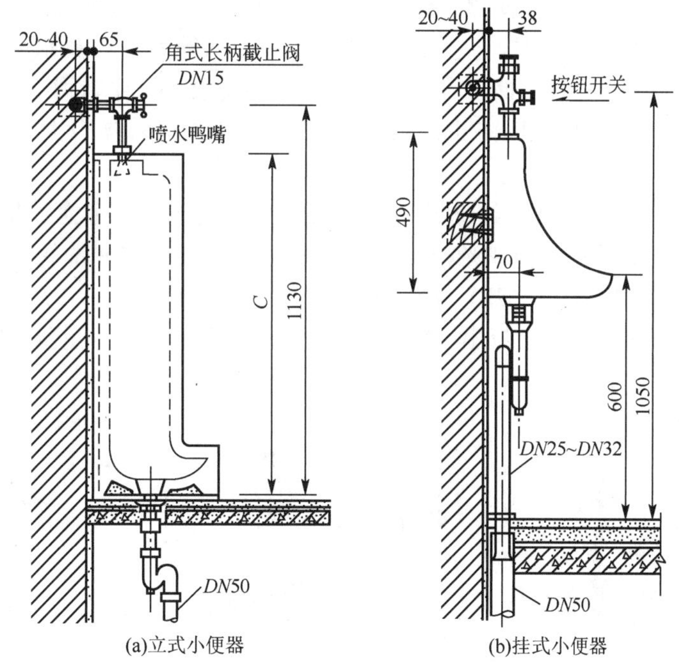

图 4-13 小便器

小便槽具有建造简单、经济、占地面积小、可供多人同时使用等特点，常用于工业企业、公共建筑和集体宿舍的男厕所中。小便槽可用普通阀门控制的多孔管冲洗，但应尽量采用自动冲洗水箱冲洗控制多孔管冲洗。冲洗管设在距地面 1.1m 高度的地方，管径 15mm 或 20mm，管壁有直径 2mm，间距 30mm 的一排小孔，小孔喷水方向与墙面成 45° 夹角。小便槽长度一般不大于 6m，如图 4-14 所示。

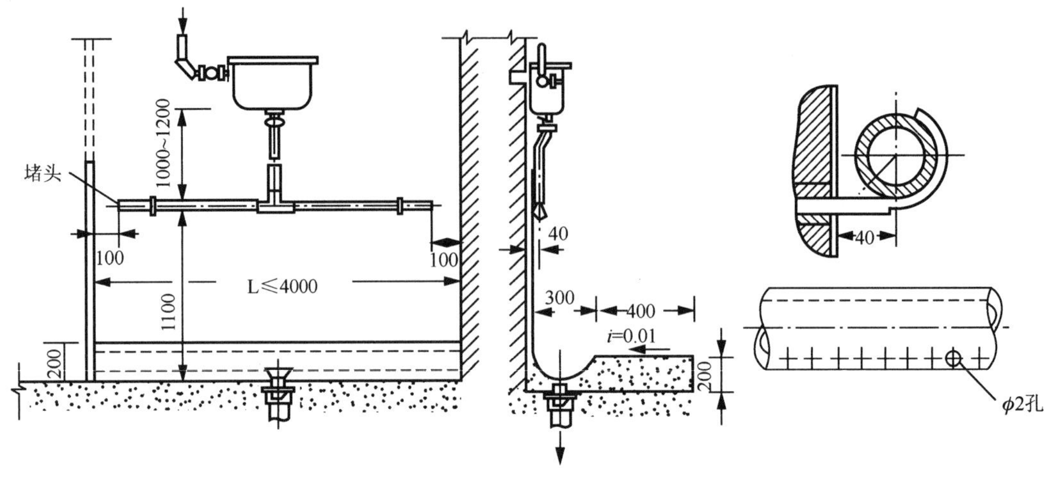

图 4-14　小便槽

(3) 冲洗设备

冲洗设备有冲洗水箱和冲洗阀两种。冲洗水箱按安装高度分高位水箱和低位水箱，高位水箱用于蹲式大便器和大小便槽，公共厕所宜用自动式冲洗水箱，住宅和旅馆多用手动式；低位水箱用于坐式大便器，一般为手动式。冲洗水箱所需出流水头小，进水管管径小，并有足够一次冲洗所需的储水容量，补水时间不受限制，浮球阀出水口与冲洗水箱的最高水面之间有空气隔断，以防止回流污染。缺点是冲洗时噪声大，进水浮球阀容易漏水。

冲洗阀直接安装在大小便器冲洗管上，多用于公共建筑、工业企业生活间及火车上的厕所内，使用者可以用手、脚或光控开启冲洗阀。延时自闭式冲洗阀由使用者控制冲洗时间(5～10s)和冲洗用水量(1～2L)，如图 4-15 所示，具有体积小、占用空间少、外观洁净美观、使用方便、节约水量、流出水头较小以及冲洗设备与大小便器之间有空气隔断的特点。

图 4-15　延时自闭式冲洗阀

2. 盥洗用卫生器具

盥洗用卫生器具是供人们洗漱、化妆的洗浴用卫生器具，包括洗脸盆、盥洗槽等。

(1) 洗脸盆

洗脸盆一般用于洗脸、洗手和洗头，如图 4-16 所示，常设置在盥洗室、浴室、卫生间和理发室。洗脸盆有长方形、椭圆形、马蹄形及三角形等形状，安装方式有挂式、台式和立柱式三种。

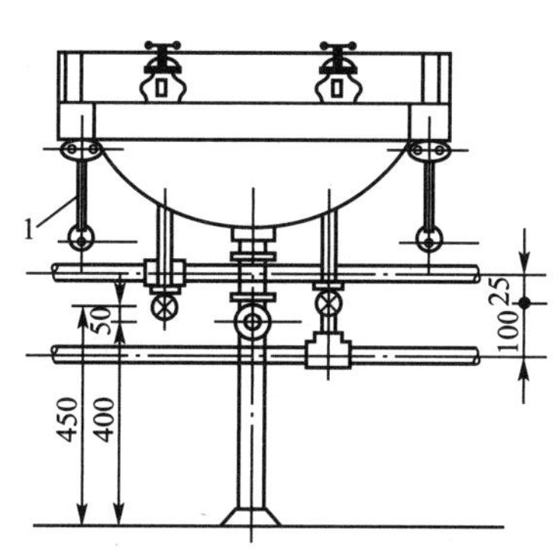

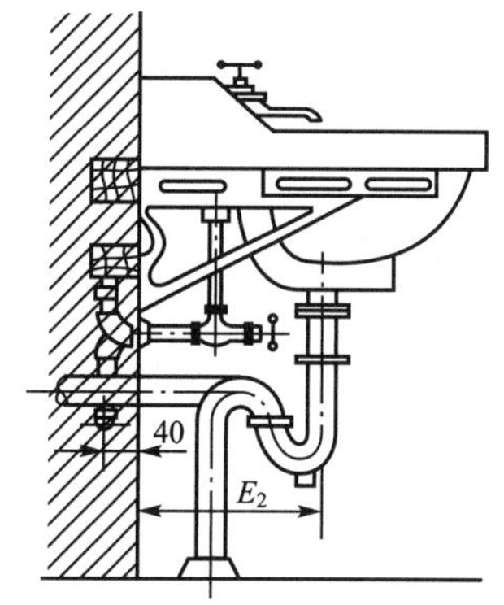

图4-16 洗脸盆

近年来，为了有效地利用空间，住宅使用洗脸化妆台的多了起来，如台式洗脸盆和橱柜为一体的洗脸化妆台与化妆柜等的组合型；带洗脸盆的面板与化妆柜等的组合型。

(2) 盥洗槽

盥洗槽是设在集体宿舍、车站候车室、工厂生活间等公共卫生间内，可供多人同时洗手、洗脸的卫生器具，如图4-17所示。盥洗槽多为长方形布置，有单面、双面两种，一般为钢筋混凝土现场浇筑，水磨石或瓷砖贴面，也有不锈钢、搪瓷、玻璃钢等制品。

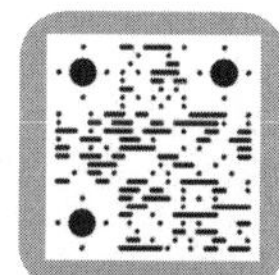
【参考图文】

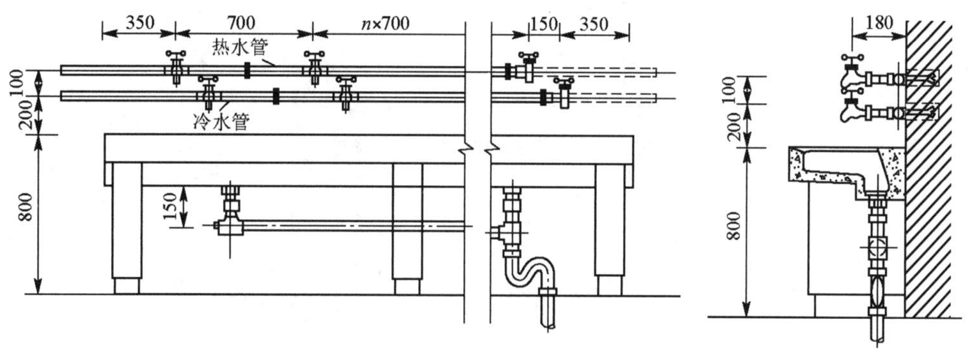

图4-17 盥洗槽

3. 沐浴用卫生器具

(1) 浴盆

浴盆设在住宅、宾馆、医院等建筑的卫生间内及公共浴室内，如图4-18所示。它常用搪瓷生铁、水磨石、玻璃钢等材料制成，外形呈长方形、方形、椭圆形。浴盆配有冷、热水龙头或混合龙头，有的还有固定的莲蓬头或软管莲蓬头。

随着人们生活水平的提高，开发研制出的浴盆不仅可以盛热水，而且还带有诸多的附加功能，如对浴缸水进行净化、杀菌、24h恒温、水在浴盆内循环喷流按摩等多种类型。

(2) 淋浴器

淋浴器具有占地面积小、设备费用低、耗水量小、清洁卫生和避免疾病传染的优点，因此多用于工厂、学校、机关、部队、集体宿舍的公共浴室，如图4-19所示。浴室的墙壁和地面需用易于清洗和不透水材料，如水磨石或水泥建造，高级浴室可贴瓷砖装饰。

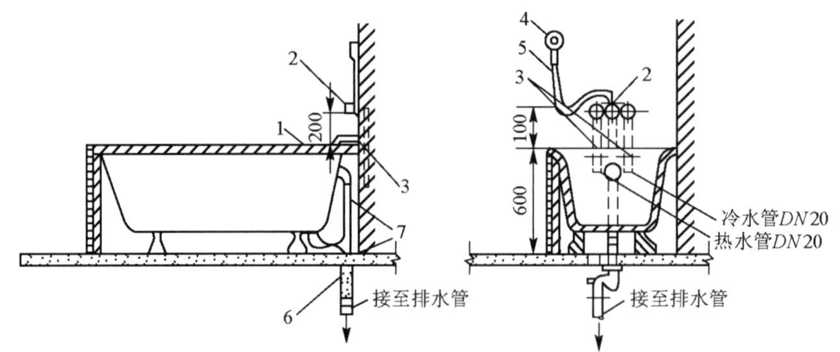

1—浴盆；2—混合阀门；3—给水管；4—莲蓬头；5—蛇皮管；6—存水弯；7—排水管

图 4-18 浴盆

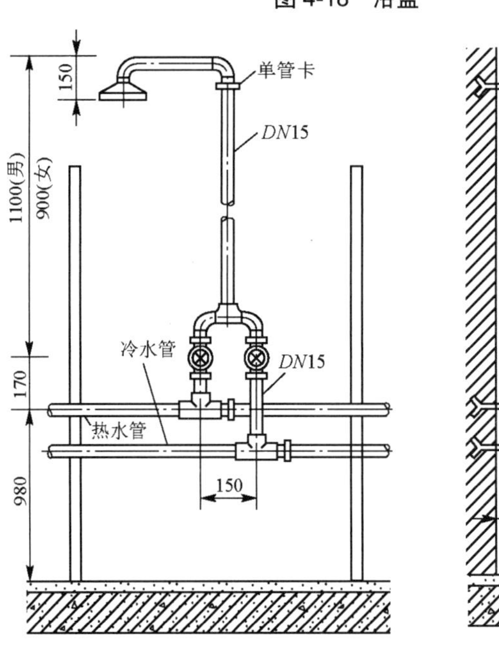

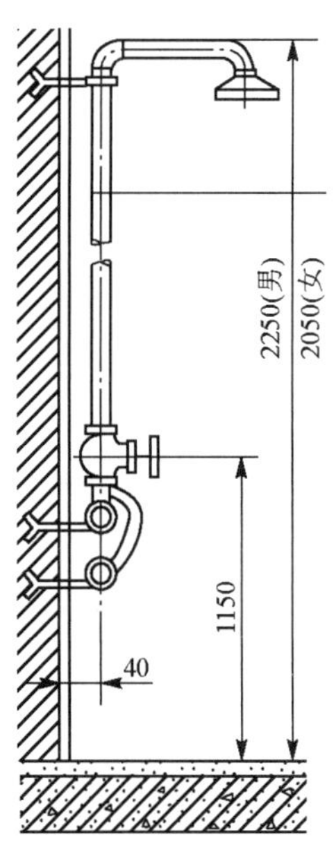

图 4-19 淋浴器

4. 洗涤用卫生器具

洗涤用卫生器具是用来洗涤食物、衣物、器皿等物品的卫生器具。常用的洗涤用卫生器具有洗涤盆、污水盆(池)、化验盆、洗碗机等，下面重点介绍前两个。

【参考图文】

(1) 洗涤盆

洗涤盆是装设在厨房或公共食堂内，供洗涤碗碟、蔬菜、食物之用。根据材质的不同可分为水泥洗涤盆、水磨石洗涤盆、陶瓷洗涤盆(图 4-20)、不锈钢洗涤盆，其中陶瓷洗涤盆和不锈钢洗涤盆应用最为普遍。

洗涤盆有长方形、正方形和椭圆形。洗涤盆可设置冷、热水龙头或混合龙头，排水设在盆底的一侧，为在盆内存水，备有橡皮塞头。

(2) 污水盆(池)

污水盆(池)设置在公共的厕所、盥洗室内，供洗涤清扫用具、倾倒污、废水用的卫生器具。污水盆多为陶瓷、不锈钢或玻璃钢制品，污水池多以水磨石现场建造，按设置高度来分，污水盆(池)有落地式和挂墙式两类，如图4-21所示。

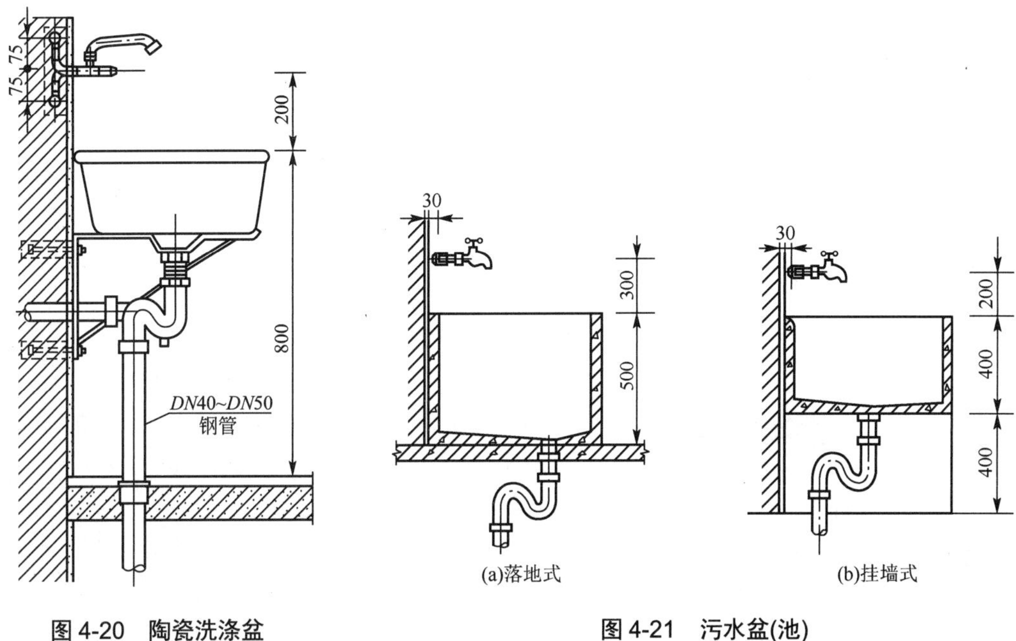

图4-20　陶瓷洗涤盆

图4-21　污水盆(池)

4.3　屋面雨水排水系统

降落在屋面的雨或雪，特别是暴雨，在短时间内会形成积水，需要设置屋面雨水排水系统，有组织有系统地将屋面雨水及时排除，否则会造成四处溢流或屋面漏水，影响人们的生活和生产活动。建筑屋面雨水排水系统按建筑物内部是否有雨水管道分为雨水外排水系统、雨水内排水系统和混合式排水系统。在实际设计时，应根据建筑物的类型、建筑结构形式、屋面面积大小、当地气候条件及生产生活的要求，经过技术经济比较后来选择排水方式。一般情况下，应尽量采用雨水外排水系统或混合式排水系统。

4.3.1 雨水外排水系统

雨水外排水系统是指屋面不设雨水斗，建筑物内部没有雨水管道的雨水排放方式。按屋面有无天沟又分为檐沟外排水和天沟外排水两种方式。

1. 檐沟外排水

檐沟外排水系统适用于普通住宅、一般公共建筑、小型单跨厂房。檐沟外排水系统由檐沟和雨落管组成，如图4-22所示。降落到屋面的雨水沿屋面集流到檐沟，然后流入到沿外墙设置的雨落管排至地面或雨水口。根据经验，雨落管管径分为 75mm、100mm 两种规格，民用建筑雨落管间距为 12～16m，工业建筑为 18～24m。

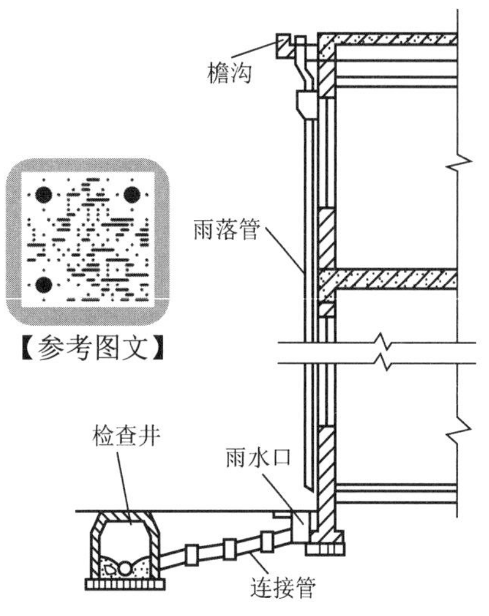

图 4-22　檐沟外排水系统

2. 天沟外排水

天沟外排水系统主要由天沟、雨水斗和排水立管组成，如图 4-23 所示。降落到屋面的雨水沿坡向天沟的屋面汇集到天沟，从天沟流至建筑物两端(山墙、女儿墙)入雨水斗，经排水立管排至地面或雨水井。天沟的排水断面形式根据屋面情况而定，多为矩形和梯形。天沟应以建筑物的伸缩缝或沉降缝为屋面的分水线，分别在两侧进行设置。天沟的长度应根据暴雨强度、建筑物跨度、天沟断面形式等进行确定，一般不超过 50m，天沟的坡度不得小于 0.3%，并伸出山墙 0.4m，为防止天沟末端积水太深，在天沟的顶端应设置溢流口，溢流口比天沟上檐低 50～100mm，这样即使出现超过设计暴雨强度的雨量，也可以安全排水，天沟布置如图 4-24 所示。天沟外排水系统一般适用于长度不超过 100m 的多跨工业厂房。

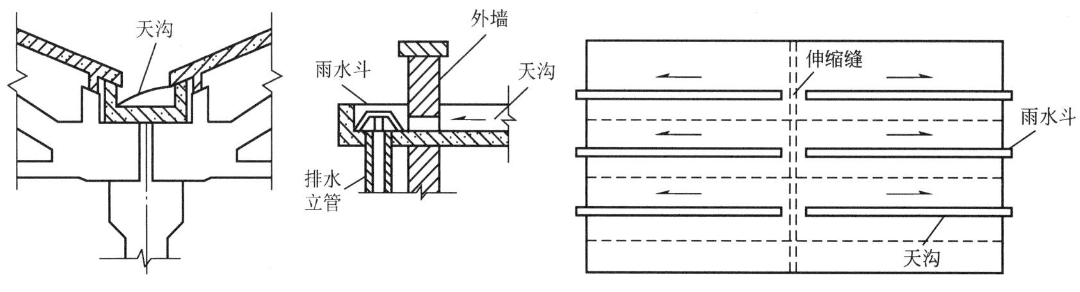

图 4-23　天沟外排水系统

图 4-24　天沟布置

天沟外排水系统优点：雨水系统各部分均设置于室外，不会因施工不善造成屋面漏水或检查井冒水，且节省管材，施工简单，有利于厂房内空间利用。但也有缺点：一是天沟必须有一定的坡度，才可达到天沟排水要求，一般坡度在 0.3%～0.6%之间，这需增大垫层厚度，从而增大屋面负荷；二是屋面晴天容易积灰，造成雨天天沟排水不畅，另外，在寒冷地区外排水立管容易冻裂。

天沟外排水系统构造简单，排水立管不占用室内空间，在南方应优先采用。但有些情况下采用天沟外排水系统并不恰当，如高层建筑中，维修室外排水立管既不方便，也不安全。在严寒地区，因室外的排水立管有可能使雨水结冻，也不宜使用，可采用雨水内排水系统。

4.3.2 雨水内排水系统

在建筑物屋面设置雨水斗，雨水管道设置在建筑物内部的排水系统称为雨水内排水系统。对于屋面雨水排水，当采用雨水外排水系统有困难时，可采用雨水内排水系统。

【参考图文】

1. 雨水内排水系统组成

雨水内排水系统由雨水斗、连接管、悬吊管、排水立管、排出管、埋地管和检查井组成，如图 4-25 所示。降落到屋面上的雨水沿屋面流入雨水斗，经连接管、悬吊管进入排水立管，再经排出管流入检查井或经埋地管排至室外雨水管道。雨水内排水系统适用于建筑立面要求高，大屋面面积，屋面上有天窗，多跨、锯齿形建筑屋面。

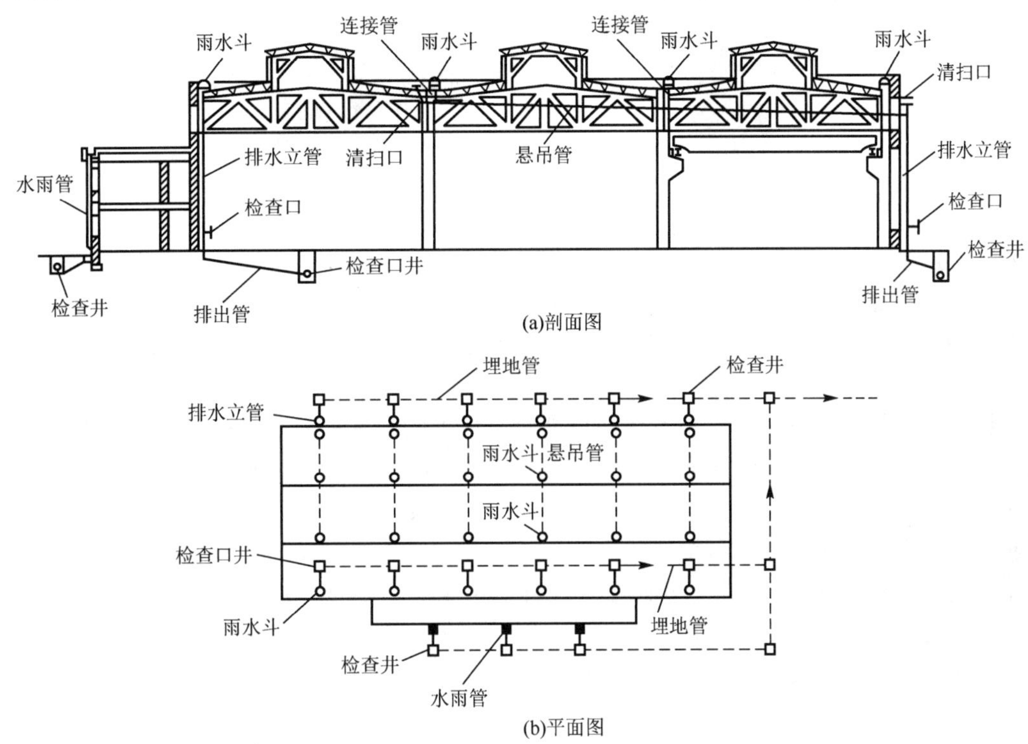

图 4-25　雨水内排水系统

2. 雨水内排水系统分类

雨水内排水系统按雨水斗的连接方式可分为单斗和多斗雨水排水系统。单斗雨水排水系统一般不设悬吊管，多斗雨水排水系统中悬吊管将雨水斗和排水立管连接起来。多斗雨水排水系统的排水量大约为单斗雨水排水系统的 80%，在条件允许的情况下，应尽量采用单斗雨水排水系统。

按排除雨水的安全程度，雨水内排水系统分为敞开式和密闭式两种排水系统。敞开式排水系统为重力排水，检查井设在室内，可与生产废水合用埋地管道或地沟，但在暴雨时可能出现检查井冒水现象；密闭式排水系统为压力排水，雨水由雨水斗收集，或通过悬吊管直接排入室外，室内不设检查井或密闭检查口。

3. 布置与敷设

(1) 雨水斗

雨水斗是一种雨水由此进入排水管道的专用装置，设在天沟或屋面的最低处，如图 4-26

所示。雨水斗有整流格栅装置，具有整流作用，避免形成过大的漩涡，稳定斗前水位，并拦截树叶等杂物。雨水斗有 65 型、79 型和 87 型，有 75mm、100mm、150mm 和 200mm 四种规格。雨水内排水系统布置雨水斗时应以伸缩缝、沉降缝和防火墙为天沟分水线，各自组成排水系统。

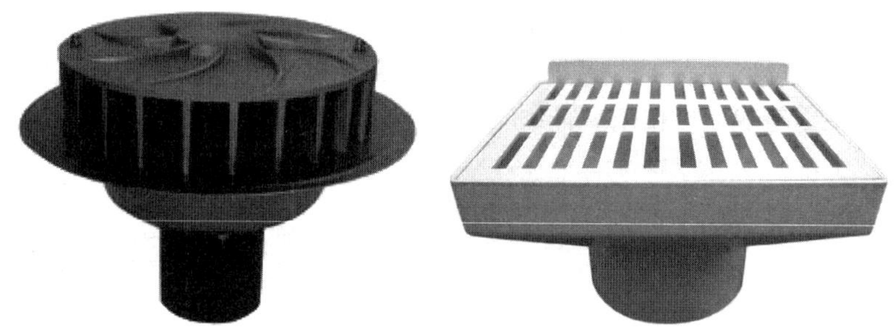

图 4-26　雨水斗

(2) 连接管

连接管是连接雨水斗和悬吊管的一段竖向短管。连接管一般与雨水斗同径，但不宜小于 100mm，连接管应牢牢固定在建筑物的承重结构上，下端用斜三通与悬吊管连接。

(3) 悬吊管

悬吊管是悬吊在屋架、楼板和梁下或架空在柱上的雨水横管。悬吊管连接雨水斗和排水立管，其管径不小于连接管管径，也不应大于 300mm。塑料管的坡度不小于 0.5%；铸铁管的坡度不小于 1%。在悬吊管的端头和长度大于 15m 的悬吊管上设检查口或带法兰盘的三通，位置宜靠近墙柱，以利检修。

连接管与悬吊管，悬吊管与排水立管间宜采用 45° 三通或 90° 斜三通连接。悬吊管一般采用塑料管或铸铁管，固定在建筑物的桁架或梁上，在管道可能受振动影响或对生产工艺有特殊要求时，可采用钢管，焊接连接。

(4) 排水立管

排水立管承接悬吊管或雨水斗流来的雨水，一根排水立管连接的悬吊管根数不多于两根，排水立管管径不得小于悬吊管管径。排水立管宜沿墙、柱安装，在距地面 1m 处设检查口。排水立管的管材和接口与悬吊管相同。

(5) 排出管

排出管是排水立管和检查井间的一段有较大坡度的横向管道，其管径不得小于立管管径。排出管与下游埋地管在检查井中宜采用管顶平接，水流转角不得小于 135° 。

(6) 埋地管

埋地管敷设于室内地下，承接排水立管的雨水并将其排至室外雨水管道。埋地管最小管径为 200mm，最大不超过 600mm。埋地管一般采用混凝土管、钢筋混凝土管或陶土管。

(7) 附属构筑物

常见的附属构筑物有检查井、检查口井和排气井，用于雨水管道的清扫、检修、排气。检查井适用于敞开式内排水系统，设置在排出管与埋地管连接处或埋地管转弯、变径及超过 30m 的直线管路上。

4.4 高层建筑排水系统

高层建筑排水设施服务的人数多、使用频繁、负荷大，每一条排水立管负担的排水量大，流速高，因此要求排水设施必须安全、可靠，并尽可能少占空间。

高层建筑的排水立管，沿途接纳的排水设备多，这些排水设备同时排水的概率大，因此排水立管中的水流量大，容易形成水塞流，使排水立管的下部形成负压，从而破坏卫生器具的水封。一般通过设通气管、排水系统来解决通气问题。

4.4.1 通气管系统

通气管系统是与排水管相连通的一个系统，其内部无流水，具有加强排水管内部气流循环流动，控制压力变化的作用。绝大多数排水管的水流属重力流，即管内的污、废水依靠重力的作用排出室外，因此排水管必须和大气相通，以保证管内气压恒定，维持重力流状态。

高层建筑通气管系统(图 4-27)分为专用通气系统和辅助通气系统。常见的通气管有以下类型。

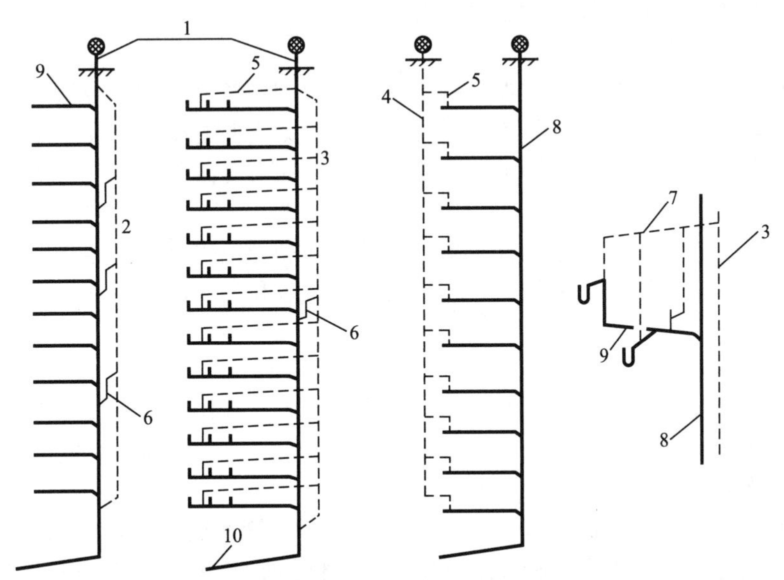

1—伸顶通气管；2—专用通气立管；3—主通气立管；4—副通气立管；5—环形通气管；6—结合通气管；7—器具通气管；8—排水立管；9—排水横支管；10—排出管

图 4-27 通气管系统

1. 专用通气系统

专用通气立管指仅与排水立管相连，为确保污水立管内空气流通而设置的垂直通气管道。当污水立管总负荷超过允许排水负荷时，起平衡污水立管内的正负压作用。实践证明，这种做法对于高层民用建筑的排水支管承接少量卫生器具时，能起到保护水封的作用。采用专用通气立管后，污水立管排水能力可增加一倍。

专用通气立管设置条件与要求。

① 当生活污水立管所承担的卫生器具排水设计流量，超过无专用通气立管时的最大排水能力时，应设置专用通气立管。

② 建筑标准要求较高的多层住宅和公共建筑、10 层及 10 层以上高层建筑的生活污水立管宜设置专用通气立管。

③ 专用通气立管宜每层或隔层设结合通气管与排水立管连接，其上端可在最高层卫生器具上边缘或检查口以上与污水立管的通气部分以斜三通连接，下端应在最低污水横支管以下与污水立管以斜三通相连接。

2. 辅助通气系统

(1) 主通气立管

主通气立管指连接环形通气管和排水立管，并为排水支管和排水立管内空气流通而设置的垂直管道。当主通气立管通过环形通气管每层都和污水横管相连时，不宜多于 8 层设结合通气管与排水立管相连。

(2) 副通气立管

副通气立管指仅与环形通气管连接，为使排水横支管内空气流通而设置的通气管道。其作用同专用通气立管，设在污水立管对侧。

(3) 环形通气管

环形通气管指从最始端卫生器具的下游端接至副通气立管的一段通气管段。它适用于排水横支管较长、连接的卫生器具较多时，即污水支管上连接 4 个及 4 个以上卫生器具，且污水支管长度大于 12m，或同一污水支管所连接的大便器在 6 个及 6 个以上。

(4) 器具通气管

器具通气管指设在卫生器具存水弯出口端，在高于卫生器具一定高度处与主通气立管连接的通气管段，可以防止卫生器具产生自虹吸现象和噪声，适用于对卫生、安静要求较高的建筑物。

(5) 结合通气管

结合通气管指排水立管与主通气立管的连接管段。其作用是当上部横支管排水水流沿排水立管向下流动时，水流前方空气被压缩，通过它释放被压缩的空气至主通气立管。当结合通气管布置有困难时，可用 H 形管件替代。

当污水立管与废水立管合用一根通气立管(连成三管系统，构成互补通气方式)时，H 形管配件可隔层分别与污水立管和废水立管连接。但最低横支管连接点以下必须装设结合通气管。

以上这几种系统为双立管排水系统。其性能好、运行可靠，是一种行之有效的排水形式，但系统复杂、投资大、占地大、施工难度大，许多国家在 20 世纪 60 年代后实现了高层建筑的单立管排水系统，这是排水系统通气技术的重大进展。

单立管排水系统通过采用特殊配件以减少立管内的压力变化，保持管内的气流畅通，提高了管道系统的排水能力，同时也降低了工程费用，方便了施工。下面介绍几种常用的单立管排水系统。

4.4.2 苏维托立管排水系统

苏维托立管排水系统是采用一种气水混合或分离的配件来代替一般零件的单立管排水系统，如图 4-28(a)所示，它包括气水混合器和气水分离器两个基本配件。

1. 气水混合器

苏维托立管排水系统中的气水混合器是将长约 80cm 的连接配件装设在立管与每层横支管的连接处，如图 4-28(b)所示。横支管流入口有三个方向，即混合器内部的三个特殊构造——乙字弯、隔板和隔板上部约 1cm 高的孔隙。

自立管下降的污水经乙字弯管时，水流撞击分散并与周围空气混合成水沫状气水混合物，比重变轻，下降速度减缓，抽吸力减小。横支管排出的水受隔板阻挡，不能形成水舌，从而可以保持立管中气流通畅，气压稳定。

2. 气水分离器

苏维托立管排水系统中的气水分离器通常装设在立管底部，它是由具有凸块的扩大箱体及跑气管组成的一种配件，如图 4-28(c)所示。气水分离器的作用：沿立管流下的气水混合物遇到内部的凸块溅散，从而把气体(70%)从污水中分离出来，由此减少了污水的体积，

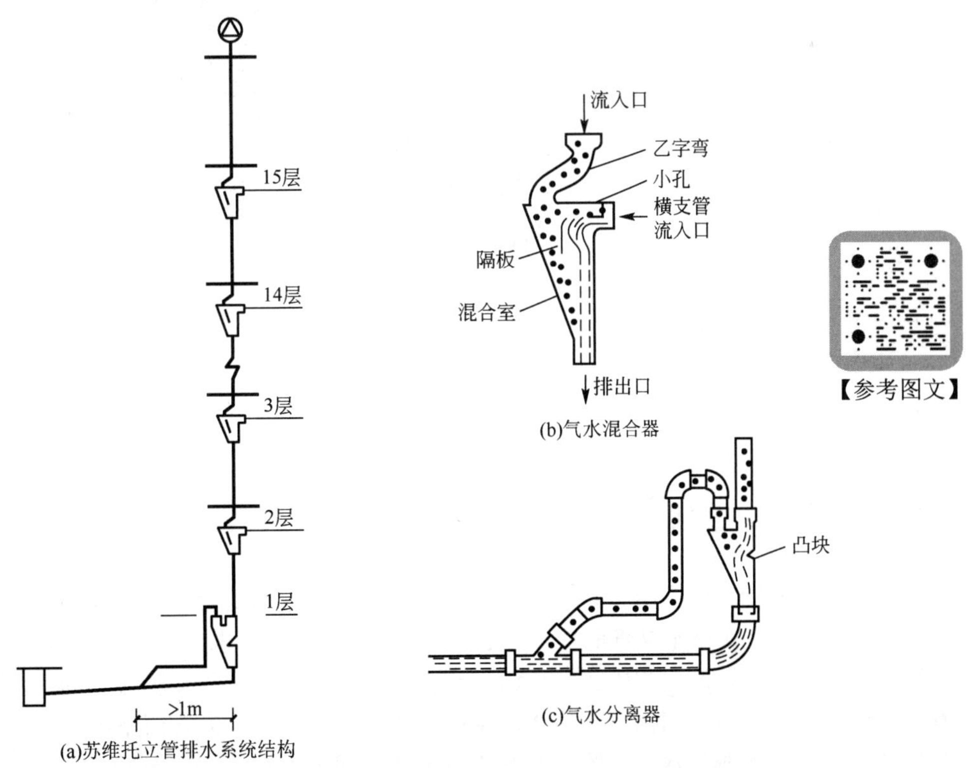

图 4-28 苏维托立管排水系统

降低了流速，并使立管和横干管的泄流能力平衡，气流不致在转弯处被阻塞；另外，将释放出的气体用一根跑气管引到干管的下游(或返向上接至立管中去)，这就达到了防止立管底部产生过大反(正)压力的目的。

4.4.3 旋流单立管排水系统

旋流单立管排水系统[图 4-29(a)]主要有两种特殊管件：一是安装于横支管与立管相接处的旋流器，如图4-29(b)所示；二是立管底部与排出管相接处的大曲率导向弯头，如图4-29(c)所示。旋流器由主室和侧室组成，主、侧室之间有一侧壁，用以消除立管流水下落时对横支管的负压吸引。立管下端装有满流叶片，能将水流整理成沿立管纵轴旋流的状态向下流动，这有利于保持立管内的空气芯，维持立管中的气压稳定，能有效地控制排水噪声。大曲率导向弯头是在弯头凸岸设有一导向叶片，叶片迫使水流贴向凹岸一边流动，减缓了水流对弯头的撞击，消除部分水流能量，避免了立管底部气压的太大变化，理顺了水流。

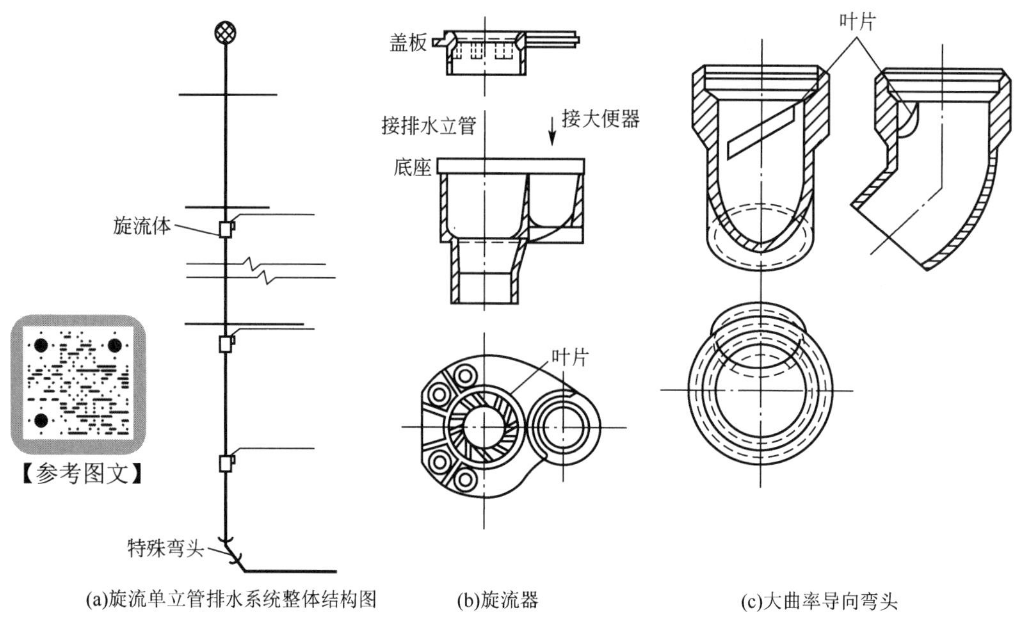

图 4-29 旋流单立管排水系统

4.4.4 芯型排水系统

芯型排水系统主要有两个特殊管件：一是在各层排水横支管与立管连接处设置的高奇马接头配件；二是在排水立管的底部设置的角笛弯头。高奇马接头配件如图 4-30 所示，外观呈倒锥形，在上入流口与横支管入流口交汇处设有内管，从横支管排入的污水沿内管外侧向下流入立管，避免因横支管排水产生的水舌阻塞立管。从立管流下的污水经过内管后发生扩散下落，形成气水混合流，减缓下落流速，保证立管内空气畅通。高奇马接头配件的横支管接入形式有两种：一种是正对横支管垂直接入，另一种是沿切线方向接入。

角笛弯头如图4-31所示，装在立管的底部，上入流口端断面较大，从排水立管流下的水流，因过水断面突然增大，流速变缓，下泄的水流所夹带的气体被释放。一方面水流沿弯头的缓弯滑道面导入排出管，消除了水跃和水塞现象；另一方面由于角笛弯头内部有较大的空间，可使立管内的空气与横管上部的空间充分连通，保证气流的畅通，减少压力的波动。

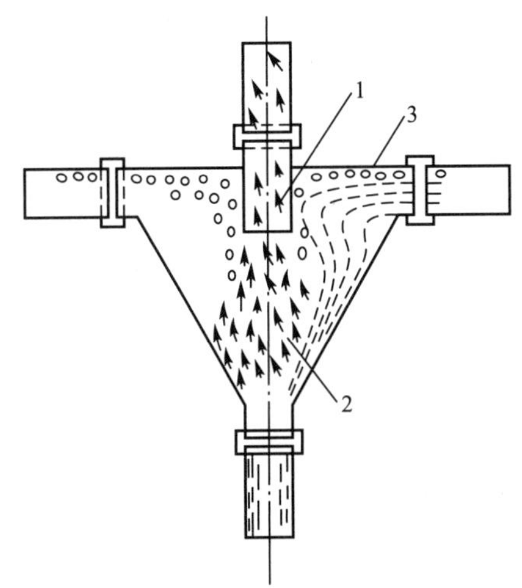

1—内管；2—气水混合物；3—空气

图4-30 高奇马接头配件

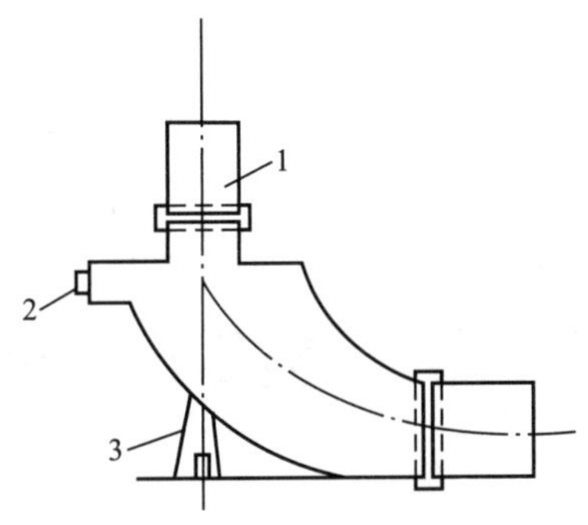

1—立管；2—检查口；3—支墩

图4-31 角笛弯头

4.4.5 简易单立管排水系统

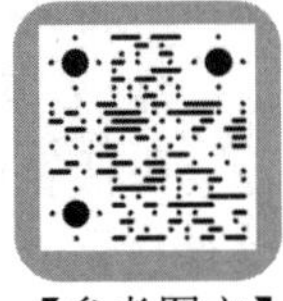

【参考图文】

为了减小排水管道中的压力波动，提高单立管排水系统的通水能力，近年来国内外开发了多种形式的简易单立管排水系统。通过在排水立管接入横支管的上下两段上设置的两条斜向突起导流片，使下落的排水产生旋转，在离心力的作用下使水流沿排水立管的内壁回旋流动。在排水立管内形成空气芯，保证气流畅通，减少排水立管内的压力波动，无须设置专用通气立管。试验证明，这种简易单立管排水系统，在*DN*100时可允许做到15层(共14户，按每户3大件计)住宅，要求最底层卫生间单独排放的目的，但排水立管根部和总排出横管要加大一号，并要求采用两个45°弯头的弯曲半径的排出管。

韩国开发的有螺旋导流线的UPVC单立管排水系统在硬聚氯乙烯管内有6个间距50mm的螺旋线突起导流片，如图4-32所示，排水在管内旋转下落，管中形成一个畅通的空气芯，提高了排水能力，降低了管道中的压力波动。另外设计有专用的DRF/X型三通，如图4-33所示，排水立管相接不对中，*DN*100的管子错位54mm，从横支管流出的污水从圆周的切线方向进入排水立管，可以起到削弱支管进水水舌的作用和避免形成水塞，同时由于减少了水流的碰撞，对降低噪声的效果良好。

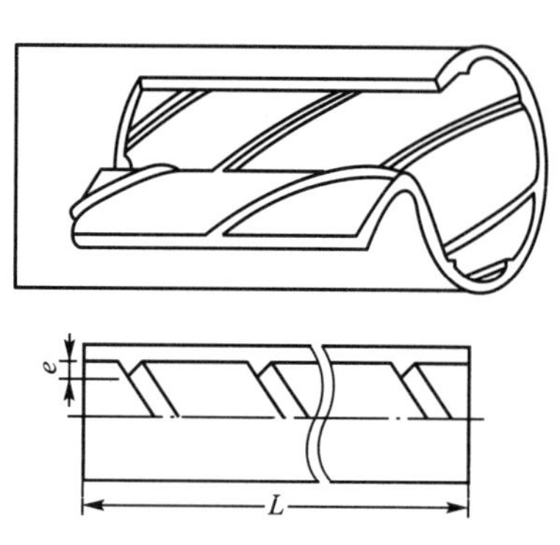

图 4-32　有螺旋导流线的 UPVC 管

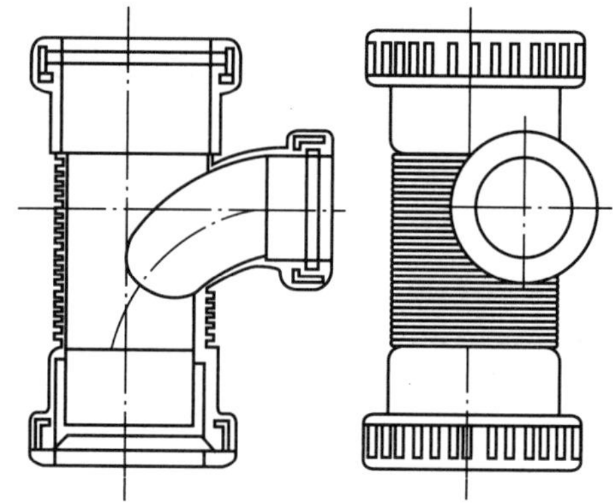

图 4-33　DRF/X 型三通

4.5　居住小区排水工程

室外排水系统的组成

室外排水系统包括城市污水排水系统和雨水排水系统。

1. 城市污水排水系统

城市污水排水系统的任务是收集居住区和公共建筑的污水并将其送至污水处理厂，经处理后排放或再利用，城市污水排水系统由以下几部分组成。

(1) 小区管道系统

小区管道系统是接收房屋排出管排出的污水，并将其排泄到市政排水管网的管道系统，由出户管道、检查井、小区排水管道组成。

(2) 市政排水管道系统

市政排水管道系统是敷设在街道下承接庭院与街坊排水的管道，由支管、干管、主干管和相应的检查井组成。

(3) 管道上的附属建筑物

管道上的附属建筑物包括跌水井、倒虹吸管等。

(4) 中途提升泵站

污水一般是重力流排出，当管道由于坡降造成埋深过大或受地形等条件限制时，需把低处的水提升，须设泵站。

(5) 污水处理厂

污水处理厂是为了处理和利用污水、污泥所建造的一系列处理构筑设施的综合体。污水处理厂一般设在城市中河流的下游地段，以便于污水的最终排放。

(6) 排出口及事故出水口

污水管排入水体的出口称排出口，它是整个排水系统的终点设备。事故出水口常设在泵站前或污水处理构筑物前，为应付事故而设的临时排出口。

2. 雨水排水系统

雨水排水系统是用来收集径流的雨水并将其排入水体。该系统由以下几部分组成。

(1) 雨水口

雨水口是收集地面径流的雨水构筑物，由井室、雨水箅子和连接管组成。

(2) 雨水管

雨水管由庭院或街坊、厂区雨水管，街道下雨水管，雨水干管和雨水主干管组成。

(3) 出水口

出水口是雨水排入水体的排放口。

(4) 排洪沟

排洪沟是城镇外围大流域雨水的排水管渠。

4.5.1 居住小区排水体制

居住小区有生活污水、雨水，对于工厂区还有工业废水。这些污、废水和雨水可以采用一个管渠系统来排出或者两个或两个以上各自独立的管渠系统来排出的排水体制。排水体制一般分为合流制和分流制。合流制排水系统是将污、废水和雨水混合在同一个管渠内排出的系统。分流制排水系统是将生活污水、工业废水和雨水分别在两个或两个以上各自独立的管渠中排出的系统。排出污、废水的系统称污水排水系统；排出雨水的系统称雨水排水系统。

居住小区排水体制(分流制或合流制)的选择，应根据城镇排水体制、环境保护要求等因素综合比较确定。新建建筑小区下列情况宜采用分流制排水系统。

① 居住小区排水体制分为分流制和合流制。

② 新建小区应采用雨污分流制，以减少对水体和环境的污染。

③ 小区远离城镇，为独立的排水体系。

④ 居住小区内需设置中水系统时，为简化中水处理工艺，节省投资和日常运行费用，应将生活污水和生活废水分质分流。

⑤ 当居住小区设置化粪池时，为减小化粪池容积也应将污水和废水分流，生活污水进入化粪池，生活废水直接排入城市排水管网或中水处理站。

4.5.2 居住小区排水管道布置和敷设与管材

居住小区排水系统一般由建筑接户管、检查井、排水支管、排水干管和小型处理构筑物等组成。

1. 居住小区排水管道布置和敷设

① 排水管道布置应根据小区总体规划、道路和建筑的布置、地形标高、污水、雨水去向等按管线短、埋深小，尽量自流排出的原则确定。

② 排水管道宜沿道路和建筑物的周边呈平行布置，力求路线最短，减少转弯，并尽量减少相互间及与其他管线、河流的交叉。干管应靠近主要排水建筑物，并布置在连接支管较多的一侧。管道应尽量布置在道路外侧的人行道或草地的下面，不允许平行布置在乔木的下面。与其他管道和建筑物、构筑物的净距离，应符合规定。

③ 排水管道在车行道下最小覆土深度不宜小于 0.7m，如小于 0.7m 时应采取保护管道防止受压破损的技术措施；生活排水管道最小覆土深度不宜小于 0.3m。生活排水管道管底可埋设在土壤冰冻线以上 0.15m，且埋深应考虑两方面因素：一方面要使建筑物的排出管能排入居住小区的污水管；另一方面要使居住小区的污水管能顺利排入市政污水管道。

④ 在排水管道转弯处、连接支管处、管径或坡度的改变处、跌水处、直线管道上每隔一定距离处，需设置排水检查井，排水检查井起管道的连接和清通作用。排水检查井的构造如图 4-34 所示。

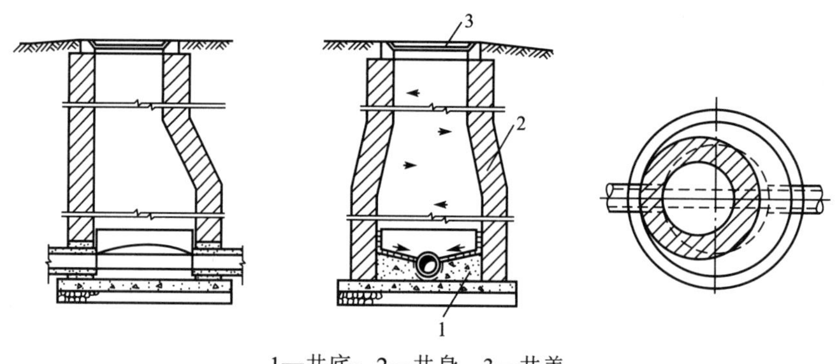

1—井底；2—井身；3—井盖

图 4-34　排水检查井

排水检查井可用圆形或矩形，井盖宜采用圆形。排水检查井井深不大于 1.0m 时，可采用井径(方形检查井的内径指内边长)不小于 600mm 的检查井；井深大于 1.0m 时，井径不宜小于 700mm。排水检查井井底应设导流槽。

⑤ 排水管道在检查井处的衔接方法，通常有水面平接和管顶平接两种，如图 4-35 所示。水面平接是指上游管段终端和下游管段起端的水面相平；管顶平接是指上游管段终端和下游管段起端的管顶标高相同。无论采用哪种衔接方法，下游管段起端的水面和管底标高都不得高于上游管段终端的水面和管底标高。

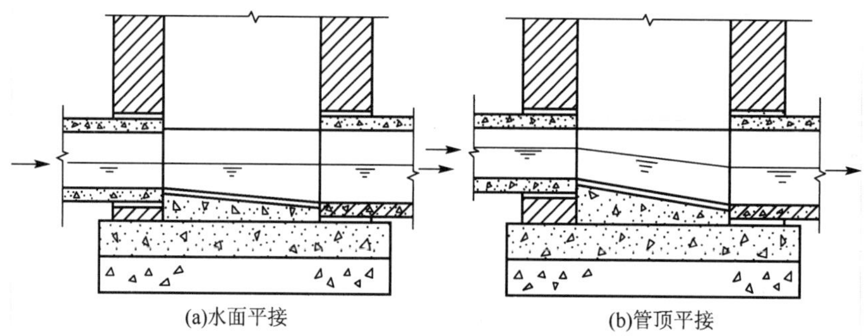

(a)水面平接　　(b)管顶平接

图 4-35　污水管道的衔接方法

⑥ 当生活污水管道上下游跌水水头为1.0～2.0m时，为防止水流下跌时对排水检查井的冲刷，宜设置跌水井，跌水井构造如图4-36所示。跌水井的跌水高度规定为：进水管管径不超过200mm时，一次跌水水头高度不得大于6.0m；管径为300～600mm时，一次跌水水头高度不宜大于4.0m。在跌水井内不得接入支管，管道转弯处也不得设置跌水井。

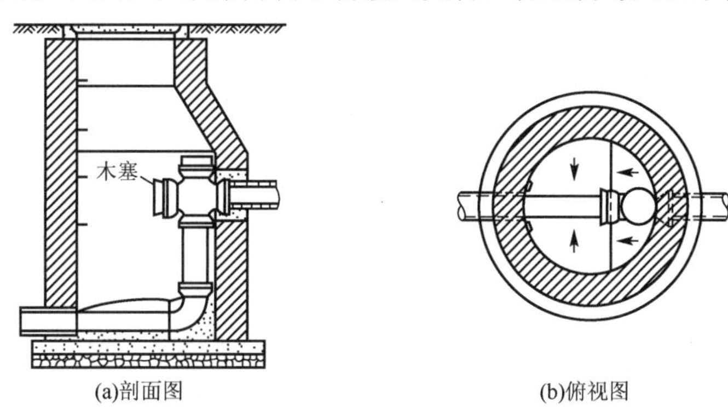

图4-36 跌水井构造

2. 居住小区排水管材

① 重力流排水管宜选用埋地塑料管、混凝土管或钢筋混凝土管。排至小区污水处理装置的排水管宜采用排水塑料管；穿越管沟、河道等特殊地段或承压的管段可采用钢管或铸铁管，若采用塑料管应外加金属套管(套管直径较塑料管外径大200mm)。当排水温度大于40℃时应采用排水金属管或耐热排水塑料管，输送腐蚀性污水的管道可采用塑料管，小区雨水系统可选用埋地塑料管、混凝土管或钢筋混凝土管、铸铁管等。

② 排水塑料管道的接口有刚性连接与柔性连接两种连接方式，应根据管道材料性质选用。塑料管的接口除另有规定外，应采用弹性橡胶圈密封柔性接口；对*DN*200以下的直壁管也可采用插入式黏结接口。混凝土、钢筋混凝土承插管柔性接口，可采用沥青油膏接口。混凝土、钢筋混凝土套环接口，可采用橡胶圈柔性接口或沥青砂浆和石棉水泥接口，一般用于地下水位以下处。铸铁管可采用橡胶圈柔性接口或石棉水泥接口。钢管应采用焊接接口。

4.5.3 居住小区雨水排水系统

1. 雨水管道的布置与敷设

① 雨水管道的布置原则基本同污水管道的布置。

② 雨水管道与建筑物、构筑物和其他管道的净距符合要求。

③ 雨水管道在检查井内宜采用管顶平接法，井内出水管管径不宜小于进水管管径。

④ 雨水管道在车行道下时，管顶覆土厚度不得小于0.7m。当雨水管道不受冰冻或外部荷载的影响时，管顶覆土厚度不宜小于0.6m。当冬季地下水不会进入管道，且管道内冬季不会储留水时，雨水管道可以埋设在冰冻层内。

⑤ 雨水管道的基础做法，参照污、废水管道执行。

⑥ 当雨水管采用明沟时，明沟底宽一般不小于0.3m，超高不得小于0.2m。

⑦ 当雨水管的跌水水头大于 1.0m 时，宜设跌水井。

2. 雨水口的设置

雨水口是雨水管渠上收集雨水的构筑物，路面的雨水首先经雨水口通过连接管流入雨水管渠。雨水口的设置位置，应能保证迅速有效地收集地面雨水，一般设在下列各处。

① 道路上的汇水点和低洼处，以及无分水点的人行横道的上游处。双向坡路面应在路两边分别设置，单向坡路面应在路面低的一边设置。

② 道路的交汇处和侧向支路上能截留雨水经流处。

③ 广场、停车场的适当位置处及低洼处，地下车道的入口处。

④ 建筑物单元出入口附近，建筑物雨落管地面排水点附近以及建筑前后空地和绿地的低洼点等处；雨水口不宜设在建筑物门口。

⑤ 其他低洼和易积水的地段处。

沿道路布置的雨水口间距宜在 25～50m 之间，连接管串联雨水口个数不宜超过 3 个，雨水口连接管长度不宜超过 25m。

3. 雨水检查井的设置

居住小区雨水管在直线管段上按一定间距设雨水检查井，雨水检查井内同高度上接入的管道数量不宜多于 3 条，检查井在车行道上时应采用重型铸铁井盖。

4.6 建筑排水系统的管路布置与敷设

4.6.1 建筑排水管道的特点和管道布置原则

1. 建筑排水管道的特点

排水管道所排泄的水，一般是使用后受污染的水，含有大量悬浮物，尤其是生活污水中常含有纤维类和其他大块的杂物，容易引起管道堵塞。

排水管道内的流水是不均匀的，在仅设伸顶通气管的建筑内，变化的水流引起管道内气压急剧变化，会产生较大的噪声，影响房间的使用效果；在管道内温度比管道外温度低较多时，管壁外侧会出现冷凝水，这些在管道布置时应加以注意。

2. 建筑排水管道布置原则

排水管道布置应力求简短，少拐弯或不拐弯，避免堵塞。

室内排水管道的布置一般要满足以下要求。

① 排水管道不得布置在遇水会引起爆炸、燃烧或损坏的原料、产品和设备的地方。

② 排水管道不穿越卧室、客厅，不穿行食品或贵重物品储藏室、变电室、配电室；不穿越烟道，不穿行在生活饮用水池、炉灶上方。

③ 排水管道不宜穿越容易引起自身损坏的地方，如建筑沉降缝、伸缩缝、重载地段和

重型设备基础下方、冰冻地段。

④ 排水塑料管道应避免布置在热源附近。

⑤ 排水塑料管道应根据其管道的伸缩量设置伸缩节，伸缩节宜设置在汇合配件处。排水横管应设置专用伸缩节。

⑥ 排水塑料管道穿越楼层、防火墙、管道井井壁时，应根据建筑物性质、管径和设置条件，以及穿越部件防火等级等要求设置阻火装置。

4.6.2 建筑排水管道的布置与敷设

1. 器具排水管的布置与敷设

器具排水管是连接卫生器具和排水横支管的管段。在器具排水管上应设水封装置——存水弯，有的卫生器具本身有水封装置可不另设，如坐式大便器。

2. 排水横支管的布置与敷设

排水横支管是连接器具排水管和排水立管的管段，其长度不宜太长，尽量少转弯，连接的卫生器具不宜太多。排水横支管一般沿墙布设，排水横支管与墙壁间应保持35～50mm的施工间距。明装时，可以吊装于楼板下方，也可以在楼板上方沿地敷设；暗装时，可将排水横支管安装在楼板下的吊顶内，在建筑无吊顶的情况下，可采用局部包装的办法，将管道包起来，但在包装时要留有检修的活门。排水横支管不得穿越建筑大梁，也不得挡窗户。排水横支管是重力流，要求管道有一定坡度坡向立管。

最低排水横支管，应与立管管底有一定的高差，以免立管中的水流形成的正压破坏该横支管上所有连接的水封。最低排水横支管与立管连接处至立管管底的垂直距离见表4-6。排水支管直接连接在排出管或横干管上时，其连接点与立管底部的水平距离不宜小于3.0m，若不能满足上述要求时，排水支管应单独排至室外检查井或采取有效的防反压措施。

表4-6　最低排水横支管与立管连接处至立管管底的垂直距离

立管连接卫生器具的层数	垂直距离/m	立管连接卫生器具的层数	垂直距离/m
≤4	0.45	13～19	3.0
5～6	0.75	≥20	6.0
7～12	1.2		

注：当与排出管连接的立管底部放大一号管径或横干管比与之连接的立管大一号管径时，可将表中垂直距离缩小一档。

3. 排水立管的布置与敷设

排水立管明装时一般设在墙角处或沿墙、沿柱垂直布置，与墙、柱的净距离为15～35mm。暗装时，排水立管常布置在管井中，管井上应有检修门或检修窗。排水立管宜靠近排水量最大、含杂质最多的排水设备，如住宅中的排水立管应设在大便器附近。排水立管不得穿越卧室、病房等对安静要求较高的房间，也不宜靠近与卧室相邻的内墙。为清通方便，排水立管上每隔一层应设检查口，且底层和最高层必须设，检查口距地面1.0m。

排水立管穿越楼板时，预留孔洞的尺寸一般较通过的立管管径大50～100mm，可参照

表 4-7 确定，并且应在通过的立管外加设一段套管，现浇楼板可以预先镶入套管。

表 4-7 立管穿越楼板时预留孔洞尺寸 (单位：mm)

管径	50	75～100	125～150	200～300
孔洞尺寸	150×150	200×200	300×300	400×400

4. 排水横干管与排出管的布置与敷设

排水横干管汇集了多条立管的污水，应力求管线简短、不拐弯尽快将污水排出室外。排水横干管穿越承重墙或基础时应预留洞口，预留洞口要保证管顶上部净空间不得小于建筑物的沉降量，且不得小于 0.15m。排出管穿越地下室外墙时，为防止地下水渗入，应做穿墙套管，此外排出管一般采用铸铁管柔性接头，以防建筑物下沉时压坏管道。

排出管与室外排水立管连接处应设检查井，检查井中心到建筑物外墙的距离不宜小于3m，为使水流顺畅，排水立管底部或排出管上的清扫口到室外检查井中心的最大长度见表 4-8，否则应在其间设置清扫口或检查口。排出管也可是排水横干管的延伸部分。

表 4-8 排水立管底部或排出管上的清扫口到室外检查井中心的最大长度

管径/mm	50	75	100	≥100
最大长度/m	10	12	15	20

5. 通气管系统的布置与敷设

对于层数不高，卫生器具不多的建筑物通常采用伸顶通气管系统，建筑伸顶通气管的设置高度与周围环境、该地的气象条件、屋面使用情况有关，伸顶通气管高出屋面高度不应小于 0.3m，但应大于该地区最大积雪厚度；对经常有人停留的屋顶，通气管高度应大于2.0m；若在通气管口周围 4m 以内有门窗时，通气管口应高出窗顶 0.6m 或引向无门窗一侧；通气管口不宜设在建筑物挑出部分(如屋檐檐口、阳台和雨篷等)的下面。

建筑标准要求较高的多层住宅和公共建筑、10 层及 10 层以上高层建筑的生活污水立管宜设置专门的通气管道系统。通气管道系统包括通气支管、通气立管、结合通气管和汇合通气管。

通气支管有环形通气管和器具通气管两类。环形通气管在横支管起端的两个卫生器具之间接出，连接点在横支管中心线以上，在卫生器具上边缘以上不小于 0.15m 处，按不小于 1%的上升坡度与主通气立管相连，与横支管垂直或 45° 连接。对卫生和安静要求较高的建筑物宜设置器具通气管，器具通气管在卫生器具存水弯的出口端接出，按不小于 1%的坡度向上，并在卫生器具上边缘以上不少于 0.15m 处和主通气立管连接。

通气立管有专用通气立管、主通气立管和副通气立管三类。为使排水系统形成空气流通环路，通气立管与排水立管间需设结合通气管(或称 H 管件)，专用通气立管每层或隔层设一个结合通气管，主通气立管不宜多于 8 层设一个结合通气管。结合通气管的上端在卫生器具上边缘以上不小于 0.15m 处与通气立管以斜三通连接，且坡度为不小于 1%的上升坡度，下端在排水横支管以下与排水立管以斜三通连接。

若建筑物不允许或不可能将每根通气管单独伸出屋面时，可设置汇合通气管。也就是将若干根通气立管在室内汇合，设一根伸顶通气管。

通气立管不得接纳污、废水和雨水，不得与风道和烟道连接。

4.6.3 建筑管道的连接

为保证水流顺畅，室内管道的连接应符合下列规定。

① 器具排水管与排水横管垂直连接，应采用 90° 斜三通。

② 排水横管与排水立管连接，宜采用45° 斜三通或顺水三通和45° 斜四通或顺水四通。

③ 排水立管与排水出管的连接，宜采用两个 45° 弯头或弯曲半径不小于 4 倍管径的 90° 弯头。

④ 排水管应避免轴线偏置，当受条件限制时，宜采用乙字管或两个 45° 弯头连接。

⑤ 支管、立管接入横干管时，宜在横干管管顶或其两侧 45° 范围内接入。

知识链接

建筑排水管道的安装

建筑排水管道安装的施工顺序一般是先做地下管线，即先安装排出管，然后安装排水干管、排水立管、排水横支管或悬吊管，最后安装卫生器具或雨水斗。

建筑排水管道主要有铸铁管和塑料管两种材料，下面以铸铁管为主介绍排水管道的安装。

1. 排出管的安装

排出管室外一般做至建筑物外墙 1.0m，室内一般做至一层立管检查口，如图 4-37 所示。排出管的安装要满足以下要求。

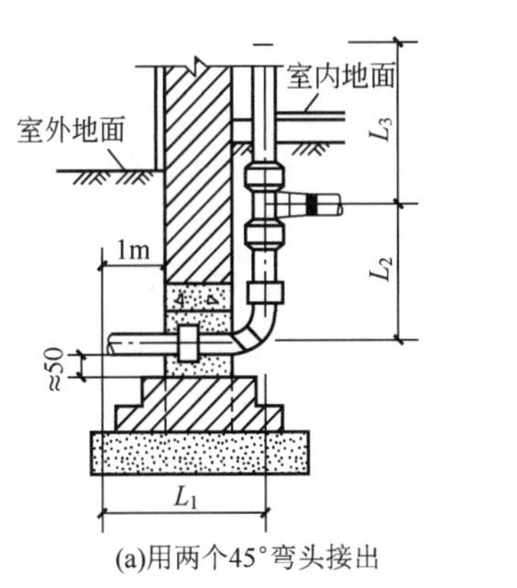

(a)用两个45°弯头接出

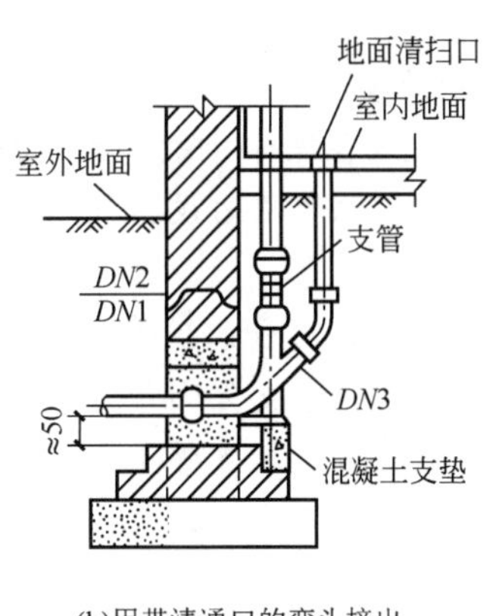

(b)用带清通口的弯头接出

图 4-37 排出管安装

① 排出管与室外排水管道一般采用管顶平接，其水流转角不小于 90°，若采用排出管跌水连接且跌落差大于 0.3m 时，其水流转角不受限制。

② 排出管穿越承重墙或基础时，应预留洞口，其洞口尺寸为：管径为 50～75mm 时，留洞尺寸为 300mm×300mm；管径大于等于 100mm 时，留洞尺寸为(d+300)mm×(d+200)mm，且管顶上部净空不得小于建筑物的沉降量，且不小于 0.15m。

③ 排出管安装并经位置校正和固定后，应妥善封填预留孔洞，其做法是用不透水材料(如沥青油麻或沥青玛蹄脂)封填严实，并在内外两侧用 1∶2 水泥砂浆封口。

④ 排出管要保证有足够的覆土厚度以满足防冻、防压要求。对湿陷性黄土地区，排出管应做检漏沟。

2. 排水干管的安装

排水干管应在地沟盖板或吊顶未封闭前进行，其型钢支架均应安装完毕并符合要求。

排水干管的安装要满足设计坡度的要求，而且保证坡度均匀，承口朝来水方向。排水干管的管长应以已安装好的排出管斜三通及 45° 弯头承口内侧为量尺基准，确定各组成管段的管段长度，经比量法下料、打口预制。

3. 排水立管的安装

排水立管安装应在主体结构安装完成后，作业不相互交叉影响时进行。安装竖井中排水立管时，应先把竖井内的模板及杂物清理干净，并有防坠措施。

排水立管(包括通气管)的安装是从一层立管检查口承口内侧，直到通气管伸出屋面的设计高度。排水立管的安装要满足以下要求。

① 排水立管穿越楼板的孔洞、器具支管穿越楼板的孔洞均应参照设计的尺寸预留。现场打洞时，不得随意切断楼板配筋，必须切断时，管道安装后应该补焊。

② 排水立管应用卡箍固定，卡箍间距不得大于 3m，层高小于或等于 4m 时，可安装一个卡箍，卡箍宜设在排水立管接头处。

③ 确定排水立管安装位置时，与后墙及侧墙的距离应考虑到饰面层厚度(一般为 20～25mm)、楼层墙体是否在同一立面上、立管上是否应用乙字弯管、与辅助通气管之间应留够安装间距等因素。

④ 通气立管伸出屋面时，应采用不带承口排水立管，管口应加铅丝球或通气伞罩，并根据防雷要求设防雷装置。

4. 排水横支管的安装

排水横支管安装应在墙体砌筑完毕，并已弹出标高线，墙面抹灰工程已完成后进行。施工场地及施工用水、电等临时设施能满足施工要求，管材、管件及配套设备等核对无误，并经检验合格。

排水横支管安装时，对于铸铁管支架间距不得大于 2m 且不大于每根管长，支架宜设在承口之后；对排水塑料管支架间距不得大于表 4-9 规定。排水塑料横支管须设置伸缩节，具体位置应符合设计要求。横支管上合流配件至立管的直线管段超过 2m 时，应设伸缩节，且伸缩节之间的最大间距不得超过 4m。伸缩节应设于水流汇合配件的上游端部。

表 4-9　排水塑料管支架间距

管径/mm	50	75	100
间距/m	1.0	1.0	1.1

铸铁管道施工完毕需进行闭水试验，做闭水试验时，应按立管系统逐根、逐层进行，闭水时，管材、管口应无渗漏，并且与土建施工的防水地面做闭水试验分开进行。闭水高度应符合规范要求，合格后需对接卫生洁具的甩口管道封堵严密，等待洁具的安装。

建筑内部排水工程试压与验收

建筑内部排水工程验收主要包括建筑内部排水管道系统的灌水试验和通水试验。室内排水管道为无压流动型管道，试验时不进行压力试验，只做灌水试验(又称闭水试验)。室内排水管道系统灌水试验，是为了检验管道材质、管件、配件及接口的结构强度和水密性。通水试验是验证排水管道排水功能，使用功能以及排水畅通性的必要手段。

1. 建筑内部排水管道灌水试验的要求

(1) 接短管、封闭排出管口

对标高低于各层地面的所有管口，接临时短管直至其最接近的上层楼板层地面上。接管时，对承插接口的管道用水泥捻口，对于横管上地下(或楼板下)管道的清扫口应加垫、加盖正式封闭。通向室外的排出管管口，用大于管径的橡胶堵管管胆放进管口充气堵严。灌一层立管和棚上管道时，用堵管管胆从一层立管检查口处将上部管道堵严。再灌上层时，依此类推，按上述方法进行。

(2) 向管道内灌水

用胶管从便于检查的管口(最好选择离出户排水管口近的地面管口)向管道内灌水。从灌水开始，便应设专人检查监视出户排水管口、地下清扫口等易跑水的部位。发现堵盖不严或管道出现漏水时均应停止向管内灌水，立即对漏水部位进行整修，待管口堵塞、封闭严密或管道修复，堵塞的管道接口达到强度后，再重新开始灌水。管内灌水水面高出地面以后，停止灌水，记下管内水面位置和停止灌水时间，并对管道、接口逐一进行观察。室内雨水管道同样应做灌水试验，满水高度须到每根立管最上部雨水漏斗。

(3) 检查、做灌水试验记录

停止灌水，15min 后在未发现管道及接口渗漏的情况下再次向管道内灌水，使管内水面恢复到停止灌水时的水面位置后第二次记下时间。施工人员、施工技术质量管理人员、建设单位有关人员在第二次灌满水 5min 后，对管内水面进行共同检查，水面位置没有下降则为管道灌水试验合格，应立即填写好排水管道灌水试验记录；有关检查人员签字盖章。检查中若发现水面下降即为灌水试验没有合格，应对管道及各接口、堵口全面细致地进行逐一检查、修复，排除渗漏因素后重新按上述方法进行灌水试验，直至合格。

(4) 灌水试验后的工作

灌水试验合格后，应从室外排水口放净管内存水。把为灌水试验临时接出的短管全部拆除，各管口恢复原标高，拆管时严防污物落入管内。用木塞、草绳等进行临时堵塞封闭时，要确保堵塞物不能落入管内，并应堵塞牢固严密，便于起封时方便简单，不易损坏管口。

2. 建筑内部排水系统通水试验的要求

建筑内部排水系统通水试验，应符合以下要求。

① 通水试验作业条件，应达到通水试验的要求。

② 检查给水系统全部阀门，将配水阀件全部关闭，控制阀门全部开启。

③ 向给水系统供水，使其压力、水质符合设计要求，热水给水系统可供与热水使用压力相同的冷水。

④ 核查各排水系统，均应与室外排水系统接通，并可以向室外排水。

⑤ 检查排水系统各排水点及卫生器具，清除管内污物。

⑥ 将排水立管编号，开启 1 号排水立管顶层各配水阀件至最大水量，使其处于相对应

的排水点排水状态。

⑦ 检查排水立管从顶层到第一座排水检查井间各管段及排水点，对渗漏和排水不畅处，进行及时处理后，再次通水检查。

⑧ 检查室内给水系统，设计要求同时开放的最大数量的配水点是否达到额定流量。消火栓能否满足组数的最大消防能力。

⑨ 将室内排水系统，按给水系统的 1/3 配水点同时开放，检查各排水点是否畅通，接口处有无渗漏。

⑩ 高层建筑，可根据管道布置状态采取分层或两层(按系统配水点折算 1/3 量)分区段做通水试验，多层建筑可从最顶层做起。

⑪ 按上述方法顺次对各排水立管系统进行通水试验，直到排水系统通水试验全部完毕。

⑫ 经有关人员检查后将排水通水试验记录填写完整。

⑬ 停止向给水系统供水，并将给水系统及卫生器具内的积水排放、处理干净。

3. 灌水试验与通水试验质量标准

灌水试验与通水试验质量标准，应符合以下要求。

① 灌水试验必须及时，严禁在管道全部安装完成的情况下进行。

② 要严格控制灌水高度和灌水时间，以高度不低于本层地面、时间为满水 15min 后，再次补灌满水，且延续 5min 液面不下降为合格。

③ 灌水试验按单元组合系统进行操作，灌水试验检查认证合格后，应做好灌水试验记录。

④ 通水试验后应确保排水系统的各管段、接口、卫生器具在正常给水水压冲击下无渗漏，达到排水管道系统结构程度和排水功能的要求。

⑤ 通水试验后，应保证在给水系统同时开放专配水点且给水量为最大时(为设计要求允许范围内)，各排水点及排水管段排水通畅无阻，排水及时，满足使用功能的需要。

室外排水工程验收

1. 试验前的准备工作

将被试验管段的上、下游检查井内管端以钢制堵板封堵。在上游检查井旁设一试验用的水箱，水箱内试验水位的高度：对于敷设在干燥土层内的管道应高出上游检查井管顶 4m。试验水箱底与上游检查井内管端堵板以管子连接；下游检查井内管端堵板下侧接泄水管，并挖好排水沟。

2. 试验过程

先由水箱向被试验管段内充水至满，浸泡 1～2 个昼夜再进行试验。

试验开始时，先量好水位；然后观察各接口是否渗漏，观察时间不少于 30min；渗出水量不应大于规定。试验完毕应将水及时排出。

在湿土壤内敷设的管道，要检查地下水渗入管道内的水量。当地下水位超过管顶 2～4m 时，渗入管内的水量不应大于有关规定；当地下水位超过管顶 4m 以上时，每增加 1m 水头，允许增加渗入水量的 10%；当地下水位超出管顶 2m 以内时，可按干燥土层做渗出水量试验。

雨水管道以及与雨水性质近似的管道，除大孔性土壤和水源地区外，其他可不做闭水试验。

拓展讨论

党的二十大报告提出，加强城市基础设施建设，打造宜居、韧性、智慧城市。在近几年夏季的强降雨过程中，不少大城市排水系统瘫痪、城区内涝严重、人民生命财产安全受到极大影响，结合专业知识，请思考为了优化城市排水设施，在室内外排水系统设计时可采取哪些措施？

本章小结

本章对建筑排水系统进行了详细的阐述，对室外排水系统、屋面雨水排水系统、高层建筑排水系统进行了简单的介绍。

室外排水系统是建筑排水的外环境，应对建筑排水的水质特点、排入城市下水道的排放标准、城市排水体制、室外排水系统的组成等知识有一定的了解。

建筑排水系统的组成是主要内容，主要讲述了建筑排水的分类、水封装置、排水管道系统、通气管系统、清通设备等各部分组成及其作用、特点、设置要求等内容。

排水管材与给水管材不同，主要考虑其耐腐蚀性、耐磨损、便于安装、成本等因素，根据不同情况选用排水铸铁管、塑料管等管材。

卫生器具是排水系统的重要设备，主要有便溺用卫生器具、盥洗用卫生器具、沐浴用卫生器具、洗涤用卫生器具等，同时介绍了污水抽升设备、化粪池、隔油池等局部处理设施。

屋面雨水排放系统介绍了檐沟外排水、天沟外排水、内排水系统的组成、适用情况、特点等内容。

高层建筑的排水有其本身特点，为防止水封破坏可采取通气管系统、苏维托立管排水系统、旋流单立管系统、芯型排水系统及内螺旋UPVC管系统。

建筑排水系统的布置、敷设、安装是将室内排水系统装设在建筑物内的环节，主要介绍了建筑排水管道的布置与敷设原则及注意要点、排水管道安装的顺序及要点等内容。

建筑排水系统是建筑设备工程中的一个重要环节，通过本章的学习，为建筑排水系统施工图的识读打下坚实的基础。

复习思考题

1. 选择题(单选)

(1) 当横支管悬吊在楼板下，接有4个大便器，顶端应设______。

A. 清扫口　　B. 检查口　　C. 检查井　　D. 窨井

(2) 目前常用排水塑料管的管材一般是______。

A. 聚丙烯　B. 硬聚氯乙烯　C. 聚乙烯　D. 聚丁烯

(3) 自带存水弯的卫生器是______。

A. 污水盆　B. 坐式大便器　C. 浴缸　D. 洗涤盆

(4) 在高级宾馆客房卫生间可使用的大便器是______。

A. 低水箱蹲式大便器　B. 低水箱坐式大便器

C. 高水箱坐式大便器、大便槽　D. 高水箱蹲式大便器

(5) 在排水系统中需要设置清通设备，______不是清通设备。

A. 检查口　B. 清扫口　C. 检查井　D. 地漏

(6) 住宅生活污水的局部处理结构是______。

A. 隔油池　B. 沉淀池　C. 化粪池　D. 检查井

(7) ______不是雨水斗的作用。

A. 排泄雨、雪水

B. 对进水具有整流作用，导流作用，使水流平稳

C. 增加系统的含气量

D. 有拦截粗大杂质的作用

(8) 高层建筑排水系统的好坏很大程度上取决于______。

A. 排水管径是否足够　B. 通气系统是否合理

C. 是否进行竖向分区　D. 同时使用的用户数量

(9) 高层建筑排水立管上设置乙字弯是为了______。

A. 消能　B. 消声　C. 防止堵塞　D. 通气

(10) 下列排水横支管的布置敷设正确的是______。

A. 横支管可长可短，尽量少转弯

B. 横支管可以穿过沉降缝、烟道、风道

C. 横支管可以穿过有特殊卫生要求的生产厂房

D. 横支管不得布置在遇水易引起燃烧、爆炸或损坏的原料、产品和设备上面

2. 简答题

(1) 室外排水系统包括哪些组成部分？

(2) 简述建筑排水系统的分类、组成。

(3) 简述室内各种清通设备的设置要求。

(4) 建筑排水系统中通气管系统的作用是什么？

(5) 简述常用的排水管材有哪几种。各有哪些优缺点？

(6) 屋面雨水排水系统有哪几种？说明各自的组成。

(7) 简述高层建筑通气管系统的组成及设置要求。

(8) 高层建筑的单立管排水系统有哪几种？

(9) 简述苏维托立管排水系统的工作原理。

第5章 热水及燃气供应系统

思维导图

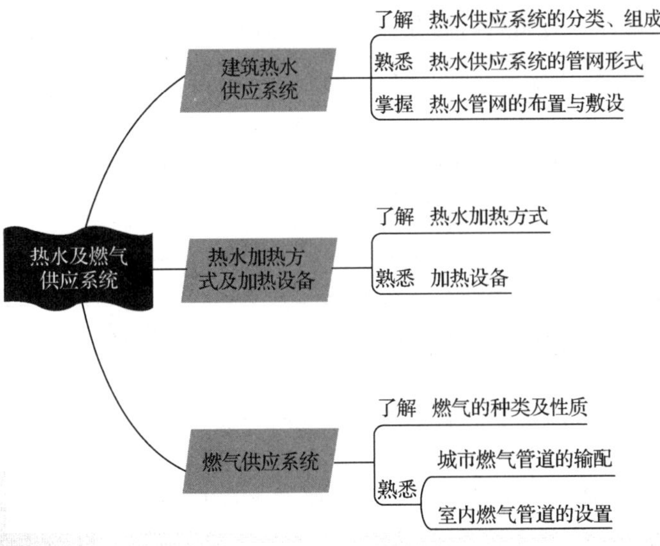

引例

宾馆、住宅、公共建筑的热水供应系统越来越完善，供给人们盥洗和淋浴所用的热水，因此必须满足用水点对水温、水量和水质的要求。热水供应也属于给水，与冷水供应的最大区别是水温，因此热水供应系统除了水的供应方式不同之外，还有热源的供应及热水的制备(水加热器)，热水供应系统的排气问题及排气的合理坡向和坡度，热水管道由于温度变化引起的热胀冷缩，管道的防腐与保温措施等。

燃气是热水生产与制备所用燃料之一，也是工业与民用建筑必有的系统之一。由于燃气供应属于气体的输送，同时由于其燃烧性和爆炸性，使燃气供应系统的学习重点与给排水、消防、热水供应系统有所区别。

5.1 建筑热水供应系统

建筑热水供应是对水的加热、储存和输配的总称。建筑热水供应系统主要供给生产、生活用户洗涤及盥洗用热水，并应能保证用户随时可以得到符合设计要求的水量、水温和水质。

知识链接

1. 热水水温要求

生活用热水的水温一般为25～60℃，综合考虑水加热器到配水点系统管路不可避免的热损失，水加热器的出水温度一般不应超过75℃，水温过低可能导致某些用水点不能得到温度适宜的热水；水温过高，管道易结垢，易发生人体烫伤事故。

2. 热水水质要求

热水供应系统中管道和设备的腐蚀与结垢是两个较普遍的问题，它直接影响管道的使用寿命与投资维修费用。水中溶解氧的含量是腐蚀的主要因素，水垢的形成主要与水的硬度有关，因此，必须对水质指标有一定要求。对于水质要求，可以归纳为以下几点。

① 为了保证使锅炉、热交换器等设备和管道内壁不致结垢，影响安全和运行，必须基本上除去水中的硬度。对于不同类型的锅炉，可以有不等的允许残余硬度。

② 热水供应系统中设备和部件的制作材料绝大部分是钢、不锈钢和铁，但也有少数设备，例如空气加热器、热水加热器等热交换器，部分部件采用黄铜和青铜之类的非铁金属。对于钢、不锈钢和铁来说，高pH能防止腐蚀。但是，黄铜和青铜等非铁金属在高pH的水中，则会因产生所谓除锌作用而引起一种特殊形式的腐蚀。

③ 必须从水中除去所有气体，特别是氧气以及二氧化碳。这些气体在冷水进行化学处理过程的前后，往往都或多或少地存在于水中。水中溶有的氧气和二氧化碳会对锅炉的受热面产生化学腐蚀。腐蚀到一定阶段，常形成穿孔，造成事故。

5.1.1 热水供应系统分类及组成

1. 热水供应系统的分类

建筑热水供应系统按其供应范围的大小可分为局部热水供应系统、集中热水供应系统以及区域热水供应系统。

(1) 局部热水供应系统

局部热水供应系统是指采用各种小型加热器在用水场所就地加热，供局部范围内的一个或几个用水点使用的热水系统。例如，采用小型电热水器、燃气热水器给水加热，供给单个浴室、厨房等用水。在大型建筑内，也可采用多个局部热水供应系统分别对各个用水场所供应热水。

局部热水供应系统简单，不需要建造锅炉房，初期投资小，维护管理容易，各用户可按需加热水。但是该系统采用的都是小型加热器，热效率低，热水成本较高，系统投资较大。一般适用于热水用水量小且用水分散的建筑，如家居、小型理发店等。

(2) 集中热水供应系统

集中热水供应系统就是在锅炉房、热交换站或加热间把水集中加热，然后通过热水管网输送给整幢或几幢建筑的热水供应系统。

集中热水供应系统设备集中便于管理和维修，大型加热设备的热效率较高，热水成本低。但是系统比较复杂，初投资比较大，需配备专门的管理人员，且系统热损失大。该系统适用于热水用水量较大，用水点多且比较集中的建筑，如宾馆、医院等公共建筑。

(3) 区域热水供应系统

区域热水供应系统是把水在热电厂、热交换站或区域性锅炉集中加热，通过市政热水管网送至整个建筑群、居住区或整个工矿企业的热水供应系统。

区域热水供应系统采用大型锅炉房，热效率比较高，操作管理的自动化程度高，同时减少了环境污染。但设备、系统复杂，需敷设室外供水、回水管网，初期投资比较大，且需要专门的技术管理人员。该系统适用于建筑布置比较集中，热水用水量大的城市和大型工业企业。

2. 热水供应系统的组成

我国采用比较多的是集中热水供应系统，因此本书主要介绍集中热水供应系统的组成，如图 5-1 所示。

集中热水供应系统的工作原理：锅炉生产的蒸汽经热媒管道送入水加热器加热冷水，蒸汽遇冷变成凝结水由凝结水管排至凝结水池，锅炉用水由凝结水池旁的凝结水泵压入。水加热器中所需要的冷水由给水箱供给，水加热器产生的热水由配水管送至各个用水点。对于带有循环管路的管网，不配水时，配水管和回水管中仍循环流动一定量的循环热水，用以补偿配水管路在此期间的热损失。

基于以上工作原理，集中热水供应系统的组成如下。

(1) 第一循环系统(热媒循环系统)

它是连接锅炉(发热设备)和水加热器之间的管道系统。如果热媒为蒸汽，就不存在循环管道，而是蒸汽管和凝结水管及其他设备，但习惯上也称为热媒循环管道。

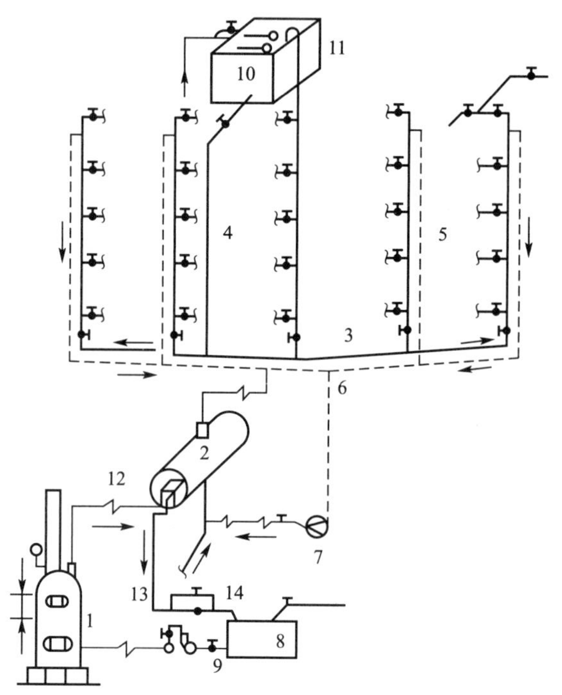

1—锅炉；2—水加热器；3—配水干管；4—配水立管；5—回水立管；6—回水干管；
7—循环系；8—凝结水池；9—凝结水泵；10—给水箱；11—通气管；
12—蒸汽管；13—潜水管；14—疏水器

图 5-1　集中热水供应系统

(2) 第二循环系统(配水循环系统)

它是连接水加热器和配水龙头之间的管道，由热水配水管网和回水管网组成。根据使用要求，系统可设计成无循环系统、半循环系统和全循环系统。

(3) 附件

由于热媒循环系统和配水循环系统中控制、连接的需要，以及由于温度的变化而引起水的体积膨胀、超压、气体的分离和排除，都需要设置附件。常用的附件有温度自动控制装置、疏水器、减压阀、安全阀、膨胀水箱、管道补偿器、自动排气阀等。

5.1.2 热水供应系统的管网形式

热水供应系统的管网形式，按管网压力工况特点可分为闭式和开式热水供应方式；按设置循环管网的情况可分为全循环方式、无循环方式和半循环方式；按照循环动力的不同可分为自然循环方式和机械循环方式；按照配水干管的布置位置可分为上行下给式、下行上给式和分区式热水供应方式。

【参考图文】

1. 闭式和开式热水供应方式

(1) 闭式热水供应方式

闭式热水供应方式的热水管网不与大气相通，在所有配水点关闭后，整个系统与大气隔绝，形成密闭系统。闭式热水供应方式的优点是水质不易受外界污染，但为避免水加热膨胀而引起水压超高，需设置隔膜式压力膨胀罐或安全阀，如图 5-2 所示。

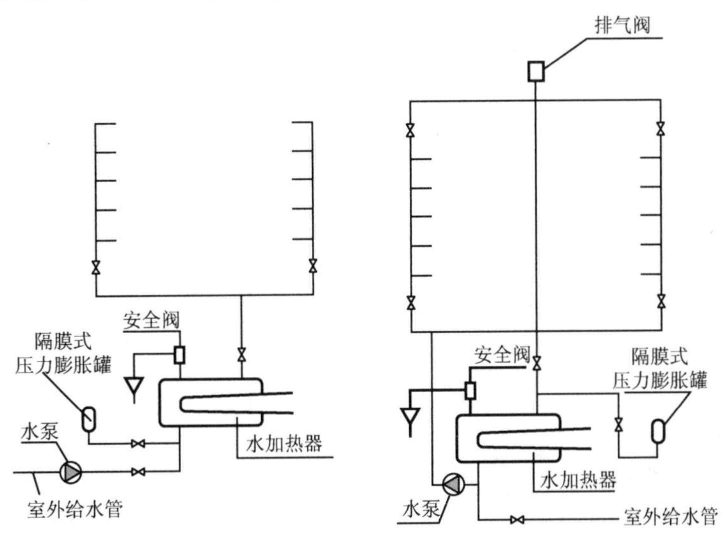

图 5-2 闭式热水供应方式

(2) 开式热水供应方式

开式热水供应方式设有高位热水箱或开式膨胀水箱或膨胀管，在所有配水点关闭后，系统内的水仍与大气相连通，开式热水供应方式的优点是热水供应系统的水压稳定，与给水水压基本相当，如图 5-1 所示。

特别提示

为保证热水管网中的水随时保持一定的温度，热水管网除配水管道外，根据具体情况和使用要求还应设置不同形式的回水管道，当配水管道停止配水时，使管网中仍维持一定的循环流量，以补偿管网热损失，防止温度降低过多。

2. 全循环、无循环、半循环热水供应方式

(1) 全循环热水供应方式

如图 5-3 所示，全循环热水供应方式是指对热水干管、立管和支管都设有循环回水管道，能保证用水点随时获得设计温度的热水管网，适用于建筑标准要求较高的宾馆、医院、疗养院等建筑。

(2) 无循环热水供应方式

如图 5-4 所示，无循环热水供应方式是指不设回水管道的热水管网，适用于连续用水的建筑，如公共浴室、某些工业企业的生产和生活用热水等。

(3) 半循环热水供应方式

半循环热水供应方式有立管循环和干管循环之分。立管循环方式是指热水干管和热水立管均设置循环管道，保持热水循环，打开配水龙头时只需放掉热水支管中少量的存水，就能获得规定水温的热水，如图 5-5(a)所示，多用于设有全日供应热水的建筑和设有定时

供应热水的高层建筑中。干管循环方式是指仅热水干管设置循环管道，保持热水循环，多用于采用定时供应热水的建筑中，在热水供应前，先用循环水泵把热水干管中已冷却的存水循环加热，当打开配水龙头时只需放掉热水立管和支管内的冷水就可以流出符合要求的热水，如图 5-5(b)所示。

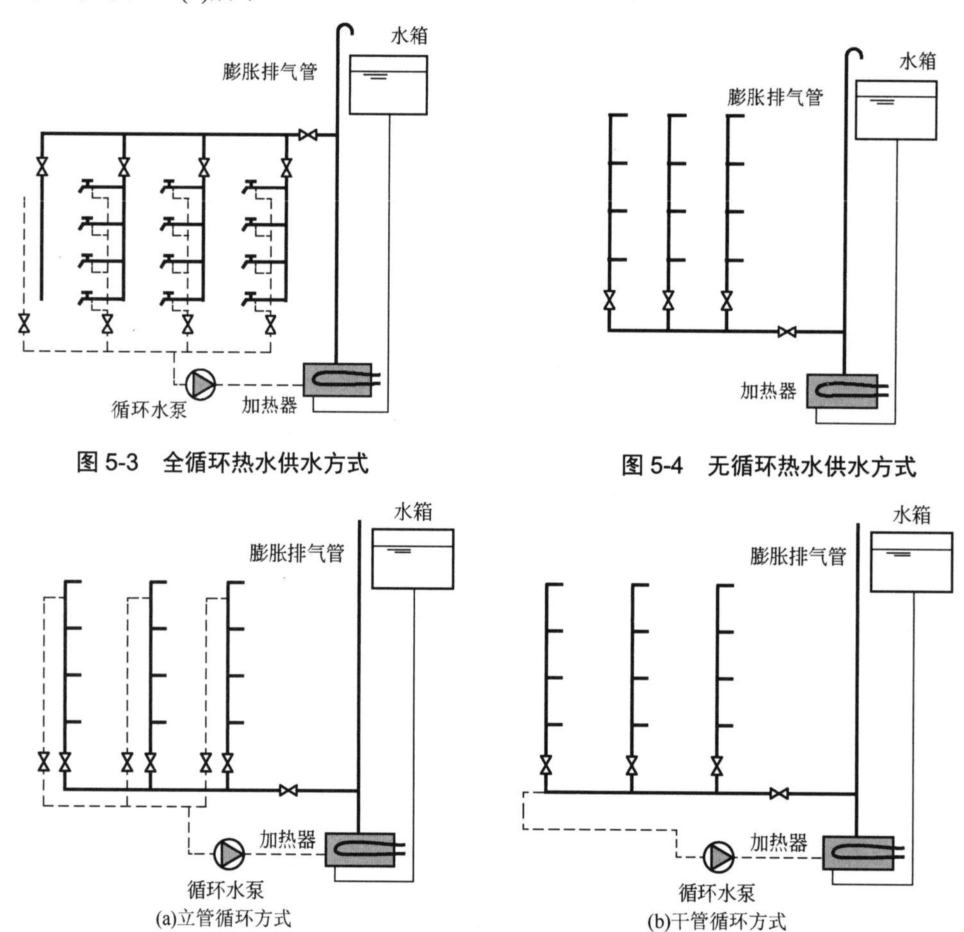

图 5-3　全循环热水供水方式

图 5-4　无循环热水供水方式

图 5-5　半循环热水供应方式

3. 自然循环和机械循环热水供应方式

(1) 自然循环热水供应方式

自然循环热水供应方式是利用配水管和回水管中的水温差所形成的压力差，使管网维持一定的循环流量，以补偿配水管道热损失，保证用户对热水温度的要求，如图 5-6 所示。因一般配水管与回水管内的温度差仅为 10～15℃，自然循环作用水头值很小。所以对于中、大型建筑采用该方式有一定的困难。

(2) 机械循环热水供应方式

机械循环热水供应方式是利用水泵强制水在热水管网内循环，造成一定的循环流量，以补偿管网热损失，维持一定水温，如图 5-5(a)、(b)所示。目前实际运行的热水供应系统，多数采用这种循环方式。

4. 上行下给式、下行上给式、分区式热水供应方式

按热水管网布置图式，可将热水供应方式分为上行下给式(图 5-3)、下行上给式(图 5-4)和分区式热水供应方式(图 5-7)。

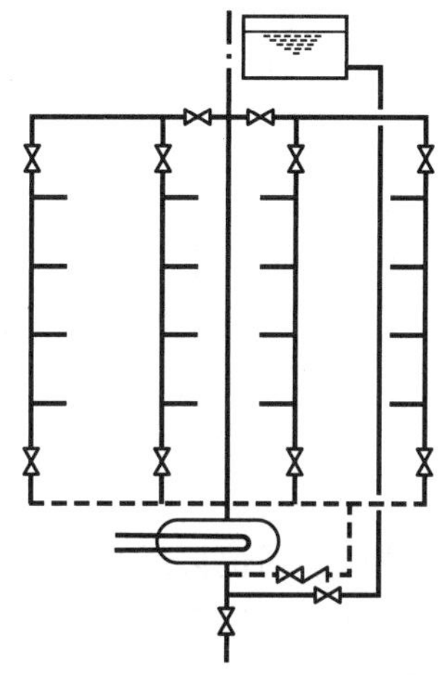

图 5-6 自然循环热水供应方式

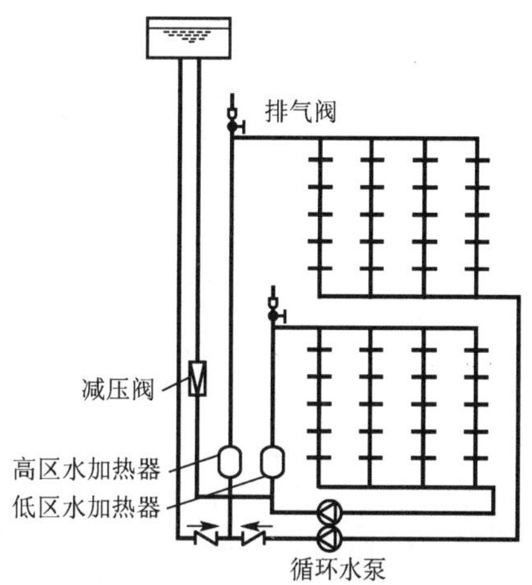

图 5-7 分区式热水供应方式

5.1.3 高层建筑热水供应的供应方式

高层建筑热水供应系统的特点

高层建筑具有层数多、建筑高度高、热水用水点多等特点，如果选用一般建筑的热水供水方式，则会使热水管网系统中压力过大，产生配水管网始末端压差悬殊、配水均衡性难以控制等一系列问题。热水管网系统压力过大，虽然可选用耐高压管材、耐高压水加热器或减压设施加以解决，但不可避免地会增加管道和设备投资。因此，为保证良好的供水工况和节省投资，高层建筑热水供应系统必须解决热水管网系统压力过大的问题。

与给水系统相同，解决热水管网系统压力过大的问题，可采用竖向分区的供水方式。高层建筑热水供应系统分区的范围，应与给水系统的分区一致，各区的水加热器、储水器的进水，均应由同区的给水系统设专管供应，也便于管理。但因热水供水系统中水加热器、储水器的进水由同区给水系统供应，水加热后，再经热水配水管送至各配水水嘴，故热水在管道中的流程远比同区冷水水嘴流出冷水所经历的流程长，所以尽管冷、热水分区范围相同，但混合水嘴处冷、热水压力仍有差异，为保持良好的供水工况，还应采取相应措施适当增加冷水管道的阻力，减小热水管道的阻力，以使冷、热水压力保持平衡，也可采用内部设有温度感应装置，能根据冷、热水压力大小、出水温度高低自动调节冷热水进水量比例，保持出水温度恒定的恒温式水嘴。

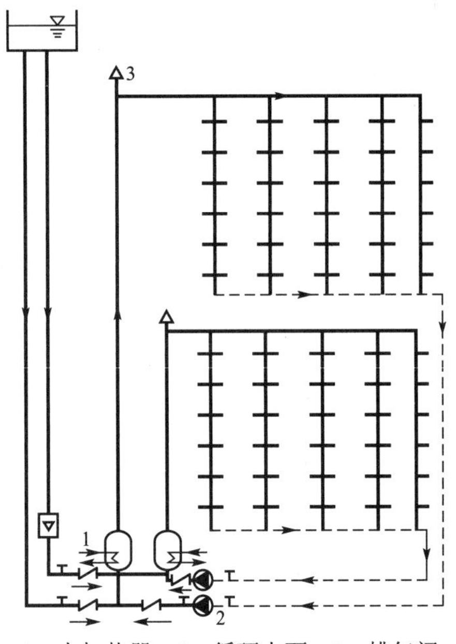

1—水加热器；2—循环水泵；3—排气阀

图 5-8 集中设置水加热器、分区设置热水管网的供水方式

高层建筑热水供应系统的分区供水方式主要有集中式和分散式两种。

1. 集中式

各区热水配水循环管网自成系统，加热设备、循环水泵集中设在底层或地下设备层，各区加热设备的冷水分别来自各区冷水水源，如冷水箱等，如图 5-8 所示。其优点是各区供水自成系统，互不影响，供水安全、可靠；设备集中设置，便于维修、管理。其缺点是高区水加热器和配水、回水主立管管材需承受高压，设备和管材费用较高。所以该分区方式不宜用于多于 3 个分区的高层建筑。

2. 分散式

各区热水配水循环管网也自成系统，但各区的加热设备和循环水泵分散设置在各区的设备层中，如图 5-9 所示。如图 5-9(a)所示为各区系统均为上行下给式热水供应方式，如图 5-9(b)所示为各区系统采用上行下给式与下行上给式混设的热水供应方式。分散式的优点是供水安全可靠，且水加热器按各区水压选用，承压均衡，回水立管短。其缺点是设备分散设置不但要占用一定的建筑面积，维修管理也不方便，且热媒管线较长。

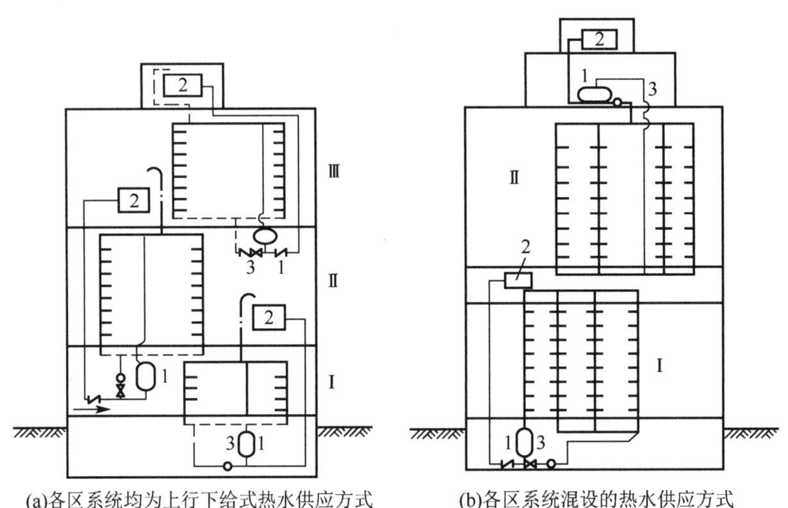

(a)各区系统均为上行下给式热水供应方式　(b)各区系统混设的热水供应方式

1—加热器；2—给水箱；3—循环水泵

图 5-9 分散设置水加热器、分区设置热水管网的供水方式

一般高层建筑热水供应的范围大，热水供应系统的规模也较大，为确保系统运行时的良好工况，进行管网布置与敷设时，应注意以下几点。

① 当分区范围超过 5 层时，为使各配水点随时得到设计要求的水温，应采用全循环立

管循环方式；当分区范围小，但立管数多于5根时，应采用干管循环方式。

② 为防止循环流量在系统中流动时出现短流，影响部分配水点的出水温度，可在循环管上设置阀门，通过调节阀门的开启度，平衡各循环管路的水头损失和循环流量。若循环管系统大，循环管路长，用阀门调节效果不明显时，可采用同程式管网布置形式，如图5-10和图5-11所示，使循环流量通过各循环管路的流程相当，可避免短流现象，利于保证配水点所需的水温。

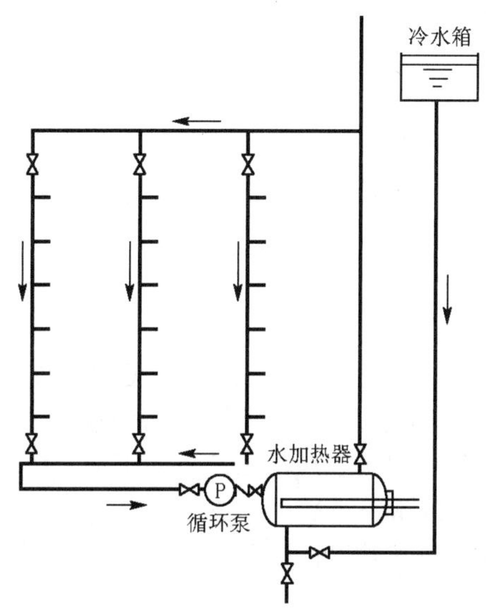

图5-10 上行式同程系统

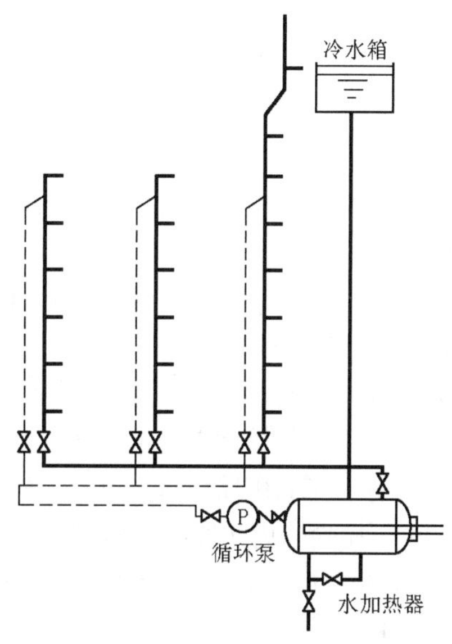

图5-11 下行式同程系统

5.1.4 热水管网的布置与敷设

热水管网的布置与敷设除了满足给(冷)水管网敷设的要求外，还应注意由于温度高带来水的体积膨胀、管道伸缩补偿、保温和排气等问题。

1. 热水供应系统的管材和管件

热水供应系统管材的选用应符合以下要求。

① 热水供应系统采用的管材和管件，应符合现行产品标准的要求。

② 热水管道的工作压力和工作温度不得大于产品标准标定的允许工作压力和工作温度。

③ 热水管道应选用耐腐蚀、安装连接方便可靠、符合饮用水卫生要求的管材及相应的配件。一般可采用薄壁铜管、薄壁不锈钢管、铝塑复合管、交联聚乙烯(PE)管、三型无规共聚聚丙烯(PP-R)管等。

④ 设备机房内的管道不应采用塑料热水管，定时供应热水的系统因其水温周期性变化大，也不宜采用对温度变化较敏感的塑料热水管。

2. 热水管道的布置与敷设

热水管道的布置与敷设与给排水管道的敷设有所不同，应注意以下几个方面。

① 热水管网同给水管网，有明装和暗装两种敷设方式。铜管、薄壁不锈钢管、衬塑钢

管等可根据建筑、工艺要求采用暗装或明装。塑料热水管宜暗装，明装时立管宜布置在不受撞击处，如不可避免时，应在管外加防紫外线照射、防撞击的保护措施。

② 热水管道暗装时，其横干管可敷设于地下室、技术设备层、管廊、吊顶或管沟内，其立管可敷设在管道竖井或墙壁竖向管槽内，支管可埋设在地面、楼板面的垫层内，但铜管和聚丁烯(PB)管埋于垫层内宜设保护套。暗装管道在便于检修的地方装设法兰，装设阀门处应留检修门，以利于管道更换和维修。管沟内敷设的热水管道应置于冷水管之上，并且进行保温。

③ 热水管道穿过建筑物的楼板、墙壁和基础处应加套管，穿越屋面及地下室外墙时，应加防水套管，以免管道膨胀时损坏建筑结构和管道设备。当穿过有可能发生积水的房间地面或楼板面时，套管应高出地面 5～10cm。热水管道在吊顶内穿墙时，可预留孔洞。

④ 上行下给式配水干管的最高点应设排气装置(自动排气阀，带手动放气阀的集气罐和膨胀水箱)，下行上给式热水供应系统可利用最高配水点进行放气。

⑤ 下行上给式热水供应系统的最低点应设泄水装置(泄水阀或丝堵等)，有时也可利用最低配水点进行泄水。

⑥ 下行上给式热水供应系统设有循环管道时，其回水立管应在最高配水点以下约 0.5m 处与配水立管连接。上行下给式热水供应系统只需将循环管道与各立管连接。

⑦ 热水横管均应保持有不小于 0.3%的坡度，配水横干管应沿水流方向下降，便于检修时泄水和排除管内污物。这样布管还可保持配水、回水管道坡向一致，方便施工安装。

⑧ 热水立管与横管连接时，为避免管道伸缩应力破坏管网，应采用乙字弯的连接方式，如图 5-12 所示。

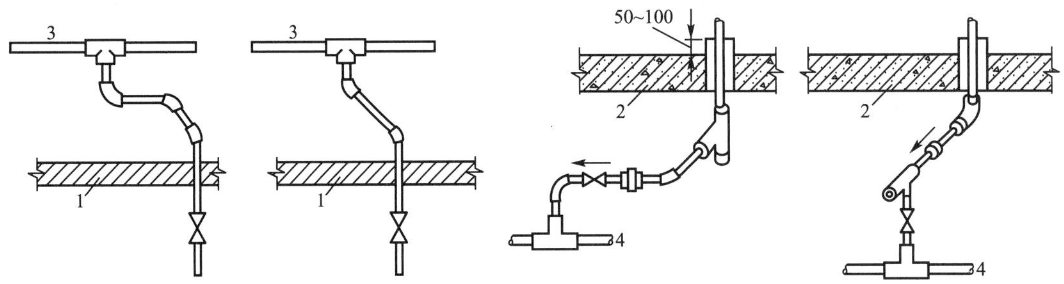

1—吊顶；2—结构层；3—配水干管；4—回水干管

图 5-12　热水立管与横管的连接方式

⑨ 室外热水管道一般为管沟敷设，当此方法不可能实现时，也可直埋敷设，其保温材料为聚氨酯硬质泡沫塑料，外做玻璃钢管壳，并做伸缩补偿处理。直埋管道的安装与敷设还应符合有关直埋供热管道工程技术规程的规定。

⑩ 热水管道应设固定支架，一般设于补偿器或自然补偿管道的两侧，其间距长度应满足管段的热伸长量不大于补偿器所允许的补偿量。固定支架之间宜设导向支架。

⑪ 为调节平衡热水管网的循环流量和方便检修时缩小停水范围，在配水、回水管连接的分干管上，配水立管和回水立管的端点，以及居住建筑和公共建筑中每一用户或单元的热水支管上，均应装设阀门。

1. 饮用水供应

饮用水供应主要有开水供应系统和冷饮水供应系统两类，采用何种系统应根据当地的生活习惯和建筑物的使用性质确定。

我国办公楼、旅馆、大学学生宿舍、军营多采用开水供应系统；大型娱乐场所等公共建筑、工矿企业生产热车间多采用冷饮水供应系统。

开水供应系统分集中开水供应和管道输送开水两种方式。集中制备开水的加热方法一般采用间接加热方式，不宜采用蒸汽直接加热方式。

集中开水供应是在开水间集中制备开水，人们用容器取水饮用。这种方式适合于机关、学校等建筑，设开水点的开水间宜靠近锅炉房、食堂等有热源的地方。每个集中开水间的服务半径范围一般不宜大于250m。也可以在建筑内每层设开水间，集中制备开水，即把蒸汽热媒管道送到各层开水间，每层设间接加热开水器，其服务半径不宜大于70m。还可用燃气、燃油开水炉、电加热开水炉代替间接加热器。

对于标准要求较高的建筑物如宾馆等，可采用集中制备开水用管道输送到各开水供应点。为保证各开水供应点的水温，系统采用机械循环方式，该系统要求水加热器出水水温不小于105℃，回水温度为100℃。该系统加热设备可采用水加热器间接加热，也可选用燃油开水炉或电加热开水炉直接加热。

2. 饮水供应

(1) 分质供水

生活给水包括一般日常生活用水和饮用水两部分，一般来说，与饮水和烹调有关的用水量只占日常生活用水量的2%～5%，每人每日需要3L左右，这部分水直接参与人体的新陈代谢，对人体健康影响极大，其水质应是优质的需要进行深度处理。而其他95%～98%的生活用水，作为洗涤、清洁之用，对水质的要求并不一定很高，满足国家规定的《生活饮用水卫生标准》(GB 5749—2006)即可。直接饮用水与生活用水的水质、水量相差比较大，如将生活用水全部按直接饮用水的水质标准进行处理，则太不经济，也没有必要。而分质供水就是根据人们用水的不同水质需要而提出的，是解决供水水质问题的经济、有效的途径。

分质供水是根据用水水质的不同，在建筑内或小区内，组成不同的给水系统，如直接利用市政自来水，供给清洁、洗涤、冲洗等用水，为生活给水系统；自来水经过深度净化处理，达到饮用净水标准后，供人们直接饮用，为饮用净水(优质水)系统；在建筑中或建筑群中将洗涤等用水收集后加以处理，回用供冲厕、洗车、浇洒绿地等用水，为中水供水系统。

(2) 管道饮用净水的水质要求

管道饮用净水系统是指在建筑物内部保持原有的自来水管道系统不变，供应人们生活清洁、洗涤用水，同时对自来水中只占2%～5%用于直接饮用的水集中进行深度处理后，采用高质量无污染的管道材料和管道配件，设置独立于自来水管道系统的饮用净水管道系统。将其连至用户，用户打开水嘴即可直接饮用。如果配置专用的管道饮用净水机与饮用净水管道连接，可从饮用净水机中直接供应热饮水或冷饮水，非常方便。

直接饮用水应在符合国家《生活饮用水卫生标准》(GB 5749—2006)的基础上进行深度处理，系统中水嘴出水的水质指标不应低于《饮用净水水质标准》(CJ 94—2005)的规定。

(3) 管道饮用净水供应方式和系统设置

① 管道饮用净水供应方式。管道饮用净水系统一般由供水水泵、循环水泵、供水管网、回水管网、过滤消毒设备等组成。为了保证水质不受二次污染，饮用净水配水管网的设计应特别注意水力循环问题，配水管网应设计成密闭式，将循环管路设计成同程式，用循环水泵使管网中的水得以循环。

② 管道饮用净水系统设置要求。为保证管道饮用净水系统的正常工作，并有效避免水质二次污染，饮用净水必须设循环管道，并应保证干管和立管中饮水的有效循环。其目的是防止管网中长时间滞留的饮水在管道接头、阀门等局部不光滑处由于细菌繁殖或微粒集聚等因素而产生水质污染。循环系统要把系统中各种污染物及时去掉，控制水质的下降，同时又缩短了水在配水管网中的停留时间(规定循环管网内水的停留时间不宜超过 6h)，借以抑制水中微生物的繁殖。

5.2 热水加热方式及加热设备

5.2.1 热水的加热方式

根据热水加热方式的不同有直接加热和间接加热两种。

1. 直接加热方式

直接加热也称一次换热，是利用以燃气、燃油、燃煤为燃料的热水锅炉，把冷水直接加热到所需要的温度，或是将蒸汽直接通入冷水混合制备热水。热水锅炉直接加热具有热效率高、节能的特点。蒸汽直接加热方式具有设备简单、热效率高、无须冷凝水管的优点，但噪声大，对蒸汽质量要求高，而且由于冷凝水不能回收使锅炉的补充水量增大，导致水质处理费用大大提高。蒸汽直接加热方式仅适用于具有合格的蒸汽热媒且对噪声无严格要求的公共浴室、洗衣房、工矿企业等场所。

2. 间接加热方式

间接加热也称二次换热，是将热媒通过水加热器把热量传递给冷水达到加热冷水的目的，在加热过程中热媒与被加热水不直接接触。蒸汽间接加热方式的优点是回收的冷凝水可重复利用，只需对少量补充水进行软化处理，运行费用低，且加热时不产生噪声，蒸汽不会对热水产生污染，供水安全稳定。其适用于要求供水稳定、安全、噪声低的宾馆、住宅、医院、写字楼等建筑。

5.2.2 加热设备

1. 燃油、燃气热水锅炉

燃油热水锅炉通过燃烧器向正在燃烧的炉膛内喷射成雾状的油，燃油迅速燃烧且燃烧比较完全。该锅炉具有构造简单，体积小，热效率高，排污总量少的优点。该锅炉还可改用燃气作为燃料，成为燃气热水锅炉。目前，城市对环境的要求在提高，燃油、燃气热水锅炉的应用已较广泛。

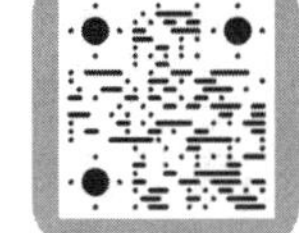

【参考图文】

2. 容积式水加热器

容积式水加热器是一种间接加热器设备，内部设有换热管束，并具有一定储热容积，既可加热冷水又可储备热水，其热媒为蒸汽或高温水，有立式和卧式之分。图 5-13 为卧式容积式水加热器构造示意图。

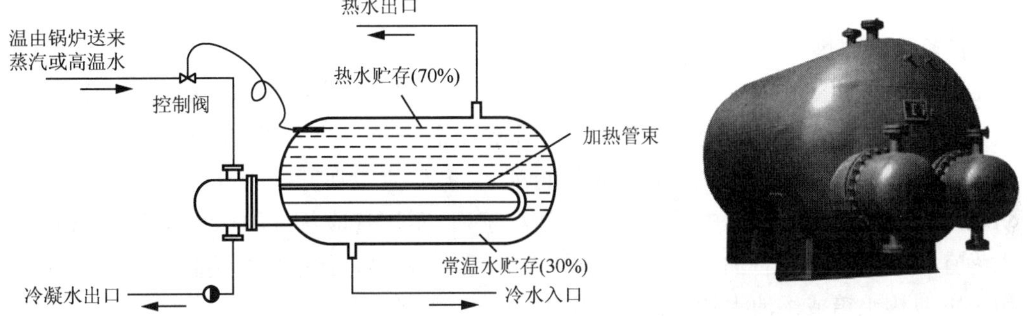

图 5-13 卧式容积式水加热器构造示意图

容积式水加热器适用于供水温度要求均匀、无噪声的医院、饭店、旅馆、住宅等建筑。容积式水加热器的优点是具有较大的储存和调节能力，被加热水通过时压力损失较小，出水水温较为稳定。但该加热器传热系数小，热交换效率低，且体积庞大占用过多的建筑空间，尤其是卧式容积式水加热器占用过大的建筑面积。

3. 快速式水加热器

快速式水加热器是通过提高热媒和被加热水的流动速度进行快速换热的一种间接式加热器。新型快速式水加热器通过增加热媒和被加热水流动中的湍流脉动运动，减薄了传热边界层，传热系数得以提高，强化了传热的效果。

根据热媒的不同，快速式水加热器有汽-水(热媒为蒸汽)和水-水(热媒为高温水)两种类型。快速式水加热器已由传统的管式水加热器(图 5-14)改型出螺旋管式水加热器、波节管式水加热器、板式水加热器等新型快速式水加热器。

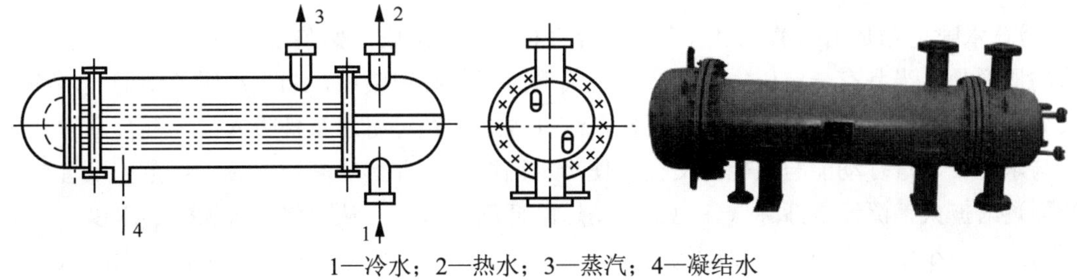

1—冷水；2—热水；3—蒸汽；4—凝结水

图 5-14 管式水加热器

4. 加热水箱

加热水箱多为开式，设在建筑物的上部，是一种简单的热水加热器。水箱顶部应加盖，并设有溢流管、泄水管和通气管，同时还设冷水补给水箱。

在水箱中安装蒸汽多孔管或蒸汽喷射器，可构成直接加热水箱。在水箱内安装排管或盘管即构成间接加热水箱，加热水箱适用于公共浴室等用水量大而均匀的定时热水供应系统。

(1) 盘管加热

在水箱底部装有钢盘管，热媒流经盘管将水加热，加热器盘管面积根据实际需要确定，如图 5-15 所示。这种加热方式一般用于小型浴室、食堂、洗衣房等用水量较小的热水供应系统。

(2) 多孔管加热

多孔管加热如图 5-16 所示，蒸汽直接通入设在水箱中的多孔管，将水箱中的冷水加热，蒸汽也随着凝结成水。多孔管是在钢管壁面上钻上若干个直径为 2～3mm 的小孔，小孔的总面积约为多孔管断面的 2～3 倍，其末端封死。多孔管宜设在开式的或闭式的热水箱底部。为防止一旦停止送汽时水箱中的水倒流入蒸汽管内，蒸汽管应从被加热水水位 0.5m 以上处引入为宜。采用这种设备加热，方法比较简单，热效率高，维护管理方便，但噪声很大，常用于小型热水箱或浴池水的加热。

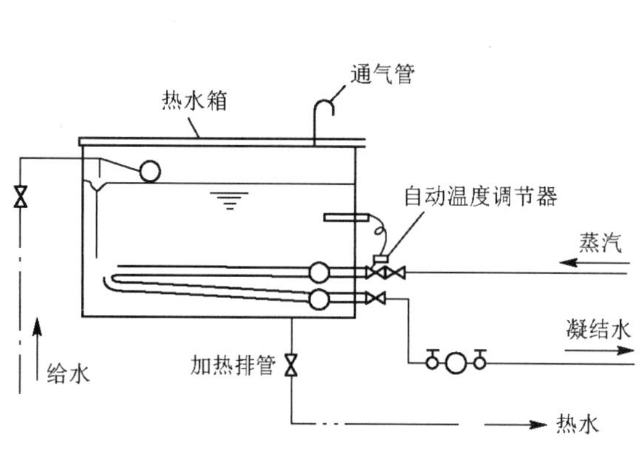

图 5-15　盘管加热

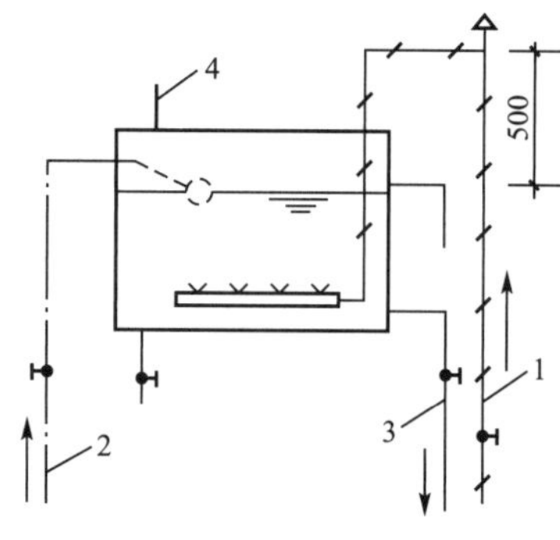

1—蒸汽管；2—冷水进水管；
3—热水出水管；4—通气等

图 5-16　多孔管加热

(3) 汽-水喷射器

汽-水喷射器是由喷嘴、引入室、混合室和扩压管组成，如图 5-17 所示。这种加热方法的原理是：当具有一定压力的蒸汽通过喷嘴时形成高速喷射，由于动压急剧增大，静压大大降低，致使喷嘴出口附近产生负压，这样冷水便经过引水室被吸入。至混合室时，蒸汽与水混合，进行动能与热能的交换，使冷水温度升高并形成高速水流，直至扩压管过水断面逐渐扩大，流速逐渐降低，也就是动压降低静压升高，从而将经过加热的水以一定的压力送入系统中。鉴于喷射器结构紧凑、加工容易，噪声较小，因此常用作较大的水箱或浴室大池水的加热。

汽-水喷射器加热如图 5-18 所示。汽-水喷射器可以装在水箱内[图 5-18(a)]，也可以装在水箱外[图 5-18(b)]，蒸汽通过喷射器将水加热。

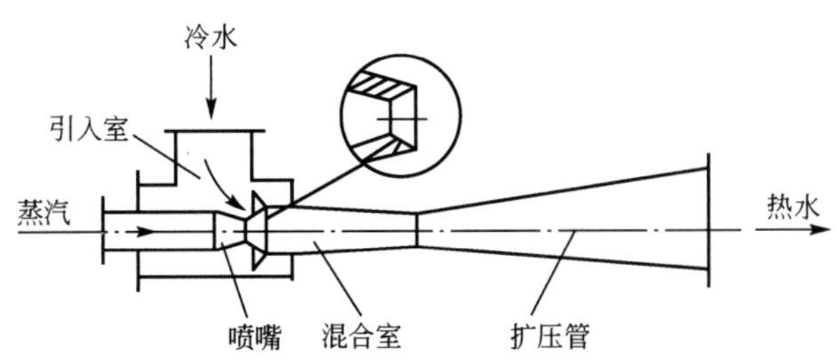

图 5-17　汽-水喷射器

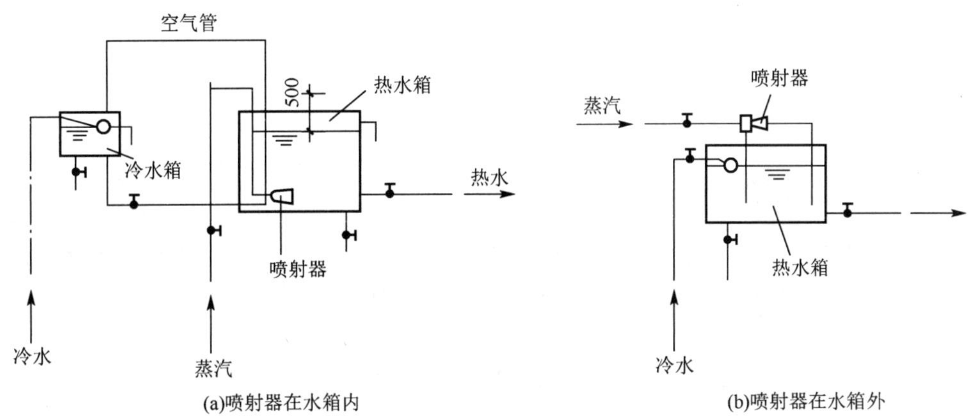

图 5-18　汽-水喷射器加热

5. 电热水器

电热水器是把电能通过电阻丝变为热能加热冷水的设备，一般以成品在市场上销售。电热水器产品分快速式和容积式两种。快速式电热水器无储水容积或储水容积很小，不需在使用前预先加热，在接通水路和电源后即可得到被加热的热水。该类热水器具有体积小、质量轻、热损失少、效率高、容易调节水量和水温、使用安装简便等优点，但耗电量大，尤其在一些缺电地区使用受到限制。市场上该种热水器种类较多，适合家庭和工业、公共建筑等单个热水供应点使用。

容积式电热水器具有一定的储水容积。该种热水器在使用前需预先加热，可同时供应几个热水用水点在一段时间内使用，具有耗电量较小、管理集中的优点。但其配水管段比快速式电热水器长，热损失也较大。一般适用于局部供水和管网供水系统。

6. 太阳能热水器

太阳能热水器是将太阳能转换成热能并将水加热的装置，可提供30～60℃的热水。其优点是：结构简单、维护方便、节省燃料、运行费用低、不存在环境污染等问题。其缺点是：受天气、季节、地理位置等影响不能连续稳定运行，为满足用户要求需配置储热和辅助加热设施、占地面积较大，布置受到一定的限制。

太阳能热水器按热水循环方式分自然循环和机械循环两种。自然循环太阳能热水器是

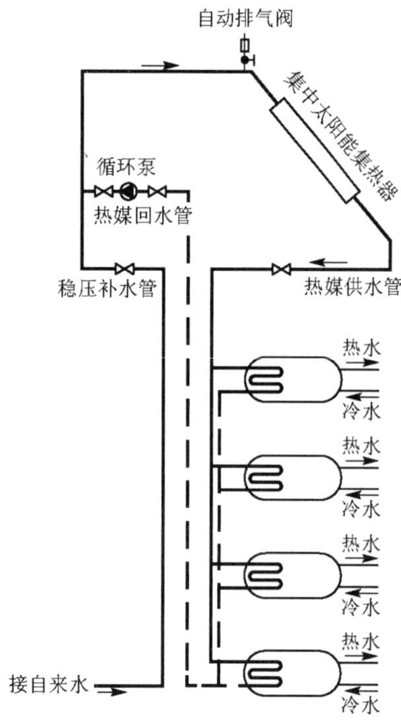

图 5-19　集中-分散热水系统

靠水温差产生的热虹吸作用进行水的循环加热，该种热水器运行安全可靠、不需用电和专人管理，但储热水箱必须装在集热器上面，同时使用的热水会受到时间和天气的影响。机械循环太阳能热水器是利用水泵强制水进行循环的系统。该种热水器储热水箱和水泵可放置在任何部位，系统制备热水效率高，产水量大。为克服天气对热水加热的影响，可增加辅助加热设备，如煤气加热、电加热和蒸汽加热等措施，适用于大面积和集中供应热水场所。

按供热水的范围不同，太阳能热水系统可分为集中供热水系统、集中-分散供热水系统、分散供热水系统，目前后两种较为常用。

集中供热水系统是采用集中的太阳能集热器和集中的储水箱供给一幢或几幢建筑物所需热水的系统。集中-分散供热水系统是采用集中的太阳能集热器和分散的储水箱供给一幢建筑物所需热水的系统，如图 5-19 所示为集中-分散热水系统。分散供热水系统是采用分散的太阳能集热器和分散的储水箱供给各个用户所需热水的小型系统，目前应用广泛。

分散供热水系统按运行方式主要包括以下几种：自然循环直接系统、自然循环间接系统、强制循环间接系统。图 5-20 为自然循环直接系统。

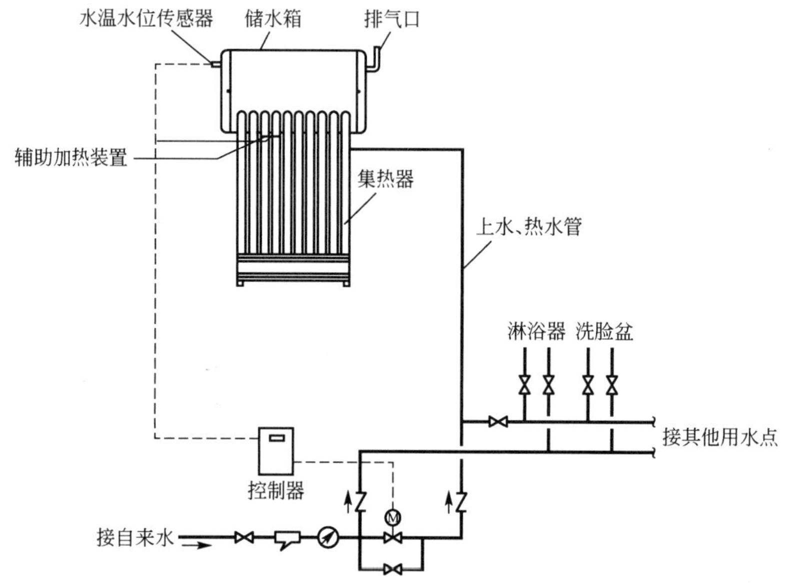

图 5-20　自然循环直接系统

7. 其他热水器

半容积式水加热器是带有适量贮存与调节容积的内藏式容积水加热器，由贮热水罐、内藏式快速换热器和循环泵三个主要部分组成。其中贮热水罐与快速换热器隔离，被加热水在快速换热器内迅速加热后，通过热水配水管进入贮热水罐，当管网中热水用量低于设计用水量时，热水的一部分落到贮罐底部，与补充水一道经内循环泵升压后再次进入快速换热器加热。半容积式水加热器贮热容积比同样加热能力的容积式水加热器少2/3，具有体型小、加热快、换热充分、供水温度稳定、节水节能的优点，但需要有极高的质量保证。

半即热式水加热器是带有超前控制，具有少量贮存容积的快速式水加热器。其传热系数大，换热速度快，又具有预测温控装置，所以其热水贮存容量小，仅为半容积式水加热器的1/5。同时由于盘管内外温差的作用，盘管不断收缩、膨胀，可使传热面上的水垢自动脱落。

可再生低温能源的热泵热水器，合理应用水源热泵、空气源热泵等制备生活热水，具有显著的节能效果。热泵热水器主要由蒸发器、压缩机、冷凝器和膨胀阀等部分组成，通过让工质不断完成蒸发、压缩、冷凝、节流、再蒸发的热力循环过程，从而将环境里的热量转移到水中。

5.2.3 加热设备的选择

加热设备是热水供应系统的核心组成部分，应根据热源条件、建筑物功能及热水用水规律、耗热量和维护管理等因素综合比较后确定。

选用局部热水供应设备时，应符合下列要求。

① 需同时供给多个卫生器具或设备热水时，宜选用带贮热容积的加热设备。

② 当地太阳能资源充足时，宜选用太阳能热水器或太阳能辅以电加热的热水器。

③ 热水器不应安装在易燃物堆放或对燃气管、表或电气设备产生影响及有腐蚀性气体和灰尘多的场所。

④ 燃气热水器、电热水器必须带有保证使用安全的装置。严禁在浴室内安装直接排气式燃气热水器等在使用空间内容易积聚有害气体的加热设备。

集中热水供应系统的加热设备选择，应符合下列要求。

① 热效率高，换热效果好，节能，节省设备用房。

② 生活热水侧阻力损失小，有利于整个系统冷、热水压力的平衡。

③ 安全可靠，构造简单，操作维修方便。

④ 具体选择水加热设备时，应遵循下列原则。

a. 当采用自备热源时，宜采用直接供应热水的蒸汽、燃油等燃料的热水机组，亦可采用间接供应热水的自带换热器的热水机组或外配容积式、半容积式水加热器的热水机组。

b. 热水机组除满足上述①、②、③基本要求外，还应具备燃料燃烧完全、消烟除尘、自动控制水温、火焰传感、自动报警等功能。

c. 当采用蒸汽、高温水为热源时，间接水加热设备的选型应结合热媒的供给能力、热水用途、用水均匀性及加热设备本身的特点等因素，经技术经济比较后确定。

d. 当热源为太阳能时，宜采用热管或真空管太阳能热水器。

e. 在电源供应充沛的地方可采用电热水器。

f. 选用可再生低温能源时，应注意其适用条件及配备质量可靠的热泵机组。

5.3　燃气供应系统

燃气是指可以作为燃料的气体，通常是以可燃气体为主要成分的、多组分的混合气体。20世纪50年代以前，燃气普遍采用煤加工生产，人们习惯称为“煤气”，但随着社会生产的发展，燃气的来源、生产方式及组分等都有了很大变化，“燃气”具有更广泛的含义和适用性。

燃气作为气体燃料，它与固体、液体燃料相比，有许多优点：使用方便，燃烧完全，热效率高，燃烧温度高，易调节、控制；燃烧时没有灰渣，清洁卫生；可以利用管道和瓶装供应。在人们日常生活中采用燃气作为燃料，对改善人民的生活条件，减少空气污染和保护环境，都具有重大的意义。燃气易引起燃烧或爆炸，火灾危险性较大。人工煤气具有强烈的毒性，容易引起中毒事故。所以，对于燃气设备及管道的设计、加工和敷设，都有严格的要求，同时必须加强维护和管理，防止漏气。

5.3.1 燃气的种类及性质

燃气的种类较多，按照其来源及生产方式分为四大类：天然气、人工煤气、液化石油气和沼气。其中天然气、人工煤气、液化石油气可作为城镇供应气源，沼气热值低、二氧化碳含量高不宜作为城镇气源。

1. 天然气

天然气热值高，容易燃烧且燃烧效率高，是优质、清洁的气体燃料，是理想的城市气源。一般可分四种：从气井开采出来的纯天然气(或称气田气)、随石油一起开采出来的石油伴生气、含石油轻质馏分的凝析气田气、从井下煤层抽出的矿井气(又称矿井瓦斯)。

知识链接

天然气从地下开采出来时压力很高，有利于远距离输送。但需经降压、分离、净化(脱硫、脱水)，才能作为城市燃气的气源，也可用于民用及作为汽车清洁燃料。天然气经过深度制冷，在-160℃的情况下就变成液体成为液态天然气，液态天然气的体积为气态时的1/600，有利于储存和运输，特别是远距离越洋输送。

拓展讨论

党的二十大报告提出，加快推动产业结构、能源结构、交通运输结构等调整优化。西气东输工程是将中国塔里木和长庆气田的天然气通过管道输往中国上海的输气工程，实施西气东输工程，有利于促进我国能源结构和产业结构调整，带动东部、中部、西部地区经济共同发展，改善管道沿线地区人民生活质量，有效治理大气污染。除了西气东输工程，你还知道我国哪些调整能源结构的大型工程？其社会意义是什么？

天然气主要成分是甲烷，比重比空气轻，无毒无味，但是极易与空气混合形成爆炸混合物。空气含有 5%～15%的天然气泄漏量时，遇明火就会发生爆炸，供气部门在其中加入了加臭剂乙硫醇，泄漏量只要达到 1%，用户就会闻到臭味，避免发生中毒或爆炸等事故。

2. 人工煤气

人工煤气是指以固体或液体可燃物为原料加工制取的可燃气体。一般将以煤为原料加工制成的燃气称为煤制气，简称煤气；用石油及其副产品(如重油)制取的燃气称为油制气。我国常用的人工煤气有干馏煤气、气化煤气、油制气。

知识链接

① 干馏煤气。干馏煤气的主要成分为氢、甲烷、一氧化碳等，是对煤进行干馏，将煤隔绝空气加热到一定温度，所获得的煤气。

② 气化煤气。将煤或焦炭在高温下与氧化剂(如空气、氧、水蒸气等)相互作用，通过化学反应使其转变为可燃气体，此过程称为固体燃料的气化，由此得到的燃气称为气化煤气，主要成分为氢、甲烷。

③ 油制气。利用重油(炼油厂提取汽油、煤油和柴油之后所剩的油品)制取的城市煤气称为油制气，含有氢、甲烷和一氧化碳。

人工煤气有强烈的气味及毒性，含有硫化氢、烯苯、氨和焦油等杂质，容易腐蚀及堵塞管道，因此出厂前均需经过净化。煤制煤气只能采用储气罐气态储存和管道输送。

3. 液化石油气

液化石油气是石油开采和炼制过程中，作为副产品而获得的一部分碳氢化合物。其分为两种：一是在油田或气田开采过程中获得的，称为天然石油气；二是来源于炼油厂，是在石油炼制加工过程中获得的副产品，称为炼厂石油气。

液化石油气的主要成分是丙烷、丁烷、丙烯、丁烯等。常温常压下呈气态，常温加压或常压降温时，很容易转变为液态，以进行储存和运输，升温或减压即可气化使用。从液态转变为气态其体积扩大 250～300 倍。气态液化石油气比重比空气重，约为空气的 1.5 倍。液化石油气可进行管道输送，也可加压液化灌瓶供应。随着我国石油工业的发展，液化石油气已成为城市燃气的重要气源之一。

知识链接

沼气的主要组分为甲烷(约占 60%)、二氧化碳(约占 35%)，此外有少量的氢、氧、一氧化碳等。在农村，利用沼气池将薪柴、秸秆及人畜粪便等原料发酵，产生人工沼气，可提供农户炊事所需燃料，偏远地区还可使用沼气灯照明。

燃气虽然是一种清洁方便的理想能源，但是如果不了解它的性质或使用不当，也会带来严重后果。燃气和空气混合到一定比例时，极易引起燃烧和爆炸，火灾危害性大，且人工煤气有剧烈的毒性，容易引起中毒事故。因而，所有制备、输送、储存和使用煤气的设备及管道，都要有良好的密封性，它们对设计、加工、安装和材料选用都有严格的要求，同时必须加强维护和管理工作，防止漏气。

5.3.2 城市燃气管道的输配

目前城市燃气的供应方式有两种：一种是管道输送，另一种是瓶装供应。这里先介绍城市燃气管道的输配。

1. 城市燃气管道的分类

燃气管道根据输气压力、用途、敷设方式、管网形状进行分类。

(1) 根据输气压力分类

燃气管道漏气可能导致火灾、爆炸、中毒或其他事故，因此其气密性与其他管道相比有特别的要求。燃气管道中的压力 p 越高，危险性越大。管道内燃气的压力不同，对管道材质、安装质量、检验标准和运行管理的要求也不同。

我国城市燃气管道根据输气压力分级。

① 低压管网 $p \leqslant 5\text{kPa}$。

② 中压管网 $5\text{kPa} < p \leqslant 150\text{kPa}$。

③ 次高压管网 $150\text{kPa} < p \leqslant 300\text{kPa}$。

④ 高压管网 $300\text{kPa} < p \leqslant 800\text{kPa}$。

居民和小型公共建筑用户一般直接由低压管网供气。中压 B 和中压 A 管道必须通过区域调压站或用户专用调压站，才能给城市分配管网中的低压和中压管道供气，或给工业企业、大型公共建筑用户或锅炉房供气。

(2) 根据用途分类

燃气管道根据用途分长距离输气管线、城市燃气管道、工业企业燃气管道。长距离输气管线的干管及支管的末端连接城市或大型工业企业，作为该供应区的气源点。城市燃气管道包括分配管道、用户引入管和室内燃气管道。

(3) 根据敷设方式分类

燃气管道根据敷设方式分为埋地管道和架空管道。

(4) 根据管网形状分类

燃气管道根据管网形状分为环状管网、枝状管网和环枝状管网。环状管网是城镇输配管网的基本形式，同一环中，输气压力处于同一级制。枝状管网在城镇输配管网中一般不单独使用。环枝状管网是将环状与枝状混合使用，是工程设计中常用的管网形式。

2. 城市燃气管道输配

城市燃气管道输配系统一般由门站、储配站、输配管网、调压站以及运行管理操作和控制设施等共同组成。门站和储配站具有接收气源来气、控制供气压力、气量分配、计量等功能，储配站还具有储存燃气的功能。输配管网是将门站(接收站)的燃气输送至各储配站、调压站、燃气用户，并保证沿途输气安全可靠，它包括了市政燃气管网和小区燃气管网。调压站能将较高的入口压力调至较低的出口压力，并随着燃气需用量的变化自动地保持其出口压力的稳定，通常由调压器、阀门、过滤器、安全装置、旁通管以及测量仪表等组成。

燃气管道应按规划道路布线，并应与道路轴线或建筑物的前沿相平行，尽可能避免在高级路面下敷设。燃气管道埋设的最小覆土厚度(路面至管顶)见表 5-1。燃气管道穿越铁路、高速公路、电车轨道和城市交通干道时，一般采用地下穿越。若在矿区和工厂区，一般采用架空敷设。

表 5-1 燃气管道埋设的最小覆土厚度

序号	项目	最小覆土厚度/m
1	埋设在车行道	≥0.9
2	埋设在非车行道(含人行道)	≥0.6
3	埋设在庭院内、绿化带及载货车不能通过之处	≥0.3
4	埋设在水田	≥0.8

在大城市里，市政燃气管网大都布置成环状，只是边缘地区，才采用枝状管网。燃气由街道高压管网或次高压管网，经过燃气调压站，进入市政中压管网。然后，经过区域的燃气调压站，进入市政低压管网，再经小区管网接入用户。临近街道的建筑物也可直接由小区管网引入。在小城市里，一般采用中低压或低压燃气管网。

由市政中压管网直接引入小区管网，或直接接入大型公共建筑物内时，需设置专用调压室。调压室内设有调压器、过滤器、安全水封及阀门等，因此，调压室宜为地上独立的建筑物。要求其净高不小于 3m，屋顶应有卸压措施。调压室与一般房屋的水平净距不小于 6m，与重要公共建筑物净距不应小于 25m。

小区管网即庭院燃气管是指燃气总阀门井以后至各建筑物前的户外管路，应根据建筑群的总体布置进行敷设。管网宜与建筑物轴线平行，一般敷设在人行便道或绿化带内。为了保证在施工和检修时互不影响，也为了避免由于泄漏出的燃气影响相邻管道的正常运行，甚至逸入建筑物内，因此燃气管不能与其他室外地下管道同沟敷设。地下燃气管道与建筑物、构筑物或相邻管道之间应保持必要的水平净距(表 5-2)，根据燃气的性质及含湿状况，当有必要排除管网中的冷凝水时，管道应具有不小于 0.3%的坡度坡向凝水器(图 5-21)，凝结水应定期排除。

表 5-2 地下燃气管道与建筑物、构筑物或相邻管道之间的水平净距 (单位：m)

序号	项目		地下燃气管道				
			低压	中压		次高压	
				B	A	B	A
1	建筑物	基础	0.7	1.0	1.5	—	—
		外墙面(出地面处)	—	—	—	4.5	6.5
2	给水管		0.5	0.5	0.5	1.0	1.5
3	污水、雨水排水管		1.0	1.2	1.2	1.5	2.0
4	电力电缆(含电车电缆)通信电缆	直埋	0.5	0.5	0.5	1.0	1.5
		在导管内	1.0	1.0	1.0	1.0	1.5
5	热力管	直埋	1.0	1.0	1.0	1.5	2.0
		在管沟内(至外壁)	1.0	1.5	1.5	2.0	4.0

小区燃气管道材料可选用铸铁管、钢管、聚乙烯(PE)塑料管和复合管等，一般应根据燃气的性质、系统压力、施工要求以及材料供应情况等来选用，并满足机械强度、抗腐蚀、

抗压及气密性等各项基本要求。普通铸铁管耐腐蚀，但脆性大。无缝钢管性能优良，施工时应做好防腐措施。聚乙烯塑料管耐腐蚀、流动阻力小、有一定的柔性，易绕过障碍物，是目前埋地管较为广泛使用的新材料。钢骨架聚乙烯复合管是以钢丝作为加强骨架，用高密度聚乙烯材料和钢丝网均匀复合在一起的复合管，具有金属和塑料两者的优点，在燃气工程中被广泛应用。

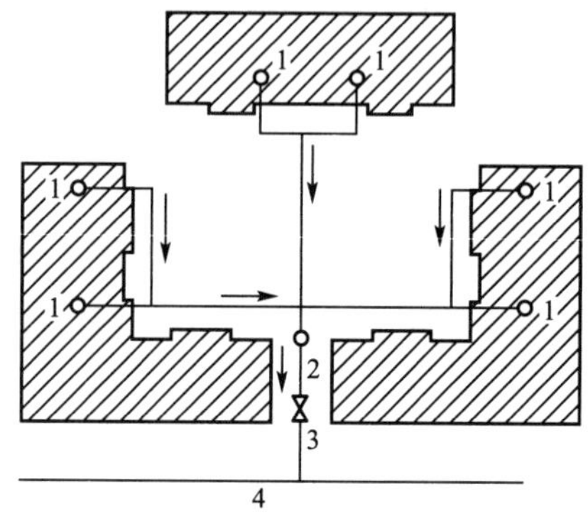

1—燃气立管；2—凝水器；3—阀门井；4—小区管网

图 5-21　庭院燃气管网

知识链接

目前我国液化石油气多采用瓶装供应(也可采用管道输送)。瓶装供应具有应用方便、适应性强的特点。一般是将石油炼厂生产的液化石油气用火车或汽车槽车运到使用城市的灌瓶站，利用油泵卸入球形储罐。

无论是钢瓶还是槽车式储罐，其盛装液化气的充满度不允许超过容积的 85%。钢瓶的规格分为 10kg、15kg(主要为家庭用)和 20kg、25kg(工业或服务部门用)。钢瓶的容积和直径见表 5-3。

表 5-3　各种钢瓶容积和直径

装量/kg	10	15	20	50
容积/L	23.5	35.3	47	118
内径/mm	314	314	314	400

钢瓶的放置地点要考虑到便于换瓶和检查，但不得装于卧室及没有通风设备的走廊、地下室及半地下室。为了防止钢瓶温度过热和压力过高，钢瓶与燃气用具以及设备采暖炉、散热器等的距离至少应为 1m。钢瓶与燃气用具之间用耐油耐压软管连接，软管长度不得大于 2m。

钢瓶在运送过程中，无论是人工装卸还是机械装卸，都应该严格遵守操作规程，严禁乱扔乱甩。

5.3.3 室内燃气管道的设置

1. 室内燃气管道系统的组成

室内燃气管道系统属低压管道系统，由管道及附件、燃气计量表、用具连接管和燃气用具所组成。管道包括了引入管、干管(立管和水平管)、用户支管等，附件有阀门及其他配件，如图 5-22 所示。安装在室内的燃气管道，若室内通风不良，往往有中毒、燃烧、爆炸的危险。

2. 室内燃气管道的设置

(1) 引入管

引入管是室内燃气管道系统的始端，指小区或庭院低压燃气管网和一栋建筑物室内燃气管道连接的管段。引入管有地下管、地上管等多种形式。

燃气地下引入管穿过墙壁、基础或管沟时，均应设在套管内，并应考虑沉降的影响，常见做法是在穿墙处预留管洞，管洞与敷设的燃气管管顶的间隙应不小于建筑物的最大沉降量，两侧保留一定的间隙，并用沥青油麻堵严(图 5-23)。对于高层建筑等沉降量较大的地方，还应采取柔性接管等更有效的补偿措施。室内引入管上距地 0.5m 处安装 *DN*20 或 *DN*25 的斜三通为清扫口。引入管采用无缝钢管。

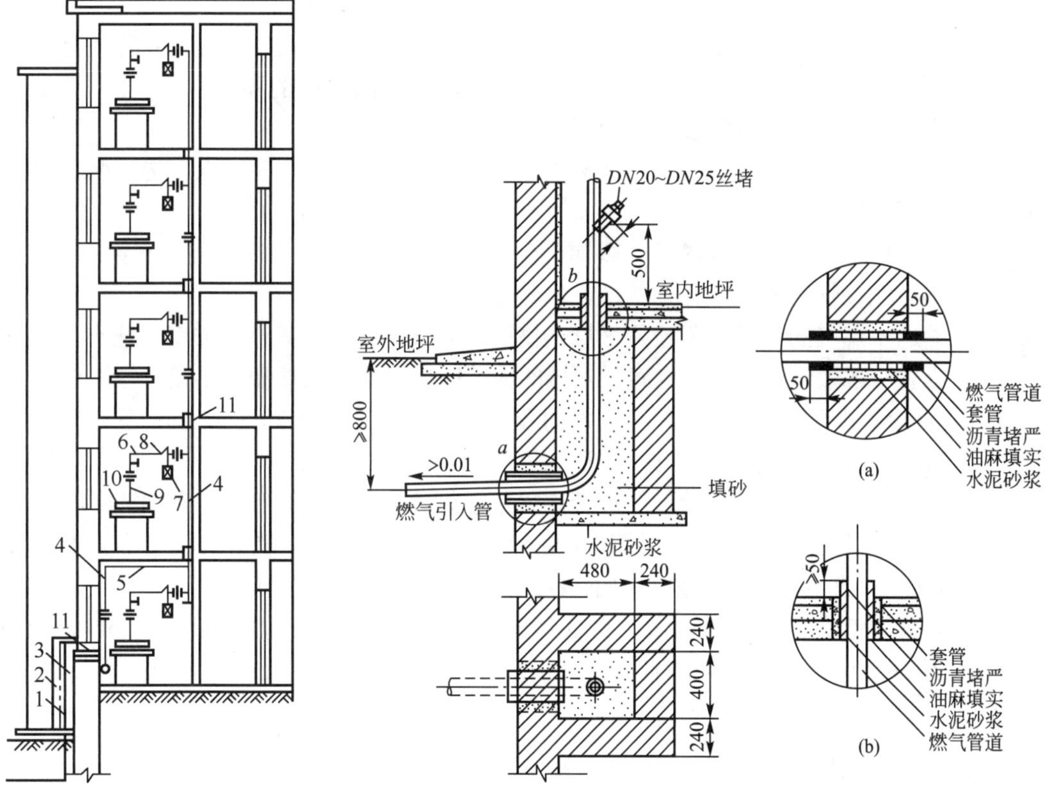

1—用户引入管；2—砖台；3—保温层；
4—立管；5—水平干管；6—用户支管；
7—燃气计量表；8—软管；
9—用具连接管；10—燃气用具；
11—套管

图 5-22 室内燃气管道系统的组成

图 5-23 燃气地下引入管做法

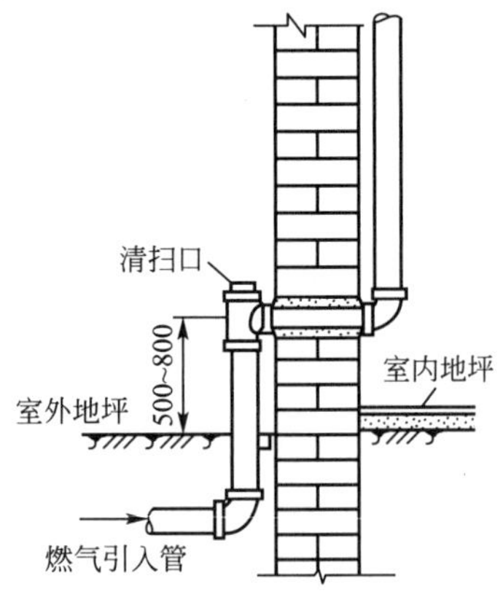

图 5-24 燃气地上引入管做法

图 5-24 为燃气地上引入管做法，地上引入管穿墙处理同地下引入管的做法。

燃气引入管应设在厨房或走廊等便于检修的非居住房间内。当设置确有困难，可从楼梯间引入，此时引入管阀门宜设在室外。燃气引入管不得敷设在卧室、浴室、地下室、易燃或易爆品的仓库、有腐蚀性介质的房间、配电间、变电室、电缆沟、烟道和进风道等地方。输送湿燃气的引入管，埋设深度应在土壤冰冻线以下 0.1～0.2m，并且应有不小于 1%的坡度坡向凝水缸或燃气分配管道。引入管的最小公称直径，当输送人工燃气和矿井气等燃气时，不应小于 25mm；当输送天然气和液化石油气等燃气时，不应小于 15mm。

(2) 室内燃气管道的设置要求

① 室内燃气管道应明装。燃气管道应涂以黄色的防腐识别漆。

② 燃气管道可设置在专用管道井内。不得与电线、电缆、氧气等易燃或助燃管道设置在同一管道井内。管道应每隔 2～3 层设置与楼板耐火极限等同的隔断层。

③ 室内燃气管道不应敷设在潮湿或有腐蚀性介质的房间内。

④ 室内燃气管道不得穿过易燃或易爆品仓库、配电间、变电室、电缆沟、烟道和进风道等地方。严禁引入卧室。

⑤ 当室内燃气管道穿过楼板、楼梯平台、墙壁和隔墙时，必须安装在套管中。

⑥ 室内燃气管道在有人行走的地方，敷设高度不应小于 2.2m。

⑦ 输送干燃气的管道可不设置坡度。输送湿燃气的管道，其敷设坡度不应小于 0.3%。

⑧ 立管一般敷设在厨房、走廊或楼梯间内。每一立管的顶端和底端设丝堵三通，作清洗用，其直径不小于 25mm。立管穿楼板的套管上部应高出楼板 30～50mm，下部与楼板齐平。立管在一幢建筑物中一般不改变管径。

⑨ 燃气燃烧设备与燃气管道的连接宜采用硬管(如镀锌钢管)连接。当燃气燃烧设备与燃气管道为软管连接时，家用燃气灶和实验室用的燃烧器，其连接软管的长度不应超过 2m，并不应有接口；燃气用软管应采用耐油橡胶管；软管不得穿墙、窗和门。

⑩ 燃气管道安装完成后应做严密性试验，低压管道试验压力不应小于 5kPa，试验时间，居民用户试验 15min，商业和工业用户试验 30min，然后观察压力表，无压力降为合格。

住宅厨房燃气管道及设备泄漏保护装置

燃气是易燃、易爆气体，一旦泄漏会造成人员中毒或燃烧、爆炸事故。厨房面积小又通风不良，由于燃气泄漏和使用不当而造成的事故时有发生。当前，新建住宅大多是独门独户，一家发生燃气事故，邻居很难及时发现，因此，一般要在厨房内安装燃气泄漏保护装置。燃气泄漏报警器应选用经国家或地方安全设备检测部门检测的、符合有关标准的产品，声响强度要大于 75dB。

5.3.4 室内燃气用具

1. 燃气常用仪表

(1) 湿式气体流量计

湿式气体流量计简称湿式表，常用于实验室中用来校正民用燃气计量表。

(2) 家用膜式燃气表

家用膜式燃气表是由皮膜装配式气体流量计、滑阀、皮袋盒、计数机等部件组成。常用的家用膜式燃气表规格为1.6～6.0m^3/h。通常是一户一表，使用量最多。

(3) 家用IC卡燃气计量表

家用IC卡燃气计量表是一种具有预付费及控制功能的新型膜式燃气表，它是在原来的燃气计量表上加一个电子部件、一个阀门以及在机械计数器的某一位字轮处加一个脉冲发生器，计数器字轮每转一周发出一个脉冲信号送入CPU，CPU根据编制的程序进行计数和运算后发出报警信号，显示及开闭进气阀等指令，如图5-25所示。

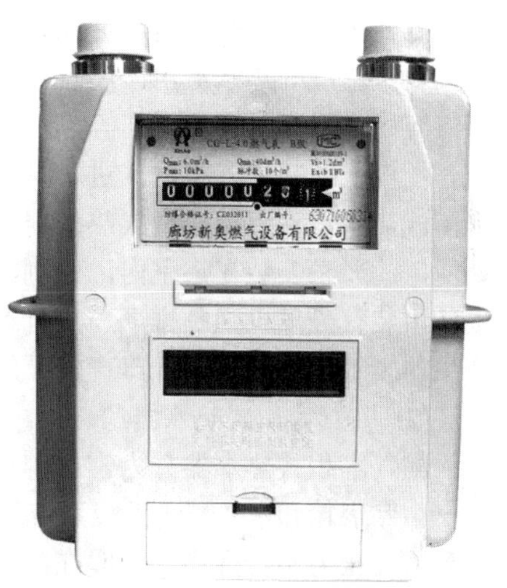

图5-25 家用IC卡燃气计量表

IC卡是有价卡，IC卡插入卡口，燃气表内的阀门即会开启，燃气即可使用，并在燃气表上、下两个窗口显示燃气使用量和卡内货币的使用数，抽出IC卡，燃气表内阀门即行关闭。当卡内货币即将用完前，会以光和声进行提示。当提示后卡内货币用完仍不换卡，燃气计量表将自动切断气源。

家用IC卡燃气计量表的特点是计量精确，安装方便，付费用气，避免入户抄表。

知识链接

家用远传信号模式燃气计量表

为解决不入户即能抄到居民使用燃气的消费量，在有条件的居民小区设置一个计算机终端(如设置在物业管理办公室内)，用电子信号将每一燃气用户的燃气消费量远传至计算机终端。这不仅可解决入户抄表的难题，而且能准确、及时地抄到所有燃气用户的燃气消费量。是目前家庭燃气用户计量燃气消费量的理想仪表。

家用膜式燃气表、IC卡燃气计量表及远传信号模式燃气计量表适用于人工燃气、液化石油气、天然气、沼气、空气和其他无腐蚀性气体的计量。

燃气表宜安装在通风良好的非燃结构的房间内，严禁安装在卧室、浴室、危险物品和易燃物品存放及类似地方。当燃气表安装在灶具上方时，燃气表与炉灶之间的水平距离应大于30cm。公共建筑和工业企业生产用气的计量装置宜设置在单独的房间。

2. 家庭用燃气用具

家用燃气灶一般有单眼灶、双眼灶、三眼灶和四眼灶等，可根据需要来选用。目前一般家庭住宅配置双眼燃气灶。

不同种类燃气的发热值和燃烧特性各不相同，所以燃气灶喷嘴和燃烧器头部的结构尺寸也不同，燃气灶与燃气要匹配才能使用。人工燃气灶具、天然气灶具或液化石油气灶具是不能互相代替使用的，否则，轻则燃烧情况恶劣，满足不了使用要求；重则出现危险事故，甚至根本无法使用。

3. 燃气热水器

燃气热水器分为燃气快速热水器和燃气容积式热水器两大类。

(1) 燃气快速热水器

燃气快速热水器是当前居家主要用以供热水的燃气具，它装有水气联动装置，通水后自动打开燃气快速热水器气通路，在短时间内使流过热交换器的冷水被加热后迅速而连续地以设定温度的热水流出。燃气快速热水器比容积式热水器体积小，连续出水能力大，但燃气容积式热水器较使用同等热水量的燃气快速热水器的燃气耗量要小。

燃气快速热水器根据其进、排气方式可分为直接排气式、强制排气式、烟道排气式和平衡式热水器。直接排气式热水器耗气量很小，热水的出水量很小，燃烧烟气排放在安装处所，故严禁安装在浴室内。强制排气式热水器和烟道排气式热水器原理基本相同，前者主体内装有鼓风机强制排烟，后者靠自然排烟。平衡式热水器其燃烧所需空气和燃烧后所产生的废气均由给、排气口直接吸入和排出室外，故使用安全，可以安装在浴室内。

(2) 燃气容积式热水器

燃气容积式热水器分为常压容积式热水器和容积式热水器。它是一种大容量热水器，由一个储水箱和水、燃气供应系统组成。两种热水器结构基本相同，前者水箱是通大气的，水箱内的压力不会升高，一般在宿舍、学校、医院等公共场所使用。后者水箱是密闭的，热水可以远距离输送，并可用来采暖，一般适用于较大面积的住宅尤其是别墅住宅。

本章小结

本章对建筑热水供应系统及燃气供应系统进行了介绍。

热水供应系统按供应范围的不同分为局部、集中、区域热水供应系统，本章主要对集中热水供应系统进行讲述，由热媒、配水循环系统和附件组成，热水管网根据不同情况分为开式和闭式方式，全循环、无循环和半循环方式，自然循环和机械循环方式，上分式、下分式和分区式方式等。

高层建筑根据其自身的特点，热水供应可选用集中式和分散式两种形式。

热水管道由于水温的因素，与给水管道的布置与敷设存在一定不同之处，需考虑保温、排气、金属管道的热胀、管材的选用等问题。

热水的供应包括热水的加热与储存，根据传热原理将加热方式分为直接加热和间接加热，主要介绍了容积式水加热器、快速式水加热器、加热水箱、电热水器、太阳能热水器的加热原理及特点。

燃气的供应是民用建筑必不可少的系统，应了解燃气的种类及特点，燃气的供应方式，尤其是管道的供应根据管网压力分为高压、次高压、中压、低压管网，室外燃气管道的布置与敷设方式，室内煤气管道的组成及布置要点，常用的燃气具、燃气热水器、燃气表等设备的类型及选用。

建筑热水及燃气供应系统是建筑设备工程中必不可少的内容，通过学习，应掌握其相关知识。

复习思考题

1. 建筑热水供应系统的主要组成部分有哪些？
2. 建筑热水系统的管网形式有哪几种？简述各种管网形式的适用条件。
3. 热水加热方式有哪几种？各有何特点？
4. 常用的水加热器有哪些？各有何特点？
5. 太阳能热水器有何优缺点？按其循环方式可以分为哪几类？
6. 热水管道的布置与敷设的注意要点有哪些？
7. 简述燃气的种类及其特点。
8. 室内燃气管道布置时应注意哪些方面？

第6章 建筑给水排水施工图

思维导图

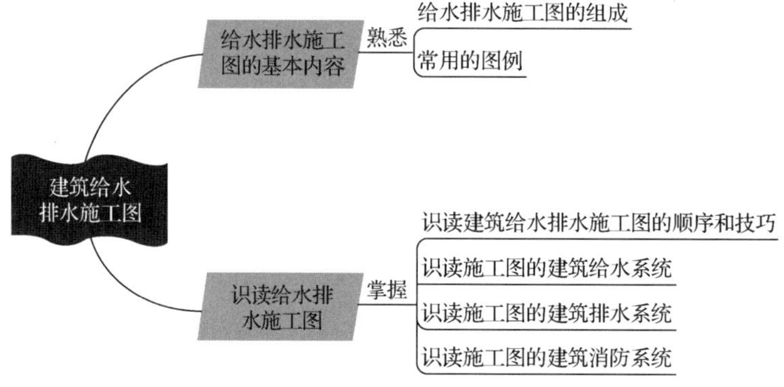

引 例

建造学生宿舍楼，地上六层，砖混结构，屋面为平屋顶，建筑总高度 21.10m，建筑面积 6301.50m^2。每层两个盥洗间，两个卫生间，每个盥洗间有两个盥洗槽、污水池等卫生器具，各卫生间有大便器、小便槽、地漏等卫生器具。盥洗间水质按《生活饮用水卫生标准》(GB 5749—2006)设置生活给水系统；校园有集中的中水处理系统，卫生间用水由中水给水系统供应；根据建筑物高度、建筑面积、《建筑设计防火规范》(GB 50016—2014)，本宿舍楼设置消火栓给水系统；排水系统采用分流制，卫生间排水直接排入城市排水管网，盥洗间排水作为校园中水处理的水源。

施工图包括设计说明、平面图、系统图、详图、材料明细表，正确识读施工图，并将其应用到土建施工、设备安装、工程预算、建筑装饰、工程监理和工程验收等相关工程中。

6.1 给水排水施工图的基本内容

室内给水排水施工图是室内给水排水工程施工的依据。施工图可使施工人员明白设计人员的设计意图，进而贯彻到工程施工的过程当中，施工图必须由正式设计单位绘制并签发。施工时，未经设计单位同意，不得随意对施工图中的规定内容进行修改。

室内给水排水施工图包括文字部分和图示部分。文字部分包括图纸目录、设计施工说明、设备材料明细表和图例等；图示部分包括平面图、系统图和详图。

6.1.1 文字部分

1. 图纸目录

图纸目录包括设计人员绘制的图部分和选用的标准图部分。图纸目录显示设计人员绘制图纸的顺序，便于查阅图纸。

2. 设计施工说明

设计图纸上用图或符号表达不清楚的问题，或有些内容用文字能够简单明了说清楚的问题，可用文字加以说明。

设计施工说明的主要内容有：设计依据，设计范围，设计概况及技术指标，如给水方式、排水体制的选择等；施工说明，如图中尺寸采用的单位，采用的管材及连接方式，管道防腐、防结露的做法，保温材料的选用、保温层的厚度及做法等；卫生器具的类型及安装方式，施工注意事项，系统的水压试验要求，施工验收应达到的质量标准等。如有水泵、水箱等设备，还必须写明型号、规格及运行要点等。

3. 设备材料明细表

设备材料明细表中列出图纸中用到的设备材料的型号、规格、数量及性能要求等，用于在施工备料时控制设备材料的性能。对于重要工程，为了方便施工设备和材料的准备并符合图纸的要求，设计人员应编制一个主要设备材料明细表，包括主要设备材料的序号、名称、型号、规格、单位、数量和备注等项目。此外，施工图中涉及的其他设备、管材、阀门和仪表等也应列入表中。对于一些不影响工程进度和质量的零星材料可不列入表中。

一般中小型工程的文字部分直接写在图纸上，工程较大、内容较多时可另附专页编写，并放在一套图纸的首页。

4. 图例

施工图中的管道及附件、管道连接、卫生器具和设备仪表等，一般采用统一的图例表示。《建筑给水排水制图标准》(GB/T 50106—2010)中规定了工程中常用的图例，凡在该标准中未列入的可自设。一般情况下，图纸应专门画出图例，并加以说明。建筑给水排水施工图中经常用到的图例见表 6-1。

表 6-1　建筑给水排水施工图常用图例

名称	图例	说明	名称	图例	说明
管道		用于一张图纸上，只有一种管道	水泵接合器		
	J P	用汉语拼音字头表示管道类别	自动喷淋头	下喷	左为平面图 右为系统图
		用线形区分管道类别	放水龙头		
闸阀			淋浴喷头		左为平面图 右为系统图
截止阀		左为 $DN>50$ 右为 $DN>50$	圆形地漏		左为平面图 右为系统图
止回阀			清扫口		左为平面图 右为系统图
减压阀			检查口		
蝶阀			存水弯		
延时自闭阀			洗脸盆		
可曲挠接头			浴盆		
水流指示器	L		大便器		左为蹲式 右为坐式
单出口消火栓		左为平面图 右为系统图	小便器		
双出口消火栓		左为平面图 右为系统图	污水池		
柔性防水套管			通气帽		左为成品 右为铅丝球
管道立管	JL　JL	左为平面图 右为系统图	伸缩节		

6.1.2 图示部分

1. 平面图

平面图是给水排水施工图的基本图示部分。它反映卫生器具、给水排水管道和附件等在建筑物内的平面布置情况。在通常情况下，建筑的给水系统、排水系统不是很复杂，将给水排水管道绘制在一张图上，称为给水排水平面图。

平面图所表达的主要内容有：建筑物内与给水排水有关的建筑的轮廓、定位轴线及尺寸线、各房间的名称等；卫生器具、水箱、水泵等的平面布置，平面定位尺寸；给水引入管、污水排出管的平面布置、平面定位尺寸、管径及管道编号；给水排水横干管、立管、横支管的位置，管径及立管编号。

2. 系统图

系统图也称轴测图，一般按45°正面斜轴测图绘制。系统图表示给水排水系统空间位置及各层间、前后左右间的关系。给水系统图、排水系统图应分别绘制。

系统图所表达的内容有：自引入管，经室内给水管道系统至用水设备的空间走向和布置情况；自卫生器具，经室内排水管道系统至排出管的空间走向和布置情况；管道的管径、标高、坡度、坡向及系统编号和立管编号；各种设备(包括水泵、水箱等)的接管情况、设置位置和标高、连接方式及规格；管道附件的种类、位置、标高；排水系统通气管设置方式、与排水立管之间的连接方式、伸顶通气管上通气帽的设置及标高等。

3. 详图

平面图和系统图表示了卫生器具及管道的布置情况，而卫生器具的安装和管道的连接，需要有施工详图作为依据。常用的卫生设备安装详图，通常套用《卫生设备安装》(09S304)中的图纸，不必另行绘制，只要在设计施工说明或图纸目录中写明所套用的图集名称及其中的详图号即可。当没有标准图时，设计人员需自行绘制。

6.1.3 图示部分的表示方法

1. 平面图的表示方法

(1) 平面图的比例

平面图是室内给水排水施工图的主要部分，一般采用与建筑平面图相同的比例，常用1∶50、1∶100、1∶200，大型车间常用1∶200。

(2) 平面图的数量

平面图的数量，视卫生器具和给水排水管道布置的复杂程度而定。对于多层房屋，底层由于设有引入管和排出管且管道需与室外管道相连，宜单独画出一个完整的平面图(如能表达清楚与室外管道的连接情况，也可只画出与卫生设备和管道有关的平面图)；楼层平面图只需抄绘与卫生设备和管道布置有关的平面图，一般应分层抄绘，如楼层的卫生设备和管道布置完全相同时，只需画出相同楼层的一个平面图，称为标准层平面图；设有屋顶水箱的楼层可单独画出屋顶给水排水平面图，但当管道布置不太复杂时，也可在最高楼层给水排水平面图中用中虚线画出水箱的位置。如果管道布置复杂，同一平面(或同一标高处)

上的管道画在一张平面图上表达不清楚，也可用多个平面图表示。如底层给水平面图、底层排水平面图和底层自动喷淋平面图等。

(3) 建筑平面图的画法

在给水排水平面图中所抄绘的建筑平面图，墙、柱和门窗等都用细实线表示。由于给水排水平面图主要反映管道系统各组成部分在建筑平面上的位置，因此房屋的轮廓线应与建筑施工图一致，一般只需抄绘房屋的墙、柱、门窗等主要部分，至于房屋的细部尺寸、门窗代号等均可省去。为使土建施工与管道设备的安装一致，在各层给水排水平面图上均须标明定位轴线，并在平面图的定位轴线间标注尺寸；同时还应标注出各层平面图上的相应标高。

(4) 平面图的剖切位置

房屋的建筑平面图是从门窗部位水平剖切的，而管道平面图的剖切位置则不限于此高度，凡是为本层设施配用的管道均应画在该层平面图中，底层还应包括埋地或地沟内的管道；如有地下层，引入管、排出管及汇集横干管可绘于地下层内。

(5) 管道画法

室内给水排水各种管道，不论直径大小，一律用粗单线表示，可用汉语拼音字头为代号表示管道类别，也可用不同线型表示不同类别的管道，如给水管用粗实线，排水管用粗虚线。在平面图中，不论管道在楼面或地面的上下，均不考虑其可见性。给水排水立管是指穿过一层及多层的竖向供水管道和排水管道。平面图上有各种立管的编号，底层给水排水平面图中还有各种管道按系统的编号，一般给水以每个引入管为一个系统；排水以每个排出管为一个系统。立管在平面图中以空心小圆圈表示，并用指引线注明管道类别代号，其标注方法是用分数的形式，分子为管道类别代号，分母为同类管道编号。当一种系统的立管数量多于一根时，还宜采用阿拉伯数字编号。

(6) 管径的表示

给水排水管的管径尺寸以毫米(mm)为单位，金属管道(如焊接钢管、铸铁管)以公称直径 *DN* 表示，如 *DN*15、*DN*50 等；塑料管一般以公称外径 *De*(或 *dn*)表示，如 *De*20(或 *dn*20)等。管径一般标注在该管段旁，如位置不够时，也可用引出线引出标注。由于管道长度是在安装时根据设备间的距离直接测量截割的，所以在图中不必标注管长。

2. 系统图的表示方法

给水排水系统图上各立管和系统的编号应与平面图上一一对应，在给水排水系统图上还应画出各楼层地面的相对标高。绘制给水排水系统图的比例宜选用 1∶50、1∶100、1∶200 的比例。当采用与给水排水平面图相同的比例绘图时，按轴向量取长度较为方便。如果按一定比例绘制时，图线重叠，则允许其不按比例绘制，可适当将管线拉长或缩短。

《建筑给水排水制图标准》(GB/T 50106—2010)规定，给水排水系统图宜用 45° 正面斜轴测投影法绘制，我国习惯采用 45° 正面斜轴测来绘制系统图，*OZ* 与 *OX* 的轴间角为 90°，*OY* 与 *OZ*、*OX* 的轴间角为 135°。为了便于绘制和阅读，立管平行于 *OZ* 轴方向，平面图上左右方向的水平管道，沿 *OX* 轴方向绘制，平面图上前后方向的水平管道，沿 *OY* 轴方向绘制。卫生器具、阀门等设备，用图例表示。

给水排水系统图中的管道，都用粗实线表示，不必像平面图中那样，用不同线形的粗线来区分不同类型的管道，其他图例和线宽仍按原规定绘制。在系统图中，不必画出管件的接头形式，管道的连接方式可用文字写在施工说明中。

管道系统中的给水附件，如水表、截止阀、水龙头和消火栓等，可用图例画出。相同布置的各层，可只将其中的一层画完整，其他各层只需在立管分支处用折断线表示。

在排水系统图中，可用相应图例画出卫生设备上的存水弯、地漏或检查口等。排水横管虽有坡度，但由于比例较小，故可按水平管道绘制，但宜注明坡度与坡向。由于所有卫生器具和设备已在给水排水平面图中表达清楚，故在排水系统图中没必要画出。

为了反映管道和房屋的联系，系统图中还要画出管道穿越的墙、地面、楼层和屋面的位置，一般用细实线画出地面和墙面，用两条靠近的水平细实线画出楼面和屋面。

对于水箱等大型设备，为了便于与各种管道连接，可用细实线画出其主要外形轮廓的轴测图。

当在同一系统中的管道因互相重叠和交叉而影响该系统图的清晰性时，可将一部分管道平移至空白位置画出，称为移置画法或引出画法。将管道从重叠处断开，用移置画法移到图面空白处，从断开处开始画，断开处应标注相同的符号，以便对照读图。

管道的管径一般标注在该管段旁边，标注位置不够时，可用引出线引出标注。管道各管段的管径要逐段标出，当连续几段的管径都相同时，可以仅标注它的始段和末段，中间段可省略不注。

凡有坡度的横管(主要是排水管)，宜在管道旁边或引出线上标注坡度，如 0.5%，数字下面的单边箭头表示坡向(指向下坡的方向)。当排水横管采用标准坡度(或称为通用坡度)时，在图中可省略不注，或在施工说明中用文字说明。

管道系统图中标注的标高是相对标高，即以建筑标高的±0.000m 为±0.000m。在给水系统图中，标高以管中心为准，一般要标注出引入管、横管、阀门、水龙头、卫生器具的连接支管、各层楼地面及屋面等的标高。在排水系统图中，横管的标高以管内底部为准，一般应标注立管上检查口、排出管的起点标高。其他排水横管的标高，一般根据卫生器具的安装高度和管件的尺寸，由施工人员决定。

3. 详图的表示方法

安装详图的比例较大，可按需选用 1∶10、1∶20、1∶30，也可选用 1∶5、1∶40、1∶50 等。安装详图必须按施工安装的需要表达得详尽、具体、明确，一般都用正投影的方法绘制，设备的外形可以简化画出，管道用双线表示，安装尺寸也应注写完整、清晰，主要设备材料明细表和有关说明都要表达清楚。

6.2 建筑给水排水施工图的识读

【识图范例】

某学校学生宿舍楼，地上六层，砖混结构，屋面为平屋顶，建筑总高度为 21.10m，建筑面积为 6301.50m²。本套建筑给水排水施工图包括生活给水、中水给水、消火栓给水及排水施工图。

6.2.1 建筑给水排水施工图的识读

附图 1～附图 7 是某六层宿舍楼的给水排水施工图，现以此套施工图为例，说明识读步骤。

1. 看文字部分

此套施工图，设计人员共绘制七张。本工程设有生活给水系统、消火栓给水系统、中水给水系统及排水系统，生活给水管采用内筋嵌入式衬塑钢管，卡环式连接；消火栓给水系统和中水给水系统采用内外热镀锌钢管，*DN*≥100 的采用卡箍连接，其余采用螺纹接；卫生间排水管：立管采用内螺旋消声硬聚氯乙烯排水管，其余采用挤压成型排水 UPVC 管；横管与立管连接处为螺母挤压密封圈连接，其余为黏结。图中，卫生器具的安装图均选用了国家标准图。

2. 看平面图，查明建筑物情况及主要用水房间

这是一幢六层的宿舍楼，主要用水房间有盥洗间、卫生间，其进深均为 7.45m，各开间为 3.3m。走廊宽为 1764mm，长度为 59640mm。

3. 看平面图，查明卫生器具，给水排水设备，消防设备的类型、数量、安装位置、定位尺寸等

本例每层有两个卫生间，首层西侧卫生间的卫生器具种类、数量和布局与其他层有所不同。一层东侧卫生间及二～六层卫生间卫生器具的布置情况相同。一层西侧卫生间布置有六套蹲式大便器、一套坐式大便器，一层东侧及二～六层卫生间布置有八套蹲式大便器，各层卫生间布置一组小便槽，地面上另有一个地漏以排除地面积水。西侧卫生间的大便器沿轴线④布置，大便器的间距为 900mm，小便槽沿轴线⑤设置，地漏在小便槽外近窗户一侧，小便槽内设一地漏。东侧卫生间的大便器沿轴线⑯布置，大便器的间距为 900mm，小便槽沿轴线⑮设置，地漏在小便槽外近窗户一侧，小便槽内设一个地漏。

每层设两个盥洗间，内设两组盥洗槽、一组污水池、一个地漏，一层西侧盥洗间比其他卫生间多一个洗脸盆。西侧盥洗间沿轴线⑤布置装设七个水龙头的盥洗槽，其近门一侧布置一组污水池，沿轴线⑥布置装设一组八个水龙头的盥洗槽，近门一侧设一组洗脸盆，二～六层沿轴线⑥的盥洗槽装设九个水龙头，不设洗脸盆，沿轴线⑤的盥洗槽下设一个地漏收集盥洗间地面的其他积水。东侧盥洗间沿轴线⑭布置装设九个水龙头的盥洗槽，其近门一侧布置一组污水池，沿轴线⑮布置装设一组七个水龙头的盥洗槽，沿轴线⑮的盥洗槽下设一个地漏收集盥洗间地面的其他积水。各卫生器具的安装图均采用国家标准图。

在每层走廊上布置四个消火栓箱，其中两个消火栓箱在西楼梯口附近，另两个在东楼梯口附近。以保证发生火灾时，有两支充实水柱同时到达室内任何部位。同时，在走廊布置四组手提式磷酸铵盐干粉灭火器。

4. 识读室内给水系统

识读时，主要识读给水系统的形式、管路的组成、平面位置、标高、走向和敷设方式。查明管道、阀门及附件的管径、规格、型号、数量及其安装要求。

本例的给水系统按水的用途不同，可分为生活给水系统、中水给水系统和消火栓给水系统，识读时应分系统识读。

(1) 生活给水系统

生活给水系统供给每层两个盥洗间的用水，系统编号为 ⓵/J、⓶/J，采用直接给水方式，下行上给式布置形式，给水引入管管径为 *DN*80，由北向南穿越地轴线进入建筑物，引入管⓵/J与轴线⑥的距离为 1480mm，管道埋深(一般为管道中心线)-1.200m，进户登高至-0.500m，向南一定距离后分成两路。一路自东向西至立管 JL—1，另一路向南再折向东，与立管 JL—2 相接。引入管⓶/J与轴线⑭的距离为 1480mm，管道埋深(一般为管道中心线)-1.200m，进户登高至-0.500m，向南一定距离后分成两路。一路自西向东至立管 JL—4，另一路向南再折向西，与立管 JL—3 相接。

JL—1、JL—2、JL—3、JL—4 自地下出地面后，在标高 0.300m 处装设一个 *DN*65 的闸阀，向上穿越各楼层至标高 17.000m 处，管径由 *DN*65 依次变为 *DN*50。在各层地面以上 1.000m 处设三通管，管径由 *DN*50 依次变为 *DN*32。JL—1、JL—4 与供向污水池和盥洗槽的七个水龙头的支管连接，JL—2、JL—3 与供向盥洗槽的九个水龙头的支管连接。

(2) 中水给水系统

中水给水系统供给每层两个卫生间的用水，系统编号为⓵/Z、⓶/Z，采用直接给水方式，下行上给式布置形式，中水引入管管径为 *DN*65，由北向南穿越地轴线进入建筑物，引入管⓵/Z与轴线⑤的距离为 1220mm，管道埋深(一般为管道中心线)-1.200m，进户登高至-0.500m，向南一定距离后分成两路。一路自西向东至立管 ZS—2，另一路向南再折向西，与立管 ZS—1 相接。引入管⓶/Z与轴线⑮的距离为 1220mm，管道埋深(一般为管道中心线)-1.200m，进户登高至-0.500m，向南一定距离后分成两路。一路自东向西至立管 ZS—3，另一路向南再折向东，与立管 ZS—4 相接。

ZS—1、ZS—2、ZS—3、ZS—4 自地下出地面后，在标高 0.300m 处装设一个 *DN*65 的闸阀，ZS—1、ZS—4 向上穿越各楼层至标高 17.200m 处，管径由 *DN*65 依次变为 *DN*50。在各层地面以上 1.200m 处设三通管，向蹲式大便器供水。ZS—2、ZS—3 向上穿越各楼层至标高 18.500m 处，管径由 *DN*32 依次变为 *DN*20。在各层地面以上 2.500m 处设三通管，向小便槽供水。

ZS—1、ZS—4 在各层供向大便器的横支管起端设一个 *DN*50 截止阀，横支管由南向北，与各延时自闭式冲洗阀连接。ZS—2、ZS—3 在各层供向小便槽的横支管起端设一个 *DN*15 截止阀，横支管由南向北，与小便槽的高位水箱连接，由高位水箱向多孔管供水冲洗小便槽。

(3) 消火栓给水系统

本例中消火栓给水系统为保证供水可靠性，设两条引入管⓵/X、⓶/X及两个水泵接合器，采用直接给水方式，竖向成环的布置形式，给水引入管管径为 *DN*100，由北向南穿越地轴线进入建筑物，引入管⓵/X 与轴线⑦的距离为 320mm，管道埋深(一般为管道中心线)-1.200m，进户登高至-0.500m，向南至走廊平行于轴线Ⓓ自东向西依次给 XL—2、XL—1 供水。引入管⓶/X与轴线⑬的距离为 320mm，管道埋深(一般为管道中心线)为-1.200m，进户登高至-0.500m，向南至走廊平行于轴线Ⓓ自西向东依次给 XL—3、XL—4 供水。

XL—1、XL—2、XL—3、XL—4 自地下出地面后，在标高 0.300m 处装设一个 *DN*100 的蝶阀，向上穿越各楼层至六楼梁底，连接成环状，并在立管顶部设一个 *DN*100 的蝶阀。XL—1、XL—2、XL—3、XL—4 在各层地面以上 1.100m 处设三通管，与消防支管连接，以连接消火栓。

5. 识读室内排水系统

了解排水系统的排水体制，查明管路的平面布置及定位尺寸，弄清管路的具体走向、管路分支情况、管径尺寸与横管坡度、管道各部标高、存水弯形式、清通设备设置情况、弯头及三通的选用。

本例的排水系统是分流制，并采用底层单独排放的排水系统。排水共设四个系统，系统编号分别为(1/P)((1′/P)、(2/P)((2′/P)、(3/P)((3′/P)、(4/P)((4′/P)，各排出管穿基础处标高为-1.300m。

(1/P)与轴线④的距离为 270mm，管径 *De*200，承担西侧卫生间 PL—1 收集的二～六层八组大便器的粪便污水，同时接收二～六层小便槽和地漏的排水；(1′/P)与轴线④的距离为 600mm，管径 *De*160，承担西侧卫生间 PL—1 收集一层七组大便器排水，同时接收一层小便槽和地漏的排水。相应的(4/P)与轴线⑯的距离为 270mm，管径 *De*200，(4′/P)与轴线⑯的距离为 600mm，管径 *De*160。PL—4 收集东侧卫生间各层八组大便器粪便污水，同时接收各层小便槽和地漏的排水。

(2/P)与轴线⑤的距离为 320mm，管径 *De*160，承担西侧盥洗间 PL—2 收集的二～六层的盥洗废水；(2′/P)与轴线⑤的距离为 570mm，管径 *De*110，承担西侧盥洗间 PL—2 收集的一层的盥洗废水。PL—2 在各层沿轴线⑤收集污水池、盥洗槽和地漏的排水，同时收集轴线⑤左侧盥洗槽、洗脸盆的排水。相应的(3/P)与轴线⑮的距离为 320mm，管径 *De*160，承担东侧盥洗间 PL—3 收集的二～六层的盥洗废水；(3′/P)与轴线⑮的距离为 570mm，管径 *De*110，承担东侧盥洗间 PL—3 收集的一层的盥洗废水。PL—3 在各层沿轴线⑮收集污水池、盥洗槽和地漏的排水，同时收集轴线⑮右侧盥洗槽的排水。

排水系统的各卫生器具需安装水封装置，蹲式大便器在底层设 S 形存水弯，在二～六层中设 P 形存水弯，坐式大便器本身带有存水弯不再设存水弯，与大便器相连的支管管径均为 *De*110。地漏自带水封，管道上不设存水弯。污水池、洗脸盆、盥洗槽均设置 S 形存水弯。本例的排水系统采用的是 UPVC 管材，在立管底层、三层和六层距地面 1.000m 处各设置一个检查口。

与排水立管 PL—1 和 PL—4 相连的伸顶通气管管径也为 *De*160，与排水立管 PL—2 和 PL—3 相连的伸顶通气管管径也为 *De*110，管段伸出屋面向上 800mm，顶端各设铅丝球一个。

6.2.2 看建筑给水排水施工图应注意的问题

① 首先，弄清图纸中的方向和该建筑在总平面图中的位置。

② 看图时，先看设计施工说明，明确设计要求，了解工程概况。设计施工说明一般放在施工图的首页，简单工程可与平面图或系统图放在一起。

③ 要将施工图按给水、消防、排水顺序分别阅读，将平面图和系统图对照起来看。

④ 给水系统可以从引入管起顺着管道的水流方向，经干管、立管、横支管到用水设备，

将平面图和系统图对应起来，弄清管道的方向，分支位置，各段管道的管径、标高、坡度、坡向、管道上的阀门及配水龙头的位置和种类等。

⑤ 排水系统可从卫生器具开始，沿水流方向，经支管、横管、立管，一直查看到排出管。弄清管道的方向，管道汇合位置，各管段的管径、标高、坡度、坡向、检查口、清扫口和地漏的位置，风帽的形式等。

⑥ 最后结合平面图和系统图及设计施工说明看详图，搞清卫生器具的类型、安装形式，设备的型号、规格和配管形式等，将整个给水排水系统的来龙去脉以及对施工安装的具体要求搞明白。

⑦ 如果仍然有不明确的问题或设计不合理、无法施工等情况，可与建设单位、施工单位和设计单位三方协商解决。如需变更设计内容，由设计单位以变更单(用文字或补充图纸)的形式签发，图纸变更须经设计单位盖章后生效执行。

本章小结

建筑给水排水施工图是对前述建筑给水、排水、消防和热水系统理论知识的具体应用，也是建筑给水排水的学习目标，应引起大家重视。

建筑给水排水施工图由文字部分和图纸部分组成。其中，文字部分是识图的基础知识，图纸部分是施工图的重点，由平面图、系统图和详图组成。通过学习，掌握给水排水施工图的识读步骤，正确、快速熟读采暖施工图，并具备一定的绘制简单施工图的能力。

复习思考题

1. 给水排水施工图的主要组成是什么？

2. 给水排水施工图的识读应注意哪些问题？

3. 识图给水排水施工图。

4. 如附图 8～附图 16，某六层教学楼，楼层高度为 22m，体积不超过 25000m^3，室外管网压力为 0.3MPa，最高日用水量为 120m^3/d，最大时用水量为 17.3m^3/h。给水排水施工图包括给水系统、排水系统和消防系统施工图，按识图步骤识读其给水排水施工图。

第7章 建筑采暖

思维导图

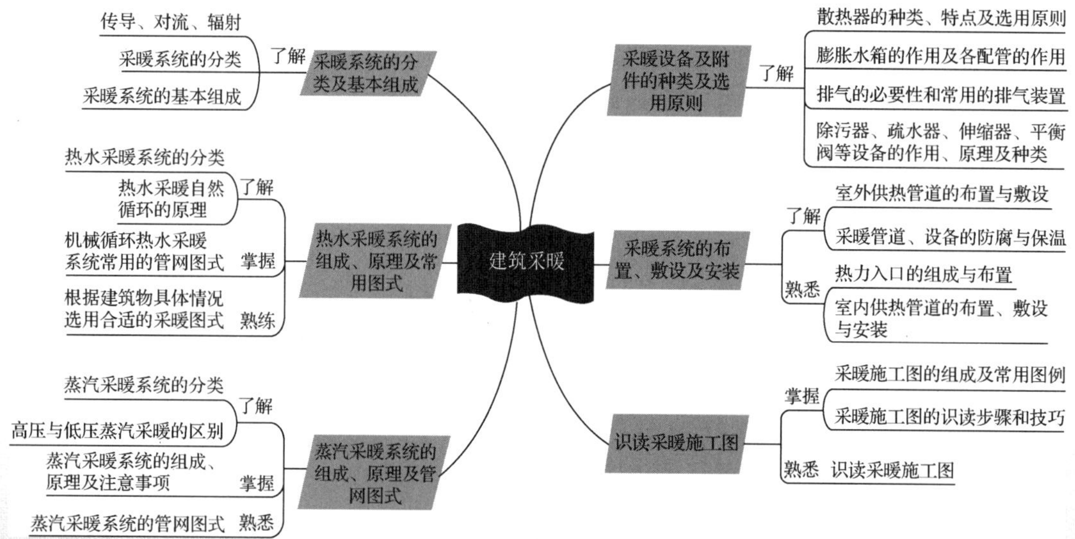

引例

在冬季，北方的室外温度大大低于室内温度，因此房间里的热量不断地传向室外，为了保持人们日常生活、工作所需要的环境温度，就必须设置建筑采暖向室内供给相应的热量。

建筑采暖是由室外的热源将生产的热媒通过采暖管道送至建筑物内设置的散热器，采暖系统采用什么管网能使建筑物内每层每个采暖房间的温度不随建筑物高度和所在位置有所不同，合适的供暖方式、热媒种类、散热器的散热效果、管材的耐压耐腐蚀性、正确合理的坡向和坡度、膨胀水箱、集气装置等设备的性能，是保证采暖效果的基础。

正确识读采暖施工图是本章的学习目标，掌握采暖施工图的主要内容及识读要领，能将采暖施工图内容按要求应用到相关工程中。

为了保持室内的设定温度，必须向室内供给相应的热量，我们把这种向室内供给热量的系统，称为采暖系统。

采暖系统由热源、管道系统和散热设备三部分组成。

① 热源是指使燃料产生热能并将热媒加热的部分，如锅炉。

② 管道系统是指热源和散热设备之间的管道。热媒通过管道系统将热量从热源输送到散热设备。

③ 散热设备是将热量散入室内的设备，如散热器、暖风机、辐射板等。

采暖系统可按下述方法分类。

根据采暖的作用范围分类。

① 局部采暖系统。热源、管道系统和散热设备在构造上连成一个整体的采暖系统，称为局部采暖系统。例如火炉、火墙、火炕、电热采暖和燃气采暖等。

② 集中采暖系统。锅炉在单独的锅炉房内，热媒通过管道系统将热量送至一幢或几幢建筑物的采暖系统，称为集中采暖系统。

③ 区域采暖系统。由一个锅炉房供给全区许多建筑物采暖、生产和生活用热的采暖系统称为区域采暖系统或区域供热系统。本章将介绍集中采暖系统。

根据采暖的热媒分类。

① 烟气采暖系统。以燃料燃烧时产生的烟气为热媒，把热量带给散热设备(如火炕、火墙等)的采暖系统，称为烟气采暖系统。

② 热水采暖系统。以热水为热媒，把热量带给散热设备的采暖系统，称为热水采暖系统。当热水采暖系统的供水温度为95℃，回水为70℃，称为低温热水采暖系统；供水温度高于 100℃的称为高温热水采暖系统。低温热水采暖系统多用于民用建筑的采暖系统，高温热水采暖系统多用于生产厂房。

③ 蒸汽采暖系统。以蒸汽为热媒，把热量带给散热设备的采暖系统，称为蒸汽采暖系统。蒸汽相对压力小于70kPa的，称为低压蒸汽采暖系统；蒸汽相对压力为70～300kPa的，称为高压蒸汽采暖系统。

④ 热风采暖系统。用热空气把热量直接送到房间的采暖系统，称为热风采暖系统。

本章将介绍热水采暖系统和蒸汽采暖系统。

在供暖工程中，建筑物的围护结构传热主要是通过外墙、外窗、外门、顶棚和地面等，从室内向室外传递热量，整个传热过程实际上是由传导、对流、辐射三种基本的传热方式组成。

1. 传导

当物体内有温差或两个不同温度的物体接触时，在物体各部分之间不发生相对位移的情况下，物质微粒(分子、原子或自由电子)的热运动传递了热量，使热量从高温物体传向低温物体，或从同一物体的高温部分传向低温部分，这种现象被称为热传导，简称导热。导热可以在固体、液体和气体中发生，但只在密实的固体中存在单纯的导热过程，在液体和气体中通过导热传递的热量很少。

2. 对流

在流体中，温度不同的各部分之间发生相对位移时所引起的热量传递过程称为热对流。流体各部分之间由于密度差而引起的相对运动称为自然对流；而由于机械(泵或风机等)的作用或其他压差而引起的相对运动称为强迫对流(或受迫对流)。

实际上，热对流同时伴随着导热，构成复杂的热量传递过程。工程上经常遇到的流体流过固体壁面时的热传递过程就是热对流和导热作用的热量传递过程，称为表面对流传热，简称对流传热。影响对流传热的因素很多，如流体的流动速度、流体的物理性质和传热表面的几何尺寸等。

3. 辐射

通常把投射到物体上能产生明显热效应的电磁波称为热射线，其中包括可见光线、部分紫外线和红外线。物体不断向周围空间发出热辐射能，并被周围物体吸收；同时，物体也不断接收周围物体辐射给它的热能。这样，物体发出和接收过程的综合结果产生了物体间通过热辐射而进行的热量传递，称为表面辐射传热，简称辐射传热。

7.1 热水采暖系统

在热水采暖系统中，热媒是热水。热源产生热水，经过输热管道流向采暖房间的散热器中，散出热量后经管道流回热源，重新被加热。热水供暖系统，可按下列方法分类。

① 按热水供暖循环动力的不同，可分为自然循环热水采暖系统和机械循环热水采暖系统。热水采暖系统中的水如果是靠供、回水温度差产生的压力循环流动的，称为自然循环热水采暖系统；系统中的水若是靠水泵强制循环的，称为机械循环热水采暖系统。

② 按供、回水方式的不同，可分为单管系统和双管系统。热水经供水立管或水平供水管顺序通过多组散热器，并顺序地在各散热器中冷却的系统，称为单管系统。热水经供水立管或水平供水管平行地分配给多组散热器，冷却后的回水自每个散热器直接沿回水立管或水平回水管流回热源的系统，称为双管系统。

③ 按系统管道敷设方式的不同，可分为垂直式和水平式系统。

④ 按热媒温度的不同，可分为低温水供暖系统和高温水供暖系统。

7.1.1 自然循环的热水采暖系统

图 7-1 是自然循环热水采暖系统。系统由散热设备 1(散热器)和热源 2(锅炉)及供水管道 3 和回水管道 4 组成，为了使系统更好地运行，在系统最高处设置一个膨胀水箱 5，用来容纳系统水受热后膨胀的体积。

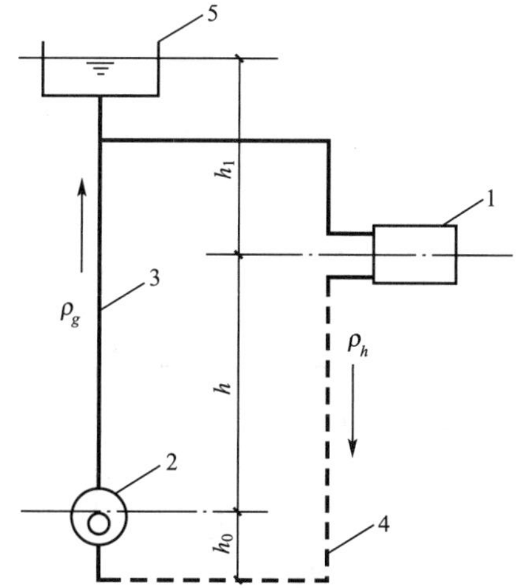

1—散热器；2—锅炉；3—供水管道；4—回水管道；5—膨胀水箱

图 7-1　自然循环热水采暖系统

特别提示

在系统运行前，整个系统要充满冷水。系统工作时，水在锅炉中加热，密度变小，热水沿着供水管道上升流入散热器，在散热器内热水释放热量后温度降低，密度变大，再沿回水管道流回锅炉。

假设热水在管道中损失的热量可以忽略不计，在散热器中心和锅炉中心以下两边水的密度相同，实际上水温只在锅炉和散热器两处发生变化，如图 7-1 所示，h 为散热器中心和锅炉中心的高度差，ρ_h 为回水密度，ρ_g 为供水密度，g 为重力加速度，则其循环作用力可简化为 $gh(\rho_h-\rho_g)$，即散热器中心和锅炉中心之间这段高度内的水柱密度差便促使系统产生循环流动。

特别提示

自然循环热水采暖系统具有装置简单、操作方便、维护管理省力、不耗费电能、不产生噪声等优点，但是由于系统作用压力有限，管路流速偏小，致使管径偏大，造成初次投资较高，应用范围受到一定程度的限制。自然循环热水采暖系统由于循环压力较小，其作用半径(总立管至最远立管的水平距离)不宜超过 50m，通常只能在单幢建筑物中使用。

7.1.2 机械循环的热水采暖系统

对于管路较长，建筑面积和热负荷都较大的建筑物，则要采用机械循环热水采暖系统。在机械循环热水采暖系统中，设置水泵为系统提供循环动力。由于水泵的作用压力大，使得机械循环热水采暖系统的供暖范围扩大很多，可以负担单幢、多幢建筑的供暖，甚至还可以负担区域范围内的供暖，这是自然循环力不能及的，目前已经成为应用最为广泛的供暖系统。机械循环热水采暖系统常用的管网有如下形式。

1. 机械循环双管上供下回式热水采暖系统

如图 7-2 立管Ⅰ、Ⅱ所示，机械循环热水采暖系统除膨胀水箱的连接位置与自然循环热水采暖系统不同外，还增加了循环水泵和排气装置。双管上供下回式系统的供水干管设在系统的顶部，回水干管设在系统的下部，一般设在地沟内，散热器的供水管和回水管分别设置，每组散热器都能组成一个循环环路且供水温度基本是一致的，各组散热器可自行调节热媒流量，互相不受影响。

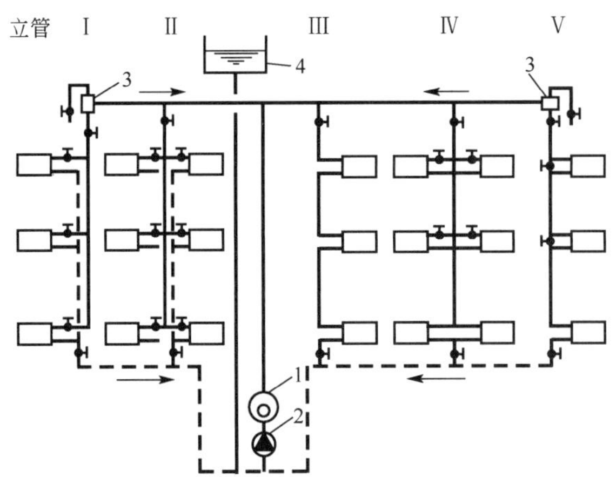

1—锅炉；2—水泵；3—集气罐；4—膨胀水箱

图 7-2 机械循环双管上供下回式热水采暖系统

在机械循环热水采暖系统中，水流速度较高，供水干管应按水流方向设上升坡度，使气泡随水流方向流动汇集到系统的最高点，通过在最高点设置排气装置，将空气排出系统外。回水干管的坡向为顺坡坡度宜采用 0.3%。

特别提示

在机械循环双管上供下回式热水采暖系统中，热水的循环主要依靠水泵的作用压力，同时也存在着自然作用压力，各层散热器与锅炉间形成独立的循环，因而从上层到下层，散热器中心与锅炉中心的高度差逐层减小，各层循环压力也出现由大到小的现象，上层作用压力大，流经散热器的流量多，下层作用压力小，流经散热器的流量少，因而造成上热下冷的“垂直失调”现象，楼层越多，失调现象越严重。因此机械循环双管上供下回式热水采暖系统不宜在四层以上的建筑物中采用。

2. 机械循环单管上供下回式热水采暖系统

单管上供下回式系统的散热器的供、回水立管共用一根管，把立管上的散热器串联起来构成一个循环环路，又称单管顺流式系统，如图 7-2 立管III所示。从上到下各楼层散热器的进水温度不同，温度依次降低，每组散热器的热媒流量不能单独调节。为了克服单管式不能单独调节热媒流量，且下层散热器热媒入口温度过低的弊病，又产生了单管跨越式系统，如图 7-2 立管IV、V所示。热水在散热器前分成两部分，一部分流入散热器，另一部分流入跨越管内。

对单管上供下回式系统，由于各层的冷却中心串联在一个循环管路上，从上而下逐渐冷却过程所产生的压力可以叠加在一起形成一个总压力，因此单管上供下回式系统不存在双管上供下回式系统的垂直失调问题。即使最底层散热器低于锅炉中心，也可以使水循环流动。由于下层散热器入口的热媒温度低，下层散热器的面积比上层要多。所以在多层和高层建筑中，宜用单管上供下回式系统。

3. 机械循环双管下供下回式热水采暖系统

机械循环双管下供下回式热水采暖系统，如图 7-3 所示。该系统一般适用于顶层难以布置干管的场合以及有地下室的建筑。当无地下室时，供、回水干管一般敷设在底层地沟内。

与上供下回式系统比较，下供下回式系统的供水干管和回水干管均敷设在地沟或地下室内，管道保温效果好，热损失少。系统的供、回水干管都敷设在底层散热器下面，系统内空气的排除较为困难，排气方法主要有两种：一种是通过顶层散热器的冷风阀，手动分散排气；另一种是通过专设的空气管，手动或集中自动排气。

4. 机械循环中供式热水采暖系统

机械循环中供式热水采暖系统，如图 7-4 所示。水平供水干管敷设在系统的中部，上部系统可用上供下回式，也可用下供下回式，下部系统则用上供下回式。中供式系统减轻了上供下回式楼层过多而易出现垂直失调的现象，同时可避免顶层梁底高度过低导致供水干管挡住顶层窗户而妨碍其开启。中供式系统可用于加建楼层的原有建筑物。

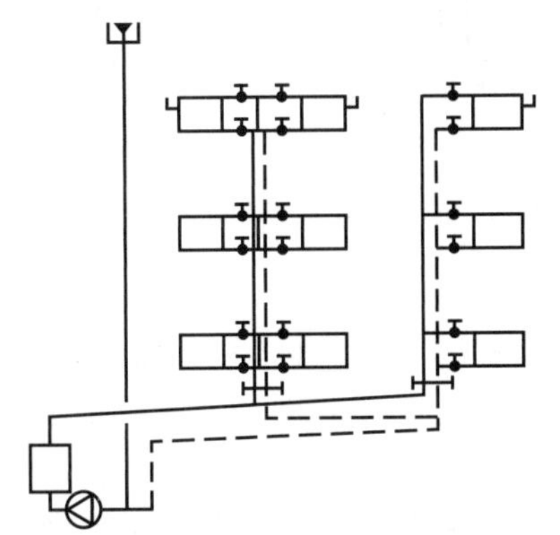

图 7-3 机械循环双管下供下回式热水采暖系统

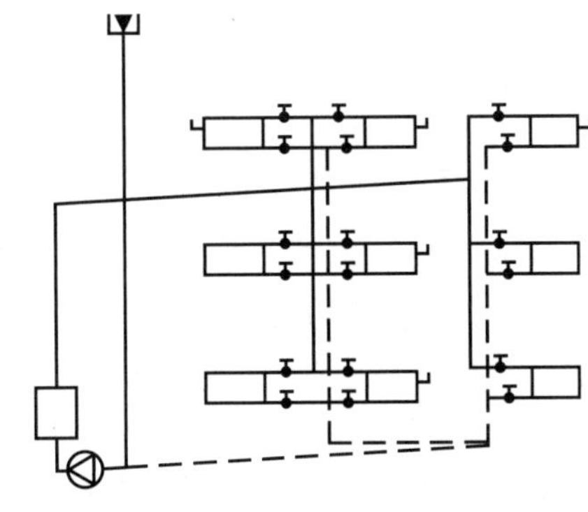

图 7-4 机械循环中供式热水采暖系统

5. 机械循环下供上回式热水采暖系统

机械循环下供上回式热水采暖系统，如图 7-5 所示。该系统的供水干管设在所有散热器设备的下面，回水干管设在所有散热器上面，膨胀水箱连接在回水干管上。回水经膨胀水箱流回锅炉房，再被循环水泵送入锅炉。这种系统具有以下特点。

① 水在系统内的流动方向是自下而上流动，与空气流动方向一致，可通过膨胀水箱排除空气，无须再设置集中排气罐等排气装置。

② 对热损失大的底层房间，由于底层供水温度高，底层散热器的面积较小，便于布置。

③ 当采用高温水采暖系统时，由于供水干管设在底层，这样可降低防止高温水汽化所需的水箱标高，减少布置高架水箱的困难。

④ 供水干管在下部，回水干管在上部，无效热损失小。这种系统的缺点是散热器的放热系数比上供下回式低，散热器的平均温度几乎等于散热器的出口温度，这样就增加了散热器的面积。但用于高温水供暖时，这一特点却有利于满足散热器表面温度不致过高的卫生要求。

6. 机械循环上供中回式热水采暖系统

机械循环上供中回式热水采暖系统可以将回水干管设置在一层顶板下或楼层夹层中，省去地沟，如图 7-6 所示。安装时，在立管下端设泄水堵螺纹，以方便泄水及排放管道中的杂物。回水干管末端需设置自动排气阀或其他排气装置。该系统适合不宜设置地沟的多层建筑。

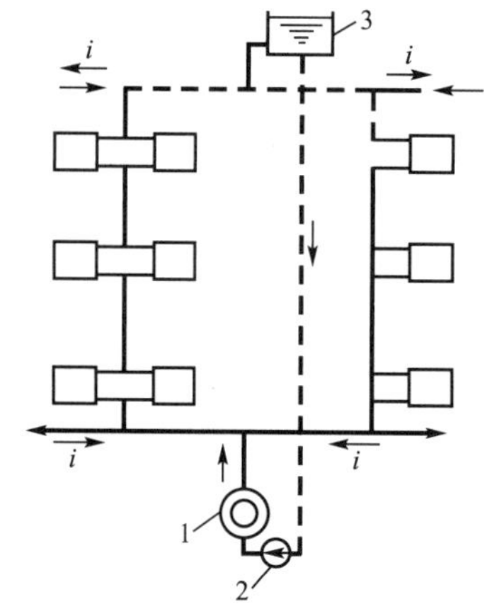

1—热水锅炉；2—水泵；3—膨胀水箱

图 7-5　机械循环下供上回式热水采暖系统

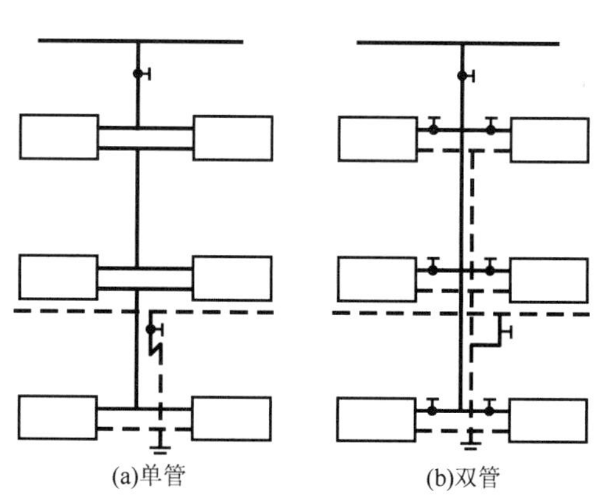

图 7-6　机械循环上供中回式热水采暖系统

7. 单管水平串联式热水采暖系统

一根立管水平串联多组散热器的布置形式(图 7-7)，称为单管水平串联式热水采暖系统。按照供水管与散热器的连接方式可分为顺流式和跨越式两种，这两种方式在机械循环和自然循环系统中都可以使用。这种系统的优点是：系统简捷，安装简单，少穿楼板，施工方便；系统的总造价较垂直式低；对各层有不同使用功能和不同温度要求的建筑物，便于分层调节和管理。

单管水平式系统串联散热器很多时，运行中易出现前端过热，末端过冷的水平失调现象。一般每个环路散热器组以 8～12 组为宜。

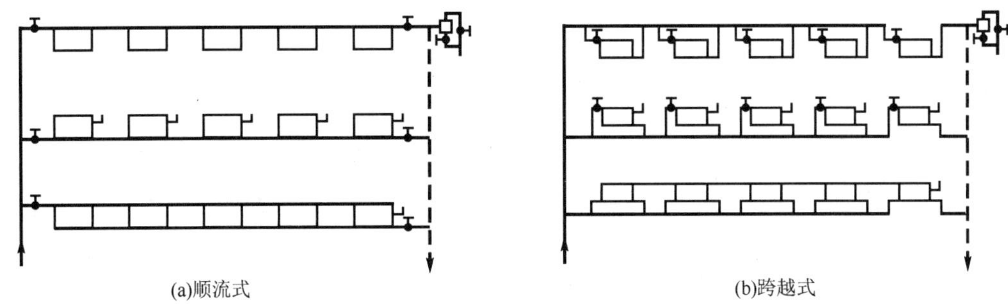

图 7-7 单管水平串联式热水采暖系统

8. 异程式采暖系统与同程式采暖系统

在采暖系统供、回水干管布置上，通过各个立管的循环环路的总长度不相等的布置形式称为异程式采暖系统。而通过各个立管的循环环路的总长度相等的布置形式则称为同程式采暖系统。

特别提示

在机械循环系统中，由于作用半径较大，连接立管较多，异程式系统各立管循环环路长短不一，各个立管环路的压力损失较难平衡。会出现近处立管流量超过要求，而远处立管流量不足，由于流量失调而引起在水平方向冷热不均的现象，称为系统的水平失调。

为了消除或减轻系统的水平失调，可采用同程式系统。如图 7-4 所示，通过最近立管的循环环路与通过最远外立管的循环环路的总长度都相等，因而压力损失易于平衡。由于同程式系统具有上述优点，所以在较大的建筑物中，常采用同程式系统，但其管道的消耗量要多于异程式系统。

9. 分户计量热水采暖系统

对于新建住宅采用热水集中采暖系统时，应设置分户热计量和室温控制装置，实行供热计量收费。分户热计量是指以户(套)为单位进行采暖热量的计量，每户需安装热量表和散热器温控阀。

(1) 双管上供上回式系统

该系统如图 7-8(a)所示，适用于旧房改造工程。供、回水干管均设于系统上方，管材用量多。供、回水管道设在室内，影响美观，但能单独控制某组散热器，有利于节能。

(2) 双管下供下回式系统

该系统如图 7-8(b)所示，适用于新建住宅，供、回水干管均暗埋在地面层内，但由于暗埋在地面层内的管道有接头，一旦漏水，维修复杂。

(3) 水平双管放射式系统

该系统如图 7-9(a)所示，可用于新建住宅，供、回水干管均暗埋于地面层内，暗埋管道没有接头。但管材用量大，且需设置分水器和集水器。

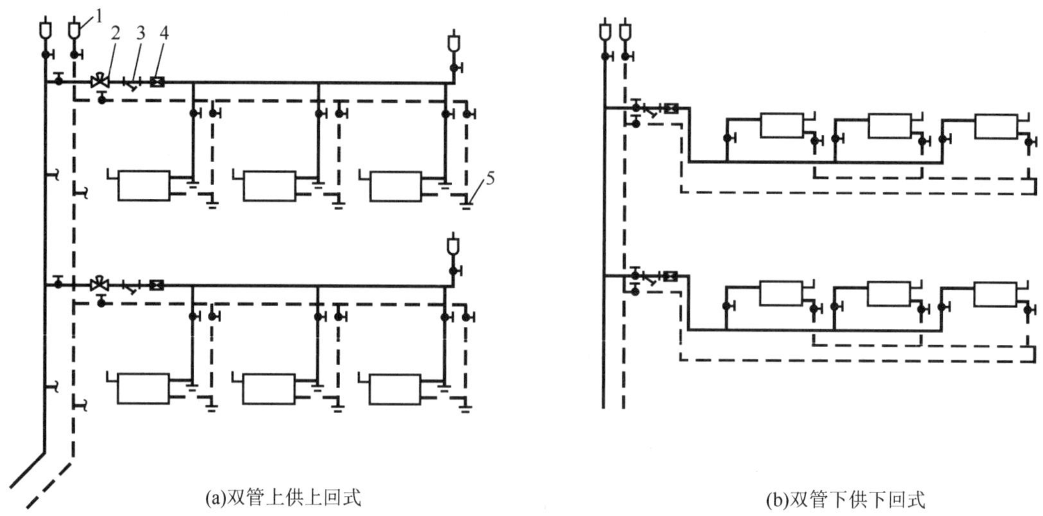

1—排气阀；2—阀门；3—除污器；4—热量表；5—丝堵

图 7-8　分户计量热水采暖系统(一)

(4) 分户计量带跨越管的单管散热器系统

该系统如图 7-9(b)所示，可用于新建住宅，干管暗埋于地面层内，系统简单，但需加散热器温控阀。

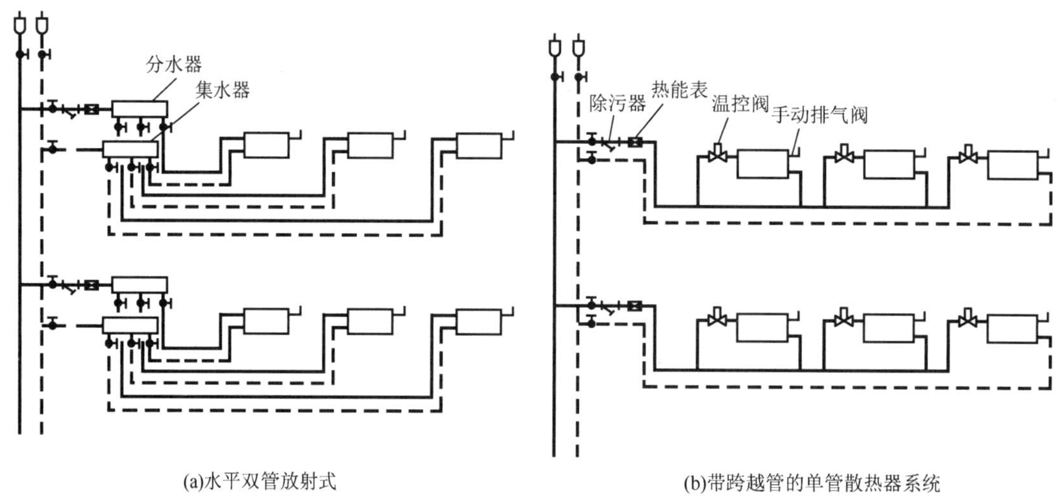

图 7-9　分户计量热水采暖系统(二)

(5) 低温热水辐射采暖系统

低温热水辐射采暖系统具有节能、卫生、舒适、不占室内面积等特点，近年来在国内发展迅速。低温热水辐射采暖一般指加热管埋设在建筑构件内的采暖形式，有墙壁式、顶棚式和地板式三种。目前我国主要采用的是地板式，称为低温热水地板辐射采暖。低温热水地板辐射采暖的供回水温差不宜大于 10℃，民用建筑的供水温度不应超过 60℃。

工程实例

某三室两厅住宅地板辐射采暖布置实例如图 7-10 所示。

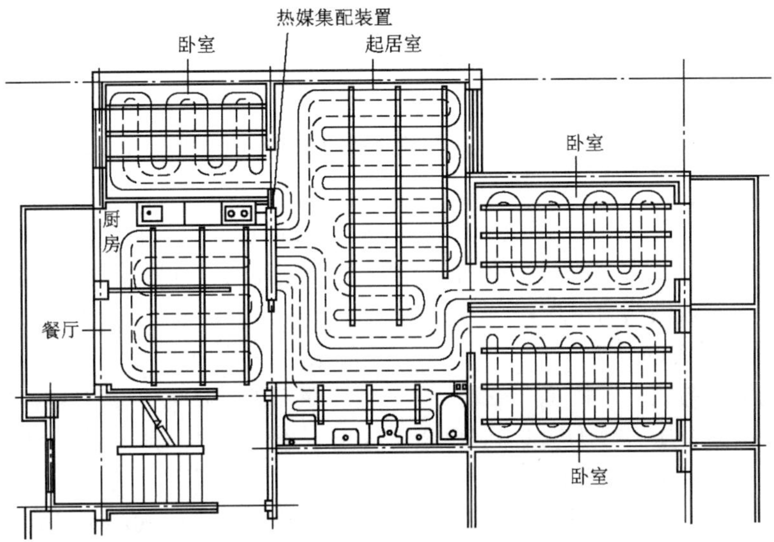

图 7-10 某三室两厅住宅地板辐射采暖布置实例

7.2 蒸汽采暖系统

7.2.1 蒸汽采暖系统的特点与分类

1. 蒸汽采暖系统的特点

蒸汽作为采暖系统的热媒，应用极为普遍。与热水作为采暖系统的热媒相比，蒸汽采暖具有如下一些特点。

① 热水在系统散热设备中，靠其温度降低放出热量，而且热水的相态不发生变化。蒸汽在系统散热设备中，靠水蒸气凝结成水放出热量，相态发生了变化。蒸汽凝结放出汽化潜热比水通过有限的温降放出的热量要大得多，因此，对同样的热负荷，蒸汽采暖时所需的蒸汽质量流量要比热水质量流量少得多。

② 热水在封闭系统内循环流动，其参数变化很小。蒸汽和凝水在系统管路内流动时，其状态参数变化比较大，还会伴随相态变化。例如湿饱和蒸汽沿管路流动时，由于管壁散热会产生沿途凝水，使输送的蒸汽量有所减少；当湿饱和蒸汽经过阻力较大的阀门时，蒸汽被绝热节流，压力下降，体积膨胀，同时，温度一般要降低。湿饱和蒸汽可成为节流后

压力下的饱和蒸汽或过热蒸汽。在这些变化中，蒸汽的密度会随着发生较大的变化。又例如，从散热设备流出的饱和凝结水，通过疏水器后在凝结水管路中压力下降，沸点改变，凝水部分重新汽化，形成所谓“二次蒸汽”，以两相流的状态在管路内流动。

③ 在热水采暖系统中，散热设备内热媒温度为热水和流出散热设备回水的平均温度。蒸汽在散热设备中凝结放热，散热设备的热媒温度为该压力下的饱和温度。蒸汽采暖系统散热器热媒平均温度一般都高于热水采暖系统的热媒平均温度。因此，对同样热负荷，蒸汽供热要比热水供热节省散热设备的面积。但蒸汽采暖系统散热器表面温度高，易烧烤积在散热器上的有机灰尘，产生异味，卫生条件较差。

④ 蒸汽采暖系统中的蒸汽比容，较热水比容大得多。因此，蒸汽管道中的流速，通常比热水流速高得多。

⑤ 由于蒸汽具有比容大、密度小的特点，因而在高层建筑供暖时，不会像热水供暖那样，产生很大的水静压力。此外，蒸汽采暖系统的热惰性小，供汽时热得快，停汽时冷得也快，适宜用于间歇供热的用户。

2. 蒸汽采暖系统的分类

按照供汽压力的大小，将蒸汽采暖分为三类：供汽的表压力高于 70kPa 时，称为高压蒸汽采暖；供汽的表压力等于或低于 70kPa 时，称为低压蒸汽采暖；当系统中的压力低于大气压力时，称为真空蒸汽采暖。

按照蒸汽干管布置的不同，蒸汽采暖系统可有上供式、中供式和下供式三种。

按照立管的布置特点，蒸汽采暖系统可分为单管式和双管式。目前国内绝大多数蒸汽采暖系统采用双管式。

7.2.2 低压蒸汽采暖系统

1. 低压蒸汽采暖系统工作原理

如图 7-11 所示，蒸汽锅炉产生的蒸汽通过供汽干管、立管及散热设备支管进入散热器，蒸汽在散热器中放出热量后变成凝结水，凝结水经疏水器沿凝结水管流回凝结水箱，由凝结水泵将凝结水送回锅炉重新加热。

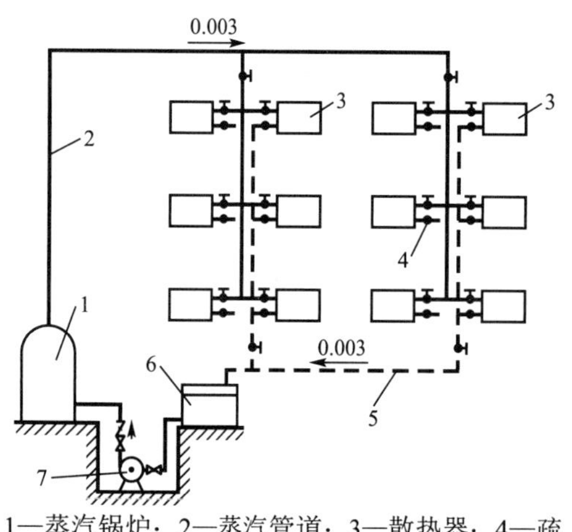

1—蒸汽锅炉；2—蒸汽管道；3—散热器；4—疏水器；5—凝结水管；6—凝结水箱；7—凝结水泵

图 7-11 低压蒸汽采暖系统

为使凝结水可以顺利地流回凝结水箱，凝结水箱应设在低处。同时，为了保证凝结水泵正常工作，避免水泵吸入口处压力过低使凝结水汽化，凝结水箱的位置应高于水泵。

为了防止水泵停止工作时，水从锅炉倒流入凝结水箱，在锅炉和凝结水泵间应设止回阀。要使蒸汽采暖系统正常工作，必须将系统内的空气及凝结水顺利、及时地排出，还要阻止蒸汽从凝结水管窜回锅炉，疏水器的作用就是阻汽疏水。蒸汽在输送过程中，也会逐渐冷却而产生部分凝结水，为将它顺利排出，蒸汽干管应有沿流向下降的坡度。凡蒸汽管路抬头处，应设相应的疏水装置，及时排除凝结水。

为了减少设备投资，在设计中多是在每根凝结水立管下部装一个疏水器，以代替每个凝结水支管上的疏水器。这样可保证凝结水干管中无蒸汽流入，但凝结水立管中会有蒸汽。

当系统调节不良时，空气会被堵在某些蒸汽压力过低的散热器内，这样蒸汽就不能充满整个散热器而影响放热。所以最好在每一个散热器上安装自动排气阀，随时排净散热器内的空气。

2. 低压蒸汽采暖系统图式

(1) 双管上供下回式

图 7-12 为双管上供下回式蒸汽采暖系统。蒸汽管与凝结水管完全分开，每组散热器可以单独调节。蒸汽干管设在顶层房间的屋顶下，通过蒸汽立管分别向下送汽，回水干管敷设在底层房间的地面上或地沟里。疏水器可以每组散热器或每个环路设一个。疏水器数量多效果好，是节约能源的一个措施，但是投资、维修工作量也大。

双管上供下回式系统是蒸汽采暖中使用最多的一种形式，采暖效果好，可用于多层建筑，但是浪费钢材，施工麻烦。

(2) 双管下供下回式

当采用上供下回式系统蒸汽干管不好布置时，也可以采用双管下供下回式系统，如图 7-13 所示。它与上供下回式系统所不同的是蒸汽干管布置在所有散热器之下，蒸汽通过立管由下向上送入散热器。当蒸汽沿着立管向上输送时，沿途产生的凝结水由于重力作用向下流动，与蒸汽流动的方向正好相反。由于蒸汽的运动速度较大，会携带许多水滴向上运动，并撞击在弯头、阀门等部件上，产生振动和噪声，这就是常说的水击现象。

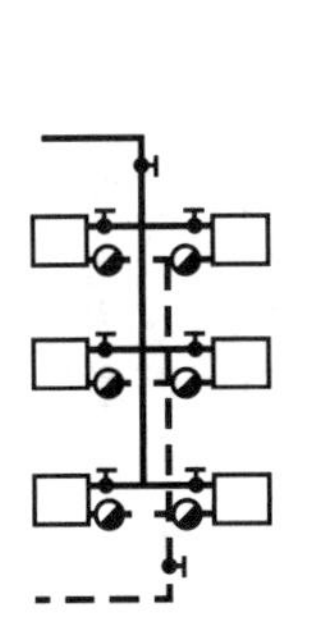

图 7-12 双管上供下回式蒸汽采暖系统

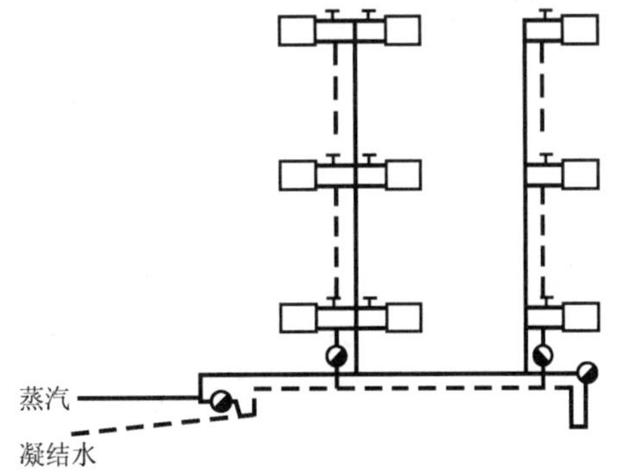

图 7-13 双管下供下回式蒸汽采暖系统

(3) 双管中供下回式

系统如图 7-14 所示。当多层建筑的采暖系统在顶层天棚下面不能敷设干管时采用。

(4) 单管上供下回式

系统如图 7-15 所示。单管上供下回式系统由于立管中汽水同向流动，运行时不会产生水击现象，该系统适用于多层建筑，可节约钢材。

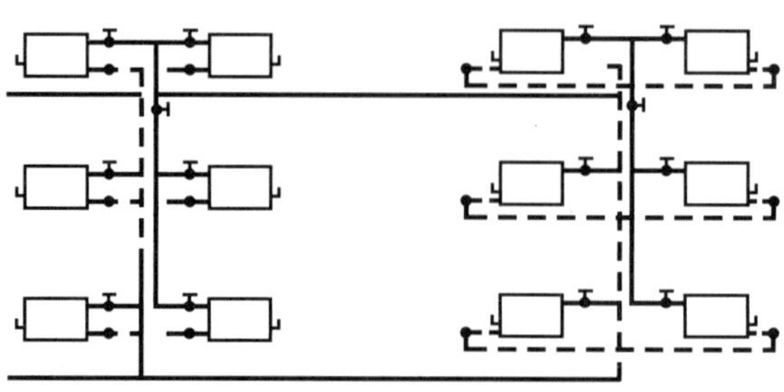

图 7-14　双管中供下回式蒸汽采暖系统

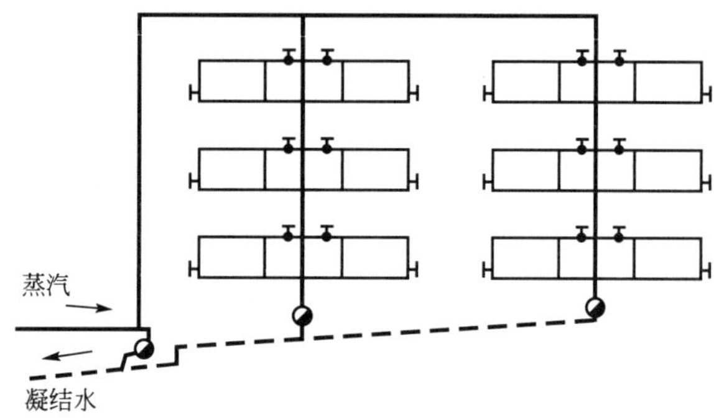

图 7-15　单管上供下回式蒸汽采暖系统

7.2.3 高压蒸汽采暖系统

高压蒸汽采暖系统的热媒为相对压力大于 70kPa 的蒸汽。如图 7-16 所示，高压蒸汽采暖系统由蒸汽锅炉、蒸汽管道、减压阀、散热器、凝结水管道、疏水器、凝结水箱和凝结水泵等组成。

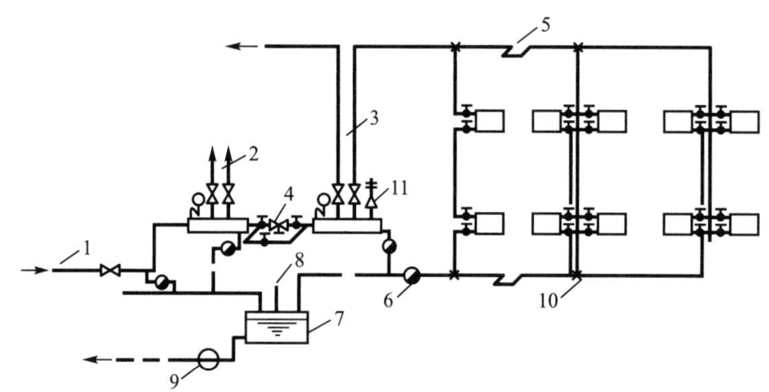

1—室外蒸汽管；2—室内高压蒸汽供热管；3—室内高压蒸汽供暖管；4—减压阀；5—补偿器；6—疏水器；7—开式凝结水箱；8—空气管；9—凝结水泵；10—固定支点；11—安全阀

图 7-16　高压蒸汽采暖系统

由于高压蒸汽的压力及温度均较高，因此在热负荷相同的情况下，高压蒸汽采暖系统的管径和散热器片数都少于低压蒸汽采暖系统。这就显示了高压蒸汽采暖有较好的经济性。

高压蒸汽采暖系统的缺点是卫生条件差，并容易烫伤人。因此这种系统一般只在工业厂房应用。

工业企业的锅炉房，往往既供应生产工艺用汽，同时也供应高压蒸汽采暖系统所需要的蒸汽。由于这种锅炉房送出的蒸汽，压力常常很高，因此将这种蒸汽送入高压蒸汽采暖系统之前，要用减压装置将蒸汽压力降至所要求的数值。一般情况下，高压蒸汽采暖系统的蒸汽压力不超过 300kPa。

和低压蒸汽采暖系统一样，高压蒸汽采暖系统亦有上供、下供和单管、双管系统之分。但是为了避免高压蒸汽和凝结水在立管中反向流动所发出的噪声，一般高压蒸汽采暖均采用双管上供下回式系统。

高压蒸汽采暖系统在启动和停止运行时，管道温度的变化要比热水采暖系统和低压蒸汽采暖系统都大，应充分注意管道的伸缩问题。另外，由于高压蒸汽采暖系统的凝结水温度很高，在它通过疏水器减压后，会重新汽化，产生二次蒸汽，也就是说在高压蒸汽采暖系统的凝水管中输送的是凝结水和二次蒸汽的混合物。在有条件的地方，要尽可能将二次蒸汽送到附近低压蒸汽采暖系统或热水采暖系统中加以利用。

7.3 采暖设备及附件

7.3.1 散热器

散热器是采暖系统的主要散热设备，是通过热媒把热源的热量传递给室内的一种散热设备。通过散热器的散热，使室内的得失热量达到平衡，从而维持房间需要的空气温度，达到供暖的目的。

散热器按材质可分为铸铁、钢制、合金散热器；按结构形式分为柱型、翼型、管型、板式、排管式散热器；按对流方式分为对流型和辐射型散热器。

1. 铸铁散热器

铸铁散热器具有结构简单、防腐性好、使用寿命长、适用于各种水质、造价低、热稳定性好等优点，长期以来，广泛使用于低压蒸汽和热水采暖系统中。

铸铁散热器有柱型、翼型和柱翼型三种形式。

(1) 柱型铸铁散热器

柱型铸铁散热器是呈柱状的中空立柱单片散热器。外表面光滑，每片各有几个中空的立柱相互连通，如图 7-17 所示。根据散热面积的需要，柱型铸铁散热器可以进行相应的组装。

(2) 翼型铸铁散热器

翼型铸铁散热器分圆翼型和长翼型两类。圆翼型散热器是一根内径 75mm 的管子外面带有许多圆形肋片，管子两端配置法兰。长翼型散热器的外表面具有许多竖向肋片。

(3) 柱翼型铸铁散热器

如图 7-18 所示，柱翼型铸铁散热器介于柱型铸铁散热器和翼型铸铁散热器之间。

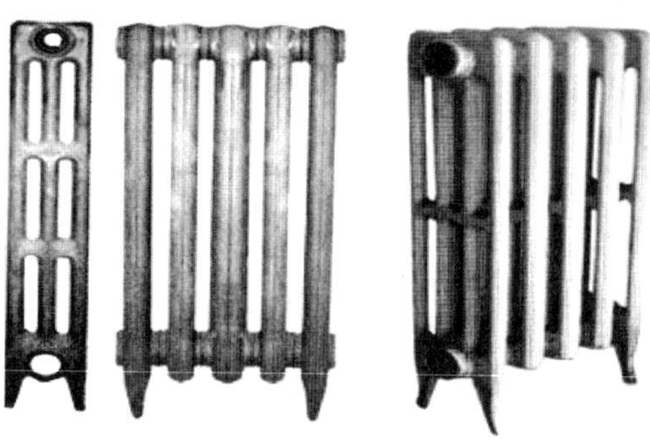

图 7-17　柱型铸铁散热器

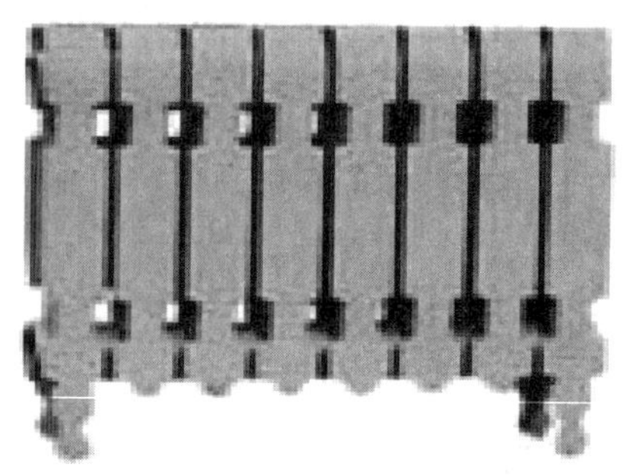

图 7-18　柱翼型铸铁散热器

2. 钢制散热器

常用的钢制散热器有以下几种。

(1) 钢制钢串片式散热器

钢制钢串片式散热器是用联箱连通两根平行管，并在钢管外面串上许多弯边长方形肋片而成的，如图 7-19 所示。由于串片上下端是敞开的，形成了许多相互平行的竖直空气通道，具有较大的对流散热能力，故也有把这种散热器称为对流散热器。钢串片式散热器体积小、质量轻、承压能力高，但使用时间较长时会出现串片与钢管的连接不紧或松动、接触不良，会大大影响散热器的传热效果。

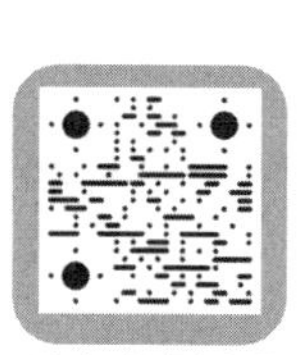

【参考图文】

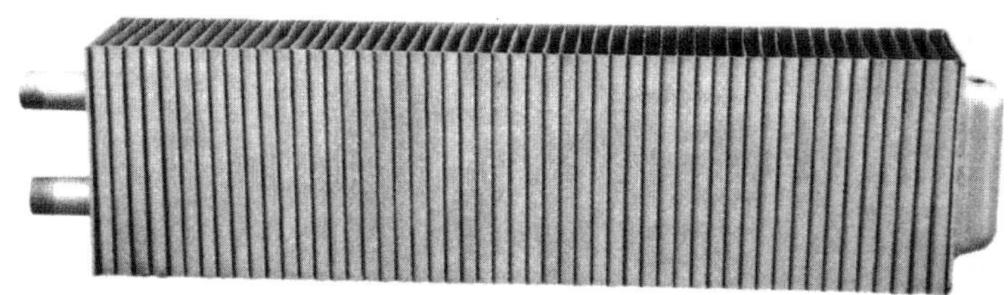

图 7-19　铜制钢串片式散热器

(2) 钢制柱型散热器

钢制柱型散热器的结构形式和柱型铸铁相似，每片也有几个中空的立柱，它是用 1.5～2.0mm 厚的普通冷轧钢板经冲压加工焊接而成，如图 7-20 所示。其外形尺寸(高×宽)有 600mm×120mm、600mm×140mm、600mm×130mm、640mm×120mm 等几种。综合分析其热工性能以 600mm×120mm 为最佳。

钢制柱型散热器传热性能较好，承压能力较强，表面光滑易清扫积灰。但其制造工艺复杂、造价较高、对水质要求高、易腐蚀，故使用年限短。

(3) 钢制扁管散热器

这种散热器是由数根矩形钢制扁管叠加焊接成排管，再与两端联箱形成水流通路，如图 7-21 所示。

随着人们生活水平越来越高，近几年，钢制散热器不断发展，其中以装饰型散热器发展尤为突出，出现了许多造型别致、色彩鲜艳、美观的散热器，如图 7-22 所示。

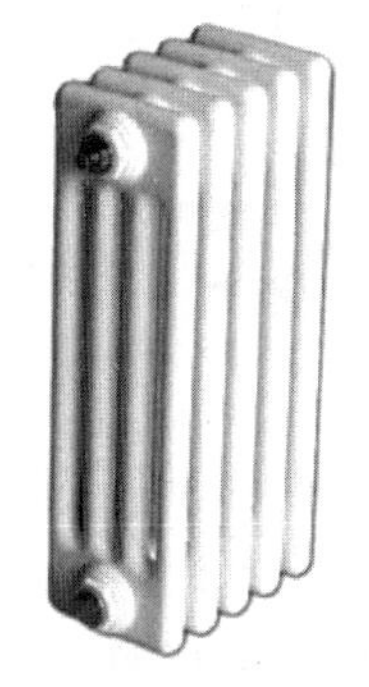

图 7-20 钢制柱型散热器

图 7-21 钢制扁管散热器

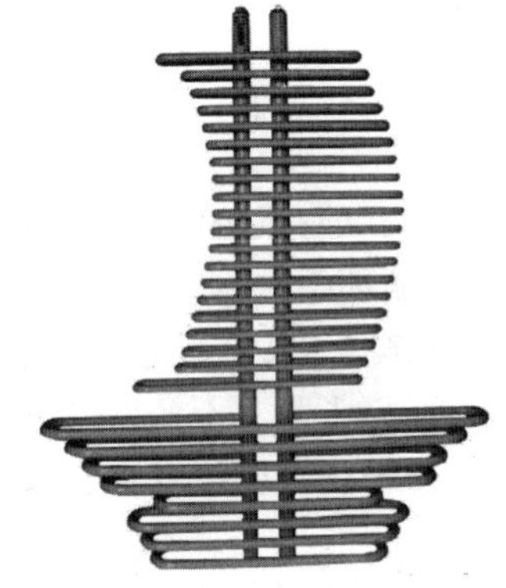

图 7-22 装饰型散热器

钢制散热器与铸铁散热器相比，有以下特点。

① 钢制散热器的金属耗量少。

② 钢制散热器的耐压强度高。

③ 钢制散热器外形美观，占地面积小，便于布置。

④ 钢制散热器耐腐蚀性差，使用寿命短。

3. 合金散热器

(1) 铝合金散热器

铝合金散热器是近年来我国工程技术人员在总结吸收国内外经验的基础上，潜心开发的一种新型、高效散热器。其造型美观大方，线条流畅，占地面积小，富有装饰性；质量约为铸铁散热器的 1/10，便于运输安装；金属热强度高，约为铸铁散热器的 6 倍；节省能源，采用内防腐处理技术。

(2) 复合材料型铝制散热器

复合材料型铝制散热器是普通铝制散热器发展的一个新阶段。随着科技发展与技术进步，从 21 世纪开始，铝制散热器迈向主动防腐。所谓主动防腐，主要有两个办法：一个是规范供热运行管理，控制水质，对钢制散热器主要控制水中含氧量，停暖时充水密闭保养，对铝制散热器主要控制水的 pH 值；另一个方法是采用耐腐蚀的材质，如铜、钢、塑料等。铝制散热器发展到复合材料型，如铜－铝复合、钢－铝复合、铝－塑复合材料等。这些新产品适用于任何水质，耐腐蚀、使用寿命长，是轻型、高效、节材、节能、美观、耐用、环保的优良产品。

7.3.2 膨胀水箱

1. 膨胀水箱的作用

膨胀水箱的作用是容纳水受热膨胀而增加的体积。在自然循环上供下回式热水采暖系统中，膨胀水箱连接在供水总立管的最高处，具有排除系统内空气的作用；在机械循环热水采暖系统中，膨胀水箱连接在回水干管循环水泵入口前，可以恒定循环水泵入口压力，保证采暖系统压力稳定。

膨胀水箱有圆形和矩形两种形式，一般是由薄钢板焊接而成。

2. 膨胀水箱的配管

膨胀水箱上接有膨胀管、循环管、溢流管、信号管(检查管)和排污管。

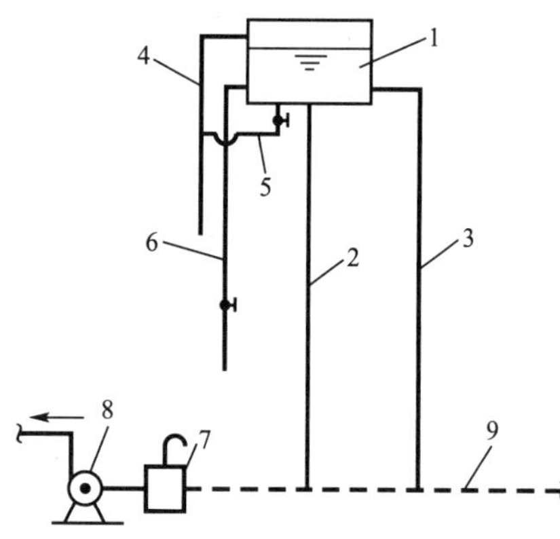

1—膨胀水箱；2—膨胀管；3—循环管；4—溢流管；5—排污管；6—信号管；7—除污器；8—水泵；9—回水管

图 7-23 膨胀水箱与采暖系统连接

(1) 膨胀管

膨胀水箱设在系统的最高处，系统的膨胀水量通过膨胀管进入膨胀水箱。自然循环系统膨胀管接在供水总立管的上部；机械循环系统膨胀管接在回水干管循环水泵入口前，如图 7-23 所示。膨胀管上不允许设置阀门，以免偶然关断使系统内压力增高，以致发生事故。

(2) 循环管

当膨胀水箱设在不供暖的房间内时，为了防止水箱内的水冻结，膨胀水箱需设置循环管。机械循环系统循环管接至定压点前的水平回水干管上，如图 7-23 所示。连接点与定压点之间应保持 1.5～3m 的距离。使热水能缓慢地在循环管、膨胀管和水箱之间流动。自然循环系统循环管接到供水干管上，与膨胀管也应有一段距离，以维持水的缓慢流动。

循环管上也不允许设置阀门，以免水箱内的水冻结。

(3) 溢流管

溢流管控制系统的最高水位。当水的膨胀体积超过溢流管口时，水通过管口溢出就近排入排水设施中。溢流管上也不允许设置阀门，以免偶然关断，水从入孔处溢出。

(4) 信号管(检查管)

信号管检查膨胀水箱水位，决定系统是否需要补水。信号管控制系统的最低水位，应接至锅炉房内或人们容易观察的地方，信号管末端应设置阀门。

(5) 排污管

排污管清洗、检修时放空水箱用。可与溢流管一起就近接入排水设施中，其上应安装阀门。

区别膨胀水箱与给水水箱的作用及其配管的作用与设置要求。

7.3.3 排气装置

系统的水被加热时，会分离出空气。在系统停止运行时，通过不严密处也会渗入空气，充水后，也会有些空气残留在系统内。系统中如果积存空气，就会形成气塞，影响水的正常循环。因此，系统中必须设置排除空气的设备。目前常见的排气设备，主要有集气罐、自动排气阀和手动跑风门等几种。

1. 集气罐

集气罐一般是用直径100～200mm的钢管焊制而成，分为立式和卧式两种，如图7-24所示。集气罐顶部连接直径*DN*15的排气管，排气管应引到附近的排水设施处，排气管另一端装有阀门，排气阀应设在便于操作的地方。

集气罐一般设于系统供水干管末端的最高点处，供水干管应向集气罐方向设上升坡度以使管中水流方向与空气气泡的浮升方向一致，有利于空气汇集到集气罐的上部，将其定期排除。当系统充水时，应打开集气罐上的排气阀，直至有水从管中流出，方可关闭排气阀。系统运行期间，应定期打开排气阀排除空气。

2. 自动排气阀

自动排气阀是靠阀体内的启闭机构自动排除空气的装置。它安装方便，体积小巧，且避免了人工操作管理的麻烦，在热水采暖系统中被广泛采用。目前国内生产的自动排气阀，大多采用浮球启闭机构，当阀内充满水时，浮球升起，排气口自动关闭；阀内空气量增加时，水位降低，浮球依靠自重下垂，排气口打开排气，如图7-25所示。自动排气阀常会因水中污物堵塞而失灵，需要拆下清洗或更换，因此，排气阀前需加装一个截止阀、闸阀或球阀，加装阀门常年开启，只在排气阀失灵需检修时临时关闭。

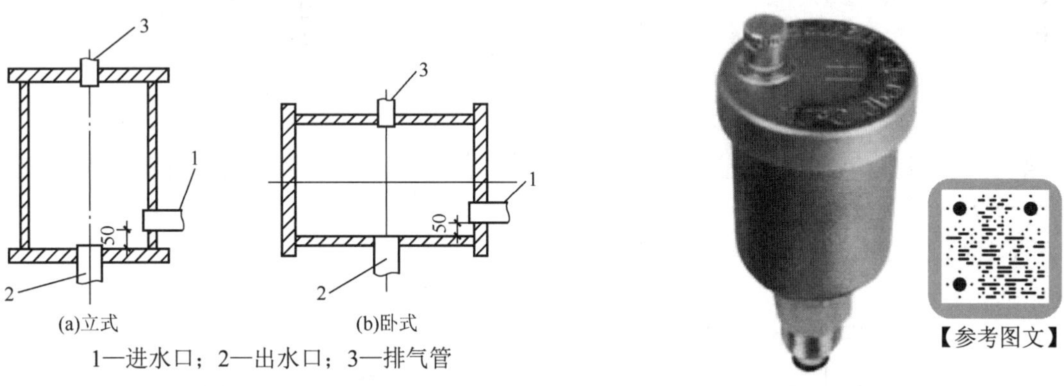

图7-24 集气罐

图7-25 自动排气阀

3. 手动跑风门

手动跑风门用于散热器或分集水器来排除系统积存的空气，适用于工作压力不大于0.6MPa，温度不超过130℃的热水及蒸汽采暖散热器或管道上。

手动跑风门多为铜制，用于热水采暖系统时，应装在散热器上部丝堵上；用于低压蒸汽采暖系统时，则应装在散热器下部1/3的位置上。

结合建筑物情况及管道布置情况确定集气装置的设置位置，并根据集气装置的设置位置确定管道的坡度。

7.3.4 除污器

除污器的作用是阻留管网中的污物，以防造成管路堵塞，一般安装在用户入口的供水管道上或循环水泵之前的回水总管上，并设有旁通管道，以便定期清洗检修。

除污器的构造如图 7-26 所示。除污器为圆筒形钢制筒体，有卧式和立式两种。除污器的工作原理是水由进水管进入除污器内，水流速度突然减小，使水中污物沉降到筒底，较清洁的水由带有大量小孔(起过滤作用)的出水管流出。

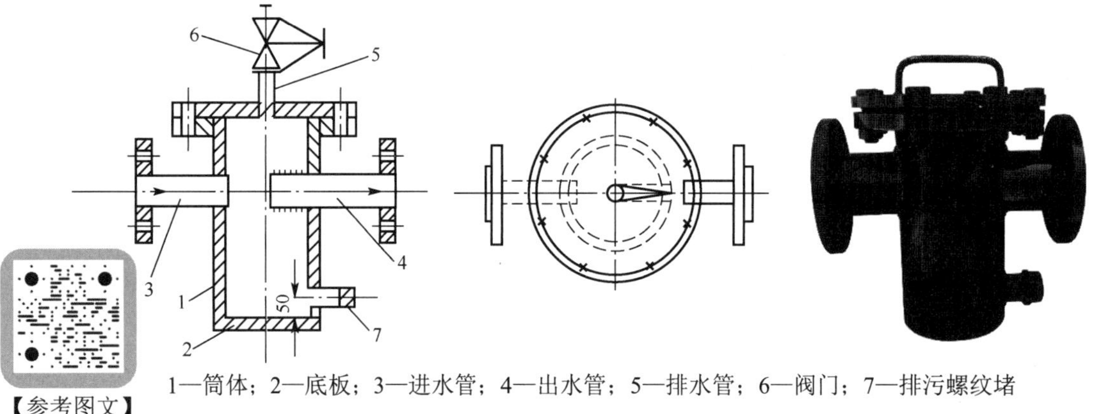

1—筒体；2—底板；3—进水管；4—出水管；5—排水管；6—阀门；7—排污螺纹堵

图 7-26　除污器的构造

图 7-27 所示为 Y 型除污器，该除污器体积小、阻力小、滤孔细密、清洗方便，一般不需装设旁通管。清洗时关闭前后阀门，打开排污盖，取出滤网即可，滤网清洗干净原样装回，通常只需几分钟。为了排污和清洗方便，Y 型除污器的排污盖一般应朝下方或 45° 斜下方安装，并留有抽出滤网的空间。安装时应注意介质流向，不可装反。

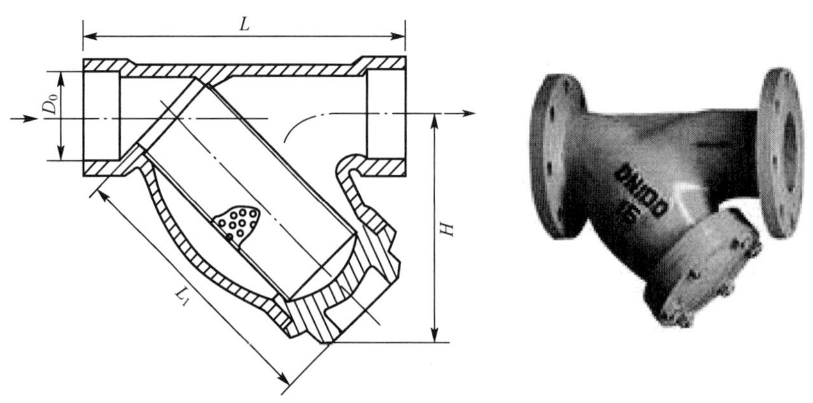

图 7-27　Y 型除污器

7.3.5 疏水器

蒸汽采暖系统中，散热设备及管网中的凝结水和空气通过疏水器自动而迅速地排出，同时阻止蒸汽逸漏。

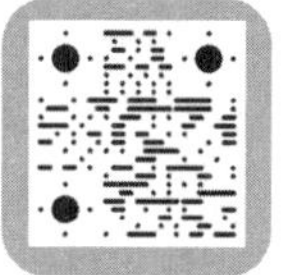
【参考图文】

疏水器种类繁多，按其工作原理可分为机械型、热力型和恒温型三种，如图 7-28 所示。

机械型疏水器是依靠蒸汽和凝结水的密度差，利用凝结水的液位进行工作，主要有浮桶式、钟形浮子式、倒吊桶式等；热力型疏水器是利用蒸汽和凝结水的热动力学特性来工作的，主要有脉冲式、热动力式和孔板式等；机械型和热力型疏水器均属高压疏水器。恒温型疏水器是利用蒸汽和凝结水的温度差引起恒温元件变形而工作的，具有工作性能好、使用寿命长的特点，适用于低压蒸汽采暖系统。

(a)倒吊桶式机械型疏水器

(b)热动力式热力型疏水器

(c)波纹管式恒温型疏水器

图 7-28 疏水器

7.3.6 伸缩器

伸缩器又称补偿器。在采暖系统中，金属管道会因受热而伸长。每米钢管本身的温度每升高 1℃时，便会伸长 0.012mm。当平直管道的两端都被固定不能自由伸长时，管道就会因伸长而弯曲；当伸长量很大时，管道的管件就有可能因弯曲而破裂。因此需要在管道上补偿管道的热伸长，同时还可以补偿因冷却而缩短的长度，使管道不致因热胀冷缩而遭到破坏。常用伸缩器有以下几种。

(1) L 形和 Z 形伸缩器

L 形和 Z 形伸缩器利用管道自然转弯和扭转处的金属弹性，使管道具有伸缩的余地，如图 7-29(a)、(b)所示。进行管道布置时，应尽量考虑利用管道自然转弯做伸缩器，当自然补偿不能满足要求时可采用其他伸缩器。

(2) 方形伸缩器

方形伸缩器如图 7-29(c)所示。它是在直管道上专门增加的弯曲管道，管径不大于 40mm

时用焊接钢管，管径大于 40mm 时用无缝钢管弯制。方形伸缩器具有构造简单，制作方便，补偿能力大，严密性好，不需要经常维修等特点，但占地面积大，大管径不易弯制。

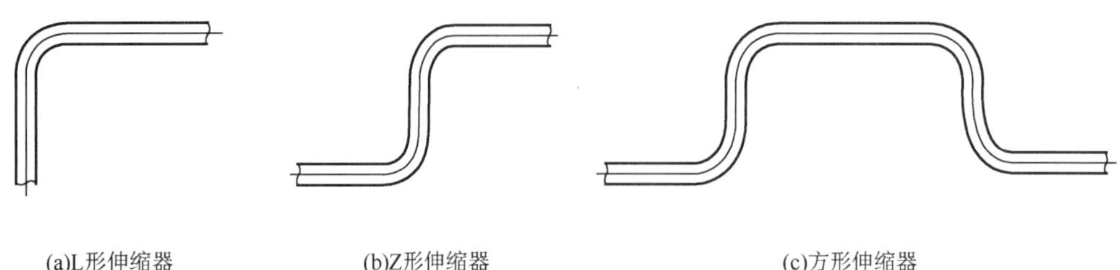

(a)L形伸缩器　　(b)Z形伸缩器　　(c)方形伸缩器

图 7-29　常用伸缩器

(3) 套筒伸缩器

套筒伸缩器由直径不同的两段管子套在一起制成的。填料圈可保证两管之间接触严密，不漏水(或汽)，填料圈用浸过煤焦油的石棉绳，加些润滑油后安放进去。当热媒温度高，压力大时用聚四氟乙烯圈。套筒伸缩器管径大，用法兰连接，外形尺寸小，补偿量大，但造价高，易漏水、漏汽，需经常维修和更换填料。

【参考图文】

(4) 波形伸缩器

波形伸缩器是用金属片焊接成的像波浪形的装置。利用这些波片的金属弹性来补偿管道热胀冷缩的长度，减轻管道热应力作用。波形伸缩器补偿能力较小，一般用于压力较低的蒸汽管道和热水管道上。

为使管道产生的伸长量能合理地分配给伸缩器，使之不偏离允许的位置，在伸缩器之间应设固定卡。

7.3.7 热量表

热量表是用于测量及显示热载体为水时，流过热交换系统所释放或吸收的热量的仪表。它由流量传感器、一对温度传感器和积算仪组成。常用的热量表有楼栋用热量表和户用热量表，户用热量表的流量传感器宜安装在供水管上。热量表前应设过滤器，安装热量表和温控阀的热水采暖系统不宜采用水流通道内含有黏砂的铸铁等散热器，如图 7-30 所示。

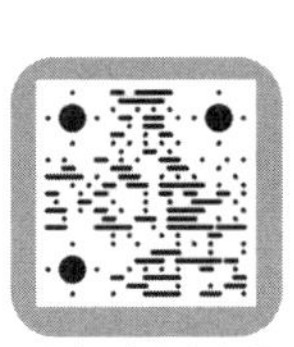

【参考图文】

(a)楼栋用热量表

(b)户用热量表

图 7-30　热量表

7.3.8 散热器温控阀

散热器温控阀是一种自动控制进入散热器热媒流量的设备，它由阀体部分和温控元件控制部分组成散热器温控阀的外形，如图 7-31 所示。

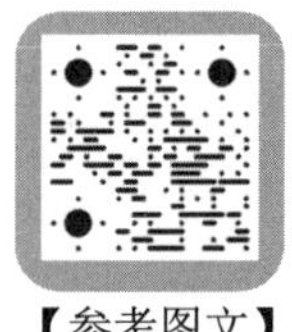
【参考图文】

图 7-31 散热器温控阀

散热器温控阀的控温范围在 13～28℃之间，控温误差为±1℃。散热器温控阀具有恒定室温，节约热能等优点，但其阻力较大。

7.3.9 平衡阀

平衡阀包括静态平衡阀、自力式流量控制阀和自力式压差控制阀。

静态平衡阀有精确的开度指示；有开度锁定功能，非工作人员不能随意改变开度；阀体上有两个测压孔，测压装置与其连接可测出阀门前后的压差，并进而计算流量；既可安装在供水管上，也可安装在回水管上。根据流体力学原理，在管路上阻力不改变的情况下，系统总流量变化时各管段及各用户的流量成比例变化。即根据热负荷的大小，手动调节系统总流量，使用户的流量成比例的增大或减小，各用户可以得到相应的调节。

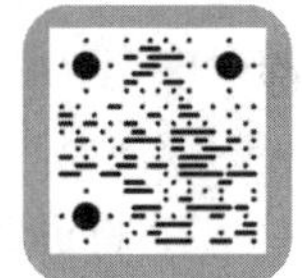
【参考图文】

自力式流量控制阀的名称较多，如自力式流量平衡阀、动态流量平衡阀等。自力式流量平衡阀是由一个手动调节阀组和一个自动平衡阀组组成。手动调节阀组作用是设定流量，自动平衡阀组作用是维持流量恒定。工作时，调节阀调到某一位置，当系统流量增大时，手动调节阀前后压差超过允许的给定值，此时通过感压膜和弹簧作用使自动平衡阀组自动关小，直至流量重新维持到设定流量，反之亦然。与静态平衡阀一样，自力式流量平衡阀具有开度指示和锁定功能；可装在供水管上，也可安装在回水管上。

自力式压差控制阀根据结构不同分为供水式和回水式两种，对应安装在供水管和回水管上，两者不能互换，由阀体、双节流阀座、阀瓣、感压膜、弹簧及压差调整装置等组成。其原理是利用阀体内部的感压膜和阀瓣的上下移动，调节阀门的开度，进而控制压差。

7.3.10 气候补偿器

气候补偿器安装在采暖系统的热源处，当室外温度降低时，气候补偿器自动调整，增大电动阀的开度，使进入换热器的蒸汽或高温水的流量增大，从而使进入采暖用户的供水温度升高；反之，减小电动阀的开度，使进入换热器的蒸汽或高温水的流量减小，从而降低进入采暖用户的供水温度。

7.4 采暖系统的布置与敷设及安装

7.4.1 室外供热管道的布置与敷设

因为室外供热管网是集中采暖系统中投资最多、施工最繁重的部分，所以合理地选择供热管道的敷设方式以及做好管网平面的定线工作，对节省投资、保证热网安全可靠运行和施工维修方便等，都具有重要的意义。

1. 管道的布置

小区供热管道应尽量经过热负荷集中的地方，且以线路短、便于施工为宜。管线尽量敷设在地势较平坦、土质良好、地下水位低的地方，同时还要考虑和其他地上管线的相互关系。

地下供热管道的埋设深度一般不考虑冻结问题，对于直埋管道，在车行道下为 0.8～1.2m，在非车行道下为 0.6m 左右；管沟顶上的覆土深度一般不小于 0.3m，以避免直接承受地面的作用力。架空管道设于人和车辆稀少的地方时，采用低支架敷设，交通频繁之处采用中支架敷设，穿越主干道时采用高支架敷设。埋地管线坡度应尽量采用与自然地面相同的坡度。

2. 管道的敷设

室外供热管道的敷设方式可分为管沟敷设、埋地敷设和架空敷设三种。

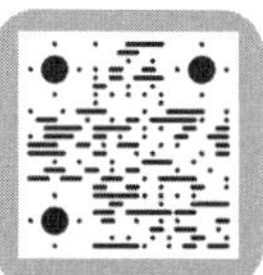
【参考图文】

(1) 管沟敷设

厂区或街区交通特别频繁以致管道架空有困难或影响美观时，或在蒸汽采暖系统中，凝水是靠高度差自流回收时，适于采用地下敷设。管沟是地下敷设管道的围护构筑物，其作用是承受土压力和地面荷载并防止水的侵入。根据管沟内人行通道的设置情况，分为通行管沟、半通行管沟和不通行管沟。

① 通行管沟[图 7-32(a)]。通行管沟是工作人员可以在管沟内直立通行的管沟，可采用单侧或双侧两种布管方式。通行管沟人行通道的高度不低于 1.8m，宽度不小于 0.7m，并应允许管沟内管径最大的管道通过通道。管沟内若装有蒸汽管道，应每隔 100m 设一个事故入口；无蒸汽管道应每隔 200m 设一个事故入口。沟内设自然通风或机械通风设备，沟内空气温度按工人检修条件的要求不应超出 40～50℃。安全方面还要求地沟内设照明设施，照明电压不高于 36V。通行管沟的主要优点是操作人员可在管沟内进行管道的日常维修以及大修更换管道，但是土方量大、造价高。

② 半通行管沟[图 7-32(b)]。在半通行管沟内，留有高度为 1.2～1.4m，宽度不小于 0.5m

的人行通道。操作人员可以在半通行管沟内检查管道和进行小型修理工作，但更换管道等大修工作仍需挖开地面进行。从工作安全方面考虑，半通行管沟只宜用于低压蒸汽管道和温度低于 130℃的热水管道。在决定敷设方案时，应充分调查当时当地的具体条件，征求管理和运行人员的意见。

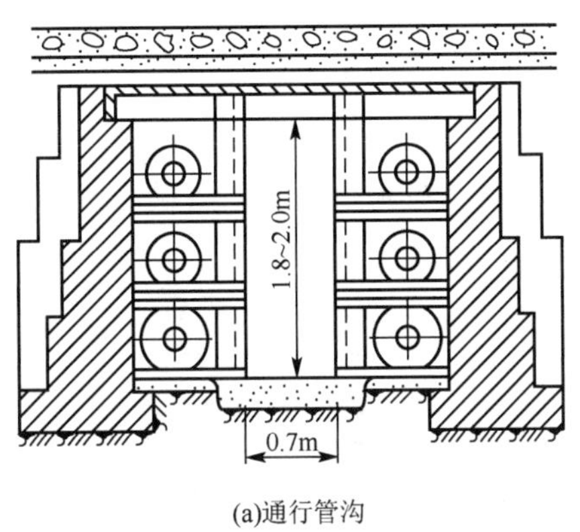

(a)通行管沟

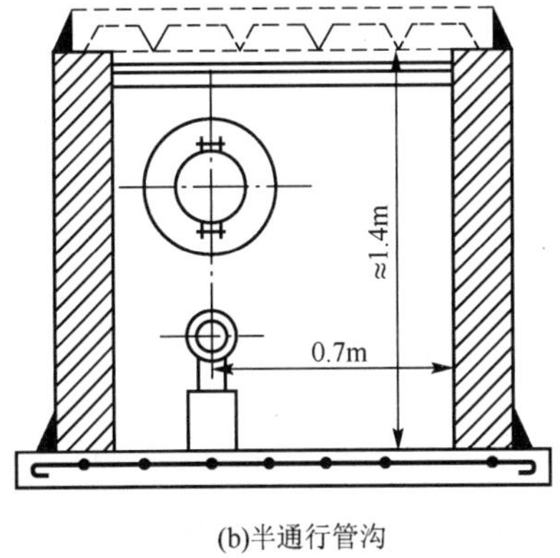

(b)半通行管沟

图 7-32 通行管沟

③ 不通行管沟(图 7-33)。不通行管沟的横截面较小，只需保证管道施工安装的必要尺寸。不通行管沟的造价较低，占地面积较小，是城镇供热管道经常采用的管沟敷设形式。其缺点是检修时必须掘开地面。

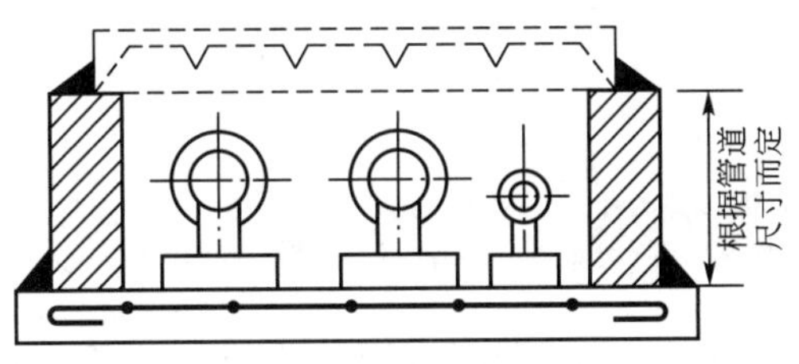

图 7-33 不通行管沟

(2) 埋地敷设

对于 DN≤500mm 的热力管道均可采用埋地敷设。一般敷设在地下水位以上的土层内，它是将保温后的管道直接埋于地下，从而节省了大量建造地沟的材料、工时和空间。管道应有一定的埋深，外壳顶部的埋深应满足覆土厚度的要求。此外，还要求保温材料除热导率低之外，还应吸水率低，电阻率高，并具有一定的机械强度。为了防水防腐蚀，保温结构应连续无缝，形成整体。

(3) 架空敷设

架空敷设在工厂区和城市郊区应用广泛，它是将供热管道敷设在地面上的独立支架或带纵梁的管架以及建筑物的墙壁上。架空敷设管道不受地下水的侵蚀，因而管道寿命长；由于空间通畅，故管道坡度易于保证，所需放气与排水设备量少，而且通常有条件使用工作可靠、构造简单的方形补偿器；因为只有支撑结构基础的土方工程，故施工土方量小，造价低；在运行中，易于发现管道事故，维修方便，是一种比较经济的敷设方式。架空敷设的缺点是占地面积较多，管道热损大，在某些场合下不够美观。

按照支架的高度不同，可把支架分为下列三种形式。

① 低支架敷设[图 7-34(a)]。在不妨碍交通以及不妨碍厂区、街区扩建的地段，供热管道可采用低支架敷设。此时，最好是沿工厂的围墙或平行于公路、铁路来布线。低支架上管道保温层的底部与地面间的净距通常为 0.5～1.0m，两个相邻管道保温层外面的间距，一般为 0.1～0.2m。

② 中支架敷设[图 7-34(b)]。在行人出行频繁处，可采用中支架敷设。中支架的净空高度为 2.5～4.0m。

③ 高支架敷设[图 7-34(b)]。在跨越公路或铁路处，可采用高支架敷设，高支架的净空高度为 4.5～6.0m。

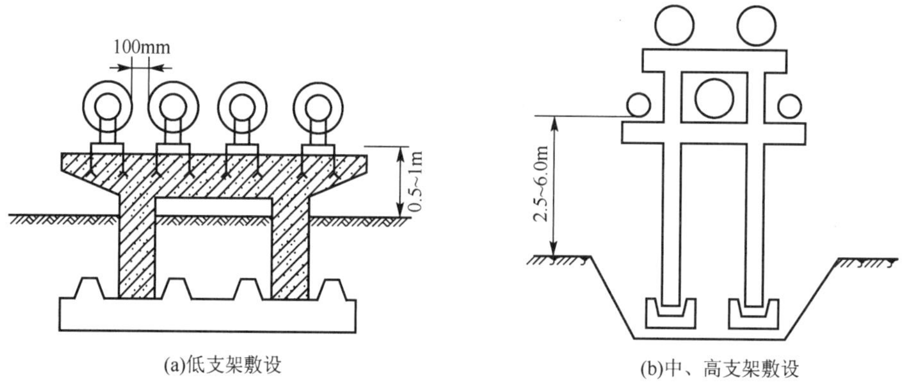

图 7-34　支架敷设

7.4.2 热力入口的布置与敷设

室内采暖系统与小区供热管道的连接处，叫作室内采暖系统热力入口，入口处一般装有必要的设备和仪表。

如图 7-35 所示为以热水采暖系统热力入口的一种形式。热力入口处设有温度计、压力表、旁通管、调压板、除污器、阀门等。

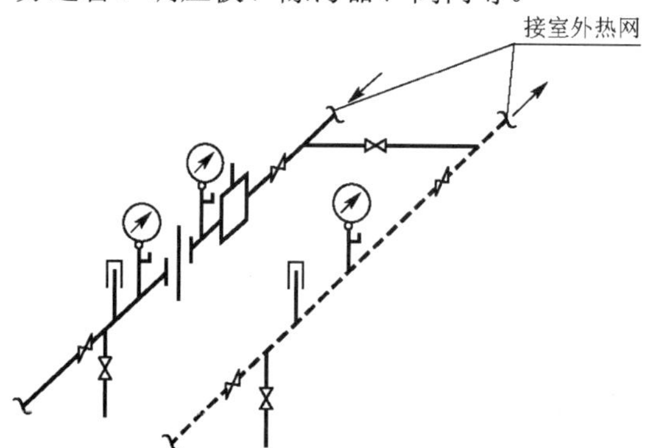

图 7-35　热水采暖系统热力入口

温度计用来测量采暖供水和回水的温度；压力表用来测量供、回水的压力差或调压板前后的压力差；当室外供热管网和室内采暖系统的工作压力不平衡时，调压板就用来调节压力，使室外供热管网和室内采暖系统的压力达到平衡；旁通管只在室内停止供暖或管道检修时而外网仍需运行时打开，使引入用户的支管中的水可继续循环流动，以防止外网支路被冻结。

7.4.3 建筑供热管道的布置与敷设

室内采暖系统的种类和形式应根据建筑物的使用特点和要求来确定，一般是在选定了系统的种类(热水还是蒸汽系统)和形式(上供还是下供，单管还是双管，同程还是异程)后进行系统的管网布置。

1. 热水采暖系统管路的布置与敷设

热水采暖系统管路布置直接影响到系统造价和使用效果。因此，系统管道走向布置应合理，以节省管材，便于调节和排除空气，而且要求各并联环路的阻力损失易于平衡。

采暖系统的引入口一般宜设在建筑物中部。系统应合理地设若干支路，而且尽量使各支路的阻力易于平衡。

在布置采暖系统管网时，一般先在建筑平面图上布置散热器，然后布置干管，再布置立管，最后绘出管网系统图。布置系统时力求管道最短，便于管理，并且不影响房间的美观。

供热管道的安装方法，有明装和暗装两种。采用明装还是暗装，要依建筑物的要求而定，一般民用建筑、公共建筑以及工业厂房都采用明装，装饰要求较高的建筑物，采用暗装。

(1) 干管的布置

对于上供式采暖系统，供热干管暗装时应布置在建筑物顶部的设备层中或吊顶内；明装时可沿墙敷设在窗过梁和顶棚之间的位置。布置供热干管时应考虑到供热干管的坡度、集气罐的设置要求。有门顶的建筑物，供热干管、膨胀水箱和集气罐都应设在门顶层内，回水或凝水干管一般敷设在地下室顶板之下或底层地面以下的供暖地沟内。

对于下供式采暖系统，供热干管和回水或凝水干管均应敷设在建筑物地下室顶板之下或底层地面以下的供暖地沟内，也可以沿墙明装在底层地面上。当干管穿越门洞时，可局部暗装在沟槽内。无论是明装还是暗装，回水干管均应保证设计坡度的要求。供暖地沟断面的尺寸应由沟内敷设的管道数量、管径、坡度及安装检修的要求确定，沟底应有0.3%的坡度坡向采暖系统引入口用以排水。

特别提示

采暖供水干管和回水干管要结合建筑物具体情况布置，并结合排水和泄空要求设置合理的坡向和坡度，无论是热水采暖系统还是蒸汽采暖系统，坡度都要引起重视。

(2) 立管的布置

立管可布置在房间、窗间墙或墙身转角处，对于有两面外墙的房间，立管宜设置在温度低的外墙转角处。楼梯间的立管尽量单独设置，以防结冻后影响其他立管的正常供暖。

要求暗装时，立管可敷设在墙体内预留的沟槽中，也可以敷设在管道竖井内。管井每层应用隔板隔断，以减少管道竖井中空气对流而形成无效的立管传热损失。

(3) 支管的布置

支管的位置与散热器的位置、进水和出水口的位置有关。支管与散热器的连接方式有三种：上进下出式、下进下出式和下进上出式。散热器支管进水、出水口可以布置在同侧，也可以在异侧。设计时应尽量采用上进下出、同侧连接方式，这种连接方式具有传热系数大、管路最短、外形美观的优点。下进下出的连接方式散热效果较差，但在水平串联系统中可以使用，因为安装简单，对分层控制散热量有利。下进上出的连接方式散热效果最差，但这种连接有利于排气。

连接散热器的支管应有坡度以利排气，当支管全长小于 500mm 时，坡度值为 5mm；大于 500mm 时，坡度值为 10mm，进水、回水支管均沿流向顺坡。

考虑到支管的热胀冷缩因素，支管必须采用乙字管连接散热器和立管。

2. 蒸汽采暖系统管路的布置与敷设

蒸汽采暖系统管路布置的基本要求与热水采暖系统相同，但是还要注意以下几点。

① 水平敷设的供汽和凝水管道必须有足够的坡度并尽可能地使汽、水同向流动。

② 布置蒸汽采暖系统时应尽量使系统作用半径小，流量分配均匀。系统规模较大，作用半径较大时宜采用同程式布置以避免远近不同的立管环路因压降不同造成环路凝水回流不畅。

③ 合理地设置疏水器。为了及时排除蒸汽系统的凝水，除了应保证管道必要的坡度外，还应在适当位置设置疏水装置，一般低压蒸汽采暖系统在每组散热设备的出口或每根立管的下部设置疏水器，高压蒸汽采暖系统一般在环路末端设置疏水器。水平敷设的供汽干管，为了减小敷设深度，每隔 30～40m 需要局部抬高，局部抬高的低点处设置疏水器和泄水装置。

④ 为避免蒸汽管路中的沿途凝水进入蒸汽立管造成水击现象，供汽立管应从蒸汽干管的上方或侧上方接出。干管沿途产生的凝结水，可通过干管末端设置的凝水立管和疏水装置排除。

⑤ 水平干式凝水干管通过过门地沟时，需将凝水干管内的空气与凝水分流，应在门上设空气绕行管。

3. 低温热水地板辐射加热管的布置与敷设

(1) 低温热水地板辐射采暖构造

加热管的布置要保证地面温度均匀，一般将高温管段布置在外窗、外墙侧。加热管的敷设管间距，应根据地面散热量、室内计算温度、平均水温及地面传热热阻等通过计算确定，一般在 100～300mm 之间。加热管应保持平直，防止管道扭曲，加热管一般无坡度敷设。埋设在填充层内的每个环路加热管不应有接头，其长度不大于 120m。环路布置不宜穿越填充层内的伸缩缝，必须穿越时，伸缩缝处应设长度不小于 200mm 的柔性套管。

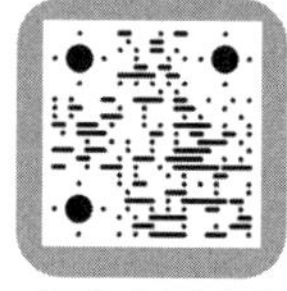

【参考图文】

加热管管道弯曲时，圆弧的顶部应加以限制，并用管卡进行固定，不得出现“死折”现象。采用塑料及铝塑复合管时，其弯曲半径不宜小于 6 倍管外径；采用铜管时，弯曲半径不宜小于 5 倍管外径。加热管应设固定装置。

(2) 系统设置

低温热水地板辐射采暖系统的楼内分户热量计量系统构造与前面的单户计量系统相同，只是在户内需设置分水器和集水器，另外，当集中采暖热媒的温度超过低温热水地板辐射采暖的允许温度时，可设集中的换热站以保证温度在允许的范围内，如图 7-36 所示。

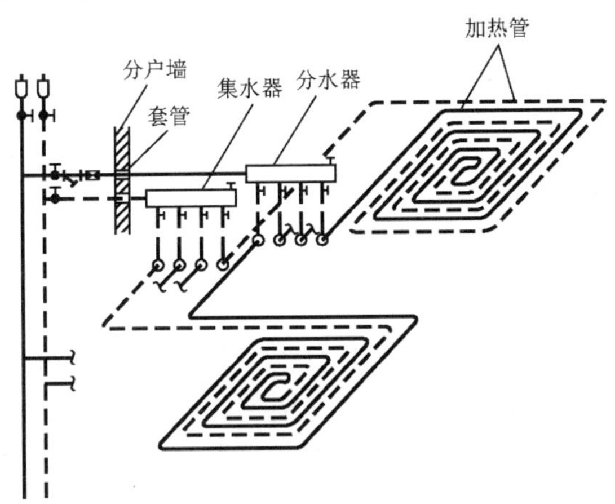

图 7-36 低温热水地板辐射采暖系统

低温热水地板辐射采暖的楼内系统一般通过设置在户内的分水器、集水器与户内埋在地面层内的管路系统连接，每套分、集水器宜接 3～5 个回路，最多不超过 8 个。分水器、集水器宜布置在厨房、卫生间等地方，注意应留有一定的检修空间，且每层安装位置应相同。

7.4.4 采暖系统常用管材

采暖系统的管材有以下几种。

1. 焊接钢管

焊接钢管及镀锌钢管常用于输送低压流体，是采暖工程中最常用的管材。焊接钢管使用时压力不大于 1MPa，输送介质的温度不大于 130℃。焊接钢管的 *DN* 不大于 32mm 时，用螺纹接方式连接；*DN* 不小于 40mm 时，用焊接方式连接。

2. 无缝钢管

无缝钢管主要用于系统需承受较高压力的室内采暖系统，用焊接方式连接。

3. 其他管材

其他管材有交联铝塑复合(XPAP)管、聚丁烯(PB)管、交联聚乙烯(PE-X)管、无规共聚聚丙烯(PP-R)管等，常用于低温热水地板辐射采暖系统。

知识链接

1. 采暖管道的安装

为了更好地发挥采暖系统的作用，保证采暖系统的安装质量，安装时必须遵循以下工艺流程：热力入口安装→干管安装→立管安装→支管安装，即一般按安装准备→预制加工→总管及其入口装置→干管→立管→散热器→支管的施工顺序进行。

(1) 热力入口安装

建筑采暖热力入口由供、回水总管及配件构成。供、回水总管一般并行穿越建筑物基础预留洞进入室内。热力入口处设有温度计、压力表、旁通管、调压板、除污器、阀门等，安装时应预先装配好，必要时经水压试验合格后，再整体穿入基础预留洞。

(2) 干管安装

干管的安装按下列程序进行：管道定位、画线→安装支架→管道就位→接口连接→开立管连接孔、焊接→水压试验、验收。

① 确定干管位置。根据施工图所要求的干管走向、位置、坡度，检查预留洞，画出管道安装中心线。

② 管道预加工。根据设计图纸进行管道的预加工，包括下料、套丝、焊法兰盘、调直等。

③ 管道就位。

a. 干管悬吊式安装。安装前将地沟、地下室、技术层或顶棚内的吊卡穿于型钢上，管道上套上吊卡，上下对齐，再穿上螺栓，拧紧螺母，将管子初步固定。

b. 干管在托架上安装。将管子搁置于托架上，先用U形卡固定第一节管道，然后依次固定各节管道。

c. 管道的连接。在支架上把管段对好口，按要求焊接或螺纹接，连成系统。

d. 管道找坡。管道连接好后，应校核管道坡度，合格后固定管道。

(3) 立管安装

立管安装应从底层到顶层逐层安装，安装时首先确定安装位置，管道距左墙净距不得少于150mm，距右墙不得少于300mm。

① 画好立管垂直中心线，确定立管卡安装位置，安好各层立管卡。

② 立管逐层安装时，一定要穿入套管，并将其固定好，再用立管卡将管子固定。

(4) 支管安装(略)

2. 散热器的安装

散热器的安装主要包括散热器的组对，散热器的试压，在墙上画线、打眼、安装支架或托钩，安装散热器等。

(1) 组对

常用散热器有钢制和铸铁两大类。钢制散热器在出厂前，已经根据设计要求的片数焊接完成。铸铁散热器除翼型散热器外，其余都要根据设计要求进行组对。

散热器组对前，应检查每片散热器有无裂纹、砂眼及其他损坏，接口断面是否平整。将散热器用钢刷把对口处螺纹内的铁锈处理干净，按正扣向上，依次放齐。组对常用的对丝、丝堵、补心等部件应放在易取位置。组对密封垫采用石棉橡胶垫片，其厚度不超过1.5mm，用机油随用随浸。组对的散热器要求平直严紧，垫片不得外露。

(2) 试压

将散热器抬到试压台上，用管钳子上好临时丝堵和临时补心，连接试压泵；试压时一般按工作压力的1.5倍作为试验压力，稳压5min后，逐个观察每个接口是否有渗漏，不渗漏为合格。

将试压合格后的散热器，表面除锈，刷防锈漆，再刷银粉漆。然后运至集中地点，堆放整齐，准备安装。

(3) 画线、打眼、安装支架或托钩

根据安装位置及高度在墙上画出安装中心线、孔洞、安装支架或托钩。

(4) 安装散热器

散热器的安装与外墙的距离应符合设计要求和产品说明书要求，如未注明，应为30mm。

3. 低温热水地板辐射采暖系统的安装

低温热水地板辐射采暖构造如图 7-37 所示。

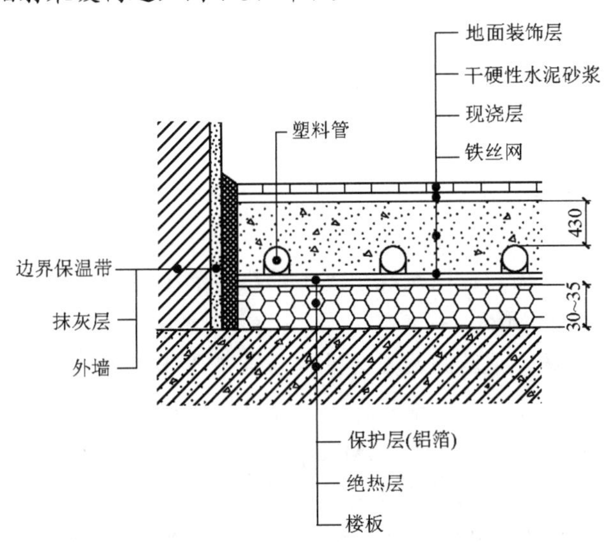

图 7-37 低温热水地板辐射采暖构造

低温热水地板辐射采暖系统的施工工序为：地面清理→绝热层安装→安装分水器、集水器→安装加热管→水压试验→填充层→面层。

(1) 地面清理

地暖施工前，先进行地面清理。清除地面上的积土和各类杂物，保持地面干净，防止损坏保温板。

(2) 绝热层安装

绝热层一般采用聚苯乙烯泡沫塑料板。绝热层做在找平层上，保温板要平整、板块接缝应严密，下部无空鼓及突起现象。保温板与四周墙壁之间留出伸缩缝。

(3) 安装分水器、集水器

分水器、集水器安装宜在开始铺设加热管之前进行。

水平安装时，宜将分水器安装在上，集水器安装在下，中心距宜为 200mm，集水器中心距地面不应小于 300mm。每个环路加热管的进、出水口，应分别与分水器、集水器相连接。分水器、集水器一般布置在不影响室内使用、操作方便的地方，并加以固定。

(4) 安装加热管

加热管安装前，应对材料的外观和接头的配合公差进行仔细检查，并清除管道和管件内外的污垢和杂物。注意管与管之间的距离，固定加热管卡的间距，加热管出地面到分水器、集水器连接处的明装部分，外部加套管，套管高出装饰面 150～200mm，以保护加热管。

(5) 水压试验

低温热水地板辐射采暖系统打压前，必须事先冲洗管道。水压试验进行两次，分别是在浇捣混凝土填充层前和填充层养护期满后。低温热水地板辐射采暖系统试验压力为工作压力的 1.5 倍，且不应小于 0.6MPa。在试验压力下稳压 1h，其压力降不应大于 0.05MPa。不宜以气压试验替代水压试验。水压试验宜采用手动泵缓慢升压，升压过程中应随时观察与检查，系统各处无任何渗漏后方可带压充填细石混凝土。

(6) 填充层及面层做法

细石混凝土的搅拌、运输、浇筑、振捣和养护等一系列的施工要求混凝土层的施工完毕后要进行养护。混凝土层养护期不少于 21 天。

4. 建筑采暖系统的试压与冲洗

(1) 试压

① 试验压力。系统安装完毕，应做水压试验，水压试验的试验压力应符合设计要求，当设计未注明时，应符合下列规定。

a. 蒸汽、热水采暖系统，应以系统顶点工作压力加 0.1MPa 做水压试验，同时在系统顶点的试验压力不小于 0.3MPa。

b. 高温热水采暖系统，试验压力应为系统顶点工作压力加 0.4MPa。

c. 使用塑料管及复合管的热水采暖系统，应以系统顶点工作压力加 0.2MPa 做水压试验，同时系统顶点的试验压力不小于 0.4MPa。

② 试压方法。室内采暖系统的水压试验，可分段或分层进行，也可以对整个系统进行试压。对于分段或分层试压的系统，如果有条件，还应进行一次整个系统的试压。对于系统中需要隐蔽的管段，应做分段试压，试压合格后方可隐蔽，同时填写隐蔽工程验收记录。

a. 试压准备：打开系统所有的阀门；采取临时措施隔断膨胀水箱和热源；在系统下部安装手摇泵或电动泵，接通自来水管道。

b. 系统充水：依靠自来水的压力向管道内充水，系统充满水后不要进行加压，应反复地进行充水、排气，直到将系统中的空气排除干净；关闭排气阀。

c. 系统加压：确定试验压力，用试压泵加压。一般也应分 2～3 次升至试验压力。在试压过程中，每升高一次压力，都应停下来对管道进行检查，无问题再继续升压，直至升到试验压力。

d. 系统检验：采用金属及金属复合管的采暖系统，在试验压力下观测 10min，压力降不应大于 0.02MPa，然后降到工作压力进行检查，不渗不漏为合格。采用塑料管的采暖系统，在试验压力下稳压 1h，压力降不得超过 0.05MPa，然后在工作压力的 1.15 倍状态下稳压 2h，压力降不大于 0.03MPa，同时检查各连接处，不渗不漏为合格。

③ 试压注意事项。

a. 气温低于 4℃时，试压结束后及时将系统内的水放空，并关闭泄水阀。

b. 系统试压时，应拆除系统的压力表、打开疏水器旁通阀，避免压力表、疏水器被污物堵塞。

c. 试压泵上的压力表应为合格的压力表。

(2) 冲洗

系统试压合格，应对系统进行冲洗，冲洗的目的是清除系统的泥沙、铁锈等杂物，保证系统内部清洁，避免运行时发生阻塞。

热水采暖系统可用水冲洗。冲洗的方法是：将系统内充满水，打开系统最低处的泄水阀，让系统中的水连同杂物由此排出，反复多次，直到排出的水清澈透明为止。

蒸汽采暖系统可采用蒸汽冲洗。冲洗的方法是：打开疏水装置的旁通阀，送汽时，送汽阀门慢慢开启，蒸汽由排汽口排出，直到排出干净的蒸汽为止。

采暖系统试压、冲洗结束后，方可进行防腐和保温。

7.4.5 管道、设备的防腐与保温

1. 防腐

在管道工程中，各种管材、设备为了防止其产生锈蚀而受到破坏，需要对这些管材和设备进行防腐处理。

知识链接

腐蚀是引发管道安全事故的最重要的原因之一。管道运行过程中通常受到来自内、外两个环境的腐蚀，内腐蚀主要由输送介质、管内积液、污物以及管道内应力等联合作用形成；外腐蚀通常因涂层破坏、失效，使外部腐蚀因素直接作用于管道外表面而造成。

内腐蚀一般采用清管、加缓蚀剂等手段来处理，近年来随着管道业对管道运行管理的加强以及对输送介质的严格要求，内腐蚀在很大程度上得到了控制。

管道的腐蚀损坏主要由外腐蚀导致。埋地金属管道的腐蚀主要是受到电化学、化学以及微生物等多重作用而发生的，金属管道的腐蚀机理有以下几种。

① 电化学腐蚀。钢铁埋地接触到电解质溶液后发生原电池反应，即铁原子失去电子而被氧化，生成疏松的金属氧化物，丧失强度，表面形成腐蚀坑点，这种腐蚀称为电化学腐蚀。通常金属管道的腐蚀主要是由电化学腐蚀的结果。在潮湿的空气或土壤中，钢铁管道表面会吸附一层薄薄的水膜而促使管道腐蚀。由于外界酸碱环境的差异，钢铁会发生吸氧或析氢腐蚀，一般以吸氧的电化学腐蚀为主。

② 化学腐蚀。金属管道的腐蚀除电化学腐蚀外，还有金属跟接触到的物质(一般是非电解质)直接发生化学反应而引起的一种腐蚀，称作化学腐蚀。这一类腐蚀的化学反应较为简单，仅仅是铁等金属原子跟氧化剂之间的氧化还原反应。从本质上讲，电化学腐蚀和化学腐蚀都是铁等金属原子失去电子而被氧化的过程，但是电化学腐蚀过程中有电流产生，而化学腐蚀过程里没有。在一般情况下，这两种腐蚀往往同时发生。

③ 微生物腐蚀。

(1) 管道防腐的程序

防腐处理的程序：除锈、刷防锈漆、刷面漆。

除锈是指在刷防锈漆前，将金属管道表面的灰尘、污垢及锈蚀物等杂物彻底清理干净，除锈可以用人工打磨或是化学除锈，不管采用哪种除锈方法，除锈后都应露出金属光泽，

使涂刷的油漆能够牢固地黏结在管道或设备的表面上。

(2) 常用油漆

① 红丹防锈漆。其多用于地沟内保温的采暖及热水供应管道和设备。它是由油性红丹防锈漆和 200 号溶剂汽油按照 4∶1 比例配制的。

② 防锈漆。其多用于地沟内不保温的管道。它是由酚醛防锈漆与 200 号溶剂汽油按照 3.3∶1 比例配制的。

③ 银粉漆。其多用于室内采暖管道、给水排水管道及室内明装设备的面漆。它是由银粉、200 号溶剂汽油、酚醛清漆按照 1∶8∶4 比例配制的。

④ 冷底子油。其多用于埋地管材的第一遍漆。它是由沥青和汽油按照 1∶2.2 比例配制的。

⑤ 沥青漆。其多用于埋地给水或排水管道的防水。它是由煤焦沥青漆和苯按照 6.2∶1 比例配制的。

⑥ 调和漆。其多用于有装饰要求的管道和设备的面漆。它是由酚醛调和漆和汽油按照 9.5∶1 比例配制的。

(3) 防腐要求

① 明装管道和设备必须刷一道防锈漆、两道面漆，如需保温和防结露处理，应刷两道防锈漆，不刷面漆。

② 暗装的管道和设备，应刷两道防锈漆。

③ 埋地钢管的防腐层做法应根据土壤的腐蚀性能来定，按表 7-1 来执行。

表 7-1 埋地钢管的防腐层做法

防腐层层数 (从金属表面算起)	防腐层种类		
	正常防腐	加强防腐	超加强防腐
1	冷底子油	冷底子油	冷底子油
2	沥青漆涂层	沥青漆涂层	沥青漆涂层
3	外包保护层	加强包扎层	加强包扎层
4		(封闭层)	(封闭层)
5		沥青漆涂层	沥青漆涂层
6		外包保护层	加强包扎层
7			(封闭层)
8			沥青漆涂层
9			外包保护层
防腐层层数	共 3 层	共 6 层	共 9 层

④ 出厂未涂油的排水铸铁管和管件，埋地安装前应在管道外壁涂两道石油沥青。

⑤ 涂刷油漆应厚度均匀，不得有脱皮、起泡、流淌和漏涂等现象。

⑥ 管道、设备的防腐处理，严禁在雨、雾、雪和大风等恶劣天气下操作。

2. 保温

(1) 保温的一般要求

为了减少输送过程中的热量损失，节约燃料，必须对管道和设备进行保温。

保温应在防腐和水压试验合格后进行。

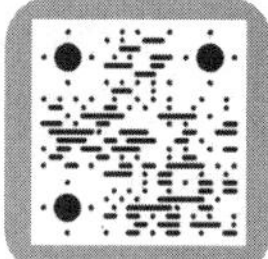
【参考图文】

对保温材料的要求是质量轻；来源广泛；热传导率小，隔热性能好；阻燃性能好；吸声率良；绝缘性高；耐腐蚀性高；吸湿率低；施工简单，价格低廉。

(2) 常用的保温材料

保温材料的种类繁多，《严寒和寒冷地区居住建筑节能设计标准》(JGJ 26—2018) 推荐下面两种保温材料(多用于采暖管道)。

① 水泥膨胀珍珠岩管壳，如图 7-38 所示，具有较好的保温性能，产量大，价格低廉，是目前管道保温常用材料。

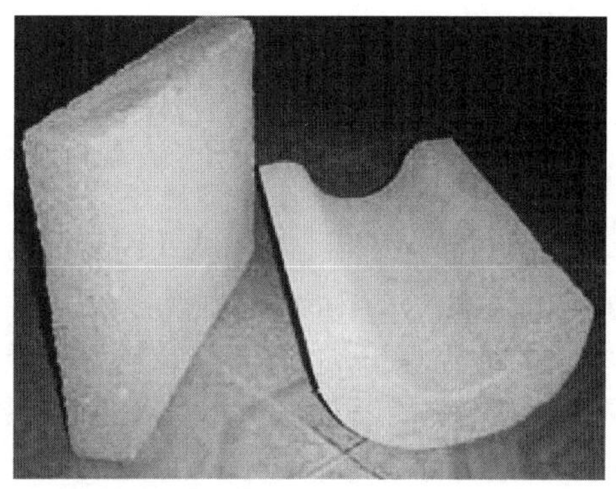

图 7-38　水泥膨胀珍珠岩管壳

② 岩棉、矿棉及玻璃棉管壳，如图 7-39 所示，保温效果好，施工方便。

(3) 保温层的做法

保温结构一般由保温层和保护层两部分组成。保温层主要由保温材料组成，具有绝热保温的作用，如图 7-40 所示；保护层主要保护保温层不受风、雨、雪的侵蚀和破坏，同时可以防潮、防水、防腐，延长管道的使用年限。

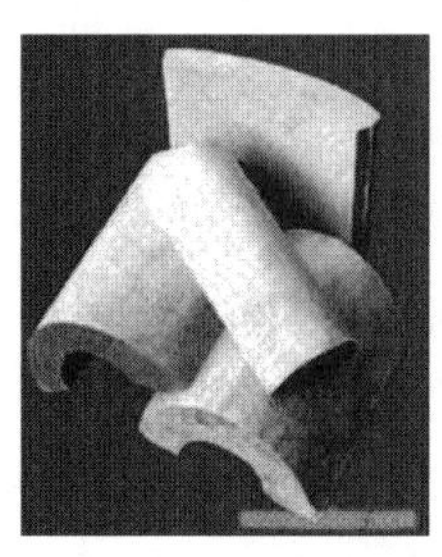

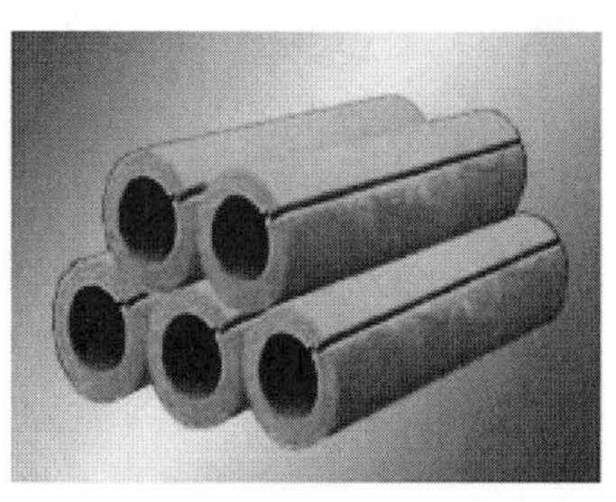

图 7-39　岩棉、矿棉及玻璃棉管壳

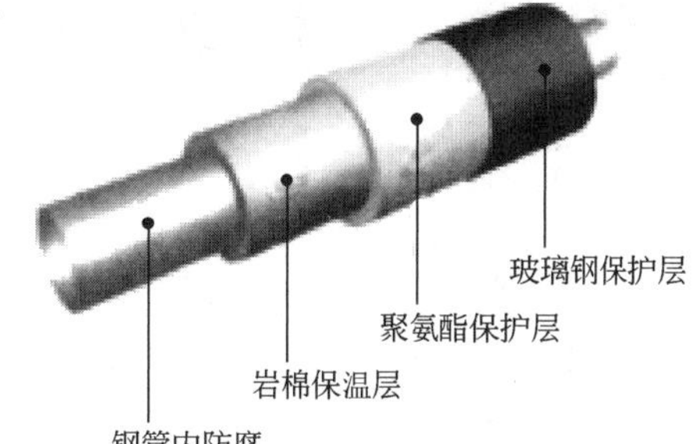

图 7-40　保温层的结构

① 涂抹法。其多用石棉灰、石棉硅藻土。做法是先在管子上缠以草绳，再将石棉灰调和成糊状抹在草绳外面。这些材料由于施工慢、保温性能差，已逐步被淘汰。

② 预制法。在工厂或预制厂将保温材料制成扇形、梯形、半圆形或制成管壳，然后将其捆扎在管子外面，可以用铁丝扎紧。这种预制法施工简单，保温效果好，是目前使用比

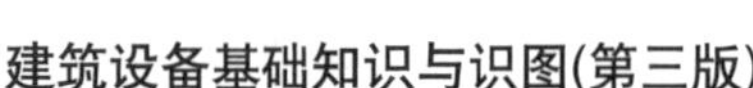

较广泛的一种保温做法。

③ 包扎法。其用矿渣棉毡或玻璃棉毡。先将棉毡按管子的周长搭接宽度裁好，然后包在管子上，搭接缝在管子上部，外面用镀锌铁丝缠绑。包扎法保温必须采用干燥的保温材料，宜用油毡玻璃丝布做保护层。

④ 填充式。将松散粒状或纤维保温材料如矿渣棉毡、玻璃棉毡等充填于管道周围的特制外套或铁丝网中，或直接充填于地沟内或无沟敷设的槽内。这种保温方法造价低，保温效果好。

⑤ 浇灌式。其用于不通行地沟或直埋敷设的热力管道。具体做法是把配好的原料注入钢制的模具内，在管外直接发泡成型。

(4) 保护层的做法

保温层干燥后，可做保护层。

① 沥青油毡保护层。具体做法与包扎法相似，所不同的是搭接缝在管子的侧面，缝口朝下，搭接缝用热沥青粘住。

② 缠裹材料保护层。在室内采暖管道常用玻璃丝布、棉布、麻布等材料缠裹做为保护层。如需做防潮，可在布面上刷沥青漆。

③ 石棉水泥保护层。泡沫混凝土、矿渣棉毡、石棉硅藻土等保温层常用石棉水泥保护层。具体做法是先将石棉与400号水泥按照3∶17的重量比搅拌均匀，再用水调和成糊状，涂抹在保温层外面。厚度为10～15mm。

④ 铁皮保护层。为了提高保护层的坚固性和防潮作用，可采用铁皮保护层。铁皮保护层适用于预制瓦片保温和包扎保温层中。具体做法是铁皮下料后，用压边机压边，滚圆机滚圆。铁皮应紧贴保温层，不留空隙，纵缝搭口朝下，铁皮的搭接长度为环向30mm；纵向不小于30mm，铁皮用半圆头自攻螺钉紧固。

7.5 建筑采暖施工图

建筑采暖施工图是室内采暖系统施工的依据和必须遵守的文件，使施工人员明白设计人员的设计意图，并贯彻到采暖工程施工中去。施工时，未经设计单位同意，不能随意修改施工图中内容。

7.5.1 施工图的组成

与建筑给水排水施工图一样，建筑采暖施工图由文字部分和图示部分组成。文字部分包括设计施工说明、图纸目录、图例及主要设备材料明细表等，图示部分包括平面图、系统图和详图。

1. 文字部分

(1) 设计施工说明

设计施工说明主要内容有：建筑物的采暖面积；采暖系统的热源种类、热媒参数、系统总热负荷；系统形式，进出口压力差；各房间设计温度；散热器形式及安装方式；管材种类及连接方式；管道防腐、保温的做法；所采用标准图号及名称；施工注意事项，施工验收应达到的质量要求；系统的试压要求；对施工的特殊要求和其他不易用图表达清楚的问题等。

(2) 图纸目录

图纸目录包括设计人员绘制部分和所选用的标准图部分。

(3) 图例

建筑采暖施工图中的管道及附件、管道连接、阀门、采暖设备及仪表等，采用《暖通空调制图标准》(GB/T 50114—2010)中统一的图例表示，凡在标准图例中未列入的可自设，但在图纸上应专门画出图例，并加以说明。《暖通空调制图标准》(GB/T 50114—2010)中的部分图例见表 7-2。

表 7-2 建筑采暖施工图常用图例

符号	名称	说明
	供水(汽)管	
	回(凝结)水管	
	绝热管	
	套管补偿器	
	方形补偿器	
	波纹管补偿器	
	弧形补偿器	
	止回阀	左图为通用 右图为升降式止回阀
	截止阀	
	闸阀	
15 15	散热器及手动放气阀	左为平面图画法 右为剖面图画法
	疏水器	也可用
	自动排气阀	
	集气罐、放气阀	

续表

符号	名称	说明
—×— —×‖‖×—	固定支架	左为单管 右为多管
——▷|	丝堵	也可表示为——‖
i=0.003 → 或 ——→ i=0.003	坡度及坡向	
Ⓣ 或 ╓╖	温度计	左为圆盘式温度计 右为管式温度计
	压力表	
	水泵	流向：自三角形底边至顶点
—‖|—	活接头	
—○—	可曲挠接头	
	除污器	左为立式除污器，中为卧式除污器，右为 Y 形过滤器

(4) 主要设备材料明细表

为了方便施工材料和设备的准备并符合图纸要求，设计人员应编制主要设备材料明细表，包括序号、名称、型号、规格、单位、数量、备注等项目，采暖施工图中涉及的采暖设备、采暖管道及附件等均列入表中。

2. 图示部分

(1) 平面图

平面图是采暖施工图的主要部分。采用的比例一般与建筑图相同，常用 1∶100 和 1∶200。

平面图所表达的内容主要有：与采暖有关的建筑物轮廓，包括建筑物墙体，主要的轴线及轴线编号，尺寸线等；采暖系统主要设备(集气罐、膨胀水箱、补偿器等)的平面位置；干管、立管、支管的位置和立管编号；散热器的位置、片数；采暖地沟的位置；热力入口位置与编号等。

多层建筑的采暖平面图应分层绘制，一般底层和顶层平面图应单独绘制，如各层采暖管道和散热器布置相同，可画在一个平面图上，该平面图称为标准层平面图。各层采暖平面是在各层管道系统之上水平剖切后，向下水平投影的投影图，这与建筑图的剖切位置不同。

(2) 系统图

系统图主要表达采暖系统中管道、附件及散热器的空间位置及空间走向；管道与管道之间连接方式；散热器与管道的连接方式；立管编号，各管道的管径和坡度；散热器的片数；供、回水干管的标高；膨胀水箱、集气罐(或自动排气阀)、疏水器，减压阀等设置位置和标高等。

系统图上各立管的编号应和平面图上一一对应，散热器的片数也应与平面图完全对应。

系统图一般采用与平面图相同的比例，这样在绘图时按轴向量取长度较为方便，但有时为了避免管道的重叠，可不严格按比例绘制，适当将管道伸长或缩短，以达到可以清楚表达的目的。

系统图中的设备、管路往往重叠在一起，为表达清楚，在重叠、密集处可断开引出绘制，称为引出画法或移至画法。在管道断开处用相同的小写英文字母或阿拉伯数字注明，以便相互查找。

(3) 详图

当某些设备的构造或管道间的连接情况在平面图和系统图上表达不清楚，也无法用文字说明时，可以将这些局部放大比例，画出详图。

7.5.2 建筑采暖施工图的识读

建筑采暖系统安装于建筑物内，因此要先了解建筑物的基本情况，然后阅读采暖施工图中的设计施工说明，熟悉有关的设计资料、标准规范、采暖方式、技术要求及引用的标准图等。

平面图和系统图是采暖施工图中的主要图纸，看图时应相互联系和对照，一般按照热媒的流动方向阅读，即供水总管→供水总立管→供水干管→供水立管→供水支管→散热器→回水支管→回水立管→回水干管→回水总管。按照热媒的流动方向，可以较快地熟悉采暖系统的来龙去脉。

工程实例

某六层宿舍楼，如附图 17～附图 25 所示。设有宿舍、盥洗间、卫生间，双面走廊。建筑物总采暖面积 6301.50m^2，总采暖热负荷为 330kW，总管阻为 30kPa，系统采用的热源种类为 95℃/70℃热水，由校区热力管网供给；室外设计温度为−5℃；室内设计温度：宿舍 16～18℃，卫生间、盥洗室为 16℃，走廊、楼梯间 14℃。以该工程图为例，说明识读室内采暖施工图的方法和步骤。

1. 阅读文字部分

先看设计说明，了解该系统总的采暖热负荷为 330kW，总的采暖面积为 6301.50m^2；本系统总管阻为 30kPa；系统采用的热源种类为 95℃/70℃热水；室外设计温度为−5℃；室内设计温度：宿舍 16～18℃，卫生间、盥洗室为 16℃，走廊、楼梯间 14℃。系统采用热镀锌钢管，DN≤32mm 时，采用丝扣连接，DN>32mm 时，采用焊接；系统所采用的散热器型号为铸铁四柱 760 型散热器，其标准散热量为 139W/片，沿外墙窗台落地安装。

系统刷油漆前先清除金属管道表面的铁锈，支架、管接口处均刷防锈底漆两道，非保温金属管道、支架、管接口处刷银粉漆两道；保温金属管道刷防锈底漆两道，以达到防腐要求。

采暖总立管及敷设在不供暖房间的供、回水管道应保温，此外，在排水管道紧挨处也应做保温处理，材料采用超细玻璃棉制品，厚度 40mm；穿越宿舍的水平干管做保温处理，材料采用超细玻璃棉制品，厚度 20mm。保温层外均包两层玻璃丝布保护层，其表面刷两道 191 聚酯漆；室外地下敷设管道保温采用硬质聚氨酯泡沫塑料，厚度 50mm，外加玻璃钢保护层，其表面刷两道 191 聚酯漆。

系统水压试验：系统安装完毕后，未做保温处理前对系统进行试压，钢管试验压力为 0.6MPa，10min 内压力下降不大于 0.02MPa，降至 0.4MPa 后检查，不渗、不漏为合格。试压合格后对系统反复冲洗，排水中不含杂质且水色不浑浊方为合格。

施工注意事项及其他施工要求均按《建筑给水排水及采暖工程施工质量验收规范》(GB 50242—2002)执行。

再看图例，弄清各符号代表的含义。

最后看主要设备材料明细表，熟悉本系统所用的主要设备情况。

2. 看各层平面图，了解建筑物的基本情况

该建筑物总共六层，双面走廊，1 个热力入口，建筑物内设有宿舍、盥洗间、卫生间，各层布置基本相同。

3. 看各层平面图，弄清各房间散热器的布置位置及片数

从平面图中可以看出，该建筑物内各房间、楼梯间、走廊等均布置散热器，所有散热器沿外墙窗台下布置，各层散热器布置位置是完全相同的。各个房间散热器片数分别标注在各层平面图上。

4. 看平面图，了解热力入口、供水干管、回水干管、立管的设置情况

由底层及六层平面图可以看出，供水总管在底层从北面沿轴线⑩经地沟引入，过轴线Ⓔ后经供水总立管由地下引至六楼梁底，左右分为两个支路，左支路 N1 在六楼梁底沿轴线Ⓔ、轴线①、轴线Ⓑ至⑨依次向立管(N1/1)～(N1/18)供水；右支路 N2 在六楼梁底沿轴线Ⓔ、轴线⑲、轴线Ⓑ至⑩依次向立管 (N2/1)～(N2/18) 供水。

供水干管的 N1、N2 支路均以逆坡敷设，N1 支路过立管(N1/18)后标高最高，故在轴线Ⓑ与⑨处设自动排气阀，同理，N2 支路过立管(N2/18)后标高最高，故在轴线Ⓑ与⑩处设自动排气阀。

立管设于各采暖房间的墙角，各宿舍设置独立的立管，盥洗间和卫生间共用一根立管，走廊的两端各设一根立管，楼梯间也设有独立立管。

各立管的供水经每层散热器散热后，流至一层梁下的回水干管收集。对照供水干管，回水干管也分为左右两个支路，左支路 N1 在一楼梁底沿轴线Ⓔ、轴线①、轴线Ⓑ至⑨依次收集立管(N1/1)～(N1/18)的回水；右支路 N2 在一楼梁底沿轴线Ⓔ、轴线⑲、轴线Ⓑ至⑩依次收集立管(N2/1)～(N2/18)的回水。两支路在一楼梁底至轴线Ⓑ至⑩汇合后，经管道由上向下引入到一层地下，沿轴线⑩由南向北至轴线Ⓔ处排出室外。回水管道的坡度为顺坡，故在回水干管 N1 支路与立管(N1/18)处设一自动排气阀，N2 支路与立管(N2/18)处设一自动排气阀。

回水总管出口与供水总管入口在同一位置，供水总管管径 *DN*80，与轴线⑩的距离为 320mm，回水总管管径 *DN*80，与轴线⑩的距离为 720mm。热力入口处设有截止阀、压力表、温度计、循环管、泄水阀等。

5. 把平面图与系统图结合起来看，弄清管网图式及管道布置情况

从平面图和系统图可知，系统为上供中回单管顺流式。整个系统是左右两个环路，左支路供水干管沿左半周外墙逆时针敷设；右支路供水干管沿右半周外墙顺时针敷设，供水干管布置在顶层梁底，回水干管在一层梁底。

系统共设36组立管，左支路18根，右支路18根。*DN*80的供水总管从标高为-1.3m处穿外墙进入室内，与供水总立管连接，上升至六楼梁底与顶层的供水干管相接。各支路供水干管沿外墙逆坡敷设，干管坡度为0.2%，坡向与水流方向相反，末端设自动排气阀一个。两支路立管管径有*DN*20、*DN*15两种，每根立管上、下各设置截止阀一个。两支路的回水干管敷设在一楼梁底，顺坡敷设，坡度为0.2%，至轴线⑩处汇合下降至-0.7m，回水干管向北穿墙引出建筑物。供、回水干管管径、坡度、标高等情况均标注在系统图中。

6. 其他

管道防腐、保温做法按设计说明。施工要求按《建筑给水排水及采暖工程施工质量验收规范》(GB 50242—2002)执行。

通过看平面图和系统图，可以了解建筑物内整个采暖系统的空间布置情况，但有些部位的具体做法还需查看详图，如散热器的安装，管道支架的固定等都需要阅读有关的施工详图。

拓展讨论

党的二十大报告提出，协同推进降碳、减污、扩绿、增长，推进生态优先、节约集约、绿色低碳发展。建筑采暖系统热媒种类多、管道布置复杂，请从热媒的产生、采暖设备的选择等方面考虑在系统设计时采用哪些有效措施能做到降碳、减污？

本章小结

建筑采暖系统是建筑物内的重要系统，包含内容很多，是本课程的重点和难点。

建筑采暖系统重点学习热水采暖系统和蒸汽采暖系统。

热水采暖系统分为自然循环和机械循环，集中采暖的建筑物基本上都采用机械循环。机械循环根据建筑物的实际情况可以选用双管式、单管式、上供下回式、下供下回式、同程式、单户计量、地面辐射等。

蒸汽采暖系统根据蒸汽压力分为低压和高压蒸汽采暖系统，蒸汽采暖系统与热水采暖系统的供热原理有所不同，组成也有所区别。

采暖系统是依靠采暖设备及附件实现的，应对散热器的种类和特点有所了解，铸铁散热器、钢制散热器、合金散热器各有不同的特性。热水采暖系统中所用的膨胀水箱、集气装置、除污器，蒸汽采暖系统中所用的疏水器、伸缩器等设备在系统中的作用、类型、特点、安装位置等应熟练掌握。

采暖系统的布置、敷设及安装是采暖系统的重要环节，布置应遵循相应的原则，敷设可分为明装和暗装，室外采暖管道根据地形、地下水位等具体情况可选用地沟敷设或地上支架敷设，两种方式各具特点。同时，简单介绍了采暖系统试压、冲洗、防腐和保温的要求。

采暖施工图是对前述采暖系统理论的具体应用，也是本章节的学习目标，应引起重视。采暖系统应掌握其主要内容并掌握采暖系统施工图的识读步骤，正确、快速熟读采暖施工图。

复习思考题

1. 填空题

(1) 传热的基本方式有________、________、________。

(2) 根据采暖热媒不同，采暖系统可分为________、________、________、________。

(3) 自然循环热水采暖系统由________、________、________和________组成。

(4) 常用采暖形式有________、________、________、________、________、________。

(5) 常用散热器按构造可分为________、________、________、________、________。

(6) 在采暖系统中常用的排气装置有________、________、________。

(7) 室外采暖管道的敷设方式可分为________、________、________。

(8) 常用防锈漆有________、________、________、________、________、________。

2. 简答题

(1) 简述自然循环热水采暖系统的工作原理。

(2) 写出自然循环热水采暖系统与机械循环热水采暖系统的不同之处。

(3) 热水采暖系统常用的管网图式有哪些种？各有何特点？

(4) 在采暖系统中采用同程式的优点是什么？

(5) 简述蒸汽采暖系统的工作原理及其分类。

(6) 钢制散热器与铸铁散热器相比，有哪些特点？

(7) 画出膨胀水箱的示意图，并简述膨胀水箱及其配管的作用。

(8) 热水采暖系统中常用的排气装置有哪几种？简答其各自的特点。

(9) 室外采暖管道的敷设方式有哪几种？各有何特点？

(10) 简答热力入口上有哪些仪表？起何作用？

(11) 建筑热水采暖管道的布置与敷设应注意哪些方面？

(12) 建筑蒸汽采暖管道的布置与敷设应注意哪些方面？

(13) 简述采暖施工图识读的主要步骤。

工程实例

某六层教学楼采暖施工图，热源为 60～85℃热水，系统负荷为 90kW，系统入口压差为 25kPa，供暖方式采用单管上供中回式散热器采暖，如附图 26～附图 32 所示。

第8章 建筑通风、防火排烟与空气调节

思维导图

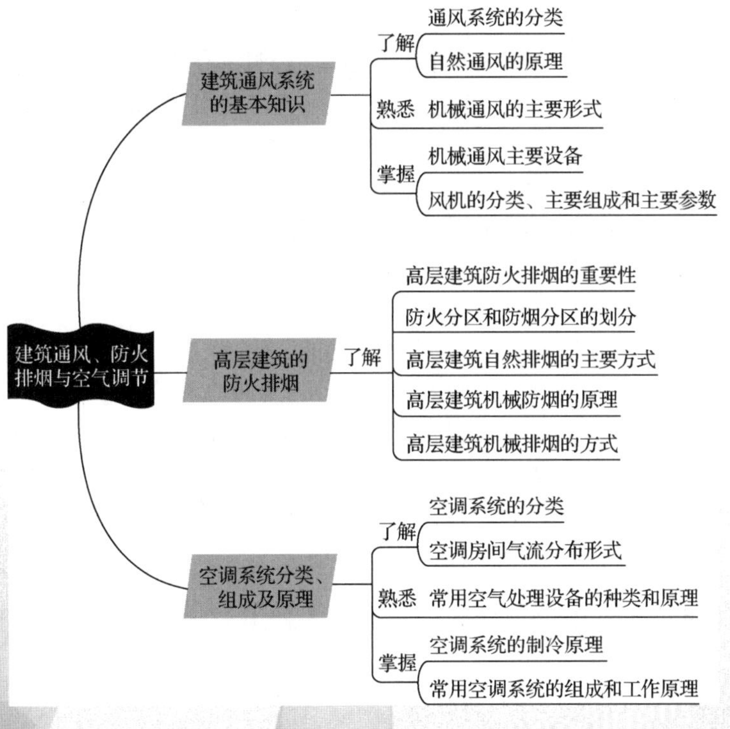

引 例

建筑物内由于生产过程和人们日常生活产生的有害气体、蒸汽、灰尘、余热，使室内空气质量变坏，建筑通风与空气调节系统是保证室内空气质量，保障人体健康的重要措施。

通风系统是把室内被污染的空气直接或经过净化后排到室外，然后把室外新鲜空气或经过净化的空气补充进来，单纯的通风一般只对空气进行净化和加热方面的处理。空气调节是采用人工方法，通过对空气处理(过滤、加热或冷却、加湿或除湿等)，创造和保持室内恒温、恒湿、高清洁度和一定的气流速度的室内生活和生活环境。

8.1 建筑通风

8.1.1 概述

1. 建筑通风的任务

建筑通风的任务是把室内被污染的空气直接或经过净化后排至室外，把室外新鲜空气或经过净化的空气补充进来，以保持室内的空气环境满足卫生标准和生产工艺的要求。

2. 通风系统的分类

通风系统主要有两种分类方法。

① 按照通风动力的不同，通风系统可分为自然通风和机械通风两类。

自然通风不消耗机械动力，是一种经济的通风方式，是依靠室外风力造成的风压和室内外空气温度差所造成的热压使空气流动的。

机械通风是依靠风机造成的压力使空气流动的。

② 按照通风作用范围的不同，通风系统可分为全面通风和局部通风。

全面通风又称为稀释通风，它一方面用清洁空气稀释室内空气中的有害物浓度；另一方面不断把污染空气排至室外，使室内空气中有害物浓度不超过卫生标准规定的最高允许浓度。

局部通风系统分为局部进风和局部排风两大类，它们都是利用局部气流，使局部工作地点不受有害物的污染，造成良好的空气环境。

8.1.2 自然通风和机械通风

1. 自然通风

热压作用下的自然通风原理如图 8-1 所示。风压作用下的自然通风原理如图 8-2 所示。

自然通风优点是具有不消耗能量、结构简单、不需要复杂装置和专人管理等优点，是一种条件允许时应优先采用的经济的通风方式；缺点是由于自然通风的作用压力比较小，热压和风压受到自然条件的限制，其通风量难以控制，通风效果不稳定。因此，在一些对通风要求较高的场合自然通风难以满足卫生要求，这时需要设置机械通风系统。

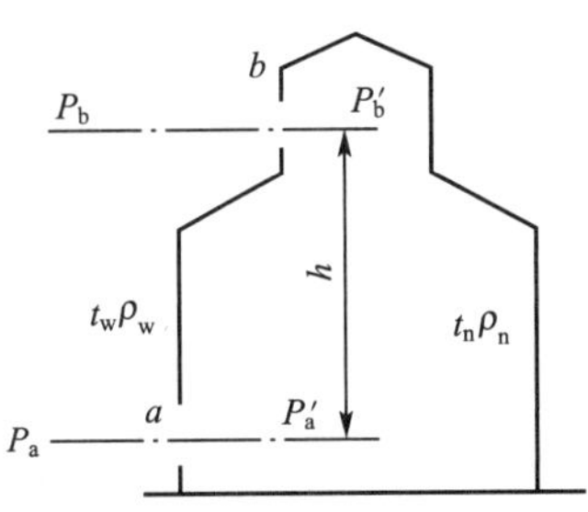

图 8-1 热压作用下的自然通风

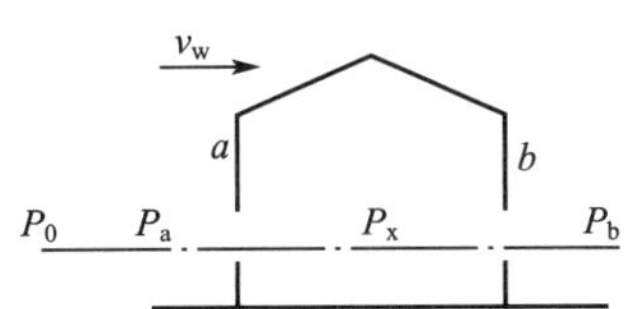

图 8-2 风压作用下的自然通风

2. 机械通风

与自然通风相比，机械通风的优点是作用范围大，可采用风道把新鲜空气送到需要的地点或把室内指定地点被污染的空气排至室外，机械通风的通风量和通风效果可人为地加以控制，不受自然条件的限制。但是，机械通风需要消耗能量，结构复杂，前期投资和运行费用较大。

8.1.3 全面通风和局部通风

1. 全面通风

全面通风分为全面送风和全面排风，可同时或单独使用。单独使用时需要与自然进、排风方式相结合。

① 全面机械排风、自然进风系统，如图 8-3 所示。

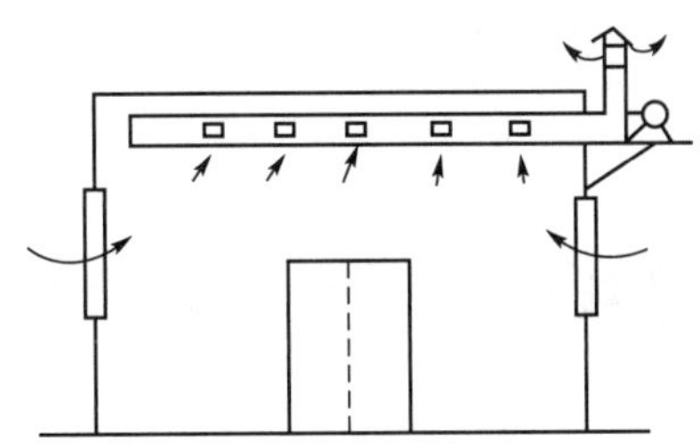

图 8-3 全面机械排风、自然进风系统

② 全面机械送风、自然排风系统，如图 8-4 所示。

③ 全面机械送、排风系统，如图 8-5 所示。

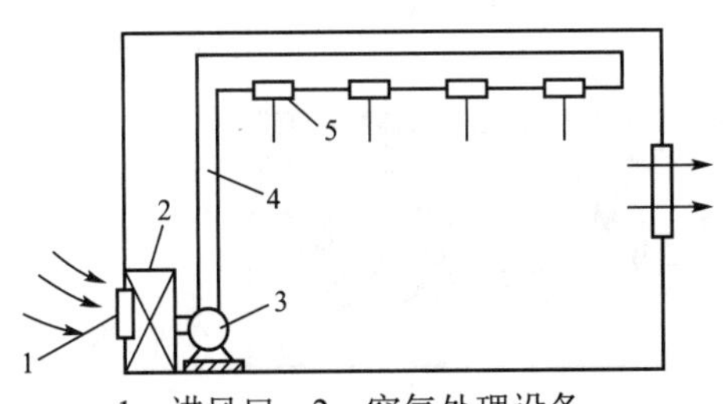

1—进风口；2—空气处理设备；
3—风机；4—风道；5—送风口

图 8-4 全面机械送风、自然排风系统

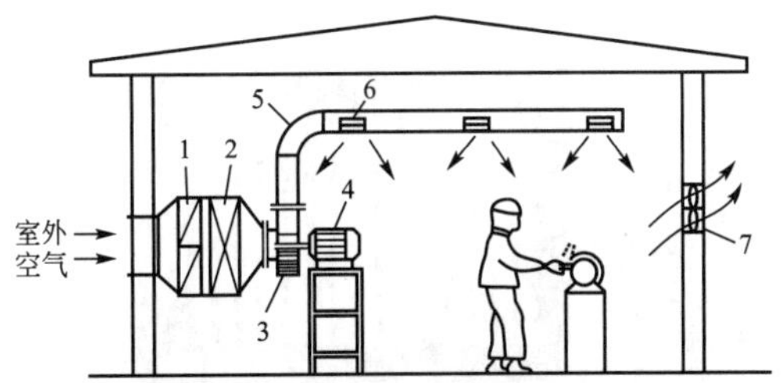

1—空气过滤器；2—空气加热器；3—风机；
4—电动机；5—风管；6—送风口；7—轴流风机

图 8-5 全面机械送、排风系统

2. 局部通风

局部通风分为局部送风和局部排风两大类，它们都是利用局部气流，使局部工作地点不受有害物的污染，形成良好的空气环境。

(1) 局部送风

对于面积很大，操作人员较少的生产车间，用全面通风的方式改善整个车间的空气环境，既困难又不经济，而且也是不必要的。例如，某些高温车间，没有必要对整个车间进行降温，只需要向个别的局部工作地点送风，使局部工作区保持良好的空气环境即可，这种通风方法称为局部送风，如图 8-6 所示。

(2) 局部排风

局部排风是把有害物质在生产过程中的产生地点直接捕集起来，并将其排放到室外的通风方法，这是防止有害物质向四周扩散的最有效措施，是一种经济的排风方式，如图 8-7 所示。

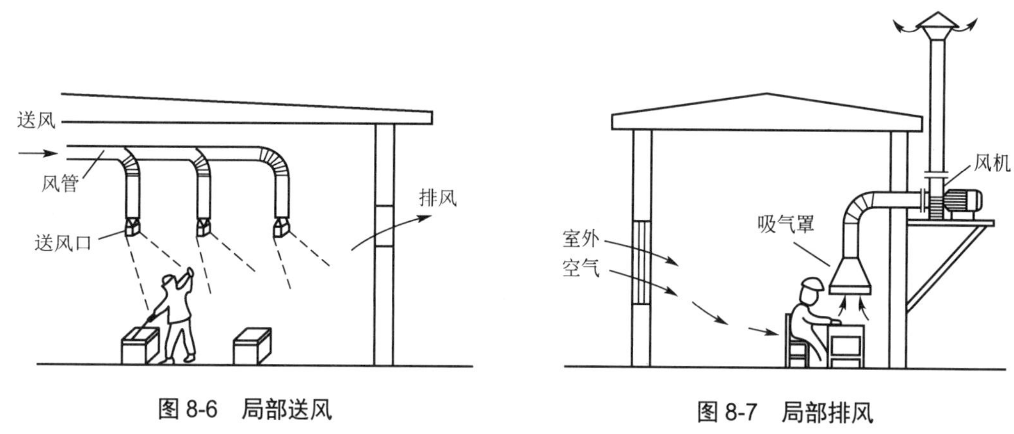

图 8-6　局部送风　　图 8-7　局部排风

8.1.4 通风系统的主要设备和构件

1. 室内送、回风口形式

(1) 送风口形式

① 侧送风口。侧送风口是指安装在空调房间侧墙或风道侧面上、可横向送风的风口。有格栅风口、百叶风口、条缝风口等。其中用得最多的是百叶风口，分为单层百叶、双层百叶和三层百叶三种，单层百叶和双层百叶风口的构造，如图 8-8 所示。

【参考图文】

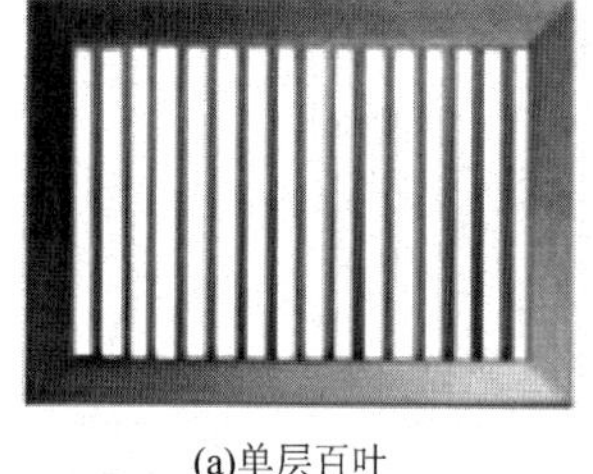

(a)单层百叶

(b)双层百叶

图 8-8　百叶式送风口

② 散流器。散流器是一种安装在顶棚上的送风口，如图 8-9 所示。其送风气流从风口向四周呈辐射状送出，根据出流方向的不同分为平送散流器和下送散流器。

③ 孔板送风口。孔板送风口的形式如图 8-10 所示。送入静压箱的空气通过开有一些圆形小孔的孔板送入室内。孔板送风口的主要特点是送风均匀，气流速度衰减快。因此，适用于要求工作区气流均匀、流速小、区域温差小和洁净度较高的场合，如高精度恒温室和平行流洁净室。

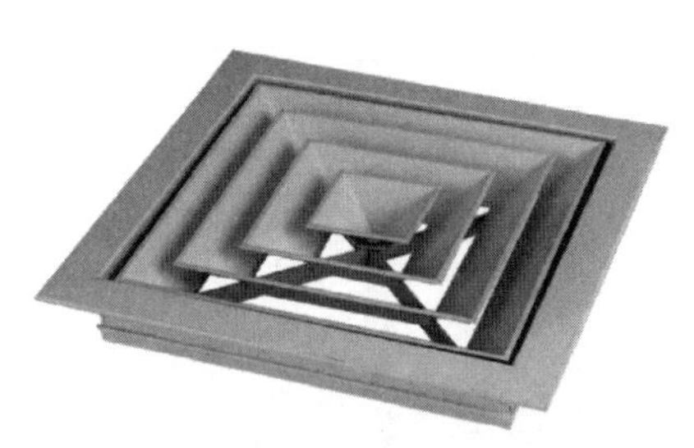

图 8-9　散流器

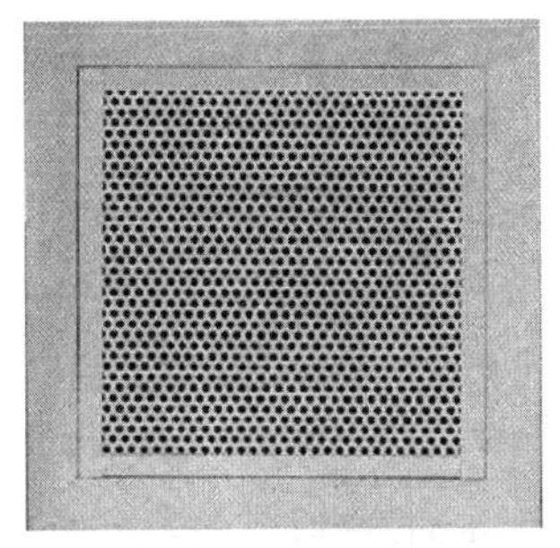

图 8-10　孔板送风口

④ 喷射式送风口。喷射式送风口是一个渐缩的圆锥台形短管，如图 8-11(a) 所示，特点是风口的渐缩角很小，风口无叶片阻挡，噪声小、紊流系数小、射程长，适用于大空间公共建筑的送风，如体育馆、影剧院等场合。为了提高送风口的灵活性，可做成既能调节风量，又能调节出风方向的圆形转动风口，如图 8-11(b)所示。

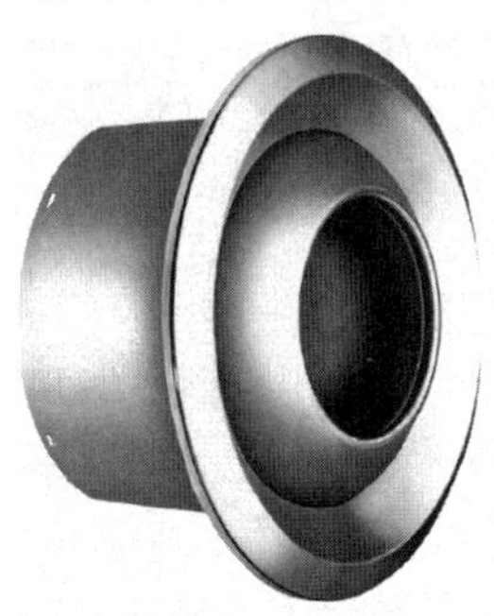

(a)球形喷口送风

(b)圆形喷口送风

图 8-11　喷射式送风口

(2) 回风口形式

回风口由于汇流速度衰减很快，作用范围小，回风口吸风速度的大小对室内气流组织的影响很小，因此，回风口的类型较少。常用的有格栅、单层百叶、金属网格等形式，但要求能调节风量和定型生产。图 8-12 是设在影剧院座位下面的散点式回风口和设在地面上的格栅式回风口。

【参考图文】

2. 风道

风道是通风系统中用于输送空气的管道。风道通常采用薄钢板制作，也可采用塑料、混凝土、砖等其他材料制作。

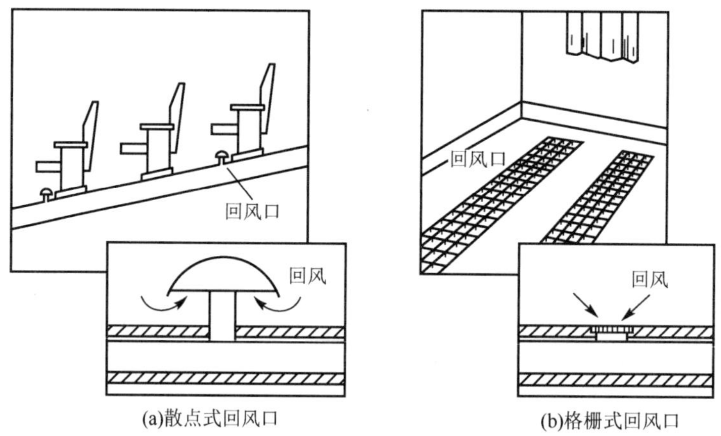

图 8-12　地面散点式和格栅式回风口

风道的断面有圆形、矩形等形状，如图 8-13 所示。圆形风道的强度大，在同样的流通断面积下，比矩形风道节省管道材料、阻力小。但是，圆形风道不易与建筑配合，一般适用于风道直径较小的场合。对于大断面的风道，通常采用矩形风道，矩形风道容易与建筑配合布置，也便于加工制作。但矩形风道流通断面的宽高比宜控制在 3∶1 以下，以便尽量减小风道的流动阻力和材料消耗。

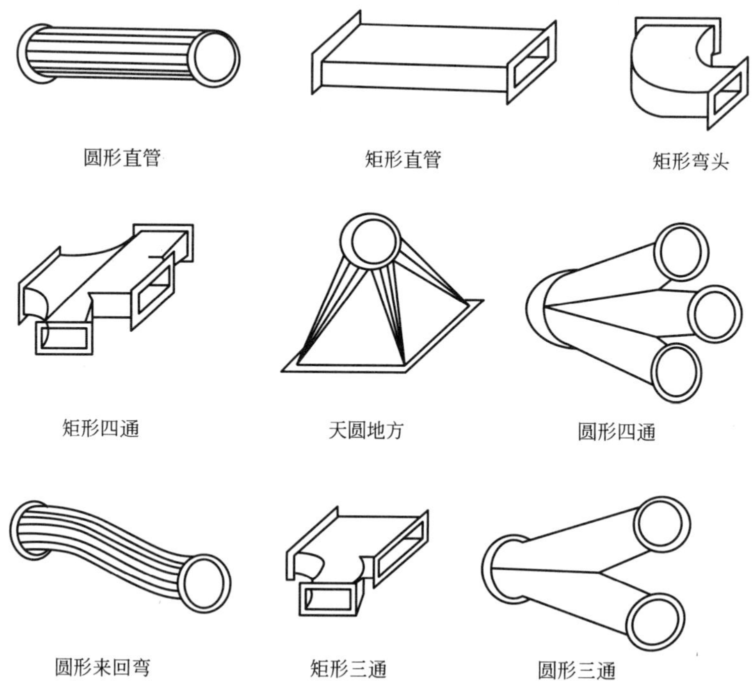

图 8-13　矩形、圆形风管及管件

3. 风机

风机是为通风系统中的空气流动提供动力的机械设备。在排风系统中，为了防止有害物质对风机的腐蚀和磨损，通常把风机布置在空气处理设备的后面。风机可分为离心风机和轴流风机两种类型。

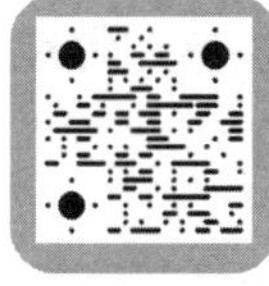

【参考图文】

离心风机主要由叶轮、机壳、机轴、吸气口和排气口等部件组成，构造如图 8-14 所示。

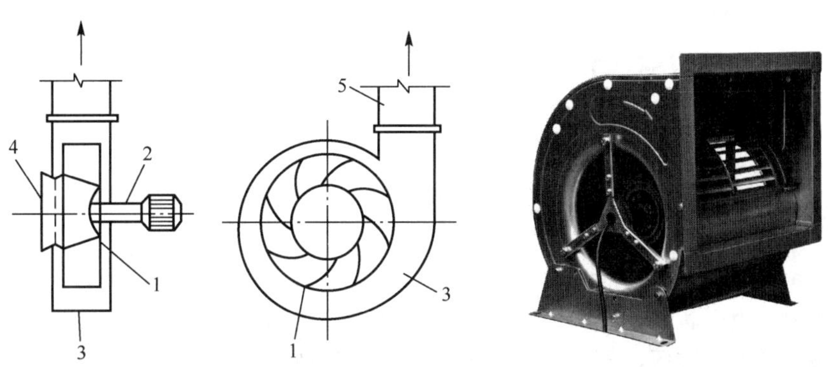

1—叶轮；2—机轴；3—机壳；4—吸气口；5—排气口

图 8-14　离心风机构造

轴流风机构造如图 8-15 所示，叶轮安装在圆筒形外壳内，当叶轮在电动机的带动下作旋转运动时，空气从吸风口进入，轴向流过叶轮和扩压管，静压升高后从排气口流出。

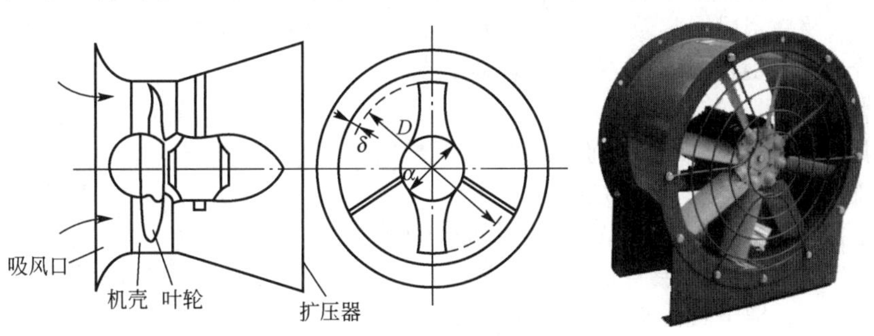

图 8-15　轴流风机构造

与离心风机相比，轴流风机产生的压头小，一般用于不需要设置管道或管路阻力较小的场合。对于管路阻力较大的通风系统，应当采用离心风机提供动力。

风机的主要性能参数如下。

① 风量 L，指风机在标准状态下，单位时间输送的空气量，单位为 m^3/s 或 m^3/h。

② 全压 P，指在标准状态下每立方米空气通过风机后所获得的动压和静压之和，单位是 Pa。

特别提示

结合离心式水泵的工作原理和参数，学习离心风机的相关知识。

4. 排风的净化处理设备

为了防止大气污染，当排风中的有害物浓度超过卫生标准所允许的最高浓度时，必须

用除尘器或其他有害气体净化设备对排风空气进行处理，使之达到规范允许的排放标准后才能排入大气。

8.2 高层建筑的防火排烟

8.2.1 概述

众所周知，在火灾事故的死伤者中，大多数人员是由于烟气导致的窒息或中毒。在现代高层建筑中，由于各种在燃烧时产生有毒气体的装修材料的使用，以及高层建筑中各种竖向管道产生的烟囱效应，使烟气更加容易迅速地扩散到各个楼层，不仅造成人身伤亡和财产损失，而且由于烟气遮挡视线，还使人们在疏散时产生心理上的恐慌，给消防抢救工作带来很大困难。因此，在高层建筑的设计中，必须认真慎重地进行防火排烟设计，以便在火灾发生时，能顺利地进行人员疏散和消防灭火工作。

根据《建筑设计防火规范》(GB 50016—2014)的规定，对于建筑高度超过 24m 的新建、扩建和改建的高层民用建筑(不包括单层主体建筑高度超过 24m 的体育馆、会堂、影剧院等公共建筑，以及高层民用建筑中的人民防空地下室)及其相连的裙房，都应进行防火设计。

(1) 建筑的下列场所或部位应设置防烟设施

① 防烟楼梯间及其前室。

② 消防电梯间前室或合用前室。

③ 避难走道的前室、避难层(间)。

(2) 民用建筑的下列场所或部位应设置排烟设施

① 设置在一、二、三层且房间建筑面积大于 $100m^2$ 的歌舞娱乐放映游艺场所，设置在四层及以上楼层、地下或半地下的歌舞娱乐放映游艺场所。

② 中庭。

③ 公共建筑内建筑面积大于 $100m^2$ 且经常有人停留的地上房间。

④ 公共建筑内建筑面积大于 $300m^2$ 且可燃物较多的地上房间。

⑤ 建筑内长度大于 20m 的疏散走道。

⑥ 地下或半地下建筑(室)、地上建筑内的无窗房间，当总建筑面积大于 $200m^2$ 或一个房间建筑面积大于 $50m^2$，且经常有人停留或可燃物较多时。

建筑物内烟气流动大体上取决于两种因素：一是在火灾房间及其附近，烟气由于燃烧而产生热膨胀和浮力产生流动；另一种是因外部风力或在固有的热压作用下形成的比较强烈的对流气流，促使其扩散对火灾后产生的大量烟气造成影响。

8.2.2 防火分区和防烟分区

1. 安全分区的概念

当建筑房间发生火灾时，作为室内人员的疏散通道，一般路线是经过走廊、楼梯前室、楼梯后到达安全地点。把以上各部分用防火墙或防烟墙隔开，采取防火排烟措施，就可使室内人员在疏散过程中得到安全保护。其中，室内疏散人员在从一个分区向另一个分区移动中需要花费一定的时间，因此，移动次数越多，就越要有足够的安全性。图 8-16 所示的分区中走廊是第一安全分区，楼梯前室是第二安全分区，楼梯是第三安全分区。安全分区之间的墙壁，应采用气密性高的防火墙或防烟墙，墙上的门应采用防火门。

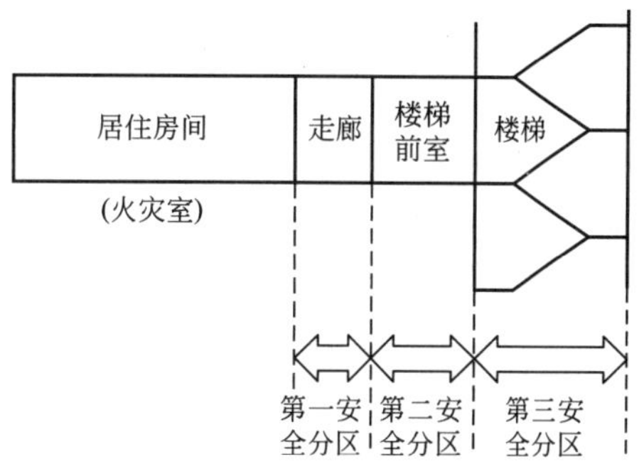

图 8-16 防烟安全分区概念

防烟安全设计的实例如图 8-17 所示。

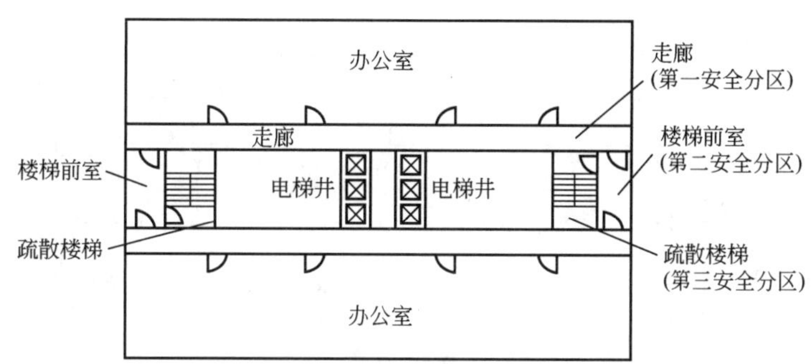

图 8-17 防烟安全设计实例

2. 防火分区

在建筑设计中进行防火分区的目的是防止火灾的扩大，可根据房间用途和性质的不同对建筑物进行防火分区，分区内应该设置防火墙、防火门、防火卷帘等设备。通常规定楼梯间、通风竖井、风道空间、电梯、自动扶梯升降通路等形成竖井的部分要做防火分区。

根据我国《建筑设计防火规范》(GB 50016—2014)的规定：一、二类高层建筑每个防火分区最大允许面积为 1500m^2，地下室 500m^2。如果防火分区内设有自动灭火设备，防火分区的面积可增加一倍。

高层建筑的竖直方向通常每层划分为一个防火分区，以楼板为分隔。对于在两层或多层之间设有各种开口，如设有开敞楼梯、自动扶梯的建筑，应把连通部分作为一个竖向防火分区的整体考虑，且连通部分各层面积之和不应超过允许的水平防火分区的面积。

3. 防烟分区

在建筑设计中进行防烟分区的目的则是对防火分区的细分化，防烟分区内不能防止火灾的扩大，它仅能有效地控制火灾产生的烟气流动。要在有发生火灾危险的房间和用作疏散通路的走廊间加设防烟隔断，如在楼梯间设置前室，并设自动关闭门，作为防火、防烟的分界。此外还应注意竖井分区，百货公司的中央自动扶梯处是一个大开口，应设置用烟感器控制的隔烟防火卷帘。

《建筑设计防火规范》(GB 50016—2014)规定：设置排烟设施的走道和净高不超过 6m 的房间，应采用挡烟垂壁、隔墙或从顶棚下凸出不小于 0.5m 的梁划分防烟分区。每个防烟分区的面积不宜超过 500m^2，且防烟分区的划分不能跨越防火分区。

工程实例

某百货大楼在设计时的防火、防烟分区如图 8-18 所示，从图中可看出它是将顶棚送风的空调系统和防烟分区结合在一起考虑的。

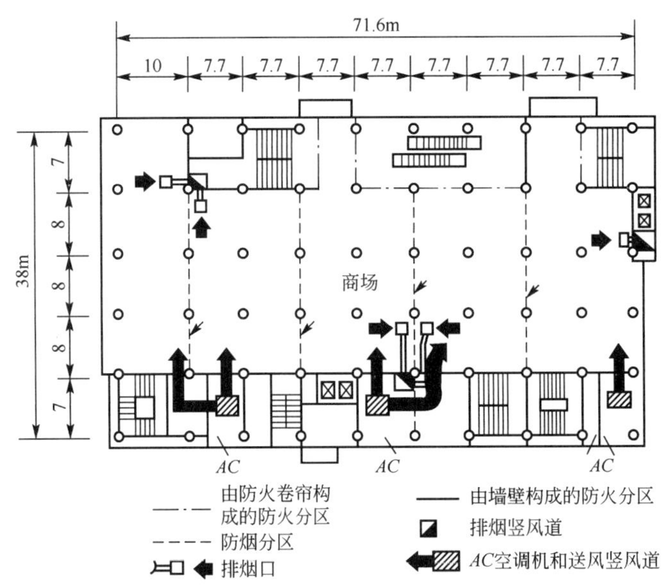

图 8-18 防火、防烟分区与空调系统结合布置

特别提示

用途相同，楼层不同也可形成各自的防火、防烟分区。实践证明，应尽可能按不同用途在竖向作楼层分区，它比单纯依靠防火、防烟阀等手段所形成的防火分区更为可靠。

8.2.3 高层建筑的自然排烟

1. 自然排烟概念

自然排烟是利用风压和热压作为动力的排烟方式。自然排烟方式的优点是结构简单，不需要电源和复杂的装置，运行可靠性高，平常可用于建筑物的通风换气等；缺点是排烟效果受风压、热压等因素的影响，排烟效果不稳定，设计不当会适得其反。

目前，在我国，除建筑高度超过 50m 的一类公共建筑和建筑高度超过 100m 的居住建筑外，具有靠外墙的防烟楼梯间及其前室、消防电梯间前室和合用前室的建筑宜采用自然排烟。为了确保火灾发生时人员疏散和消防扑救工作的需要，高层建筑的防烟楼梯间和消防电梯间应设置前室或合用前室，目的有以下四个。

① 阻挡烟气直接进入防烟楼梯间或消防电梯间。

② 作为疏散人员的临时避难场所。

③ 降低建筑物竖向通道产生的烟囱效应，以减小烟气在垂直方向的蔓延速度。

④ 作为消防人员到达着火层开展扑救工作的起始点和安全区。

2. 高层建筑的自然排烟方式

高层建筑的自然排烟方式主要有以下两种。

(1) 用建筑物的阳台、凹廊或在楼梯间外墙上设置便于开启的外窗或排烟窗排烟

这种方式是利用高温烟气产生的热压和浮力，以及室外风压造成的抽力，把火灾产生的高温烟气通过阳台、凹廊或在楼梯间外墙上设置的外窗和排烟窗排至室外，如图 8-19 所示。应注意，采用自然排烟方式时，要结合相邻建筑物对风的影响，将排烟口设在建筑物常年主导风向的负压区内。

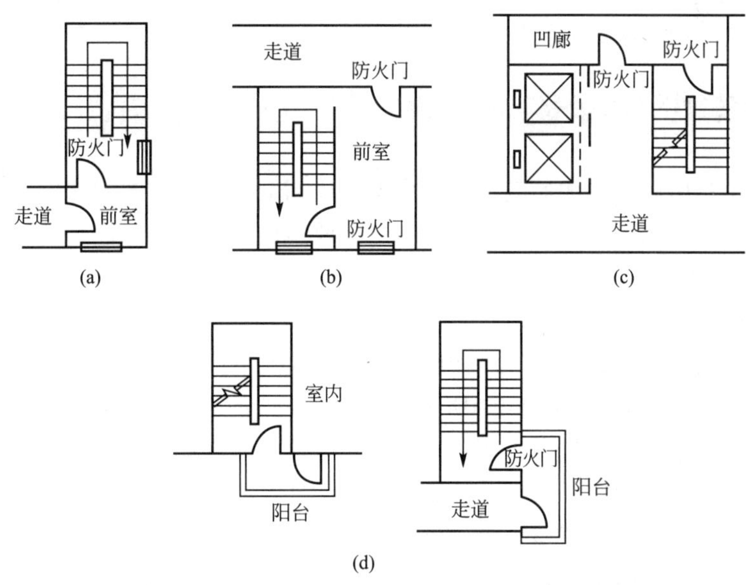

(a) 靠外窗的防烟楼梯间及其前室；(b) 靠外墙的防烟楼梯间及其前室；
(c) 带凹廊的防烟楼梯间；(d) 带阳台的防烟楼梯间

图 8-19 自然排烟方式

(2) 竖井排烟

这种方式是在高层建筑防烟楼梯间前室、消防电梯前室或合用前室设置专用的排烟竖井和进风竖井，也是利用火灾时室内外温差产生的浮力或热压以及室外风压的抽力进行排烟，如图 8-20 所示。

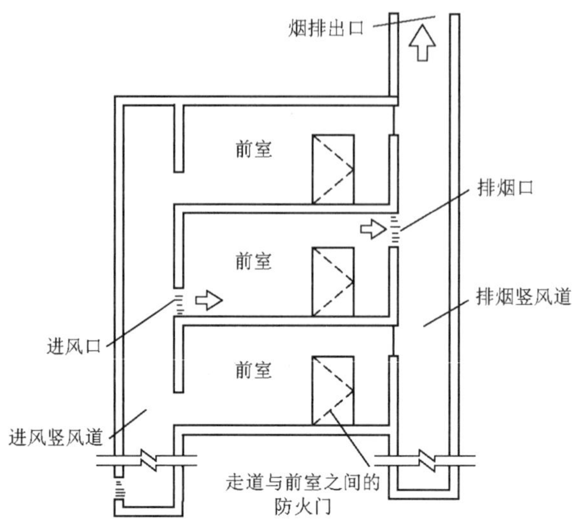

图 8-20　竖井排烟

3. 通风空调系统的排烟措施

采用自然排烟的高层建筑中，为了保证自然排烟的效果，除了专门设计的防火排烟系统外，所有的通风空调系统都应有防火排烟措施，在火灾发生时，及时停止风机运行和减小竖向风道所造成的热压对烟气的扩散作用。

8.2.4 高层建筑的机械防烟

机械防烟是利用风机造成的气流和压力差来控制烟气流动方向的防烟技术。它是在火灾发生时用压力差阻止烟气进入建筑物的安全疏散通道内，从而保证人员疏散和消防扑救的需要。

1. 烟气控制原理

烟气控制是利用风机造成的气流和压力差结合建筑物的墙、楼板、门等挡烟物体来控制烟气的流动方向，其原理如图 8-21 所示。图 8-21(a)中的高压侧是避难区或疏散通道，低压侧则暴露在火灾生成的烟气中，两侧的压力差可阻止烟气从门周围的缝隙渗入高压侧。当门等阻挡烟气扩散的物体开启时，气流就会通过打开的门洞流动。如果气流速度较小，烟气将克服气流的阻挡进入避难区或疏散通道，如图 8-21(b)所示；如果气流速度足够大，就可防止烟气的倒流，如图 8-21(c)所示。

2. 机械加压送风方式

这种方式在各种烟气控制方式中应用最为广泛。它是采用机械送风系统向需要保护的地点，如疏散楼梯间及其封闭前室、消防电梯前室、走道或非火灾层等，输送大量新鲜空气，如有烟气和回风系统时则关闭，从而形成正压区域，使烟气不能侵入其间，并在非正压区内将烟气排出。

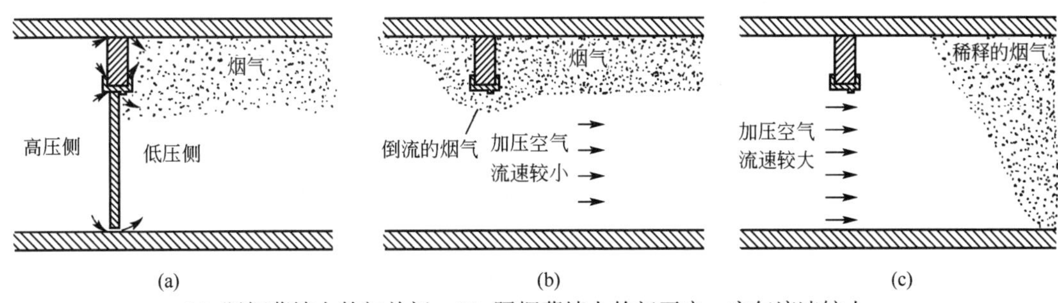

(a) 隔烟幕墙上的门关闭；(b) 隔烟幕墙上的门开启，空气流速较小；
(c) 隔烟幕墙上的门开启，空气流速较大

图 8-21　用风机造成的气流和压力差隔烟

机械加压送风主要有如下优点。

① 防烟楼梯间、消防电梯间、前室或合用前室处于正压状态，可避免烟气的侵入，为人员疏散和消防人员扑救提供了安全区。

② 如果在走廊等处设置机械排烟口，可产生有利的气流流动形式，阻止火势和烟气向疏散通道扩散。

③ 防烟方式较简单、操作方便、可靠性高。

实践证明，它是高层建筑很有效的防烟方式之一，高层建筑中常用的一些机械加压送风方式如图 8-22 所示。

图 8-22(a)是仅对防烟楼梯间加压送风、前室不加压送风的情况；图 8-22(b)是仅对消防电梯前室加压送风的情况；图 8-22(c)是对防烟楼梯间及其前室分别加压送风的情况；图 8-22(d)是对防烟楼梯间及有消防电梯的合用前室分别加压送风的情况；图 8-22(e)是当防烟楼梯间具有自然排烟条件时仅对前室或合用前室加压送风的情况。

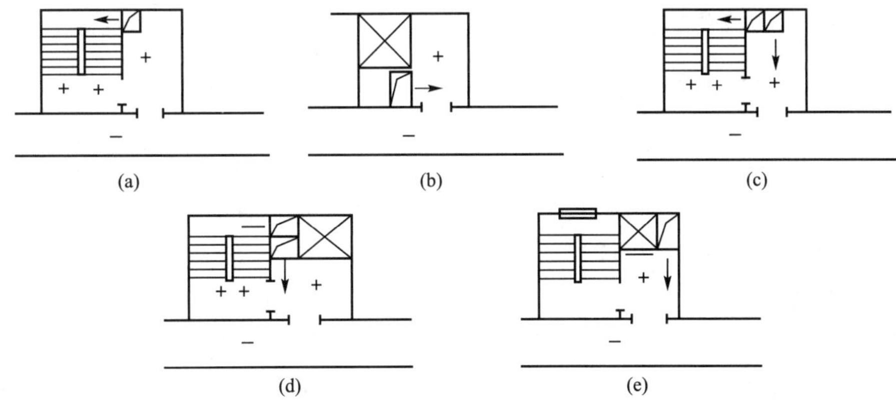

图 8-22　机械加压送风方式

8.2.5 高层建筑的机械排烟

1. 机械排烟概念及特点

机械排烟方式是在各排烟区段内设置机械排烟装置，起火后关闭各区相应的开口部分，

并开动排烟风机，将四处蔓延的烟气通过排烟系统排向建筑物外，以确保人员疏散时间和疏散通道安全。但是，当疏散楼梯间、前室等部位采用此方式排烟时，其墙、门等构件应有密封措施，以防止因负压而通过缝隙继续引入烟气。实践证明，当仅有机械排烟而无自然进风或机械送风时，很难有效地把烟气排出室外。因此，同排烟相平衡的送风方式是非常重要的，从下部送风上部排烟，可获得良好效果。

2. 机械排烟系统

(1) 走道和房间的机械排烟系统

进行机械排烟设计时，需根据建筑面积的大小，水平或竖向分为若干个区域或系统。走道的机械排烟系统宜竖向布置；房间的机械排烟系统宜按房间分区布置。面积较大、走道较长的走道排烟系统，可在每个防烟分区内设置几个排烟系统，并将竖向风道布置在几处，以便缩短水平风道，提高排烟效果，如图 8-23 所示。对于房间排烟系统，当需要排烟的房间较多且竖向布置有困难时，可采用如图 8-24 所示的水平布置的房间排烟系统。

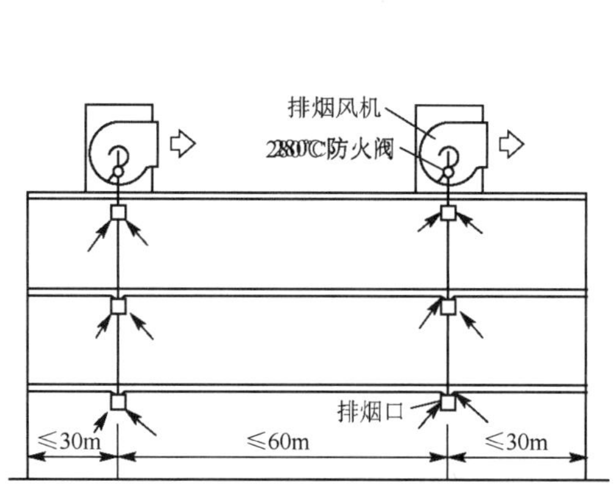

图 8-23　竖向布置的走道排烟系统

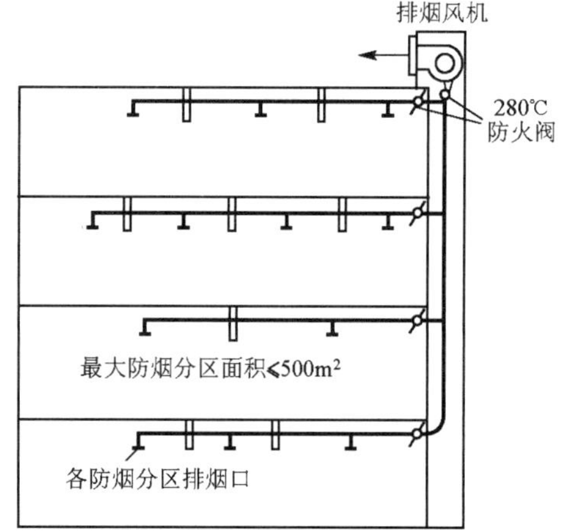

图 8-24　水平布置的房间排烟系统

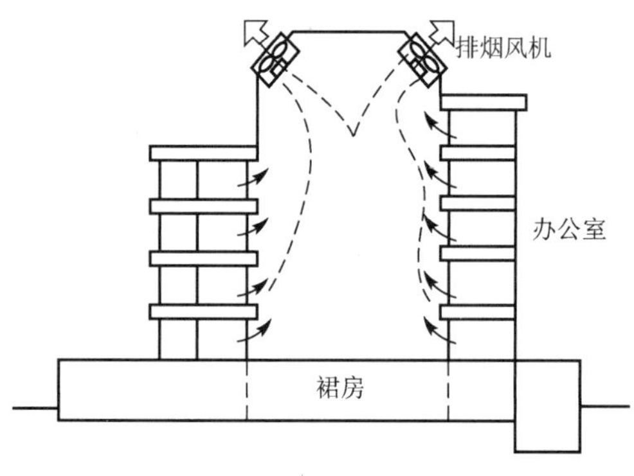

图 8-25　中庭的机械排烟系统

(2) 中庭的机械排烟系统

中庭是指与两层或两层以上的楼层相通且顶部是封闭的筒体空间。火灾发生时，通过在中庭上部设置的排烟风机，把中庭作为失火楼层的一个大的排烟通道进行排烟，并使失火楼层保持负压，可以有效地控制烟气和火灾，如图 8-25 所示。

中庭的机械排烟口应设在中庭的顶棚上，或靠近中庭顶棚的集烟区。排烟口的最低标高应位于中庭最高部分门洞的上边。当中庭依靠下部的自然进风进行补风有困难时，可采用机械补风，补风量按不小于排风量的 50%确定。

8.3 空气调节

8.3.1 概述

空气调节是指对空气温度、湿度、空气流动速度及清洁度进行人工调节，以满足人体舒适度和工艺生产过程的要求。

1. 空调系统的组成

空调系统是指需要采用空调技术来实现的具有一定温度、湿度等参数要求的室内空间及所使用的各种设备的总称，通常由以下几部分组成。

(1) 工作区(又称为空调区)

工作区通常是指距地面 2m，离墙 0.5m 的空间。在此空间内应保持所要求的室内空气参数。

(2) 空气的输送和分配设施

空气的输送和分配设施主要由输送和分配空气的送、回风机，送、回风管和送、回风口等设备组成。

(3) 空气的处理设备

空气的处理设备由各种对空气进行加热、冷却、加湿、减湿和净化等处理的设备组成。

(4) 处理空气所需的冷热源

处理空气所需的冷热源是指为处理空气提供冷量和热量的设备，如锅炉房、冷冻站、冷水机组等。

2. 空调系统的分类

按空气处理设备的设置情况，空调系统可分为三类。

(1) 集中式空调系统

集中式空调系统的特点是系统中的所有空气处理设备，包括风机、冷却器、加热器、加湿器和过滤器等都设置在一个集中的空调机房里，空气经过集中处理后，再送往各个空调房间。

(2) 半集中式空调系统

该系统共分两种，一种是除了集中空调机房外，还设有分散在各个房间里的二次设备(又称为末端装置)，其中多半设有冷热交换装置(也称二次盘管)，它的功能主要是在空气进入空调房间之前，对来自集中处理设备的空气做进一步补充处理，进而承担一部分冷热负荷。另一种是集中设置冷源和热源，分散在各空调房间设置风机盘管，即冷热媒集中供给，新风是单独处理和供给。

(3) 分散式空调系统

该系统又称为局部空调系统。这种系统把冷、热源和空气处理设备、输送设备、控制设备等集中设置在一个箱体内，形成一个紧凑的空调机组。该机组可以按照需要，灵活而分散地设置在空调房间内，因此局部空调机组不需要集中的机房。例如，窗式和柜式空调器就属于这类系统。

8.3.2 空调系统的冷源

1. 空调系统的冷源

空调系统的冷源分为天然冷源和人工冷源。天然冷源一般是指深井水、山涧水、温度较低的河水等。这些温度较低的水可直接用泵抽取供空调系统使用，然后排放掉。采用深井水做冷源时，为了防止地面下沉，需要采用深井回灌技术。由于天然冷源往往难以获得，在实际工程中，主要是使用人工冷源。人工冷源是指采用制冷设备制取的冷量。空调系统采用人工冷源制取的冷冻水或冷风来处理空气时，制冷机是空调系统中消耗能量最大的设备。

2. 制冷机的类型

按照制冷设备所使用的能源类型的不同，蒸汽压缩式制冷机组是空调系统中使用最多、应用最广的制冷设备，下面简要介绍其工作原理、主要设备和制冷物质。

【参考图文】

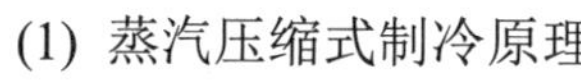
(1) 蒸汽压缩式制冷原理

蒸汽压缩式制冷是利用液体汽化时要吸收热量的物理特性来制取冷量的，如图 8-26 所示。

图 8-26 中点画线外的部分是制冷段，储液器中高温高压的液态制冷剂经膨胀阀降温降压后进入蒸发器，在蒸发器中吸收周围介质的热量汽化后回到压缩机。同时，蒸发器周围的介质因失去热量，温度降低。

点画线内的部分称为液化段，其作用是使在蒸发器中吸热汽化的低温低压气态制冷剂重新液化去制冷。方法是先用压缩机将其压缩为高温高压的气态制冷剂，然后在冷凝器中利用外界常温下的冷却剂(如水、空气等)将其冷却为高温高压的液态制冷剂，重新回到储液器去用于制冷。

从图 8-27 中可见，蒸汽压缩式制冷系统是通过制冷剂(如氨、氟利昂等)在压缩机、冷凝器、膨胀阀、蒸发器等热力设备中进行的压缩、放热、节流、吸热等热力过程，来实现一个完整的制冷循环。

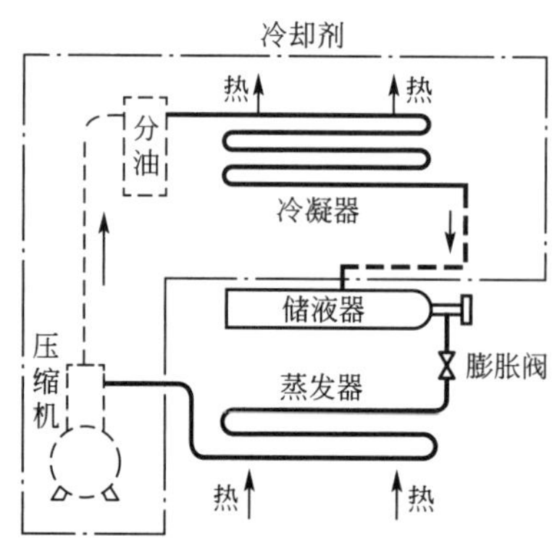

图 8-26　液体汽化制冷原理

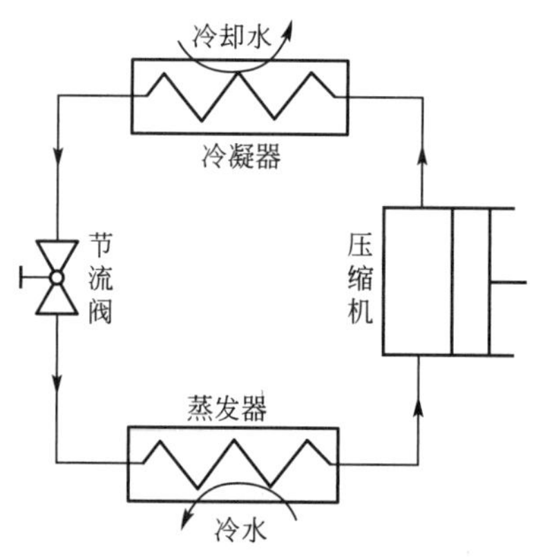

图 8-27　蒸汽压缩式制冷系统

(2) 蒸汽压缩式制冷循环的主要设备

① 制冷压缩机。制冷压缩机的作用是从蒸发器中抽吸气态制冷剂，以保证蒸发器中具有一定的蒸发压力和提高气态制冷剂的压力，使气态制冷剂在较高的冷凝温度下被冷却剂冷凝液化。

② 冷凝器。冷凝器的作用是把压缩机排出的高温高压的气态制冷剂冷却并使其液化。根据所使用冷却介质的不同，可分为水冷、风冷、蒸发式和淋激式冷凝器等类型。

③ 节流装置。节流装置的作用是对高温高压液态制冷剂进行节流降温降压，保证冷凝器和蒸发器之间的压力差，以便蒸发器中的液态制冷剂在所要求的低温低压下吸热汽化，制取冷量。

调整进入蒸发器的液态制冷剂的流量，以适应蒸发器热负荷的变化，使制冷装置更加有效运行。

常用的节流装置有手动膨胀阀、浮球式膨胀阀、热力式膨胀阀和毛细管等。

④ 蒸发器。蒸发器的作用是使进入其中的低温低压液态制冷剂吸收周围介质(水、空气等)的热量汽化。

(3) 制冷物质

制冷物质主要包括制冷剂、载冷剂、冷却剂等。

制冷剂是在制冷装置中进行制冷循环的工作物质。目前常用的制冷剂有氨、氟利昂等。

为了把制冷系统制取的冷量远距离输送到使用冷量的地方，需要有一种中间物质在蒸发器中冷却降温，然后再将所携带的冷量输送到其他地方使用。这种中间物质称为载冷剂。常用的载冷剂有水、盐水和空气等。

为了在冷凝器中把高温高压的气态制冷剂冷凝为高温高压的液态制冷剂，需要用温度较低的物质带走制冷剂冷凝时放出的热量，这种工作物质称为冷却剂。常用的冷却剂有水(如井水、河水、循环冷却水等)和空气等。

8.3.3 建筑常用的空调系统

1. 集中式空调系统

集中式空调系统属于典型的全空气系统。该系统的特点是服务面积大，处理的空气量多，技术上也比较容易实现，现在应用也很广泛，尤其是在要求恒温恒湿、洁净室等工艺性空调场合。

(1) 组成

集中式空调系统由冷水机组、热泵、冷、热水循环系统、冷却水循环系统以及末端空气处理设备，如空气处理机组、风机盘管等组成，如图 8-28 所示。

【参考图文】

(2) 分类

集中式空调系统按所处理的空气来源分为封闭式、直流式和混合式三类，如图 8-29 所示。

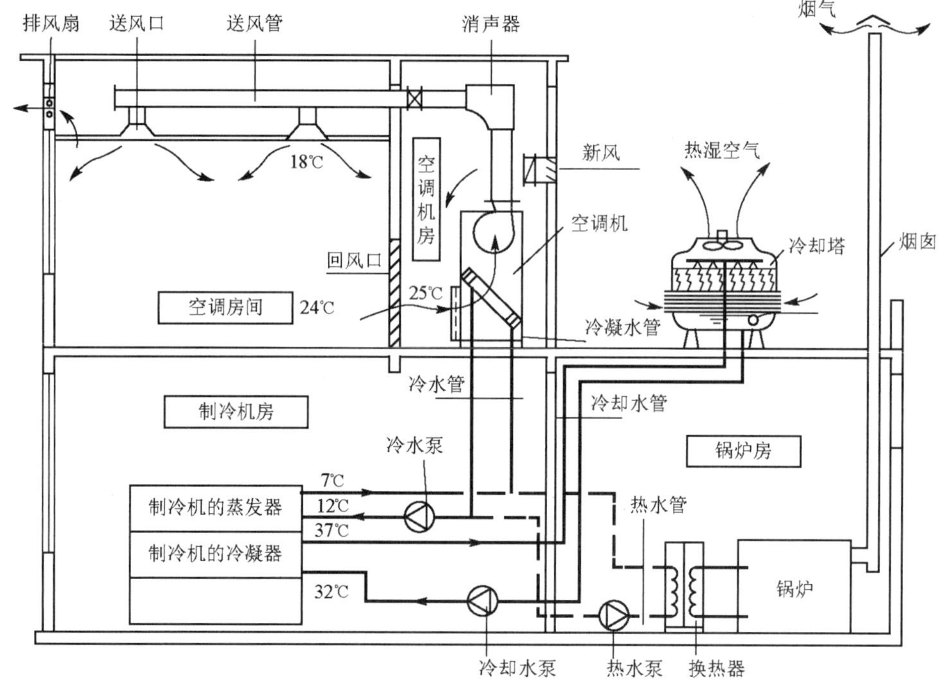

图 8-28　集中式空调系统组成

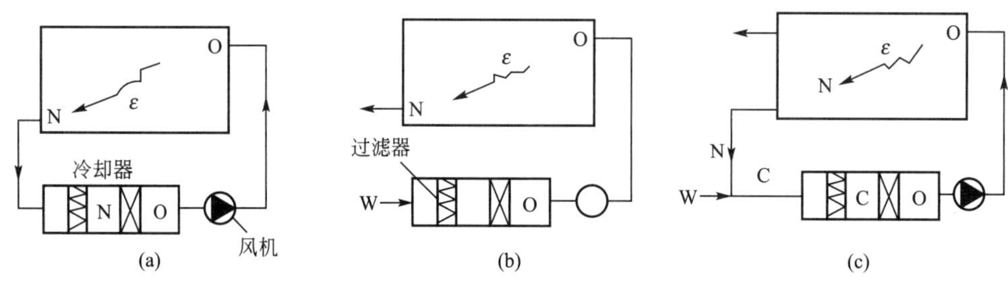

(a) 封闭式空调系统；(b) 直流式空调系统；(c) 混合式空调系统

N—室内空气；W—室外空气；C—混合空气；O—冷却器后的空气状态

图 8-29　普通集中式空调系统的三种形式

① 封闭式空调系统。它所处理的空气全部来自空调房间本身，没有室外新鲜空气补充，全部为再循环空气。这种系统冷、热耗量最少，但卫生条件很差。

② 直流式空调系统。与封闭式空调系统比较，直流式空调系统所处理的空气全部来自室外的新鲜空气，新鲜空气经过处理后送入室内，吸收了室内的余热、余湿后全部排出室外。这种系统适用于不允许采用回风的场合，冷、热耗量最大，但卫生条件好。

③ 混合式空调系统。从上述两种系统可知，封闭式空调系统不能满足室内卫生要求，直流式空调系统经济上不合理，所以两者都只是在特定情况下使用。对于绝大多数场合，为了减少空调耗能和满足室内卫生条件要求，采用混合一部分回风的空调系统，即混合式空调系统。它既能满足室内卫生要求，又经济合理。

2. 半集中式空调系统

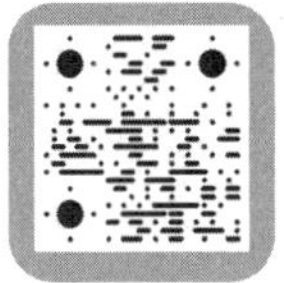

集中式空调系统由于具有系统大、风道粗、占用建筑面积和空间较多、系统的灵活性差等缺点，在许多民用建筑，特别是高层民用建筑的应用中受到限制。风机盘管空调系统是为了克服集中式空调系统这些不足而发展起来的一种半集中式空调系统。它的冷、热媒是集中供给，新风可单独处理和供给，采用水作为输送冷热量的介质，具有占用建筑空间少，运行调节方便等优点，近年来得到了广泛的应用。其构造如图 8-30 所示。

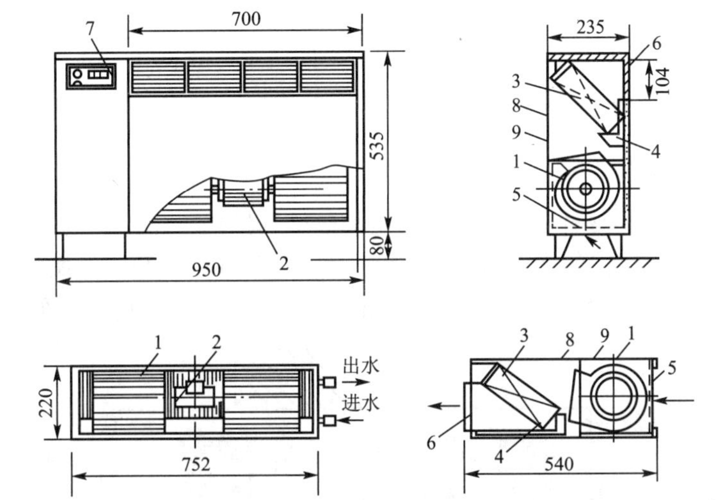

1—风机；2—电动机；3—盘管；4—凝结水盘；5—循环风进口及过滤器；
6—出风格栅；7—控制器；8—吸声材料；9—箱体

图 8-30 风机盘管构造

从风机盘管的结构特点来看，它的主要优点是布置灵活，各房间可独立地通过风量、水量或水温的调节，改变室内的温度、湿度，房间不住人时可方便地关闭风机盘管机组而不影响其他房间，从而比较节省运转费用。此外，房间之间空气互不串通，又因风机多挡变速，在冷量上能由使用者直接进行一定的调节。

风机盘管空调系统的新风供给方式主要有三种，如图 8-31 所示。

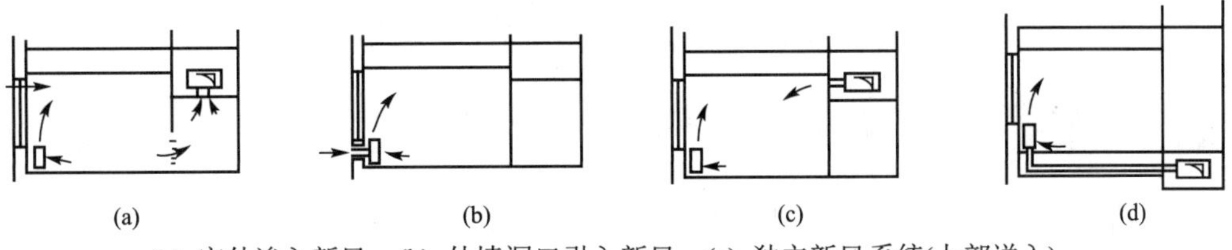

(a) 室外渗入新风；(b) 外墙洞口引入新风；(c) 独立新风系统(上部送入)；
(d) 独立新风系统(送入风机盘管机组)

图 8-31 风机盘管空调系统的新风供给方式

3. 局部空调系统

局部空调系统实际上是一个小型空调系统，它结构紧凑，占用机房面积少，安装方便，使用灵活，在许多需要空调的场所，特别在舒适性空调工程中是广泛应用的设备。其类型与构造如下。

(1) 按容量大小分类

① 窗式空调器。容量小，冷量一般小于 7kW，风量在 1200m^3/h 以下。

② 立柜式空调器。容量较大，冷量一般在 7kW，风量在 20000m^3/h 以上。

【参考图文】

(2) 按冷凝器的冷却方式分类

① 水冷式空调器。容量较大的机组，其冷凝器一般都用水冷却。所以用户要具备冷却水源。

② 风冷式空调器。容量较小的机组，如窗式，其冷凝器部分设置在室外，借助风机用室外空气冷却冷凝器。容量较大的可将风冷冷凝器独立设置在室外。

(3) 按供热方式分类

① 普通式空调器。这种空调器冬季用电加热空气供暖。

② 热泵式空调器。在冬季仍然由制冷机工作，只是通过一个四通换向阀使制冷剂作供热循环。这时原来的蒸发器变为冷凝器，空气通过冷凝器时被加热送入房间，如图 8-32 所示。

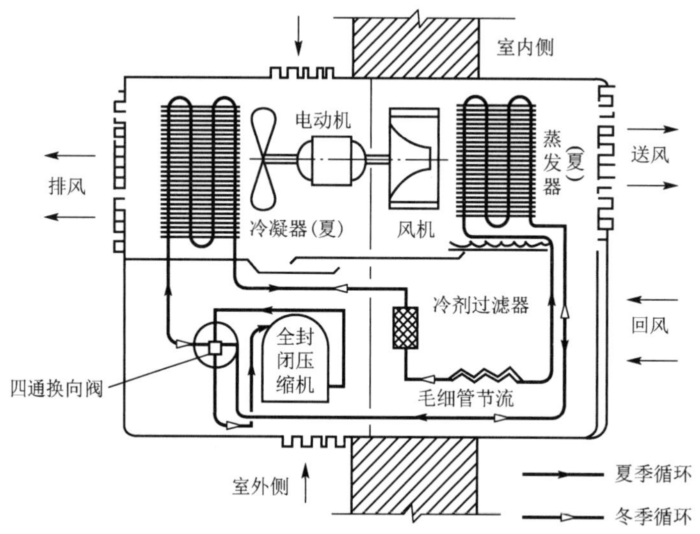

图 8-32　风冷式空调机组(窗式、热泵式)

8.3.4 房间气流分布形式

房间的气流分布是指通过空调房间送、回风口的选择和布置，使送入房间的空气合理的流动和分布，从而使房间的温度、湿度、清洁度和风速等参数满足生产工艺和人体热舒适的要求。

影响空调房间气流分布的因素很多，主要有送风口的位置和形式、回风口位置、房间的几何形状和送风射流参数等。

常见的气流分布形式有以下几种。

1. 上送下回

由空间上部送入空气由下部排出的“上送下回”送风形式是传统的基本方式。其适用于民用建筑、专用机房和大型娱乐场所等场合。图 8-33 所示为三种不同的上送下回方式。其中图 8-33(a)、(c)可根据空间的大小扩大为双侧，图 8-33(b)可多加散流器的数目。上送下回的气流分布形式送风气流不直接进入工作区，由于与室内空气混参有较长的距离，能够形成比较均匀的温度场和速度场，图 8-33(c)尤其适用于温度、湿度和洁净度要求高的场所。

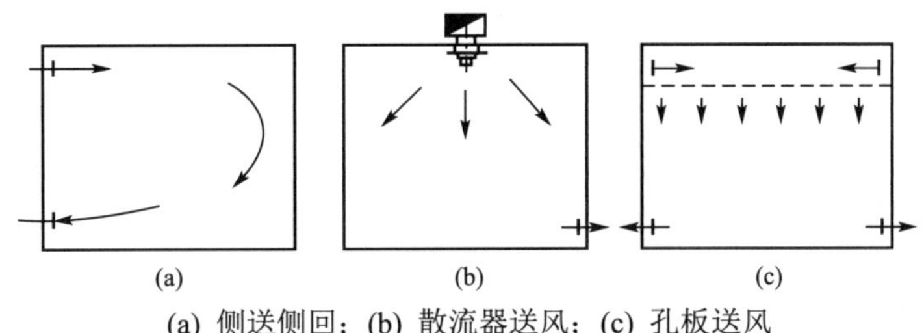

(a) 侧送侧回；(b) 散流器送风；(c) 孔板送风

图 8-33 上送下回气流分布

2. 上送上回

图 8-34 所示为三种“上送上回”的气流分布形式，其中图 8-34(a)为单侧，图 8-34(b)为异侧，图 8-34(c)为贴附型散流器。上送上回形式的特点是将送排(回)风管道集中于空间上部，图 8-34(b)还可设置吊顶使管道成为暗装。

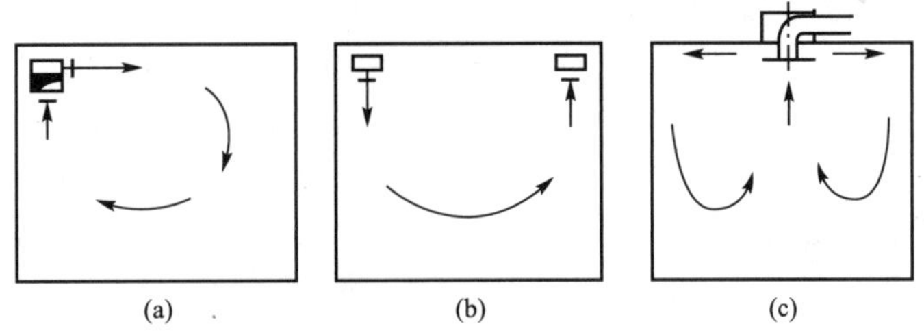

(a) 单侧上送上回；(b) 异侧上送上回；(c) 散流器上送上回

图 8-34 上送上回气流分布

3. 下送上回

图 8-35 所示为三种“下送上回”气流分布形式，其中图 8-35(a)为地板送风，图 8-35(b)为末端装置(风机盘管或诱导器等)送风，图 8-35(c)为下侧送风。下送形式除图 8-35(b)外，其余两种方式要求降低送风温差，控制工作区内的风速，但其排风温度高于工作区温度，故具有一定的节能效果，同时有利于改善工作区的空气质量。

4. 中送风

对于厂房、车间等高大空间的场合，若实际工作区在下部，则不需将整个空间都作为控制调节的对象，因此从节省能量考虑，可采用“中送风”形式，如图 8-36 所示，图中设在上部的排风是用于排走非空调区内的余热，防止其在送风射流的卷吸下向工作区扩散。但这种气流分布会造成空间竖向分布温度不均，存在着温度“分层”现象。

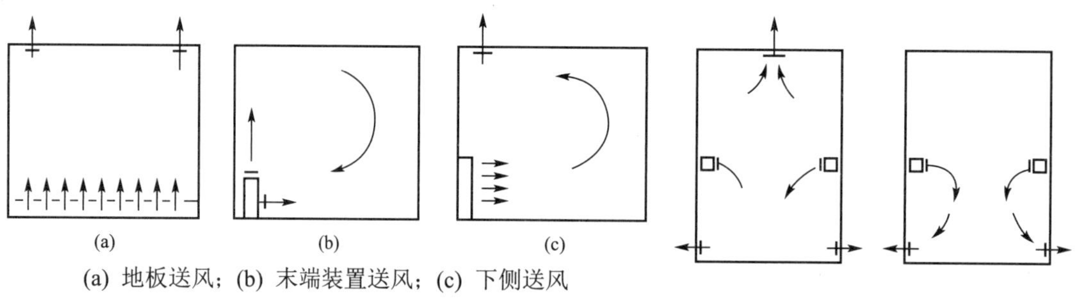

(a) 地板送风；(b) 末端装置送风；(c) 下侧送风

图 8-35　下送上回气流分布

图 8-36　中送风

8.3.5 空气处理及处理设备

1. 喷水室

喷水室是空调系统中夏季对空气冷却除湿、冬季对空气加湿的设备。它是通过水直接与被处理的空气接触来进行热湿交换，在喷水室中喷入不同温度的水，可以实现空气的加热、冷却、加湿和减湿等过程。用喷水室处理空气的主要优点是能够实现多种空气处理过程，冬夏季工况可以共用一套空气处理设备，具有一定的净化空气的能力，金属耗量小，容易加工制作，缺点是对水质条件要求高，占地面积大，水系统复杂和耗电较多。在空调房间的温度、湿度要求较高的场合，如纺织厂等工艺性空调系统中，得到了广泛的应用。

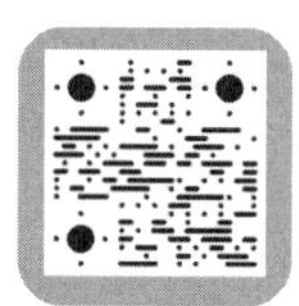

【参考图文】

2. 表面式换热器

用表面式换热器处理空气时，与空气进行热湿交换的工作介质不直接接触，而是通过换热器的金属表面与空气进行热湿交换。在表面式换热器中通入热水或蒸汽，可以实现空气的等湿加热过程，通入冷水或制冷剂，可以实现空气的等湿和减湿冷却过程。

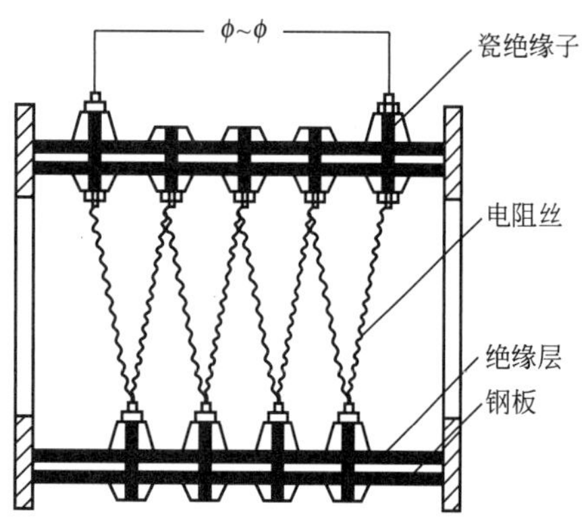

图 8-37　裸线式电加热器

3. 电加热器

电加热器是让电流通过电阻丝发热来加热空气的设备，具有结构紧凑、加热均匀、热量稳定、控制方便等优点。但由于电费较贵，通常只在加热量较小的空调机组等场合采用。在恒温精度较高的空调系统里，常安装在空调房间的送风支管上，作为控制房间温度的调节加热器。裸线式电加热器如图 8-37 所示。

4. 加湿器

加湿器是用于对空气进行加湿处理的设备，常用的有干蒸汽加湿器和电加湿器两种类型。

(1) 干蒸汽加湿器

干蒸汽加湿器的构造如图 8-38 所示，它是使用锅炉等加热设备生产的蒸汽对空气进行加湿处理。

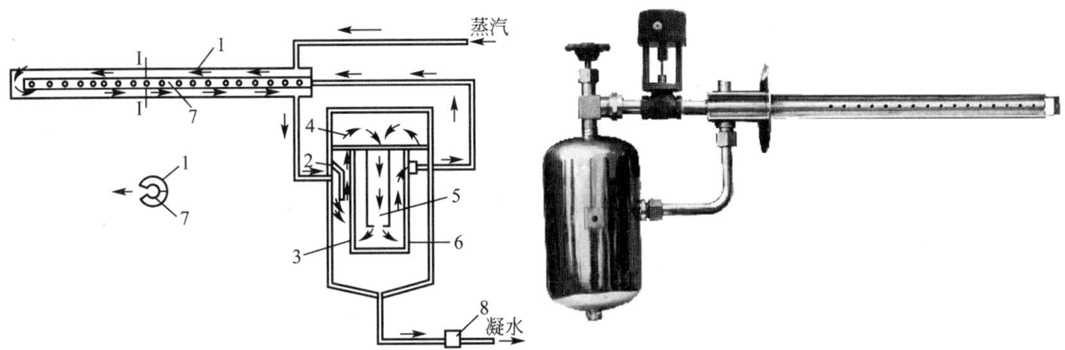

1—喷管外套；2—导流板；3—加湿器筒体；4—倒流箱；5—导流管；
6—加湿器内筒体；7—加湿器喷管；8—疏水器

图 8-38　干蒸汽加湿器的构造

(2) 电加湿器

电加湿器是使用电能生产蒸汽来加湿空气。根据工作原理不同，可分为电热式和电极式两种。

5. 空气过滤器

空气过滤器是用来对空气进行净化处理的设备，通常分为低效、中效和高效过滤器三种类型，如图 8-39 所示。

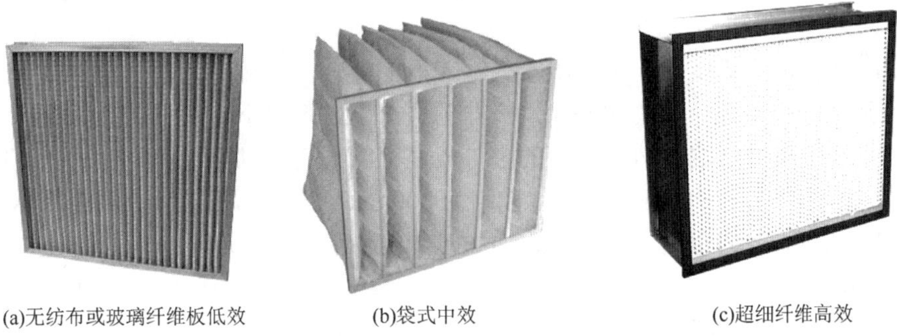

(a)无纺布或玻璃纤维板低效　(b)袋式中效　(c)超细纤维高效

图 8-39　空气过滤器

8.3.6 空调系统的消声、防振与空调建筑的防火排烟

噪声是指嘈杂刺耳的声音，对于某些工作有妨碍的声音也称为噪声。可产生噪声的噪声源是很多的，但对于空调系统来说，噪声主要是由通风机、制冷机、机械通风冷却塔等产生。

噪声的传播方式有三种。

① 通过空气传声。

② 由振动引起的建筑结构的固体传声。

③ 通过风管传声。

1. 消声原理和消声器

消声器是根据不同的消声原理设计成的管路构件，按所采用的消声原理可分为阻性消声器、抗性消声器、共振消声器和复合消声器等类型。

(1) 阻性消声器

阻性消声器是把吸声材料固定在气流流动的管道内壁，或按一定的方式在管道内排列起来，利用吸声材料消耗声能降低噪声。其主要特点是对中、高频噪声的消声效果好，对低频噪声消声效果差。阻性消声器有许多类型，常用的有管式、片式和格式消声器，构造如图 8-40 所示。

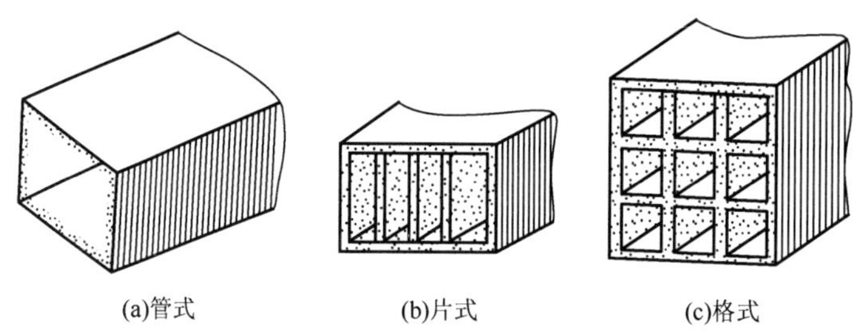

图 8-40　管式、片式和格式消声器构造

管式消声器是在风管的内壁面贴一层吸声材料，吸收声能降低噪声。其特点是结构简单、制作方便、阻力小，但只宜用于截面直径在 400mm 以下的管道。风管截面增大时，消声效果下降。

片式和格式消声器实际上是一组管式消声器的组合，主要是为了解决管式消声器不能用于大断面风道的问题。片式和格式消声器构造简单，阻力小，对中、高频噪声的吸声效果好，但是应注意通过这类消声器中的空气流速不能太高，以免气流产生的紊流噪声使消声器失效。格式消声器中每格的尺寸宜控制在 200mm×200mm 左右。片式消声器的片间距一般在 100～200mm 的范围内，片间距增大时，消声量会相应地下降。

(2) 抗性消声器

抗性消声器又称为膨胀式消声器，它是由一些小室和风管组成，如图 8-41 所示，其消声原理是利用管道内截面的突然变化，使沿风管传播的声波向声源方向反射，起到消声作用。这种消声方法对于中、低频噪声有较好的消声效果，但消声频率的范围较窄，要求风道截面的变化在 4 倍以上才较为有效。因此，在机房的建筑空间较小的场合，应用会受到限制。

【参考图文】

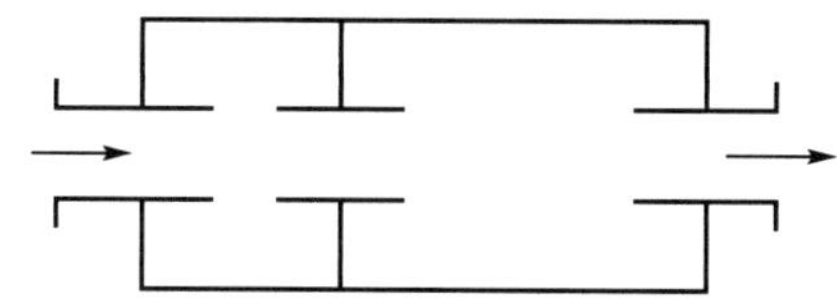

图 8-41　抗性消声器构造

(3) 共振消声器

吸声材料通常对低频噪声的吸收能力很低，要增加低频噪声的吸声量，就需要大大地

增加吸声材料的厚度，这显然是不经济的。为了改善低频噪声的吸声效果，通常采用共振消声器。

共振消声器的构造如图8-42所示，图中的金属板上开有一些小孔，金属板后是共振腔。当声波传到共振结构时，小孔孔径中的气体在声波压力作用下，像活塞一样往复运动，通过孔径壁面的摩擦和阻尼作用，使一部分声能转化为热能消耗掉。

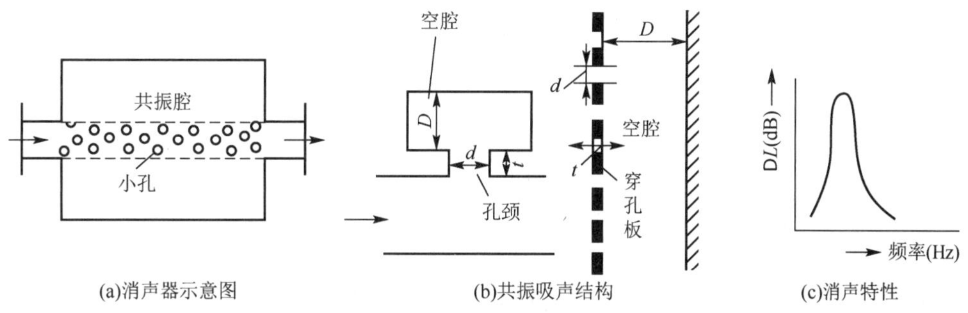

图8-42　共振消声器

(4) 复合消声器

复合消声器又称为宽频带消声器，它是利用阻性消声器对中、高频噪声的消声效果好、抗性消声器和共振消声器对低频噪声消声效果好的特点，综合设计成从低频到高频噪声范围内，都具有较好的消声效果的消声器。常用的有阻抗复合式消声器、阻抗共振复合式消声器和微穿孔板式消声器等类型。

2. 空调系统的减振

在空调系统中，除了对风机、水泵等产生振动的设备设置弹性减振支座外，为了防止与这些运转设备连接的管路的传声，应在风机、水泵、压缩机等运转设备的进出口管路上设置隔振软管，在管道的支吊架、穿墙处作隔振处理。

本章小结

本章对建筑通风、防火排烟与空调系统进行了必要讲述。

建筑通风从通风系统分类、自然通风的原理及特点、机械通风的分类及组成、地下建筑的通风和防火排烟进行简单介绍，对通风系统中送、回风口的形式及选用、风道的材料种类与选用、风机的种类及性能进行详细讲述。

高层建筑需考虑防火分区和防烟分区，高层建筑的排烟分为自然排烟和机械排烟，根据建筑的具体情况选用合适的防烟排烟方式。

空调系统是更高级的通风系统，也是本章的重点内容。其主要包括空调系统的分类和组成，集中式空调系统、局部空调系统的原理、组成，空气处理设备，空调房间气流分布

形式的种类及特点，空调系统的制冷系统的组成及工作原理，空调系统的消声与防振的作用、分类、原理等内容。

复习思考题

1. 建筑通风的主要任务是什么？
2. 建筑通风有哪些类型？试说明各自的主要特点。
3. 举例说明高层建筑中，需要设置防烟排烟设施的部位有哪些。
4. 高层建筑中防火分区和防烟分区的划分有什么不同？
5. 什么是空气调节？一个空调系统通常由哪几部分组成？
6. 试说明集中式空调系统、半集中式空调系统和局部空调系统的主要特点和适用场合。
7. 请分析压缩式制冷的工作原理。
8. 什么是空调房间的气流组织？影响空调房间气流组织的主要因素有什么？
9. 常见的气流组织形式有哪几种？简述各自的主要特点和使用场合。
10. 阻性、抗性和共振消声器的消声原理和主要特点是什么？

第9章 建筑电气

思维导图

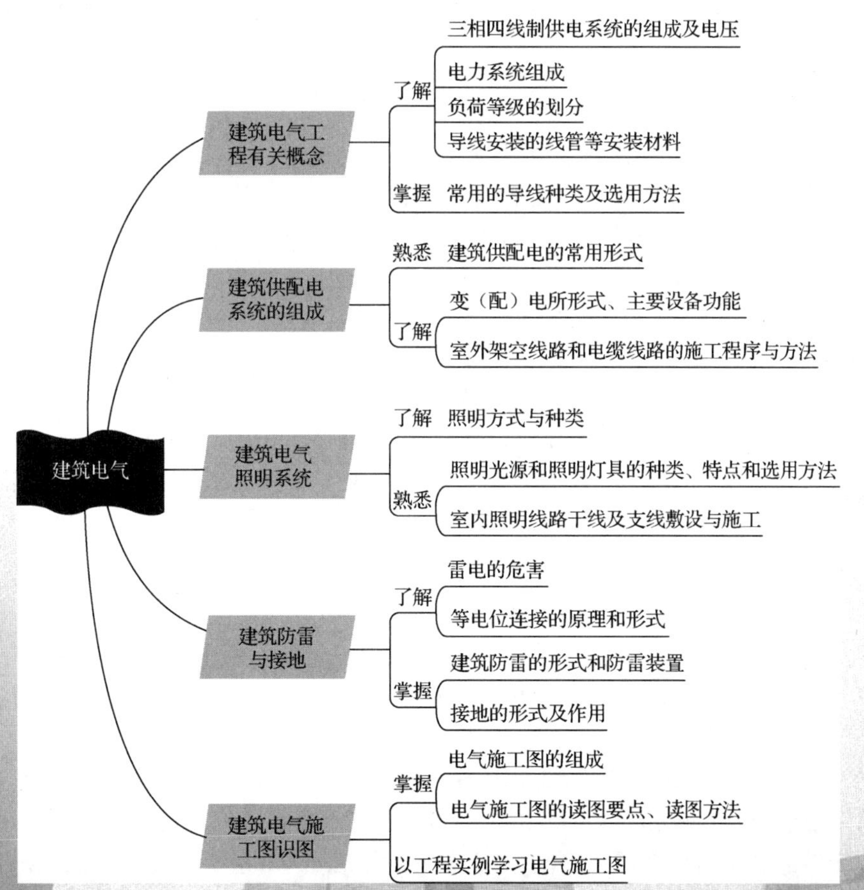

引 例

人们把建筑电气线路比作人的神经系统，它在建筑内起到控制、保护等重要的作用。

建筑物内的电气线路是按照建筑功能要求设置的。电气线路虽然较为复杂，但仍然是由电源、用电设备、开关、导线等组成。本章按照实际电气线路由电源到设备的顺序，介绍线路的组成和施工常识，最后通过学习图纸实例，掌握电气施工图的阅读方法。

本章引用了某学校教学实验楼实例，该教学楼为框架结构，五层，高 22.5m，建筑面积 6200m^2。主要房间为阶梯教室、实验室(兼教室)、准备室和休息室等。该建筑内的电气系统主要包括低压配电系统、正常照明系统、应急照明系统、空调插座系统和防雷接地系统等。

9.1 建筑电气系统基础知识

9.1.1 电路基本知识

1. 电路组成及作用

(1) 电路的组成

电路不论简单和复杂，其基本组成是一样的，由电源、负载和中间环节组成。不同的电路，其线路功能、设备类型、连接形式等均不同。

① 电源的作用是产生电能。电气工程中的电源设备主要有发电机、蓄电池等。变配电所内的电力变压器对于由其供电的线路来说，也称为电源设备。因此，在建筑内部电气线路的电源一般指为其供电的电力变压器。

② 负载的作用是消耗电能，将电能转化为机械能、热能等。建筑电气线路中用电的设备都称为负载。蓄电池在充电状态时，是作为负载的。

③ 中间环节的作用是传递、分配和控制电能。电路的中间环节主要包括导线、开关、熔断器等设备。配电箱(柜)是中间环节中的重要设备，它将开关、熔断器等控制保护设备集中安装在箱体内，便于线路的控制、维护和管理。

(2) 电路的作用

建筑电气工程线路的作用主要有两个。

① 电能的传输和分配。电力工程将电能从发电厂运输到用电单位，其中包括发电、变电、输电、配电、用电等环节。建筑电气工程中的电力、照明等线路均属于电力工程的一部分线路。

② 信息的传递和处理。在建筑物中一般有电话、电视线路，这些线路主要是对包含某些信息的电信号进行传递和处理，还原出声音和图像，满足人们对信息的需要。除此之外，建筑物中安装的楼宇对讲系统、消防系统、广播系统、网络系统、安全防范系统等线路都具有此功能。

人们通常把建筑电气工程中的电力、照明等线路称为强电，把建筑物中安装的楼宇对讲系统、消防系统、广播系统、网络系统、安全防范系统等线路称为弱电。

2. 交流电路

在工业生产及日常生活中，广泛使用的是交流电路。交流电具有容易生产、运输经济、易于变化电压等优点。三相交流电路与单相交流电路相比，有节省输电线用量、输电距离远、输电功率大等优点。目前电力系统广泛采用三相交流电路。

(1) 三相交流电路的电源

三相交流发电机是三相交流电路的电源，其内部有三相绕组，工作时相当于三个单相交流电源为电路提供电能。由三相交流电源供电的电路，称为三相交流电路。对于建筑电气系统，其三相电源为三相电力变压器的三相绕组。

三相电源的连接方式主要有星形连接(Y)和三角形连接(△)。其中星形连接形式比较常用，本书只介绍这部分内容。

① 三相电源的星形连接。三相发电机的电枢上有三个对称放置的独立绕组A—X、B—Y、C—Z。这三个绕组分别称为A相绕组、B相绕组、C相绕组。

如图9-1所示，把三相绕组的末端X、Y、Z连接在一起成为公共点(称为中性点)，从中性点引出一根导线称为中线(俗称零线)；由三相绕组的始端A、B、C分别引出三根线，称为相线(俗称火线)，这就构成了三相电源的星形连接形式。由于三相电源输出四根电源线，因此称为三相四线制供电系统。三相电源的中性点常直接接地，因此中性点又称为零点。为了防止设备因漏电对人造成伤害，工程中常从中性点接地处另外引出一条导线，与设备外壳连接，这条导线称为保护线(PE线)。在电气工程中，为了区分各电源线，常以不同的颜色区分。中线(N线)用黑色或白色导线，在建筑内配线的中线一般用蓝色导线。A相线(L_1)、B相线(L_2)和C相线(L_3)分别用黄、绿、红色导线，保护线(PE线)用黄绿双色导线。

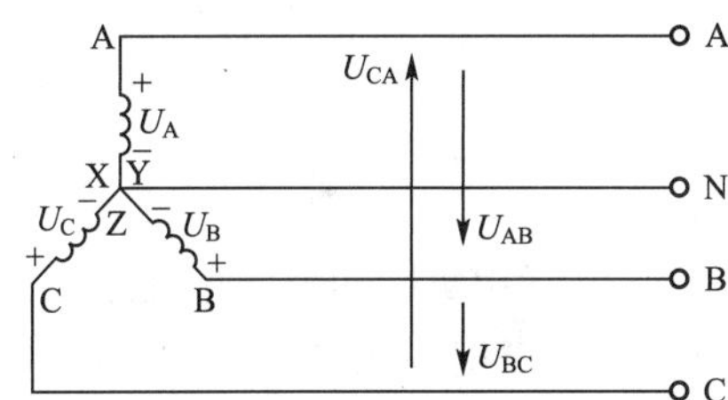

图9-1　三相电源星形连接

② 星形连接的三相电源为电路提供相电压、线电压两种电源电压。

在三相四线制供电系统中，相线与中线之间的电压称为相电压，它们的有效值分别用U_A、U_B、U_C表示。由于三相电源是对称的，所以三个相电压的有效值相等，可以用U_P表示。

不同两个相线之间的电压称为线电压，其有效值分别用U_{AB}、U_{BC}、U_{CA}表示。它们有效值也相等，用U_L表示。

线电压与相电压有效值之间的关系为

$$U_L = \sqrt{3}U_P \tag{9-1}$$

知识链接

常用的低压三相四线制供电系统中，相电压为220V，线电压为380V，一般称为380V/220V三相四线制供电系统，是建筑电气工程中常采用的供电方式。

(2) 三相交流电路的负载

三相交流电路中接入的负载有两类：一类是必须接上三相电源才能正常工作的三相用电设备，如三相异步电动机等；另一类是额定电压为 220V 或 380V，只需接两根电源线的单相用电设备，如单相电动机、白炽灯、荧光灯和单相电焊机等。

三相异步电动机等三相用电设备，其内部三相绕组结构完全相同，是对称的三相负载。单相设备需要分组接到三相电路中，一般为不对称的三相负载。三相负载常见的连接方式有星形连接(Y)和三角形连接(△)。

① 三相负载的星形连接。将每相负载的一端连接到一起，另一端分别连接到三根相线上，如图 9-2 所示，为星形连接方式。单相负载通过中线将一端连在一起，而三相异步电动机等三相对称负载的中点(负载一端共同连接的点)可以不用连接到中线上。星形连接方式的条件是负载额定电压等于电源相电压。

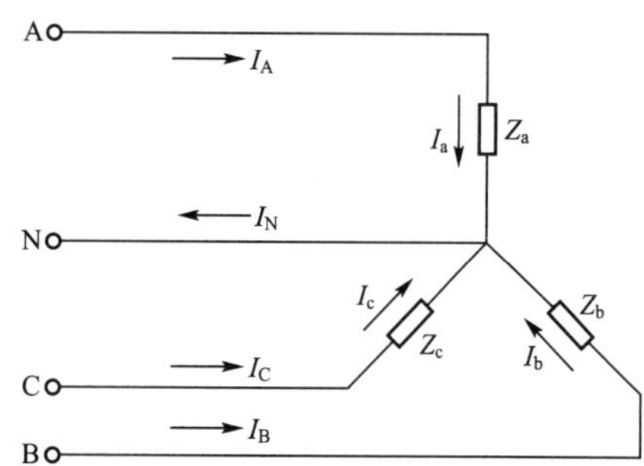

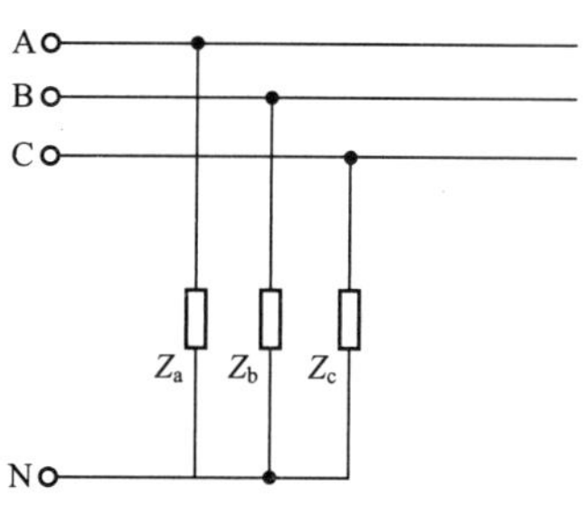

图 9-2 负载的星形连接

② 三相负载的三角形连接。三相负载的三角形连接方式如图 9-3 所示。由于三相负载只需要三根电源线供电，所以这属于三相三线制供电电路。

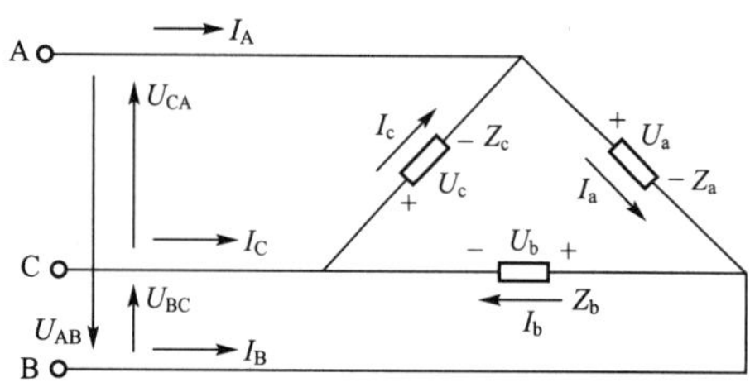

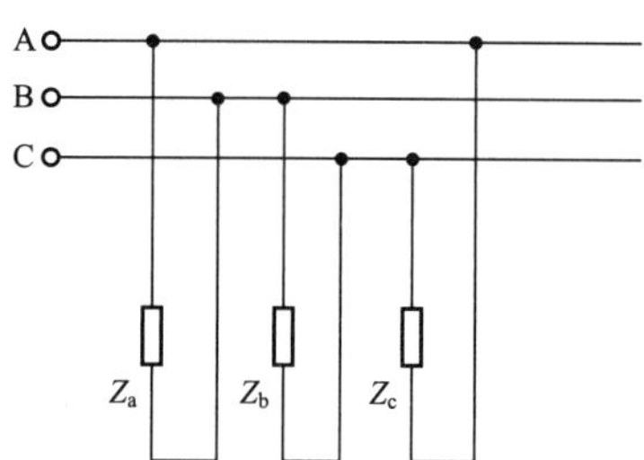

图 9-3 负载的三角形连接

电路中，每相负载连接于两根相线之间，因此负载的额定电压与相应的线电压相等。

在 380V/220V 供电系统中，三相负载的连接方式需要根据负载的额定电压来确定。如果负载的额定电压为 380V，则可以接成三角形连接方式；若额定电压为 220V，则只能接为星形连接方式。

9.1.2 电力系统

在大自然中，人们通过技术，把自然界中的能量转化为电能为人类使用。电能是世界上最环保的能源之一，人们的生活、生产离不开电能。电力是工农业生产、国防建设、建筑中的主要动力，在现代社会中得到了广泛的应用。

电力系统是由发电厂、电力网和电力用户组成的统一整体。典型的电力系统如图9-4所示。

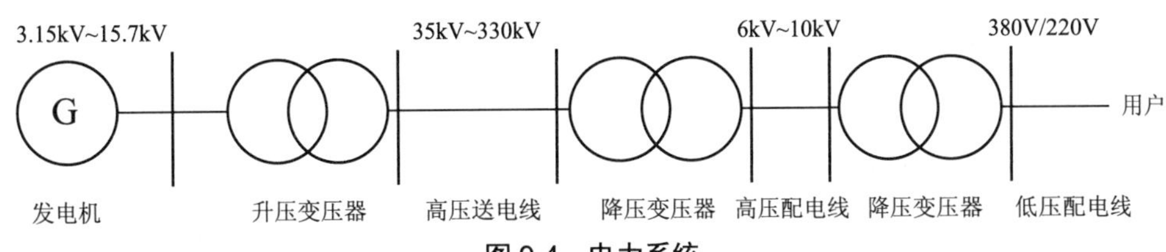

图9-4 电力系统

1. 发电厂

发电厂是将一次能源(如水力、火力、风力、原子能等)转换成电能的场所。

发电厂的种类很多，根据利用能源的不同，有火力发电厂、水力发电厂、核能发电厂、地热发电厂、潮汐发电厂、风力发电厂和太阳能发电厂等。在现代的电力系统中，我国主要以火力和水力发电为主。近些年来，我国在核能发电能力上有很大提高，相继建成了广东大亚湾、浙江秦山等核电站。

拓展讨论

党的二十大报告提出，积极安全有序发展核电，加强能源产供储销体系建设。目前全球资源储量持续下降，我国电力资源出现部分地区供应不足，生产成本上扬的问题，利用新能源发电已成为趋势。核电由于消耗资源少、环境污染少、发生事故的可能性小，故是我国重点的发展方向。请查阅相关资料，思考为了积极发展核电，我国建立了哪些核电站？除了核电外，还有哪些新能源发电方式？

2. 电力网

电力网是电力系统中重要的组成部分，是电力系统中进行输送、交换和分配电能的中间环节。电力网由变电所、配电所和各种电压等级的电力线路所组成。电力网的作用是将发电厂生产的电能变换、输送和分配到电能用户。

变电所是变换电压和交换电能的场所，由电力变压器和配电装置组成。按照变压器的性质和作用不同，又可分为升压变电所和降压变电所两种。

配电所主要作用是分配电能，仅装有配电装置而没有电力变压器。配电所分高压配电所、低压配电所等。

我国电力网的电压等级主要有 0.22kV、0.38kV、3kV、6kV、10kV、35kV、110kV、220kV、330kV、550kV 等。其中，35kV 及以上的电力线路为输电线路，10kV 及以下电力线路为配电线路。高压输电可以减少线路上电能损失和电压损失，减少导线的截面从而节约有色金属。

3. 电力用户

电力用户是所有用电设备的总称，又称电力负荷。按其用途可分为动力用电设备(如电动机等)、工艺用电设备(如电解、电焊设备等)、电热用电设备(如电炉等)和照明用电设备等(如灯具等)。

9.1.3 用电负荷等级划分

根据供电可靠性及中断供电在政治、经济上所造成的损失或影响的程度，用电负荷分为一级负荷、二级负荷及三级负荷。

1. 一级负荷

符合下列情况之一时，应为一级负荷。

① 中断供电将造成人身伤亡时。

② 中断供电将在政治、经济上造成重大影响或损失时。

③ 中断供电将影响有重大政治、经济意义的用电单位的正常工作，或造成公共场所秩序严重混乱时。例如，重要通信枢纽、重要交通枢纽、重要的经济信息中心、特级或甲级体育建筑、国宾馆、国家级及承担重大国事活动的会堂以及经常用于重要国际活动的大量人员集中的公共场所等用电单位中的重要电力负荷。

在一级负荷中，当中断供电后将影响实时处理重要的计算机及计算机网络正常工作以及在特别重要场所中不允许中断供电的负荷，为特别重要的负荷。

2. 二级负荷

符合下列情况之一时，应为二级负荷。

① 中断供电将造成较大政治影响时。

② 中断供电将造成较大经济损失时。

③ 中断供电将影响重要用电单位的正常工作，或造成公共场所秩序混乱时。

3. 三级负荷

不属于一级负荷和二级负荷的用电负荷应为三级负荷。

常见民用建筑(部分)中的一、二级用电负荷见表 9-1。

表 9-1 常见民用建筑的一、二级负荷

序号	建筑名称	负荷名称	等级
1	国家级政府办公建筑	主要办公室、会议室、总值班室、档案室及主要通道照明	一级
2	省部级办公建筑	客梯电力、主要办公室、会议室、总值班室、档案室及主要通道照明	二级
3	大型商场、超市	经营管理用计算机系统电源	一级*
		应急照明、门厅及营业厅部分照明	一级
		自动扶梯、自动人行道、客梯、空调电力	二级
4	科研院所、高等院校	重要实验室电源(如生物制品、培养剂用电等)	一级
		高层教学楼的客梯电力、主要通道照明	二级
5	一类高层建筑 (19 层及以上普通住宅或高度超过 50m 的公共建筑)	消防控制室、消防水泵、消防电梯及其排水泵、防排烟设施、火灾自动报警及联动控制装置、自动灭火系统、火灾应急照明及疏散指示标志、电动防火卷帘、门窗及阀门等消防用电，走道照明、值班照明、警卫照明、障碍照明，主要业务和计算机系统电源，安防系统电源，电子信息设备机房电源，客梯电力，排污泵，变频调速(恒压供水)生活水泵电力	一级

续表

序号	建筑名称	负荷名称	等级
6	二类高层建筑 (10～18 层普通住宅或高度不超过 50m 的公共建筑)	消防控制室、消防水泵、消防电梯及其排水泵、防排烟设施、火灾自动报警及联动控制装置、自动灭火系统、火灾应急照明及疏散指示标志、电动防火卷帘、门窗及阀门等消防用电，主要通道及楼梯间照明，客梯电力，排污泵，变频调速(恒压供水)生活水泵电力	二级

注：负荷级别表中“一级*”为一级负荷中特别重要负荷。

不同负荷等级的电气线路对电源、控制和保护等要求不同。在相同条件下，如果按更高一级的负荷进行供电，则线路就越复杂，工程造价就越高。

9.1.4 常用电工材料

1. 常用导线材料

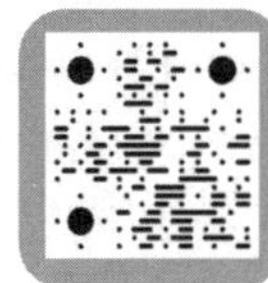

【参考图文】

常用导线可分为普通导线、电缆和母线。普通导线分裸导线和绝缘导线，建筑中配线一般用绝缘导线。电缆是一种多芯导线，主要是用来输送和分配大功率电能。母线(又称汇流排)是用来汇集和分配高容量电流的导体，有硬母线和软母线之分，35kV 以下的高低压配电装置一般用硬母线。

(1) 绝缘导线

绝缘导线的种类很多，按线芯材料分为铜芯和铝芯；按线芯股数分为单股和多股；按线芯结构分为单芯、双芯和多芯；按绝缘材料分为橡皮绝缘导线和塑料绝缘导线等。常用绝缘导线的型号和主要用途见表 9-2。

表 9-2 常用绝缘导线的型号和主要用途

型号	名称	主要用途
BX	铜芯橡皮绝缘导线	用于交流额定电压 250～500V 的电路中，适用固定敷设
BXR	橡皮绝缘软线	供交流电压 500V 以下或直流电压 1000V 以下电路中配电和连接仪表用，适用管内敷设
BXS	双芯橡皮绝缘导线	用于交流额定电压 250V 的电路中，在干燥场所宜在绝缘子上敷设
BXH	铜芯橡皮绝缘花线	用于交流额定电压 250V 的电路中，在干燥场所供移动用电设备接线用
BLX	铝芯橡皮绝缘导线	用于交流额定电压 250～500V 的电路中，适用固定敷设
BLV(BV)	铝(铜)芯塑料绝缘导线	用于交流电压 500V 以下或直流电压 1000V 以下电路中，室内固定敷设
BLVV(BVV)	铝(铜)芯塑料绝缘护套线	用于交流电压 500V 以下或直流电压 1000V 以下电路中，室内固定敷设
BVR	铜芯塑料绝缘软线	用于交流电压 500V 以下电路中，要求电线比较柔软的场所敷设

续表

型号	名称	主 要 用 途
RVB	平行塑料绝缘软线	用于交流电压250V电路中，室内连接小型电器、移动或半移动敷设时使用
RVS	双绞塑料绝缘软线	用于交流电压250V电路中，室内连接小型电器、移动或半移动敷设时使用

绝缘导线的型号表示方法如下。

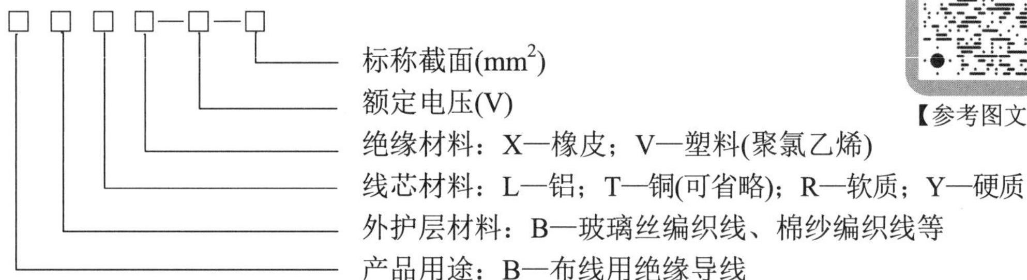

例如，BLV—500—25表示铝芯塑料绝缘导线，额定电压为500V，线芯截面为25mm²。

(2) 电缆

电缆的种类很多，有电力电缆、控制电缆、通信电缆等。

电力电缆由缆芯、绝缘层和保护层三个主要部分构成，其结构如图9-5所示。

① 缆芯。缆芯材料通常为铜或铝。线芯的数量可分为单芯、双芯、三芯和四芯线。

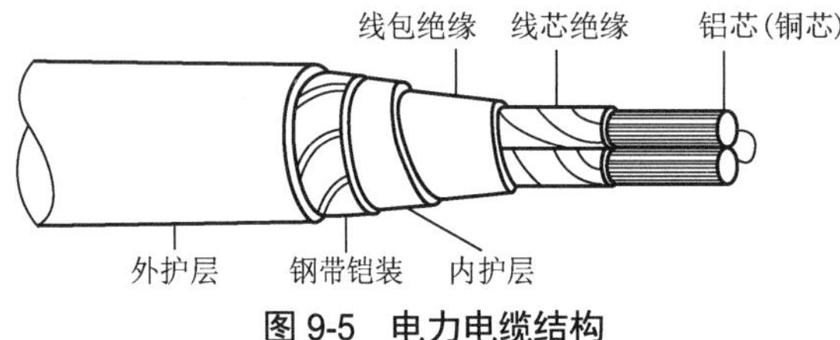

图9-5 电力电缆结构

② 绝缘层。电缆的绝缘层的作用是将缆芯导体之间及缆芯线与保护层之间相互绝缘，要求有良好的绝缘性能和耐热性能。绝缘层用的绝缘材料分别有油浸纸绝缘、聚氯乙烯绝缘、聚乙烯绝缘和橡胶绝缘等。

③ 保护层。保护层又分为内护层和外护层两部分。内护层保护绝缘层不受潮湿，并防止电缆浸渍剂外流，常用铝、铅、塑料、橡套等做成。外护层保护绝缘层不受机械损伤和化学腐蚀，常用的有沥青麻护层、钢带铠装等几种。

电力电缆的型号由字母和数字组成，字母表示电缆的用途、绝缘、缆芯材料及内护套、特征等；数字表示外护套和铠装的类型。电力电缆的型号由五个部分组成，各部分字母和数字的含义见表9-3。

表9-3 电力电缆型号组成及含义

绝缘代号	导体代号	内护层代号	特征代号	外护层代号	
				第1数字	第2数字
Z—纸绝缘 X—橡皮绝缘 V—聚氯乙烯 YJ—交联聚乙烯	T—铜 (可省略) L—铝	Q—铅包 L—铝包 H—橡套 V—聚氯乙烯 Y—聚乙烯	D—不滴流 P—贫油式 (干绝缘) F—分相铅包	2—双钢带 3—细圆钢丝 4—粗圆钢丝	1—纤维绕包 2—聚氯乙烯 3—聚乙烯

注：在外护层代号中，第1数字表示铠装层，第2数字表示外被层。

例如，VV22为铜芯聚氯乙烯绝缘聚氯乙烯护套双钢带铠装电力电缆。

钢带铠装电力电缆主要用于埋地敷设，可以很好地保护电缆线芯免受外界的机械损伤。

(3) 母线

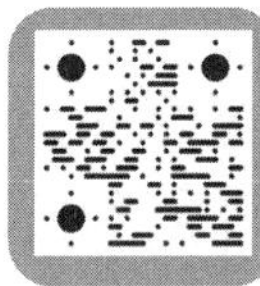
【参考图文】

硬母线通常用铝或铜质材料加工制成，其截面的形状有矩形、管形、槽形等。由于铝质母线价格适宜，目前母线装置多采用铝质，但其载流量与热稳定的性能远小于铜质母线。为便于识别相序，母线安装后按表9-4的规定做色别标记。

表9-4 母线相序色别

母线类别	L_1(A)	L_2(B)	L_3(C)	正极	负极	中性线	接地线
涂漆颜色	黄	绿	红	赭	蓝	紫	紫底黑条

硬母线的型号表示方法如下：

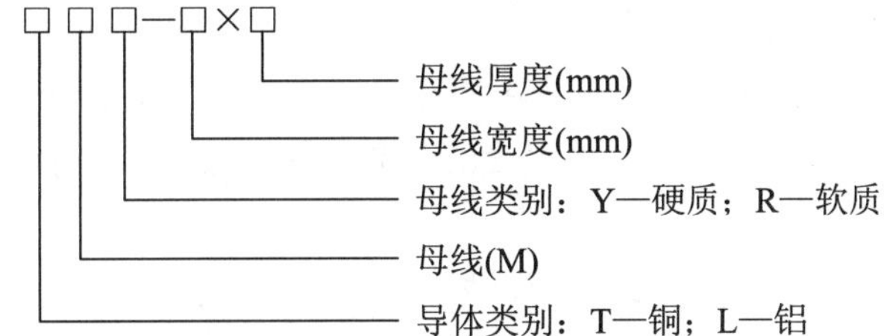

例如，TMY—125×10为硬铜母线，宽度为125mm，厚度为10mm。

2. 常用安装材料

常用安装材料分为金属材料和非金属材料两类。金属材料中常用的有各种类型的钢材及铝材，如水煤气管、薄壁钢管、角钢、扁钢、钢板、铝板等；非金属材料中常用的有塑料管、瓷管等。

(1) 常用线管

在室内电气工程施工中，为使电线免受腐蚀和外来机械损伤，常把绝缘导线穿入电线管内敷设。常用的电线管有金属管和塑料管等。

① 常用的金属管有水煤气管、薄壁钢管、金属软管等。

a. 水煤气管又称焊接管或瓦斯管，管壁较厚(3mm左右)，一般用于输送水煤气及制作建筑构件(如扶手、栏杆、脚手架等)，适合在内线工程中有机械外力或有轻微腐蚀气体的场所作明线敷设和暗线敷设。按表面处理分为镀锌管和普通管(不镀锌)；按管壁厚度不同可分为普通钢管和加厚钢管。

b. 薄壁钢管壁厚约1.5mm，又称电线管。管子的内外壁均涂有一层绝缘漆，适用于干燥场所的线路敷设。目前常使用的管壁厚度不大于1.6mm的扣接式(KBG)或紧定式(JDG)镀锌电线管，也属于薄壁钢管。

c. 金属软管又称蛇皮管，由厚度为 0.5mm 以上的双面镀锌薄钢带加工压边卷制而成，轧缝处有的加石棉垫，有的不加。金属软管既有相当的机械强度，又有很好的弯曲性，常用于需要弯曲部位较多的场所及设备的出线口处等。

② 常用的塑料管有硬型塑料管、半硬型塑料管、软型塑料管等。按材质主要有聚氯乙烯管、聚乙烯管、聚丙烯管等。其特点是常温下抗冲击性能好，耐碱、耐酸、耐油性能好，但易变形老化，机械强度不如钢管。

a. 硬型塑料管适合在腐蚀性较强的场所作明线敷设和暗线敷设。

b. 半硬型塑料管韧性大、不易破碎、耐腐蚀、质轻、刚柔结合，易于施工，适用于一般民用建筑的照明工程暗配敷设。常用的有阻燃型 PVC 工程塑料管。

c. 软型塑料管质量轻，刚柔适中，适于作电气软管。

(2) 常用钢材料

钢材料在电气工程中一般作为安装设备用的支架和基础，也可作为导体(如避雷针、避雷网、接地体、接地线等)使用。

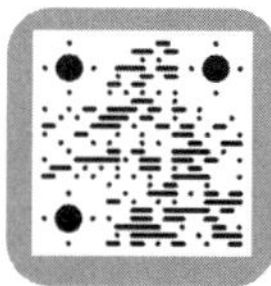
【参考图文】

① 作为导体使用的钢材料主要有扁钢、角钢和圆钢。

a. 扁钢常用来制作各种抱箍、撑铁、拉铁，配电设备的零配件等，分镀锌扁钢和普通扁钢。作为导体主要为接地引下线、接地母线等，其一般使用镀锌扁钢。规格以宽度(a)×厚度(d)表示，如－25×4 表示宽为 25mm、厚度为 4mm 的扁钢。

b. 角钢常用来制作输电塔构件、横担、撑铁、各种角钢支架、电气安装底座和滑触线，作为导体主要为接地体等。角钢按其边宽，分为等边角钢和不等边角钢。其规格以长边(a)×短边(b)×边厚(d)表示。如∟63×40×5 表示该角钢长边为 63mm、短边为 40mm、边厚为 5mm。

c. 圆钢也有镀锌圆钢和普通圆钢之分，主要用来制作各种金具、螺栓、钢索等。作为导体主要为接地引下线、接地母线、防雷带等。其规格是以直径(mm)表示，如ϕ8 表示圆钢标称直径为 8mm。

② 安装用的钢材料主要有槽钢、工字钢和钢板等。

a. 槽钢一般用来制作固定底座、支撑、导轨等。其规格的表示方法与工字钢基本相同。如“槽钢 120×53×5”表示其腹板高度(h)为 120mm、翼宽(b)为 53mm、腹板厚(d)为 5mm。

b. 工字钢常用于各种电气设备的固定底座、变压器台架等。其规格是以腹板高度(h)×腹板厚度(d)表示，其型号是以腹高(cm)数表示。如 10 号工字钢，表示其腹高为 10cm(100mm)。

c. 钢板常用于制作各种电器及设备的零部件、平台、垫板、防护壳等。钢板按厚度一般分为薄钢板(厚度小于等于 4.0mm)、中厚钢板(厚度为 4.0～6.0mm)、特厚钢板(厚度大于 6.0mm)三种。薄钢板有时称为铁皮。

9.2 建筑供配电系统

9.2.1 建筑供配电形式

1. 各类民用建筑的供电形式

(1) 小型民用建筑的供电

小型民用建筑的供电，一般只需要一个简单的 6～10kV 的降压变电所，供电形式如图 9-6 所示。用电设备容量在 250kW 及以下或需用变压器容量在 160kVA 及以下时，不必单独设置变压器，可以用 380V/220V 低压供电。

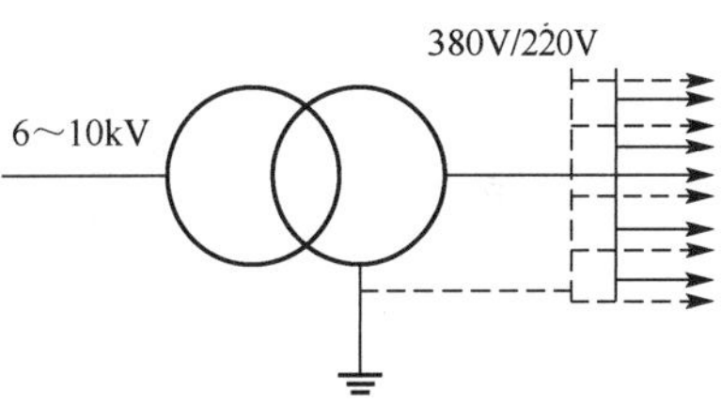

图 9-6 小型民用建筑供电系统

(2) 中型民用建筑的供电

中型民用建筑的供电，电源进线一般为 6～10kV，经高压配电所，将高压配线连至各建筑物变电所，降为 380V/220V，供电形式如图 9-7 所示。

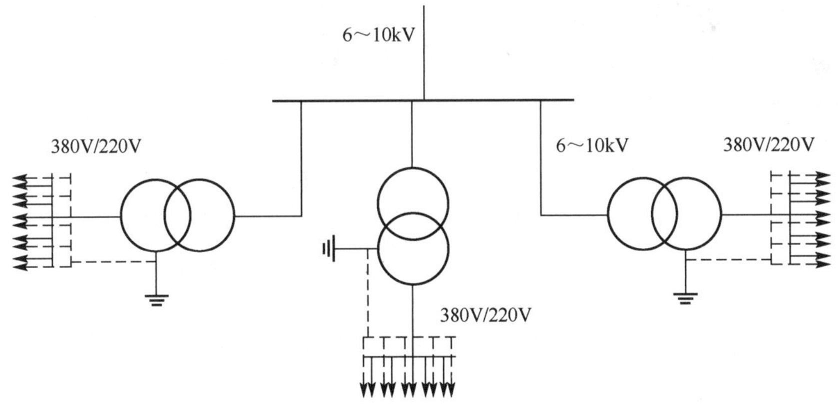

图 9-7 中型民用建筑供电系统

(3) 大型民用建筑的供电

大型民用建筑的供电，由于用电负荷大，电源进线一般为 35kV，需经两次降压，第一次由 35kV 降为 10kV，再将 10kV 高压配线连至各建筑物变电所，降为 380V/220V，供电形式如图 9-8 所示。

特别提示

民用建筑的供电电压是根据建筑用电容量、用电设备特性、供电距离、供电线路的回路数、当地公共电网现状及其发展规划等因素，经过技术经济比较确定。

① 用电设备容量在 250kW 或需用变压器容量在 160kVA 以上者宜以高压方式供电。

② 用电设备容量在 250kW 或需用变压器容量在 160kVA 及以下者宜以低压方式供电。

③ 特殊情况以高压方式供电。

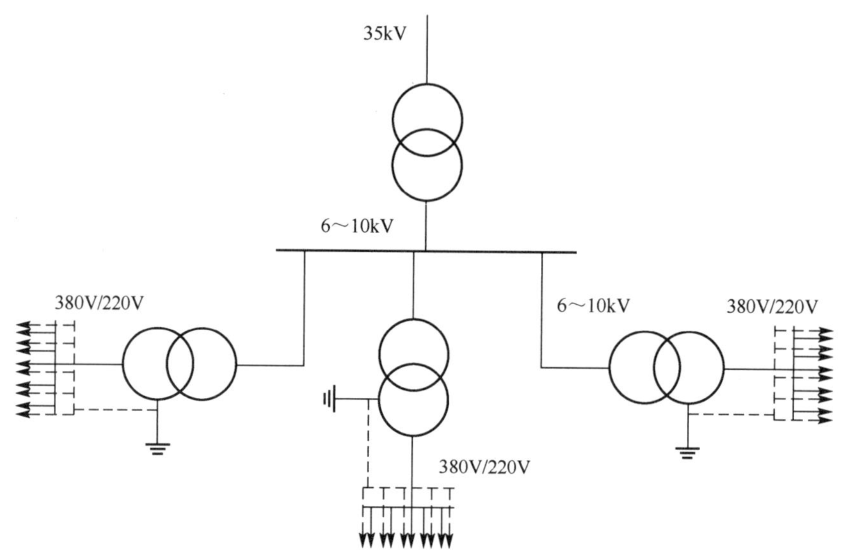

图 9-8　大型民用建筑供电系统

2. 民用建筑常用的配电形式

低压配电系统的配电方式主要有放射式和树干式。由这两种方式组合派生出来的配电方式的还有链接式、混合式等。

(1) 放射式

放射式配电如图 9-9 所示，其特点是供电可靠性高；便于计量和经济核算；但其有色金属消耗量较多，使用的开关设备也较多，投资费用高。当用电设备为大容量时，或负荷性质重要，或在有特殊要求的车间、建筑物内，宜采用放射式配电。

(2) 树干式

树干式配电如图 9-10 所示。其特点是配电形式灵活；有色金属消耗量也较少，总投资

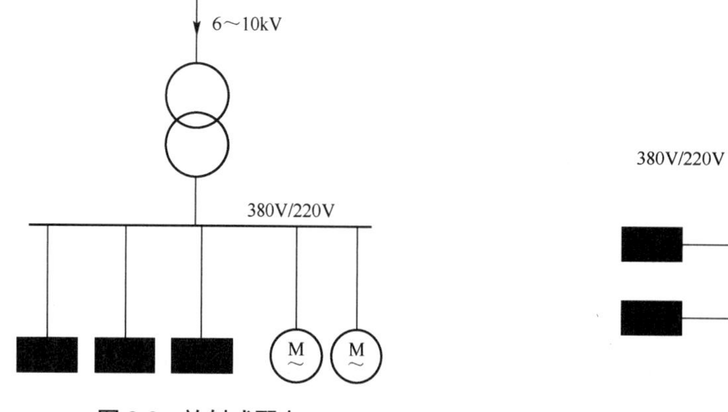

图 9-9　放射式配电

图 9-10　树干式配电

少；但当干线发生故障时，影响范围较大，故其可靠性较低。在正常环境的车间或建筑物内，当大部分用电设备为中小容量，且无特殊要求时，以及施工现场临时用电等宜采用树干式配电。

(3) 链接式

链接式配电是树干式的一种形式，如图 9-11 所示，与树干式不同的是其分支点设在配电箱内，由配电箱内的总开关上端引至下一配电箱。链接式的优点是线路上无分支点，适合穿管敷设，节省有色金属。缺点是供电可靠性差。它适用于暗敷设线路，供电可靠性要求不高的小容量设备，一般连接的设备不宜超过 3～4 台，总容量不宜超过 10kW。

(4) 混合式

实际工程中的配电形式多为以上形式的混合，一般民用建筑的配电形式如图 9-12 所示，高层建筑的配电形式如图 9-13 所示。

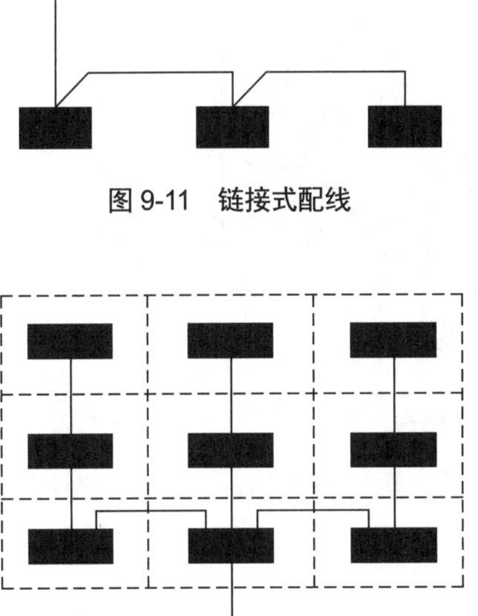

图 9-11 链接式配线

图 9-12 一般民用建筑的配电形式

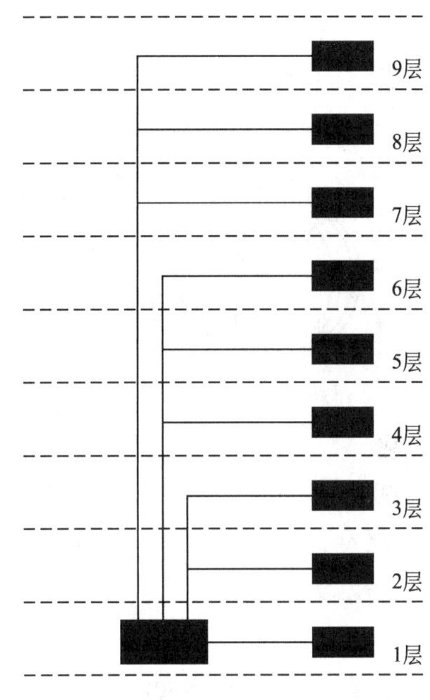

图 9-13 高层建筑的配电形式

民用建筑内部的配电形式与线路功能要求、敷设方式、线路距离、负荷分布等条件有关，具体使用什么配电形式，一般会选择多个方案，经过安全、质量、经济等对比后，才能确定。

9.2.2 变(配)电所

变(配)电所是建筑供(配)电系统中的重要组成部分，其主要作用是变换(分配)电能。中小型民用建筑变(配)电所主要为 10kV 级。

1. 变(配)电所位置的选择

变(配)电所的位置应尽量避开有腐蚀性污染的场所，以免设备被腐蚀损坏；接近负荷中心，可以节省有色金属；设置在进出线方便场所，有利于大型设备(变压器、配电柜等)的运输和安装；不宜设置在积水、低洼场所和厕所、浴室紧邻场所等。

2. 变(配)电所主要设备

变(配)电所中常用的设备分高压设备和低压设备，高压设备有高压负荷开关、高压断路器、高压熔断器、高压隔离开关、高压开关柜和避雷器等。低压设备有刀开关、低压断路器、低压熔断器和低压配电柜等。这里只介绍低压设备。

(1) 刀开关

刀开关用于分断电流不大的电路，在低压配电柜内有时也起隔离电压的作用。

刀开关由手柄、动触头、静触头、底座等组成，如图 9-14 所示。

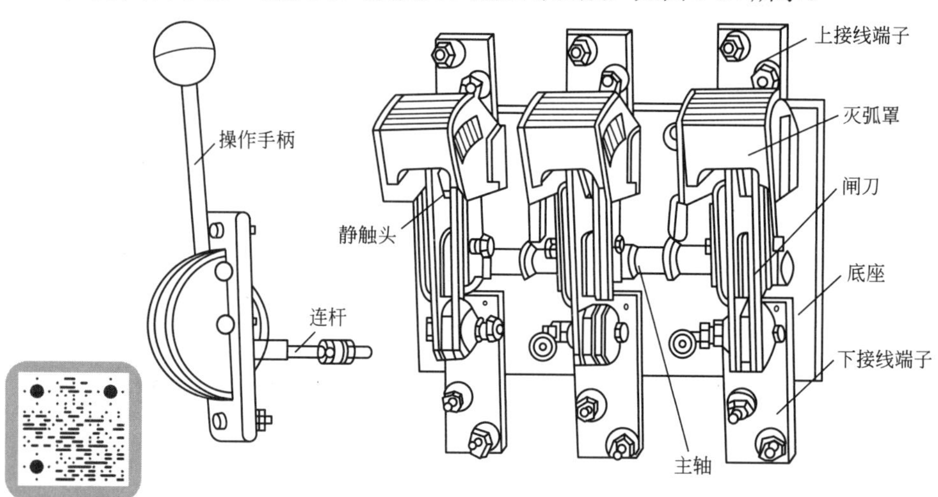

【参考图文】

图 9-14　单掷刀开关结构

刀开关的操作顺序是：合闸送电时应先合刀开关，再合断路器；分闸断电时应先分断断路器，再分断刀开关。

(2) 低压断路器

低压断路器是一种能通断负荷电流，并能对电气设备进行过载、短路、欠压等保护的低压开关电器。

断路器主要由主触头系统、灭弧系统、储能弹簧、脱扣系统、保护系统及辅助触头等组成。其形式主要有框架式断路器和塑壳式断路器，常见的低压断路器如图 9-15 所示。

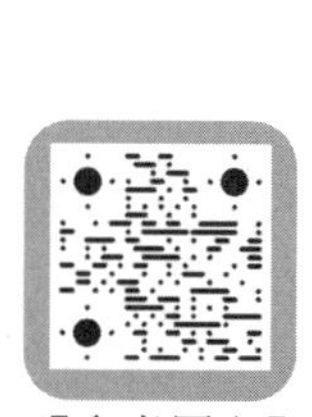

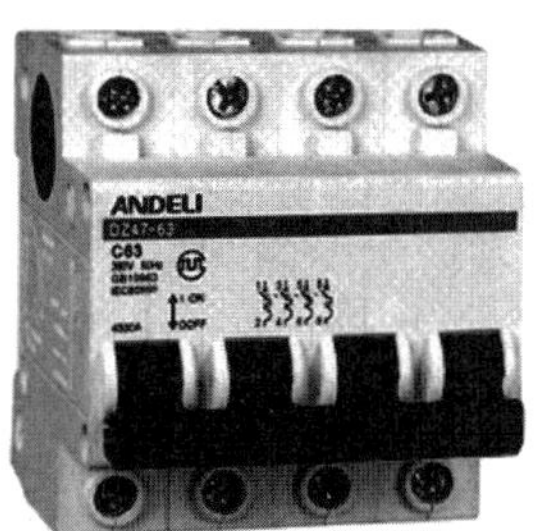

【参考图文】

(a)　(b)　(c)

(a) DW15 系列万能断路器；(b) DZ20 系列塑壳式断路器；(c) DZ47 系列微型塑壳式断路器

图 9-15　常见低压断路器

框架式断路器为敞开式结构，如图 9-15(a)所示，广泛应用于工业企业变电所及其他变电场所，其产品有 DW15、DW16、ME 等系列，额定电流可高达 4000A。

塑壳式断路器为封闭结构，如图 9-15(b)所示，广泛用于变(配)电、建筑照明线路中。其产品有 DZ10、DZ12、DZ15、DZ20、CM1、M 等系列。

微型塑壳式断路器，如图 9-15(c)所示，常用于建筑照明线路中，其产品系列有 C65N、DZ47、S500、NC 等。

(3) 低压熔断器

熔断器俗称保险丝，其结构简单，安装方便，常在低压电路中作短路和过载保护。常用的低压熔断器有瓷插式、螺旋式、无填料管式、有填料管式、快速式熔断器等。

熔断器主要由熔体和安装熔体的底座组成，如图 9-16 所示。

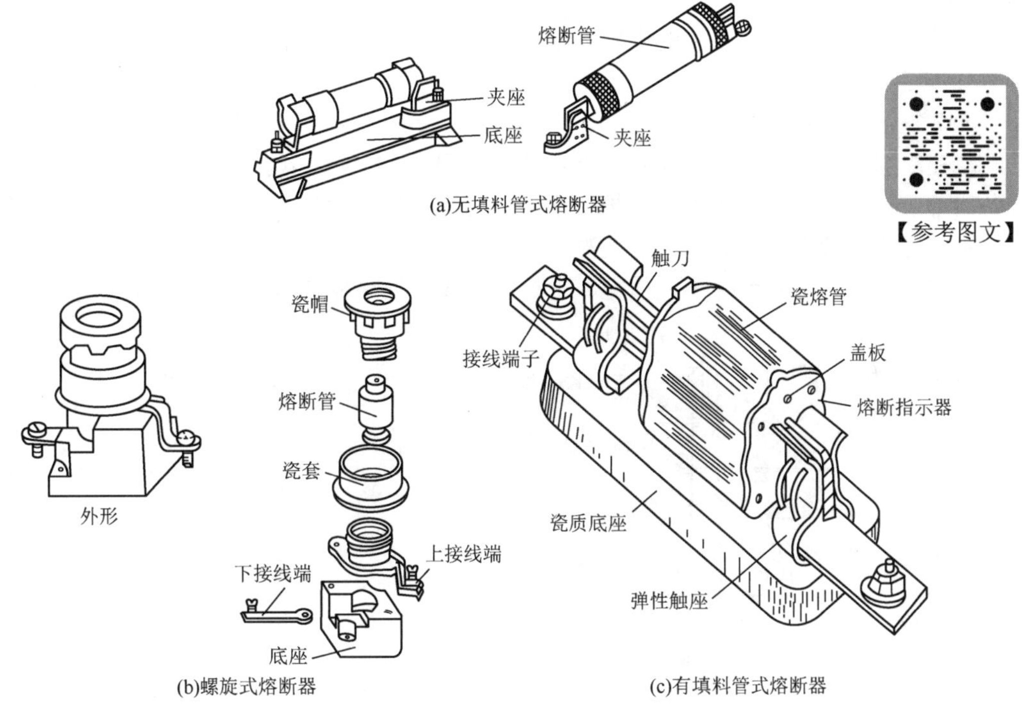

图 9-16 低压熔断器

(4) 低压配电柜

低压配电柜是由低压一次设备为主，配合二次设备(如接触器、继电器、按钮开关、信号指示灯、测量仪表等)，以一定方式组合成一个或一组柜体的电气成套设备。低压配电柜适用于三相交流系统中，额定电压 500V 及以下，额定电流 1500A 及以下电压配电室、电力及照明配电之用。低压配电柜有固定式、抽屉式两种，如图 9-17 所示。

固定式低压配电柜结构简单，检修方便，但占地较多。常用的有 PGL、GGD 等系列，如图 9-17(a)所示。

抽屉式低压配电柜结构紧凑，检修快，占地较少。常用的有 BFC、GCK 等系列，如图 9-17(b)所示。

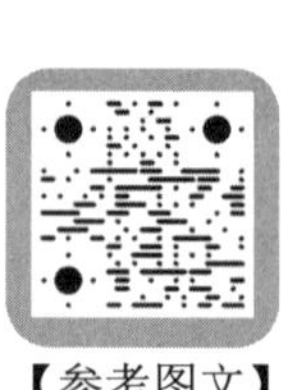
【参考图文】

(a)GGD固定式低压配电柜

(b)GCK抽屉式低压配电柜

图 9-17　低压配电柜

9.2.3 室外配电线路及施工

室外线路是指建筑物以外的供配电线路，包括架空线路和电缆线路。

1. 架空线路

(1) 架空线路的组成

架空线路是采用电杆、横担将导线悬空架设，向用户传送电能的配电线路。其特点是：设备简单，投资少；设备明设，维护方便；但易受自然环境和人为因素影响，供电可靠性低，且易造成人身安全事故；影响美观。

架空线路由导线、绝缘子、横担、电杆、拉线及线路金具组成，如图 9-18 所示。

【参考图文】

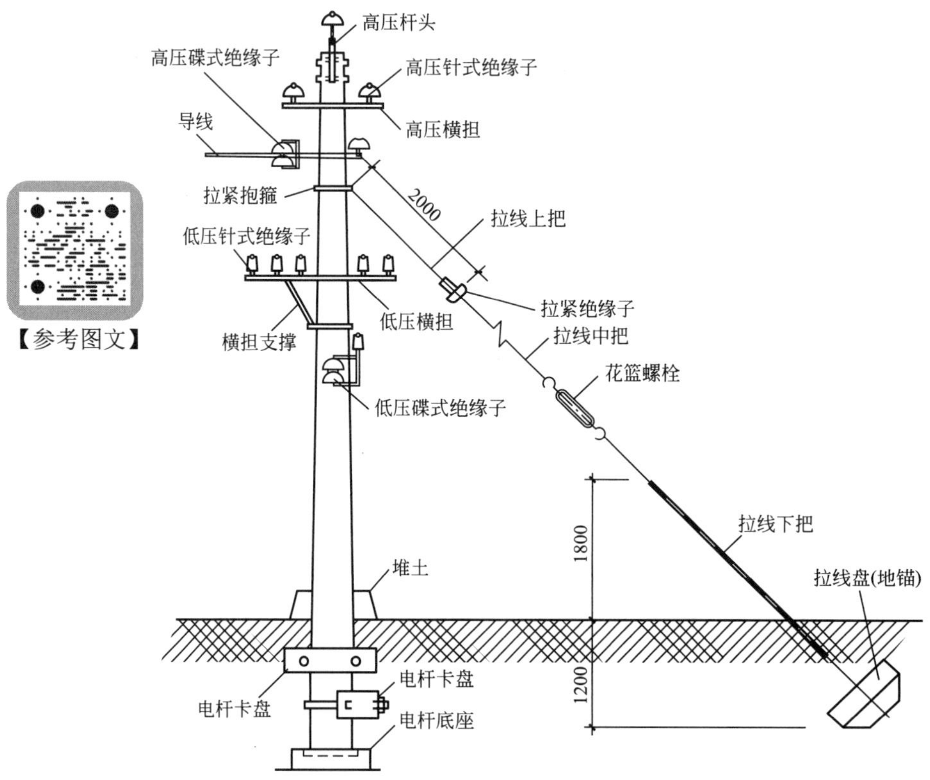

图 9-18　架空线路的组成

(2) 架空线路的施工

架空线路的施工按以下程序进行。

测量定位 → 竖立电杆 → 安装横担 → 架设导线 → 安装拉线

① 测量定位。根据施工图，通过测量，确定电杆的位置，并在杆位上打定位桩。

② 竖立电杆。按照定位桩位置，首先挖坑，做防沉底基，然后立杆，最后回填土。立杆时，通常借助起重机，电工配合，协调工作。

③ 安装横担。根据施工图要求的横担的形式、数量、位置，在电杆上用抱箍等金具进行安装。横担安装完后，即可安装绝缘子。

④ 架设导线。首先将导线放置在电杆下的地面上，然后将导线拉上电杆，用紧线器将导线在两根电杆间的弧垂度调整到规定范围后，再固定导线于绝缘子上。

⑤ 安装拉线。根据图纸要求，确定拉线形式、数量、方位，在现场制作拉线，安装拉线盘、上把、下把。

2. 电缆线路

(1) 电缆线路的敷设方式

电缆线路多为暗敷设，其特点是供电可靠性高，使用安全，寿命长；但投资大，敷设及维护不太方便。目前住宅小区、公共建筑等多采用电缆线路。

电缆线路的敷设方式主要有直埋式、电缆沟式、排管式和隧道式等。

① 直埋敷设方式就是把电缆直接埋入地下的敷设方式。这种方式施工简单，造价低廉，散热性好，使用广泛，但容易受机械损伤和腐蚀，故适合少量电缆的敷设，同一电缆沟内电缆一般不超过6根，埋设深度不小于0.7m。

② 电缆沟敷设方式是将电缆在砖砌或混凝土浇筑的电缆沟内敷设的方式。这种方式施工较为复杂，造价高，可以使电缆免受机械损伤和腐蚀，一般敷设电缆根数不宜超过18根。

③ 排管敷设方式就是将水泥管、塑料管、钢管等排成一层或几层埋于地下，然后将电缆穿于管内敷设的方式。这种方式使电缆减少机械损伤和腐蚀，可以多层敷设，但电缆散热性能不好，电缆允许载流量减少，施工较为复杂，造价较高。为了便于穿线和检修，一般每隔150～200m或在转弯处设置人孔。一般敷设电缆根数不宜超过12根。

④ 在电缆数目很多时(多于18根)，可以采取隧道方式。隧道一般高2m、宽1.8～2m，由砖砌或混凝土浇筑而成，工程量大，造价高，但架设和维护方便。

(2) 电缆线路的施工

电缆线路的施工按以下程序进行。

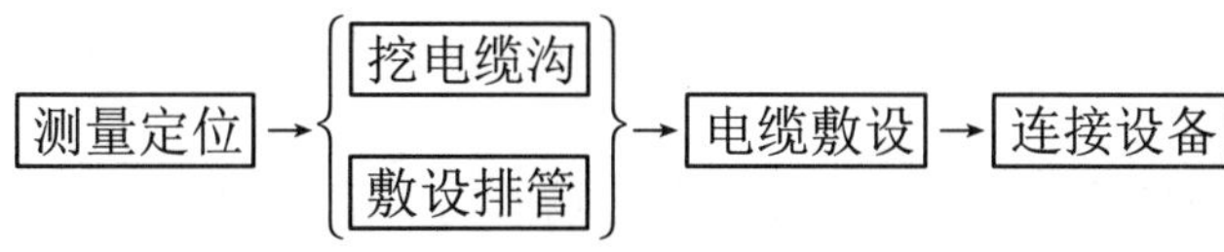

① 测量定位。根据施工图要求和实际现场环境测量确定电缆沟及排管敷设位置。

② 挖电缆沟、敷设排管。直埋式电缆沟结构较为简单，一般挖成截面为倒梯形的形状，沟底铲平，铺上100mm的软土或细砂，再将电缆敷设放置在上面，具体做法如图9-19所示。普通电缆沟由砖砌或混凝土浇筑而成，侧壁装有电缆支架，做法如图9-20所示。

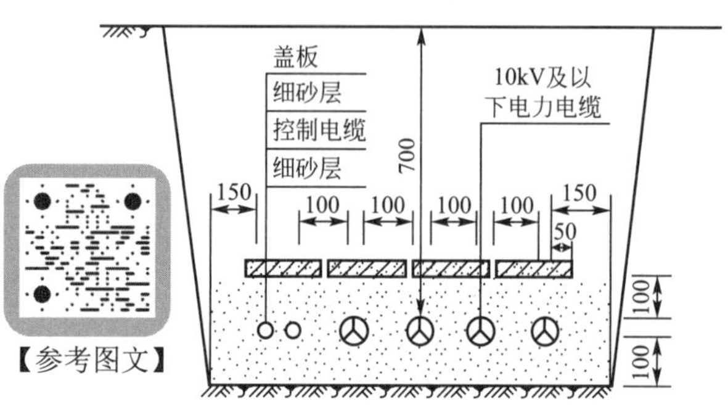

【参考图文】

图 9-19　电缆直埋地敷设

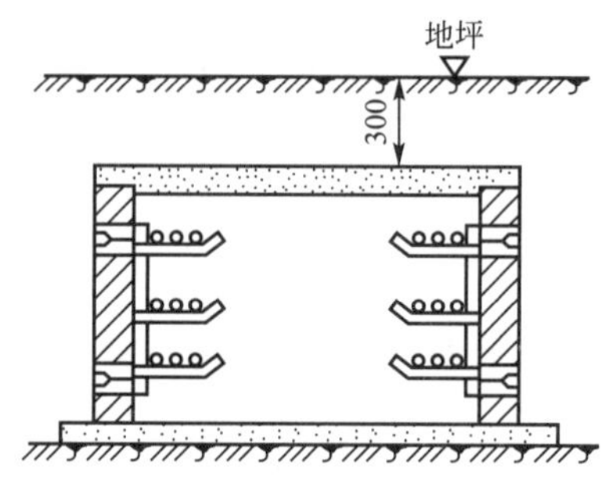

图 9-20　电缆沟敷设

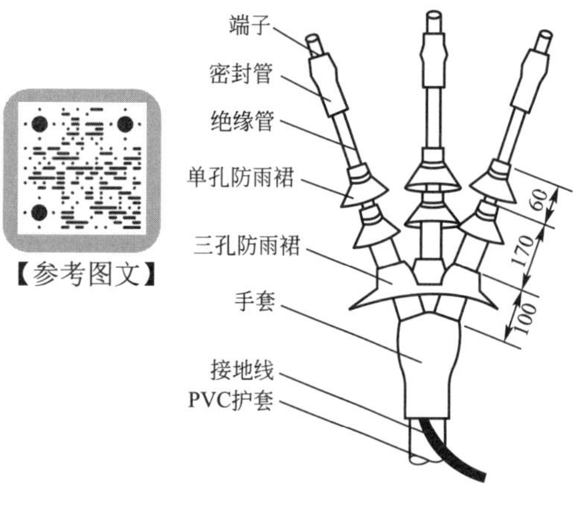

【参考图文】

图 9-21　电缆终端头

③ 电缆敷设。电缆一般借助放线架、滚轮等设备进行敷设，在沟内不宜拉得很直，应略成波浪形，以适应环境温度造成的热胀冷缩。多根电缆不应相互盘绕敷设，应保持至少一个电缆直径的间距，以满足散热的要求。电缆较长，中间有接头时，必须采用专用的电缆接头盒。若电缆有分支，常采用电缆分支箱分线。

④ 连接设备。电缆与设备连接，其终端要做电缆终端头(简称电缆头)，电缆头的制作主要有热缩法、冷缩法和干包法等，电缆头的结构如图 9-21 所示。

9.3　建筑电气照明系统

9.3.1 照明方式与种类

1. 照明的方式

建筑电气照明的方式主要有一般照明、分区一般照明、局部照明和混合照明四种。

(1) 一般照明

不考虑特殊部位的照明，只要求照亮整个场所的照明方式称一般照明，如办公室、教室、仓库等。

(2) 分区一般照明

根据需要，加强特定区域的一般照明方式称分区一般照明，如专用柜台、商品陈列处等。

(3) 局部照明

为满足某些部位的特殊需要而设置的照明方式称局部照明，如工作台、教室的黑板等。

(4) 混合照明

以上照明方式的混合形式。

2. 照明的种类

电气照明种类可分为正常照明、应急照明、警卫照明、值班照明、景观照明和障碍照明等。

(1) 正常照明

正常照明是指在正常情况下，保证能顺利地完成工作而设置的照明，如教室、办公室、车间等。

(2) 应急照明

应急照明是指因正常照明的电源发生故障而临时应急启用的照明，如影剧院、高层建筑疏散楼梯、大型商场等。应急照明包括备用照明、安全照明和疏散照明。

① 备用照明：当正常照明因故障熄灭后，对需要确保正常工作或活动继续进行的场所的照明。

② 安全照明：对需要确保处于危险之中的人员而设置的照明。

③ 疏散照明：对需要确保人员安全疏散的出口和通道的照明。

(3) 警卫照明

警卫照明是指用于警戒而安装的照明。有警戒任务的场所，根据警戒范围的要求设置警卫照明。

(4) 值班照明

值班照明是指非工作时间，为值班所设置的照明，如大型商场内，宜设置值班照明。

(5) 景观照明

景观照明是指用于满足建筑规划、市容美化和建筑物装饰要求的照明。

(6) 障碍照明

障碍照明是指在建筑物上装设的作为障碍标志的照明。在有危及航行安全的建筑物、构筑物上，根据航行要求设置障碍照明。

9.3.2 照明光源及照明灯具

1. 电光源的种类

电光源可按其发光物质分为固体发光光源和气体放电发光光源两类。电光源的种类及用途见表9-5。

表9-5 电光源的种类及用途

<table>
<tr><td rowspan="4">电光源</td><td rowspan="4">固体发光光源</td><td rowspan="2">热辐射光源</td><td>白炽灯</td><td>用于开关频繁场所、需要调光场所、要求防止电磁波干扰的场所，其余场所不推荐使用</td></tr>
<tr><td>卤钨灯</td><td>适用于电视转播照明，并用于绘画、摄影和建筑物投光照明等</td></tr>
<tr><td rowspan="2">电致发光光源</td><td>场致发光灯(EL)</td><td>大量用作LCD显示器的背光源</td></tr>
<tr><td>半导体发光二极管(LED)</td><td>常作为指示灯、带色彩的装饰照明等</td></tr>
</table>

续表

<table>
<tr><td rowspan="7">电光源</td><td rowspan="7">气体放电发光光源</td><td rowspan="2">辉光放电灯</td><td colspan="2">氖灯</td><td>常作为指示灯、装饰照明等</td></tr>
<tr><td colspan="2">霓虹灯</td><td>用作建筑物装饰照明</td></tr>
<tr><td rowspan="5">弧光放电灯</td><td rowspan="2">低气压灯</td><td>荧光灯</td><td>广泛应用于各类建筑的照明中</td></tr>
<tr><td>低压钠灯</td><td>适用于公路、隧道、港口、货场和矿区照明</td></tr>
<tr><td rowspan="3">高气压灯</td><td>高压钠灯</td><td>广泛应用于道路、机场、码头、车站、广场及工矿企业照明</td></tr>
<tr><td>高压汞灯</td><td>常用于空间高大的建筑物中</td></tr>
<tr><td>金属卤化物灯</td><td>用于电视、体育场、礼堂等对光色要求很高的大面积照明场所</td></tr>
</table>

2. 照明灯具

照明灯具是透光、分配和改变光源光线分布的器具，包括除光源外所有用于固定光源、保护光源所需的全部零部件及与电源连接所必需的线路附件。

(1) 灯具的主要作用

① 固定光源。

② 对光源提供机械保护。

③ 控制光源发出光线的扩散程度，达到配光要求。

④ 防止眩光。

⑤ 保证特殊场所的照明安全，如防尘、防水等。

⑥ 装饰和美化环境。

(2) 灯具的分类

① 按配光分类。配光是指光源的光通量向上与向下的发射部分之间的分配，一般可分为直射型灯具、半直射型灯具、漫射型灯具、半反射型灯具和反射型灯具五类。

a. 直射型灯具。这类灯具能使90%以上的光线直接向下投射，使光线大部分集中到工作面上，称为直射配光。这类灯具的优点是光线集中，效率较高，最为经济。缺点是视觉范围内亮度差异大，局部的物体有明显的阴影。各种金属灯具属这一类型。

b. 半直射型灯具。这类灯具能使 60%～90%的光线向下照射，10%～40%的光线向上照射，称为半直射配光。各种敞口玻璃、塑料灯具属这一类型。

c. 漫射型灯具。这类灯具向上或向下照射的光线分别为40%或60%，称为漫射配光。各种封闭型玻璃、塑料灯具属漫射型灯具。这类灯具，照明均匀性好，没有明显的阴影，但光线被天棚、墙壁和灯具吸收较多，不如直射型灯具经济，多用于生活间、公共建筑等场所。

d. 半反射型灯具。这类灯具使10%～40%的光线向下照射，有60%～90%的光线向上照射，称为半反射配光。

e. 反射型灯具。这类灯具能使90%以上的光线向上方投射，经天棚、墙壁或特种反射器，反射到被照物表面上，称为反射配光。使用这类灯具，房间可得到柔和的照明，没有阴影，但效率低，不经济，一般只用于建筑艺术照明，以及特殊需要的地方。

② 按结构形式分类。照明灯具可分为开启式灯具、保护式灯具、防尘式灯具、密闭式

灯具和防爆式灯具五类。

a. 开启式灯具。这一形式的灯具，其灯泡直接与外部环境相通。

b. 保护式灯具。这种灯具，灯泡装于灯具内部，但灯具内部与外界能自由换气。

c. 防尘式灯具。这种灯具需密闭，内部与外界也能换气，灯具外壳与玻璃罩以螺栓连接。

d. 密闭式灯具。密闭式灯具的内部与外界不能换气。

e. 防爆式灯具。这种灯具防护严密，灯具内外承受一定压力，一般不会因灯具引起爆炸。

③ 按灯具的安装方式分类。照明灯具可分为悬吊式灯具、吸顶式灯具、嵌入式灯具、壁式灯具、其他安装形式灯具等。

a. 悬吊式灯具。灯具采用悬吊式安装，其悬吊方式有吊线式、吊链式和管吊式等。

b. 吸顶式灯具。灯具采用吸顶式安装，即将灯具直接安装在顶棚的表面上。

c. 嵌入式灯具。灯具采用嵌入式安装，即将灯具嵌入安装在顶棚的吊顶内，有时也采用半嵌入式安装。

d. 壁式灯具。灯具采用墙壁式安装，即将灯具安装在墙壁上。

e. 其他安装形式的灯具还有半嵌入式、落地式、台式、庭院式、道路式和广场式等。

9.3.3 室内照明线路及施工

室内照明线路主要由进户线、总配电箱、干线、分配电箱、支线和用户配电箱(或照明设备)等组成。照明线路组成如图9-22所示。

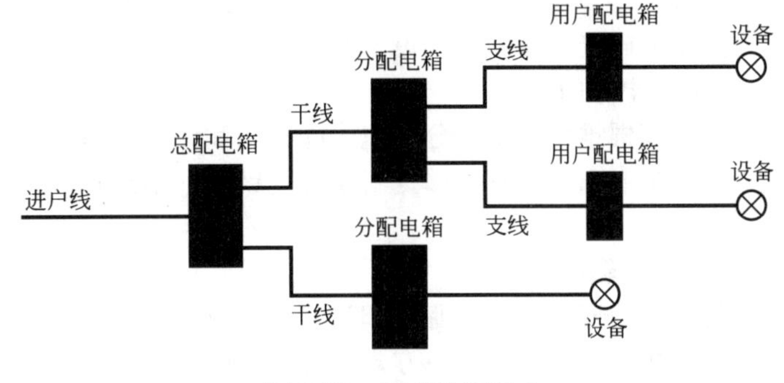

图 9-22 照明线路组成

1. 电源进线

(1) 供电电源与形式

建筑内不同性质、功能的照明线路负荷等级不同。一类高层建筑的应急照明、楼梯间及走廊照明、值班照明、障碍照明等为一级负荷；二类高层建筑的应急照明、楼梯间及走廊照明等为二级负荷。负荷等级不同，对供电电源的要求也不同。

作为一级负荷的照明线路，应采用两路电源供电，电源线路取自不同的变电站，为保证供电的可靠性，工程常多设一路电源，作为应急，常用的应急电源有蓄电池、发电机、不间断电源UPS或EPS等。二级负荷采用两回线路供电，电源线路取自同一变电所不同的母线，也可设置蓄电池等应急电源。三级负荷对电源无特殊要求。

照明系统的供电一般应采用380V/220V三相电源，照明设备按功率均匀地分配到三相电路中。如负荷电流不大于60A时，可采用220V单相二线制的交流电源供电。

在易触电、工作面较窄、特别潮湿的场所(如地下建筑)和局部移动式的照明，应采用36V、24V、12V的安全电压供电。

(2) 电源进线线路敷设

电源进线的形式主要为架空进线和电缆进线。

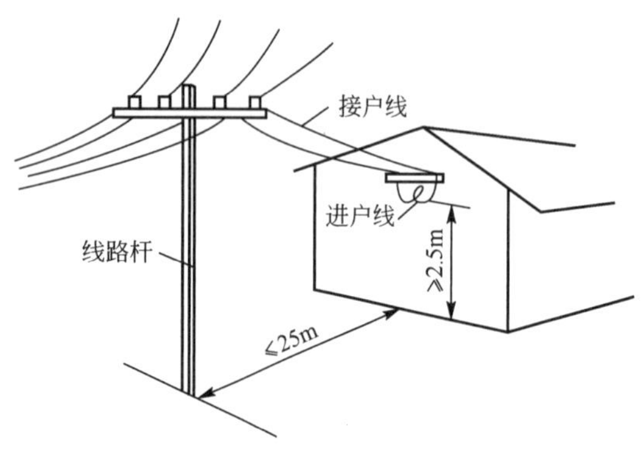

图 9-23　架空进线的组成

① 架空进线由接户线和进户线组成。接户线是指建筑附近城市电网电杆上的导线引至建筑外墙进户横担的绝缘子上的一段线路；进户线是由进户横担绝缘子经穿墙保护管引至总配电箱或配电柜内的一段线路。架空进线组成如图 9-23 所示。

② 电缆进线是由室外埋地进入室内总配电箱或配电柜内的一段线路，导线穿过建筑物基础时要穿钢管保护，并做防水、防火处理，具体做法可以参见《建筑电气安装工程图集》的相关内容。

架空进线和电缆进线的敷设方法详见 9.2.3 小节。

2. 配电箱

电气照明线路的配电级数一般不超过三级，即总配电箱、分配电箱和用户配电箱。配电级数过多，线路过于复杂，不便于维护。

(1) 配电箱的作用

配电箱是将断路器、刀开关、熔断器、电能表等设备、仪表集中设置在一个箱体内的成套电气设备。配电箱在电气工程中主要起电能的分配、线路的控制等作用，是建筑物内电气线路中连接电源和用电设备的重要电气装置。

(2) 配电箱的种类

配电箱根据用途不同分为电力配电箱和照明配电箱两种。根据安装方式分为悬挂式、嵌入式和半嵌入式三种。根据材质分为铁制、木制和塑料制品，其中铁制配电箱使用较为广泛。

(3) 配电箱的安装

配电箱的安装主要为明装和暗装两种形式。明装是指用支架、吊架和穿钉等将配电箱安装在墙和柱等表面的安装方式。暗装是指将配电箱嵌入墙体的安装方式。

配电箱安装的要求。

① 配电箱的金属框架及基础型钢必须接地可靠；装有电器的可开启门，门和框架的接地端子间应用裸编织铜线连接，且有标识。

② 低压照明配电箱应有可靠的电击保护。

③ 配电箱间线路的线间和线对地间绝缘电阻值，馈电线路必须大于 0.5MΩ，二次回路必须大于 1MΩ。

④ 配电箱内配线整齐，无铰接现象，导线连接紧密，不伤芯线，小断股。垫圈下螺栓两侧压的导线截面积相同，同一端子上连接导线不多于两根，防松垫圈等零件齐全。

⑤ 配电箱内开关动作灵活可靠，带有漏电保护的回路，漏电保护装置动作电流不大于 30mA，动作时间不大于 0.1s。

⑥ 配电箱内，分别设置零线和保护地线汇流排，零线和保护地线经汇流排配出。

⑦ 配电箱安装垂直度允许偏差为不大于 0.15%。

⑧ 控制开关及保护装置的规格、型号符合设计要求；配电箱上的器件标明被控设备编号及名称，或操作位置；接线端子有编号且清晰、工整、不易脱色。

⑨ 二次回路连线应成束绑扎，不同电压等级，交流、直流线路及控制线路应分别绑扎，且有标识。

⑩ 配电箱安装高度如无设计要求时，一般暗装配电箱底边距地面为 1.5m，明装配电箱底边距地面不小于 1.8m。

3. 干线与支线

照明线路的干线是指从总配电箱到各分配电箱的线路；支线是指由分配电箱到各照明电器(或用户配电箱)的线路。用户配电箱引出的线路也称为支线。

(1) 干线线路的敷设

干线线路常用的敷设方法有封闭式母线配线、电缆桥架配线等。

① 封闭式母线配线是将封闭母线作为干线在建筑物中敷设的方式。封闭式母线可分为密集型绝缘母线和空气型绝缘母线，适用于额定工作电压 660V 以下、额定工作电流 250～2500A、频率 50Hz 的三相供配电线路。它具有结构紧凑、绝缘强度高、传输电流大、易于安装维修、寿命时间长等特点，被广泛地应用在工矿企业、高层建筑和公共建筑等供配电系统中。

封闭式母线应用的场所是低电压、大电流的供配电干线系统，一般安装在电气竖井内，使用其内部的母线系统向每层楼内供配电。封闭式母线的结构及布置如图 9-24 所示。

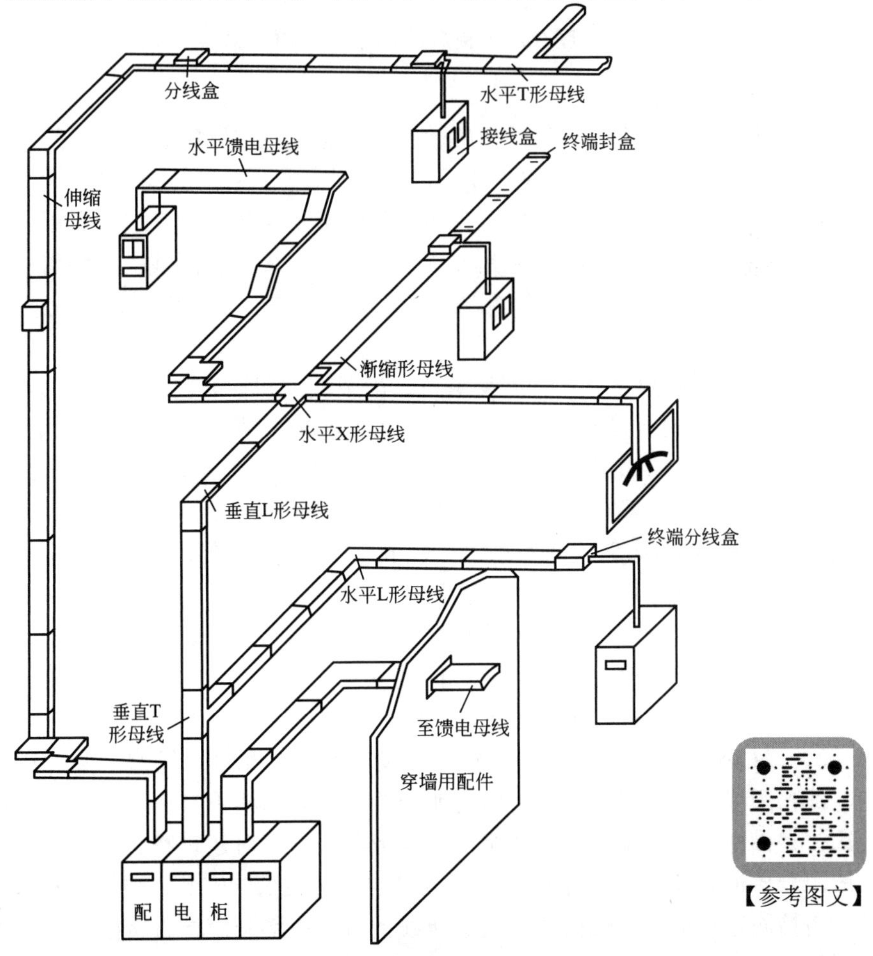

【参考图文】

图 9-24 封闭式母线的结构及布置

② 电缆桥架配线是架空电缆敷设的一种支持构架，通过电缆桥架把电缆从配电室或控制室送到用电设备。电缆桥架可以用来敷设电力电缆、控制电缆等，适用于电缆数量较多或较集中的室内外及电气竖井内等场所架空敷设，也可在电缆沟和电缆隧道内敷设。

电缆桥架按材料分为钢制电缆桥架、铝合金制电缆桥架和玻璃钢制电缆桥架。按形式分为托盘式电缆桥架、梯架式电缆桥架等类型。电缆桥架由托盘、梯架的直线段、弯通、附件及支吊架等构成。托盘式电缆桥架的结构和空间布置如图 9-25 所示。

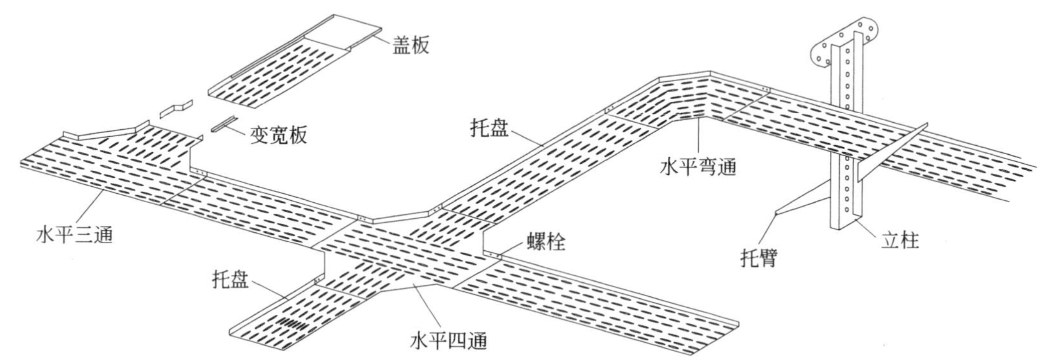

图 9-25　托盘式电缆桥架的结构和空间布置

(2) 支线线路的敷设

民用建筑中照明支线线路常用的敷设方法主要有线管配线、线槽配线等。

① 线管配线是指将导线穿入线管内的敷设方式。常用的线管有金属管和塑料管。线管配线的优点是可保护导线不受机械损伤，不受潮湿尘埃等影响。线管配线有两种敷设方式：将线管直接敷设在墙上或其他明露处的配线形式，称明管配线；将线管埋设在墙、楼板或地坪内的隐蔽配线形式，称暗管配线。在工业厂房中，多采用明管配线；一般民用建筑中，多采用暗管配线。

a. 明管配线的敷设方式有支架敷设、吊架敷设和管卡敷设，其安装如图 9-26 所示。

b. 暗管配线的敷设方式一般与敷设部位的结构有关，图 9-27 所示为线管在不同结构楼板内的固定方法。导线的连接需要在接线盒和配电箱中完成，线管与接线盒的连接方法如图 9-28 所示，接线盒在木模板上的固定方法如图 9-29 所示。一般照明线路的线管埋设深度其表面至墙体(楼板等)表面不小于 15mm。为了穿线方便，管路较长时，超过下列情况时应加接线盒：管路无弯时，30m；管路有一个弯时，20m；管路有两个弯时，15m；管路有三个弯时，8m。如无法加装接线盒时，应将管径加大一号。线管与其他管线交叉时间距应满足：在热水管下面时为 0.2m，上面时为 0.3m；蒸汽管下面时为 0.5m，上面时为 1m。线管与其他管路的平行间距不应小于 0.1m。

② 线槽配线是指将导线在线槽内敷设的方式。配线用线槽主要有塑料线槽和金属线槽。线槽配线适用于正常环境中室内明布线，钢制线槽不宜在有腐蚀性气体或液体环境中使用。线槽由槽底、槽盖及附件组成，外形美观，可对建筑物起到一定的装饰作用。线槽一般沿着楼板底部敷设，图 9-30 所示为室内塑料线槽的安装。塑料线槽可以用螺钉和塑料胀管直接固定在墙上，规格较小的金属线槽可以用膨胀螺栓直接固定在墙上，规格较大的金属线槽一般用支架固定在墙上，或用吊架固定在楼板底下。

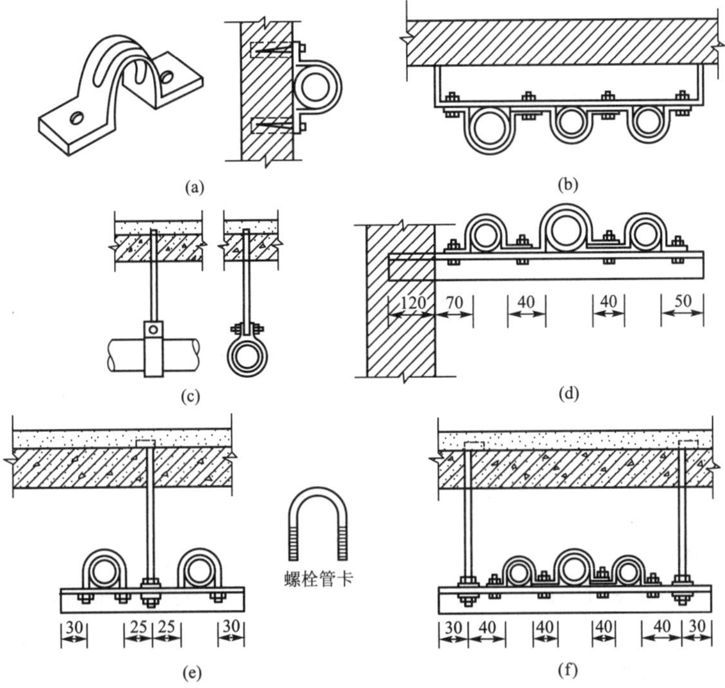

(a) 管卡沿墙敷设；(b) 多管垂直敷设；(c) 单管吊装敷设；
(d) 支架沿墙敷设；(e) 双管吊装；(f) 三管吊装

图 9-26　明配线管的敷设方法

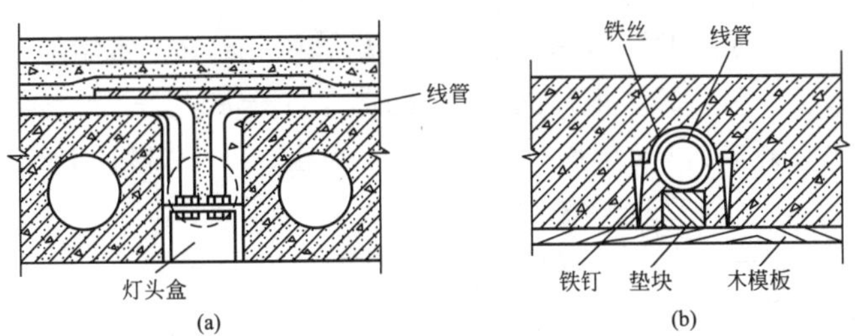

(a) 线管在空心预制楼板内敷设；(b) 线管在钢筋混凝土楼板内敷设

图 9-27　线管在不同结构楼板内的固定方法

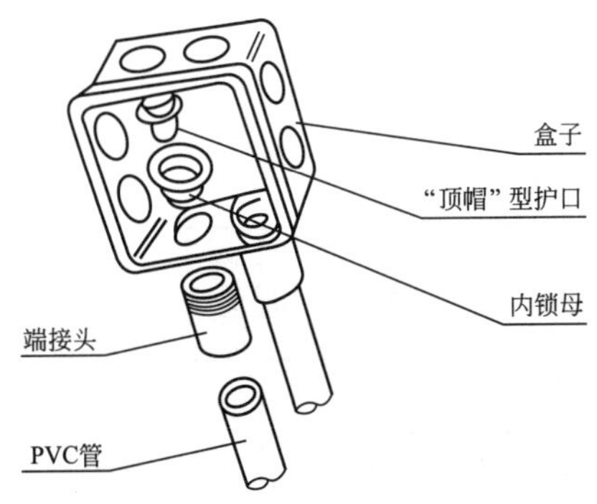

图 9-28　线管与接线盒的连接方法

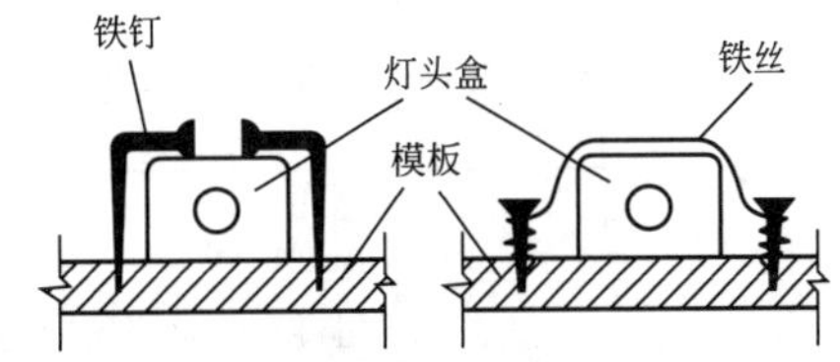

图 9-29　接线盒在木模板上的固定方法

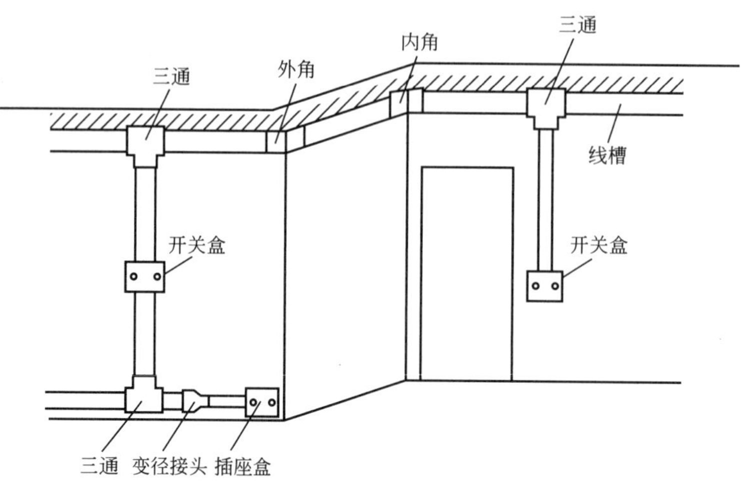

图 9-30　室内塑料线槽的安装

4. 照明线路设备

照明线路的设备主要有灯具、开关、插座、风扇等，这里只介绍开关和插座的相关知识。

(1) 开关和插座的型号

开关和插座的型号由面板尺寸、类型、特征、额定电流等参数组成，组成如下。

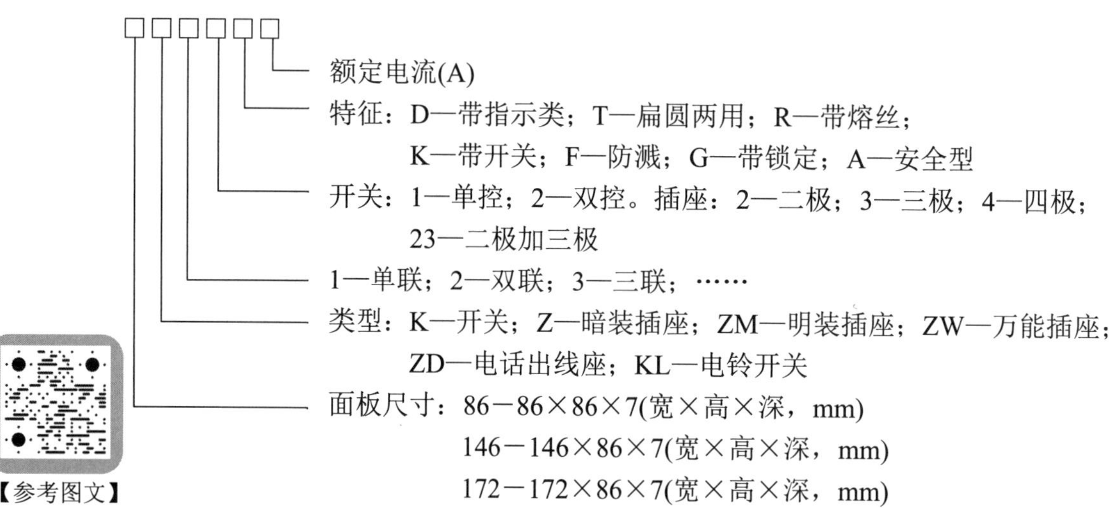

常见开关和插座的型号举例及外形如图 9-31 所示。

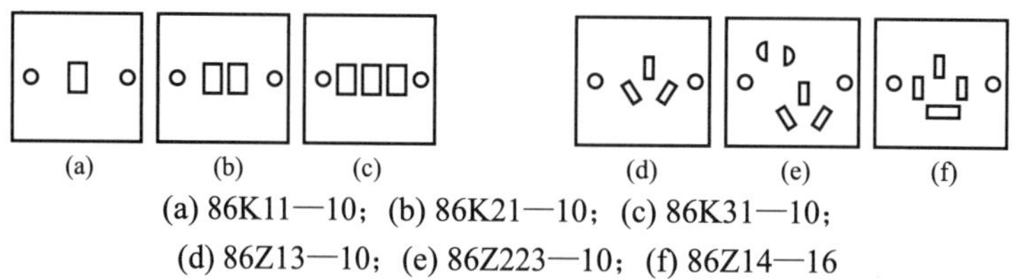

(a) 86K11—10；(b) 86K21—10；(c) 86K31—10；
(d) 86Z13—10；(e) 86Z223—10；(f) 86Z14—16

图 9-31　常见开关和插座

(2) 开关和插座的安装

① 开关安装要求。

a. 灯具电源的相线必须经开关控制。

b. 开关连接的导线宜在圆孔接线端子内折回头压接(孔径允许折回头压接时)。

c. 多联开关不允许拱头连接，应采用缠绕或LC型压接帽压接总头后，再进行分支连接。

d. 安装在同一建(构)筑物的开关应采用同一系列的产品，开关的通断方向一致，操作灵活，导线压接牢固，接触可靠。

e. 翘板式开关距地面高度设计无要求时，应为1.3m，距门口为150～200mm；开关不得置于单扇门后。

f. 开关位置应与灯位相对应；并列安装的开关高度应一致。

g. 在易燃、易爆和特别潮湿的场所，开关应分别采用密闭型、防爆型，或安装在其他场所进行控制。

② 插座安装要求。

a. 单相两孔插座有横装和竖装两种。横装时，面对插座的右极接相线(L)，左极接中性线(N线)；竖装时，面对插座的上极接相线(L)，下极接中性线(N线)。

b. 单相三孔、三相四孔及三相五孔插座的接地线均应接在上孔，插座的接地端子不应与零线端子连接。

c. 不同电源种类或不同电压等级的插座安装在同一场所时，外观与结构应有明显区别，不能互相代用，使用的插头与插座应配套。同一场所的三相插座，接线的相序应一致。

d. 插座箱内安装多个插座时，导线不允许拱头连接，宜采用接线帽或缠绕形式接线。

e. 车间及实验室等工业用插座，除特殊场所设计另有要求外，其他距地面不应低于0.3m。

f. 在托儿所、幼儿园及小学学校等儿童活动场所应采用安全插座。采用普通插座时，其安装高度不应低于1.8m。

g. 同一室内安装的插座高度应一致；成排安装的插座高度应一致。

h. 地面安装插座应有保护盖板；专用盒的进出导管及导线的孔洞，用防水密闭胶严密封堵。

i. 在特别潮湿和有易燃、易爆气体及粉尘的场所不应装设插座，如有特殊要求应安装防爆型插座，且有明显的防爆标志。

9.4 建筑防雷与接地

9.4.1 建筑防雷

雷电现象是自然界大气层在特定条件下形成的一种现象。雷云对地面泄放电荷的现象，

称为雷击。雷击产生的破坏力极大，它对地面上的建筑物、电气线路、电气设备和人身都可能造成直接或间接的危害。因此，必须采取适当的防范措施。

1. 雷电的破坏作用

雷电的危害方式主要有直击雷、雷电感应和雷电波侵入等方式。

(1) 直击雷

直击雷是雷云直接通过建筑物或地面设备对地面放电的过程。强大的雷电流通过建筑物产生大量的热，使其遭到破坏，还能产生过电压破坏绝缘体，产生火花，引起燃烧和爆炸等。其危害程度在三种方式中最大。

(2) 雷电感应

雷电感应是附近有雷云或落雷所引起的电磁作用的结果，分为静电感应和电磁感应两种。静电感应是由于雷云靠近建筑物，使建筑物顶部由于静电感应积聚起极性相反的电荷，这些电荷来不及流散入地，因而形成很高的对地电位，能在建筑物内部引起火花；电磁感应是当雷电流通过金属导体入地时，形成迅速变化的强大磁场，能在附近的金属导体内感应出电势，而使导体回路的缺口处引起火花，发生火灾。

(3) 雷电波侵入

架空线路在直接受到雷击或因附近落雷而感应出过电压时，如果在中途不能使大量电荷入地，雷电波就会侵入建筑物内，破坏建筑物和电气设备。

2. 防雷装置

防雷装置的作用是将雷云电荷或建筑物感应电荷迅速引导入地，以保护建筑物、电气设备及人身不受损害。防雷装置主要由接闪器、引下线、接地装置和避雷器等组成，如图 9-32 所示。

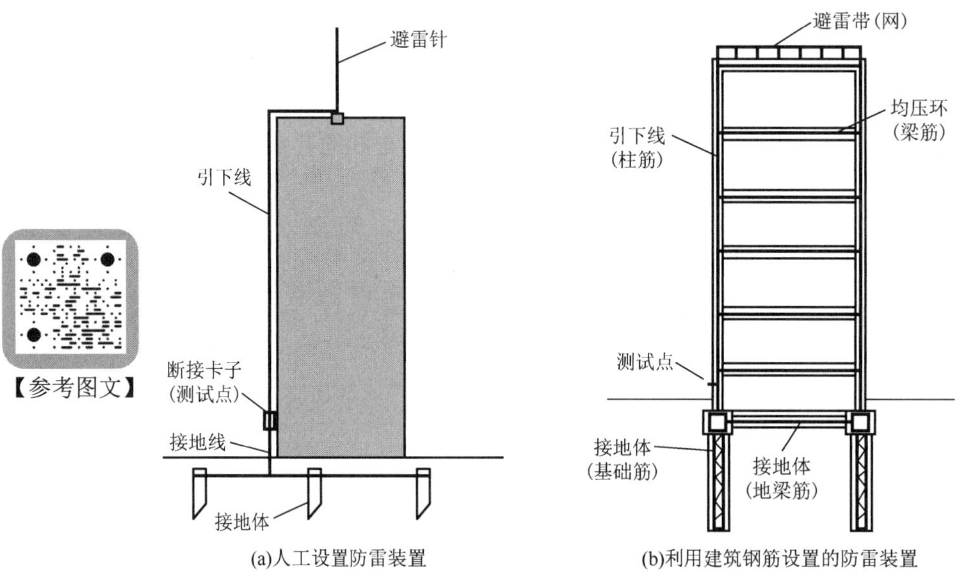

(a)人工设置防雷装置　　(b)利用建筑钢筋设置的防雷装置

图 9-32　建筑防雷系统的组成

(1) 接闪器

接闪器是引导雷电流的装置。接闪器的类型主要有避雷针、避雷线和避雷带(网)等。

① 避雷针常用在屋面较小的建筑物或构筑物上，在有些室外低矮的大型设备附近，一般在地面上设置独立的避雷针。避雷针一般用镀锌圆钢或镀锌钢管制成，其最小尺寸见表 9-6。

表 9-6　防雷装置材料的最小尺寸

名称	接闪器						引下线		接地装置	
	避雷针			避雷线	避雷带(网)	烟囱顶上避雷环	一般处所	装在烟囱上	水平埋地	垂直接地
	针长/m		烟囱上							
	1 以下	1～2								
圆钢直径/mm	12	16	20	—	8	12	8	12	10	10
钢管直径/mm	20	25	—	—	—	—	—	—	—	—
扁钢 截面/mm^2	—	—	—	—	48	100	48	100	100	—
扁钢 厚度/mm	—	—	—	—	4	4	4	4	4	—
角钢厚度/mm	—	—	—	—	—	—	—	—	—	4
钢管壁厚/mm	—	—	—	—	—	—	—	—	—	3.5
镀锌钢绞线/mm^2	—	—	—	35	—	—	—	25	—	—

② 避雷线一般采用截面不小于 35mm^2 的镀锌钢绞线，架设在架空线路之上，以保护架空线路免受雷击。

③ 避雷带(网)常设置在屋面较大的建筑物上，沿建筑物易受雷击的部位(如屋脊、屋角等)装设成闭合的环形(网格形状)导体。避雷带(网)常用镀锌圆钢制作，其最小尺寸见表 9-6。

(2) 引下线

引下线是将雷电流引入大地的通道。引下线的材料多采用镀锌扁钢或圆钢，其最小尺寸见表 9-6。

高层建筑的外墙有大量的金属门窗等金属导体，这些部位也易遭受雷击，称为侧雷击。为防止侧雷击，将建筑物外墙圈梁内敷设圆钢与引下线连接成环形导体，称为均压环。外墙的金属导体与附近的均压环连接，可以有效防止侧雷击。

【参考图文】

为便于测量接地电阻，在引下线(明装)距地 1.8m 处装设断接卡子(接地电阻测试点)，并在引下线地上 1.7m 至地下 0.3m 的一段加装塑料管(或竹管)保护。利用建筑柱内钢筋作为引下线时，不能设置断接卡子，一般在距地 0.5m 处用短的扁钢或镀锌钢筋从柱筋焊接引出，作为测试接地电阻的测试点。

知识链接

目前，新建建筑大多数利用柱子内的钢筋作为引下线，较节省金属导体。钢筋混凝土柱内的钢筋应每根柱至少使用两根，钢筋搭接时应焊接牢固以连接成电气通路，上部焊接在接闪器上，下部焊接在接地装置上。

(3) 接地装置

接地装置可迅速使雷电流在大地中流散。接地装置按安装形式不同，可分为垂直接地装置和水平接地装置。一般垂直接地装置长度在 2.5～3.0m 之间，常用镀锌圆钢、角钢、钢管和扁钢等材料，其最小尺寸见表 9-6。

接地电流从接地装置向大地周围流散所遇到的全部电阻称为接地电阻。接地电阻越小，越容易流散雷电流，因此不同防雷要求的建筑，对接地电阻值的要求也不同，具体可查阅相关防雷设计规范。

当有雷电流通过接地装置向大地流散时，在接地装置附近的地面上，将形成较高的跨步电压，危及行人安全，因此接地装置应埋设在行人较少的地方，要求接地装置距建筑物或构筑物出入口及人行道不应小于 3m，并采取降低跨步电压的措施，如在接地装置上敷设 50～80mm 厚的沥青层，其宽度应超过接地装置 2m。

知识链接

现代的建筑防雷，常用钢筋混凝土基础内的钢筋或地下管道作为接地装置，以满足接地电阻及埋设深度的要求，节省金属导体，效果较好。

(4) 避雷器

避雷器用来防止雷电沿线路侵入建筑物内，保护电气设备免受损坏。常用避雷器的形式有阀式避雷器、管式避雷器、金属氧化物避雷器、保护间隙和击穿保险器等。

① 对配电变压器的防雷电保护，一般采用阀式避雷器，设置在高压进线处。避雷器的接地线、变压器的外壳及低压侧的中性点接地线应连接在一起后，统一连接到接地装置上。

② 高低压架空进户线路，在接户横担上或接户杆横担上设置避雷器，避雷器下端、横担连接引下线与建筑防雷接地装置相连接。

③ 在低压配电室配电柜内或总配电箱内一般设置金属氧化物避雷器，既可以起到防雷作用，又可以起到防系统过电压的作用。

9.4.2 接地

为了满足电气装置和系统的工作特性和安全防护的需要，将电气装置和电力系统的某一部位通过接地装置与大地土壤作为良好的连接，即接地。

1. 接地

(1) 工作接地

工作接地是为了保证电气设备的可靠运行并提供部分电气设备和装置所需要的相电压，将电力系统中的变压器低压侧中性点通过接地装置与大地直接连接的接地方式(图 9-33)。

(2) 保护接地

保护接地是为了防止电气设备由于绝缘损坏而造成触电事故，将电气设备的金属外壳通过接地线与接地装置连接起来的接地方式(图 9-33)。其连接线称为保护线(PE)或保护地线。

(3) 重复接地

当线路较长或接地电阻要求较高时，为尽可能降低零线的电阻，除变压器低压侧中性点直接接地外，将零线上一处或多处再进行接地(图 9-33)，这种接地方式称为重复接地。

(4) 防雷接地

为泄掉雷电流而设置的防雷接地装置(图 9-33)，称为防雷接地。

2. 接零

(1) 工作接零

当单相用电设备为取得单相电压而接的零线(图 9-33)，称为工作接零。其连接线称为中性线或零线，与保护线共享的中性线或零线称为 PEN 线。

(2) 保护接零

为了防止电气设备因绝缘损坏而使人身遭受触电危险，将电气设备的金属外壳与电源的中性线(零线)用导线连接起来(图 9-33)，称为保护接零。其连接线也称为保护线(PE)或保护零线。

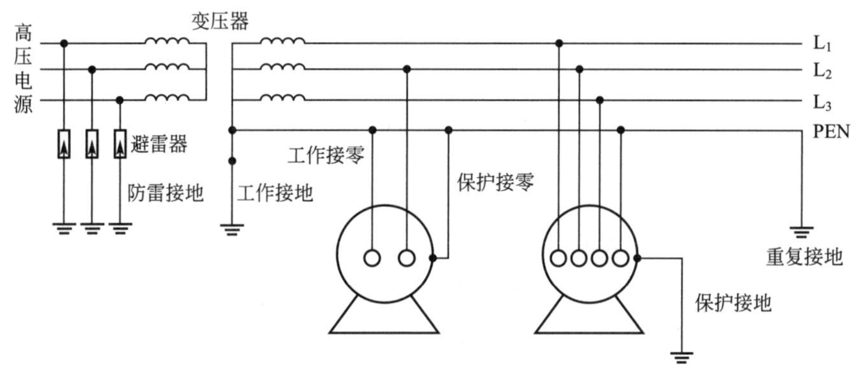

图 9-33　接地与接零

9.4.3 等电位连接

1. 等电位连接的概念

等电位连接是通过电气装置的各外露导电部分和装置外导电部分的电位实质上相等的连接，从而消除或减少各部分之间的电位差，减少保护电器动作不可靠的危险性，消除或降低从建筑物外窜入电气装置外露导电部分上的危险电压。

2. 等电位连接的种类

等电位连接主要包括总等电位连接、局部等电位连接和辅助等电位连接等。

(1) 总等电位连接(MEB)

总等电位连接是指同一建筑物内电气装置、各种金属管道、建筑物金属支架、电气系统的保护接地线、接地导体等通过总等电位连接端子板互相连接，以消除建筑物内各导体之间的电位差。总等电位连接导体一般设置在配电室或电缆竖井等位置。建筑物内总等电位连接方式如图 9-34 所示。

(2) 局部等电位连接(LEB)

局部等电位连接是当电气装置或电气装置一部分的接地故障保护的条件不能满足时，在局部范围内将各可导电部分连接。局部等电位连接导体一般设置在卫生间、游泳馆更衣室及盥洗室等位置。卫生间局部等电位连接方式如图 9-35 所示。

(3) 辅助等电位连接(SEB)

辅助等电位连接是将两个及两个以上可导电部分进行电气连接，使其故障接触电压，将其降至安全限值电压以下。

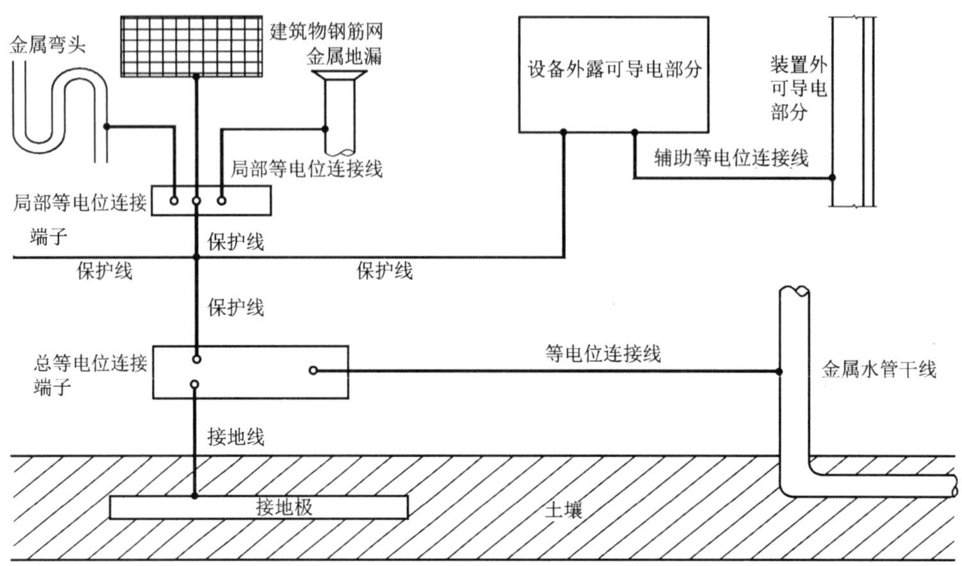

图 9-34　建筑物内总等电位连接方式

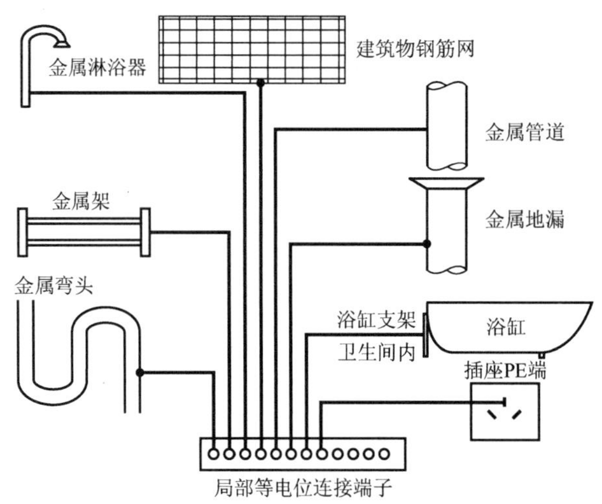

图 9-35　卫生间局部等电位连接方式

注：卫生间内无插座时，局部等电位连接端子不得与卫生间外插座 PE 端连接。

9.5　建筑电气施工图识图

9.5.1　建筑电气施工图的内容

建筑电气施工图由首页、电气系统图、平面图、电气原理接线图、设备布置图、安装接线图和大样图组成。

(1) 首页

首页主要包括图纸目录、设计说明、图例及主要材料表等。图纸目录包括图纸的名称和编号。设计说明主要阐述该电气工程的概况、设计依据、基本指导思想、图纸中未能表明的施工方法、施工注意事项和施工工艺等。图例及主要材料表一般包括该图纸内的图例、图例名称、设备型号规格、设备数量、安装方法和生产厂家等。

(2) 电气系统图

电气系统图是表现整个工程或工程一部分的供电方式的图纸，它集中反映电气工程的规模。

(3) 平面图

平面图是表现电气设备与线路平面布置的图纸，它是进行电气安装的重要依据。电气平面图包括电气总平面图、电力平面图、照明平面图、变电所平面图和防雷与接地平面图等。

电力及照明平面图表示建筑物内各种设备与线路之间平面布置的关系、线路敷设位置、敷设方式、线管与导线的规格、设备的数量以及设备型号等。

在电力及照明平面图上，设备并不按比例画出它们的形状，通常采用图例表示，导线与设备的垂直距离和空间位置一般也不另用立面图表示，而是标注安装标高，以及附加必要的施工说明。

(4) 电气原理接线图

电气原理接线图是表现某设备或系统电气工作原理的图纸，用来指导设备与系统的安装、接线、调试、使用与维护。电气原理接线图包括整体式原理接线图和展开式原理接线图两种。

(5) 设备布置图

设备布置图是表现各种电气设备之间的位置、安装方式和相互关系的图纸。设备布置图主要由平面图、立面图、断面图、剖面图及构件详图等组成。

(6) 安装接线图

安装接线图是表现设备或系统内部各种电气组件之间连线的图纸，用来指导接线与查线，它与电气原理接线图相对应。

(7) 大样图

大样图是表现电气工程中某一部分或某一部件的具体安装要求与做法的图纸。其中，大部分大样图选用的是国家标准图。

9.5.2 建筑电气施工图识读的要点

建筑电气工程图纸由大量的图例组成，在掌握一定的建筑电气工程设备和施工知识的基础上，读懂图例是识读的要点。此外，还要注意读图的方法及步骤。

1. 图例

图例是工程中的材料、设备及施工方法等用一些固定的、国家统一规定的图形符号和文字符号来表示的形式。

(1) 图形符号

图形符号具有一定的象形意义，比较容易和设备相联系进行识读。图形符号很多，一般不容易记忆，但民用建筑电气工程中常用的并不是很多，掌握一些常用的图形符号，读图的速度会明显提高。表 9-7 为部分常用的图形符号。

表 9-7　部分常用的图形符号

序号	图例	说明	序号	图例	说明
1		电力配电箱	17		风扇开关
2		照明配电箱	18		单管荧光灯
3		一般配电箱符号	19		双管荧光灯
4		事故照明配电箱	20		花灯
5		断路器箱	21		壁灯
6		单相带熔丝两极插座	22		顶棚灯
7		单相两极插座	23		负荷开关
8		单相带接地三极插座	24		断路器
9		单相密闭两极插座	25		隔离开关
10		三相四极插座	26		带熔丝负荷开关
11		单相两极加三极插座	27		熔断器
12		单控两联开关	28		线圈
13		单控单联开关	29		触点开关
14		单控单联密闭开关	30		电压互感器
15		单控延时开关	31		变压器
16		双控单联开关	32		电流互感器

(2) 文字符号

文字符号在图纸中表示设备参数、线路参数与敷设方法等，掌握好用电设备、配电设备、线路和灯具等常用的文字标注形式是读图的关键。

① 线路的文字标注表示线路的性质、规格、数量、功率、敷设方法和敷设部位等。

基本格式：　$a-b-c\times d-e-f$

式中：a——回路编号；

b——导线或电缆型号；

c——导线根数或电缆的线芯数；

d——每根导线的标称截面积，mm^2；

e——线路敷设方式(表 9-8)；

f——线路敷设部位(表 9-8)。

表 9-8 电气施工图文字标注符号

表达线路明敷设部位的代号	表达线路暗敷设部位的代号	表达线路敷设方式的代号	表达照明灯具安装方式的代号
AB——沿屋架或屋架下弦 AC——沿柱敷设 WS——沿墙敷设 CE——沿天棚敷设	BC——暗设在梁内 CLC——暗设在柱内 WC——暗设在墙内 CC——暗设在屋面内或顶板内 FC——暗设在地面内或地板内 SCE——暗设在不能进入的吊顶内	CT——电缆桥架敷设 MR——金属线槽敷设 SC——穿焊接钢管敷设 MT——穿电线管敷设 PC——穿硬塑料管敷设 FPC——穿聚乙烯管敷设 KPC——穿塑料波纹管敷设 CP——穿蛇皮管保护 M——用钢索敷设 PR——塑料线槽敷设 DB——直接埋设 TC——电缆沟敷设	SW——自在器线吊式 CS——链吊式 DS——管吊式 W——壁装式 C——吸顶式 R——嵌入式 CR——顶棚内安装 WR——墙壁内安装 S——支架上安装 CL——柱上安装 HM——座装

例如，WL1—BV(3×2.5)—SC15—WC

WL1 为照明支线第 1 回路，铜芯聚氯乙烯绝缘导线 3 根截面面积为 2.5mm^2，穿管径为 15mm 的焊接钢管敷设，在墙内暗敷设。

② 用电设备的文字标注表示用电设备的编号和容量等参数。

基本格式：$\dfrac{a}{b}$

式中：a——设备的工艺编号；

b——设备的容量，kW。

③ 配电设备的文字标注表示配电箱等配电设备的编号、型号和容量等参数。

基本格式：$a-b-c$ 或 $a\dfrac{b}{c}$

式中：a——设备编号；

b——设备型号；

c——设备容量，kW。

④ 灯具的文字标注表示灯具的类型、型号、安装高度和安装方法等。

基本格式：$a-b\dfrac{c\times d\times L}{e}f$

式中：a——同一房间内同型号灯具的个数；

b——灯具型号或代号(表 9-9)；

c——灯具内光源的个数；

d——每个光源的额定功率，W；

L——光源的代号(表 9-10)；

e——安装高度(m)(当为“—”时表示吸顶安装)；

f——安装方式(表 9-8)。

表 9-9　常用灯具的代号

序号	灯具名称	代号	序号	灯具名称	代号
1	荧光灯	Y	5	普通吊灯	P
2	壁灯	B	6	吸顶灯	D
3	花灯	H	7	工厂灯	G
4	投光灯	T	8	防水防尘灯	F

表 9-10　常用光源的代号

序号	光源种类	代号	序号	光源种类	代号
1	荧光灯	FL	5	钠灯	Na
2	白炽灯	LN	6	氙灯	Xe
3	碘钨灯	I	7	氖灯	Ne
4	汞灯	Hg	8	弧光灯	Arc

2. 单线图

建筑电气施工图中大部分是以单线图绘制电气线路的，也就是同一回路的导线仅用一根图线来表示。单线图是电气施工图纸识读的一个难点，识读时要判断导线根数、性质和接线等问题。图中导线的根数用短斜线加数字表示，一般三根及以上导线根数才标注。只有熟悉设备接线方式，才能读懂单线图。图 9-36 列举了几种照明线路的单线图及其对应的接线图。

3. 识读方法及步骤

阅读建筑电气施工图纸，应在掌握一定的电气工程知识基础之上进行。对图中的图例，应明确它们的含义，能与实物联系起来。读图一般的步骤如下。

① 查看图纸目录。先看图纸目录，了解整个工程由哪些图纸组成，主要项目有哪些等。

② 阅读设计说明。了解工程的设计思路、工程项目、施工方法和注意事项等。可以先粗略看，再细看，理解其中每句话的含义。

③ 注意阅读图例符号。该套图纸中的材料、设备及施工方法一般在图例及主要材料表中已写出，在表中对图例的名称、型号、规格和数量等都有详细的标注，所以要注意结合图例及主要材料表看图。

④ 相互对照，综合看图。一套建筑图纸，是由各专业图纸组成的，而各专业图纸之间又有密切的联系。因此，看图时还要将各专业图纸相互对照，如将电气系统图和平面图相互对照，综合看图。

⑤ 结合实际看图。看图最有效的方法是结合实际工程看图。一边看图，一边看施工现场情况。一个工程下来，既能掌握一定的电气工程知识，又能熟悉电气施工图纸的读图方法，见效较快。

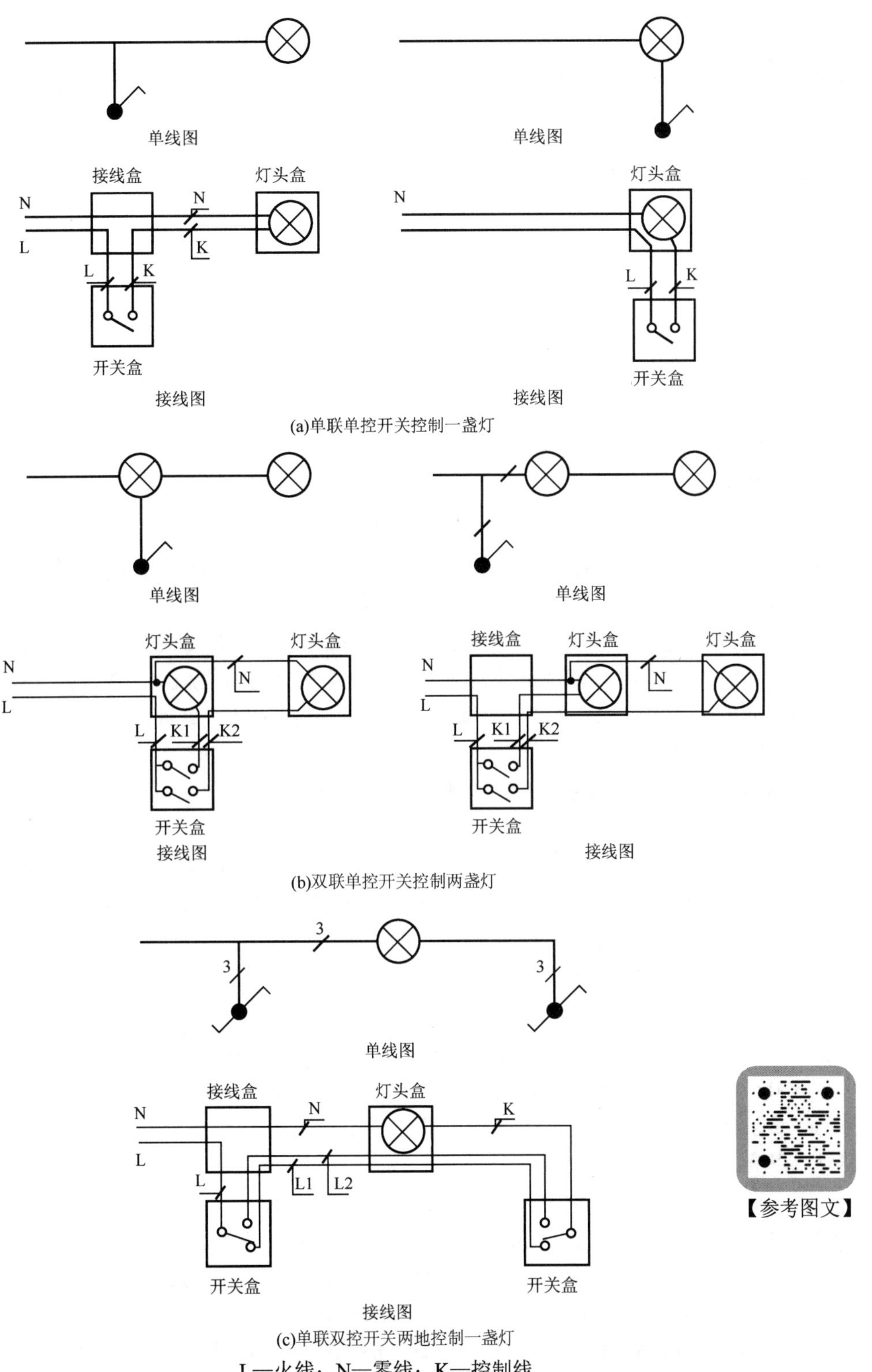

图 9-36　单线图与相应接线图

【参考图文】

9.5.3 建筑电气施工图实例识读

附图 33～附图 44 是某小区物业管理楼电气工程图纸。

1. 工程概况

某住宅小区物业管理楼，为框架结构，分地下一层和地上二层，高 8.1m，建筑面积 924.24mm^2。主要房间为办公室、服务中心、物业管理用房、戊类储藏室等。

2. 建筑电气系统组成

该建筑主要包括电气照明系统、电话网络系统和防雷接地系统。

3. 供电电源及进线

该建筑应急照明系统属于二级负荷，其他系统属于三级负荷，由小区变电所供电，供电电压 380V/220V。应急照明系统除了由正常的低压电源供电外，同时也采用照明设备自带的蓄电池作为第二个电源，满足二级负荷两回路电源的要求。

电源进线由地下一层 B-1 轴线处引入(见附图 36)，进线采用一根 4 芯 50mm^2，YJV22—1kV 电力电缆，直埋地敷设，室内敷设至配电总箱–1ALZ。在进入建筑物时，穿管径 65mm 的焊接钢管保护，管口做防潮、防水、密闭和防火处理。

4. 建筑配电系统

附图 34 所示为强、弱电干线系统图，该建筑的配电级数为两级配电，配电形式为放射式。

该建筑设置照明配电总箱–1ALZ，每层设置有楼层照明配电箱–1ALE、–1AL、1AL、2AL。因为应急照明重要性不同于其他照明，所以在楼内应自成配电系统，应急照明配电箱–1ALE 为楼内所有应急照明设备配电。每层的照明、插座、空调回路分开设置，电源进线均引自楼层配电箱(见附图 35)。

下列为强、弱电干线系统图中的主要设备。

① –1ALE 内进线断路器规格为“TLM2N—100/20/3208”。其中“TLM2N”为厂家代号，“100”为壳体额定电流 100A，“20”为过电流脱扣器额定电流 20A，“3208”中的数字 3 为极断路器、数字 2 为电磁式过电流脱扣器(仅有短路保护而无过负荷保护功能)、数字 08 为报警触头(不同厂家此代号不同)。

② –1AL 内进线断路器规格为“TLM2N—100/32/3300”。其中“TLM2N”为厂家代号，“100”为壳体额定电流 100A，“32”为过电流脱扣器额定电流 32A，“3300”中的第一个数字 3 为极断路器、第二个数字 3 为热–电磁式过电流脱扣器(具有短路保护和过负荷保护功能)、数字 00 为无附件。

③ 照明分支回路断路器规格为“TLB1—63C16/1P”。其中“TLB1”为厂家代号，“63”为壳体额定电流 63A，“C16”为过电流脱扣器额定电流 16A，“1P”为单极。

④ 插座分支回路断路器规格为“TLB1L—63C20/2P/0.03”。其中“TLB1”为厂家代号，

“L”为带漏电保护功能(不同厂家此代号不同)，“63”为壳体额定电流 63A，“C20”为过电流脱扣器额定电流 20A，“2P”为两极，“0.03”为漏电动作电流 0.03A。

⑤ 配电总箱–1ALZ 中的浪涌保护器规格为“TLU1—40/385/4P”。其中“TLU1”为厂家代号，“40”为最大放电电流 40kA，“385”为最大持续工作电压 385V，“4P”为四极。

⑥ 三相电能表规格为“DTS862—3×30(100)”。其中“DTS862”为型号，“3×30”为三相 30A 额定电流，“(100)”为电表最大承受电流 100A。

5. 建筑电气照明平面图

本工程照明、插座、空调负荷系统均各自分回路配电，以便于检修和管理。其中，照明负荷按应急照明、公共照明、普通照明三种类型分回路配电。

① 应急照明系统单独设置配电箱–1ALE，每层 1 个应急照明回路，共 3 条回路(见附图 35)。为保证应急照明回路在火灾时能持续工作，回路导线(NH.BV—3×2.5 SC15 CC)采用 3 根 2.5mm^2 耐火型铜芯塑料绝缘导线，穿 15mm 直径焊接钢管(SC)暗敷设在顶板(CC)内，敷设深度不小于 30mm。为保证应急照明线路工作的可靠性，过负荷时不能断电，–1ALE 的进线开关选用“过负荷报警不断电”功能的断路器(TLM2N—100/20/3208)。平面图中(附图 39～附图 41)，各层应急照明回路均引自地下一层的–1ALE，–1ALE 处的向上箭头为向上层配线的意思，图中标记的三斜线为 3 根线：相线、中线、保护线。

② 公共照明线路为走廊、楼梯间、大厅、卫生间等公共场所的照明线路，由于大部分灯具为Ⅰ类灯具，故照明线路需要增加一根接地保护线。系统图中(见附图 35)，–1AL、1AL、2AL 配电箱的出线公共照明回路(BV—3×2.5 PC16 CC)为 3 根 2.5 mm^2 铜芯塑料绝缘导线，穿 16mm 直径硬质塑料管(PC)暗敷设在顶板(CC)内，3 根线为相线、中线、保护线。平面图中(附图 39～附图 41)和灯开关连接的导线为 1 根相线+若干根控制线(K)。附图 40 所示为一层照明平面图中 C～D 轴线间入户大堂内，大门处的三联开关标记的 4 根导线为 1 根相线+3 根控制线(K)，控制线分别接向此开关控制的 3 组灯具。灯具之间连接的导线根数有两种情况。

a. 1 根中线+*n* 根控制线+1 根保护线。*n* 根控制线包括自身灯具的控制线或过路的其他组灯具控制线，这些导线共管敷设，图中用单线表示，并标记数字。两个灯具间的连线，为 1 根中线+1 根上面灯具的控制线(K)+1 根保护线。其他请读者自行分析。

b. 1 根相线+1 根中线+*n* 根控制线(K)+1 根保护线。相线一般是过路的，这些导线共管敷设，图中用单线表示，并标记数字。3 组灯具的上排灯具间和中间排灯具间的连线为 5 根：1 根相线+1 根中线+2 根控制线(K)+1 根保护线。其中 1 根相线接向灯开关和雨篷下的声控延时灯，2 根控制线为中间排灯具和下排灯具的控制线。其他请读者自行分析。

读者在分析照明线路的根数时应注意判断电源线的走向、灯具分组控制的数量、灯具控制线的走向等，具体问题具体分析。

③ 普通照明线路为服务中心、办公室、储藏间等场所的照明线路，具体线路分析同上述公共照明线路，这里不再叙述。

此外插座与空调线路为服务中心、办公室等场所提供低压电源。一般一个回路普通插座的数量不超过 10 个，空调为专用插座，每个空调插座应设置为单独的回路。插座安装高度详见附图 33 中主要设备材料表。

6. 防雷接地系统

该建筑屋面采用 10mm 直径热镀锌圆钢沿女儿墙顶部焊接成避雷网。引下线采用柱内两个主钢筋，上接避雷网，下接基础接地网。凡突出屋面的所有金属构件、金属通风管等均与避雷网可靠焊接。

接地系统中，接地体利用基础内钢筋焊接成接地网。接地测试板的作用是测量接地网的基地电阻值，一般接地电阻 R 应不大于 1Ω，超过时应增设人工接地体。通过 A～1、D～6 轴线交汇处的预留接地引线，外接人工接地体。其中总等电位箱(MEB)的作用是将进出建筑的金属管道、进线中的保护中性线、电气设备外壳等通过 MEB 端子排与建筑物接地网连接，满足楼内等电位的安全要求。

本章小结

在工业生产及日常生活中，广泛使用的是交流电路。交流电具有容易生产、运输经济且易于变化电压等优点。三相交流电路与单相交流电路相比，有节省输电线用量、输电距离远且输电功率大等优点。目前，电力系统广泛采用三相交流电路。

电力系统是由发电厂、电力网和电力用户组成的统一整体。根据供电可靠性及中断供电在政治、经济上所造成的损失或影响的程度，用电负荷分为一级负荷、二级负荷及三级负荷。

民用建筑供电的供电线路的形式与负荷大小、输送距离和负荷分布等因素有关。低压配电系统的配电方式主要有放射式和树干式。由这两种方式组合派生出来的供电方式还有混合式、链接式等。

变(配)电所是建筑供(配)电系统中的重要组成部分，其主要作用是变换(分配)电能。中小型民用建筑变(配)电所主要为 10kV 级。变(配)电所中常用的设备分为高压设备和低压设备，高压一次设备有高压负荷开关、高压断路器、高压熔断器、高压隔离开关、高压开关柜和避雷器等。低压一次设备有刀开关、低压断路器、低压熔断器和低压配电柜等。

建筑供配电线路主要有架空线路和电缆线路。架空线路是采用电杆、横担将导线悬空架设，向用户传送电能的配电线路。电缆线路多为暗敷设，其特点是：供电可靠性高，使用安全，寿命长；但投资大，敷设及维护不太方便。目前，住宅小区、公共建筑等多采用电缆线路。

建筑电气照明的方式主要有一般照明、分区一般照明、局部照明和混合照明。电气照明种类可分为正常照明、应急照明、值班照明、警卫照明、景观照明和障碍照明。照明线路主要由电源进线、总配电箱、干线、分配电箱、支线和用户配电箱(或照明设备)等组成。

雷击的危害方式主要有直击雷，雷电感应和雷电波侵入等方式。防雷装置的作用是将雷云电荷或建筑物感应电荷迅速引导入地，以保护建筑物、电气设备及人身不受损害。其主要由接闪器、引下线、接地装置和避雷器等组成，为了满足电气装置和系统的工作特性和安全防护的需要，将电气装置和电力系统的某一部位通过接地装置与大地土壤做良好的连接，即接地。等电位连接就是电气装置各外露导电部分和装置外导电部分的电位实质上相等的连接，从而消除或减少各部分之间的电位差，减少保护电器动作不可靠的危险性，消除或降低从建筑物外窜入电气装置外露导电部分上的危险电压。

建筑电气施工图由首页、系统图、平面图、电气原理接线图、设备布置图、安装接线图和大样图等组成。

复习思考题

1. 选择题

(1) 建筑电气工程线路的作用主要有(　　)。

A. 电能的传输和分配　　B. 信息的传递和处理

C. 电压的变换　　D. 电流的变换

(2) 在建筑内的电气线路中，蓝色的线代表(　　)。

A. 相线　　B. 控制线　　C. 中线　　D. 保护线

(3) 大型商场、超市的自动扶梯、自动人行道、客梯电力负荷属于(　　)。

A. 特别重要负荷　　B. 一级负荷

C. 二级负荷　　D. 三级负荷

(4) 导线型号 BLV 的含义是(　　)。

A. 铜芯塑料线　　B. 铝芯塑料线

C. 铜芯橡皮线　　D. 铝芯橡皮线

(5) 直埋地敷设电缆，同一电缆沟内电缆一般不超过 6 根，埋设深度不小于(　　)m。

A. 0.5　　B. 0.6　　C. 0.7　　D. 1

(6) 对需要确保处于危险之中的人员的安全场所照明是(　　)。

A. 正常照明　　B. 备用照明　　C. 疏散照明　　D. 安全照明

(7) 配电箱安装高度如无设计要求时，一般暗装配电箱底边距地面不小于(　　)，明装配电箱底边距地面不小于(　　)。

A. 1.5m，1.8m　　B. 1.3m，1.5m

C. 1.8m，1.8m　　D. 1.0m，1.0m

(8) 翘板式开关距地面高度设计无要求时，应为(　　)，距门口为(　　)。

A. 1.5m，15～20mm　　B. 1.4m，1.5～2m

C. 1.3m，200～500mm　　D. 1.3m，150～200mm

(9) 单相两孔插座有横装和竖装两种。横装时，面对插座的右极、左极分别接(　　)。

A. L，N　　B. L，PE　　C. N，L　　D. N，PE

(10) 86K11—10 的含义是(　　)。

A. 单联单控 10A 开关　　B. 双联单控 10A 开关

C. 单控 10A 两孔插座　　D. 单控 10A 三孔插座

2. 简答题

(1) 变电所的作用是什么？

(2) 建筑电气照明的种类有哪些？

(3) 什么是保护接零？

(4) 等电位连接的作用是什么？

(5) *n*1—BV(3×2.5)SC15—WC 的含义是什么？

3. 案例分析

某教室照明平面图如图 9-37 所示，阅读后分析：

(1) 各图例名称。

(2) 在各段线路上标注导线根数。

(3) 绘制接线图。

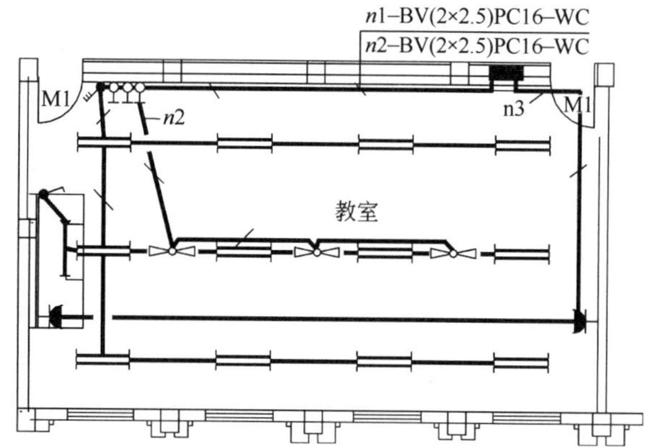

图 9-37　某教室照明平面图

第10章 建筑智能化

思维导图

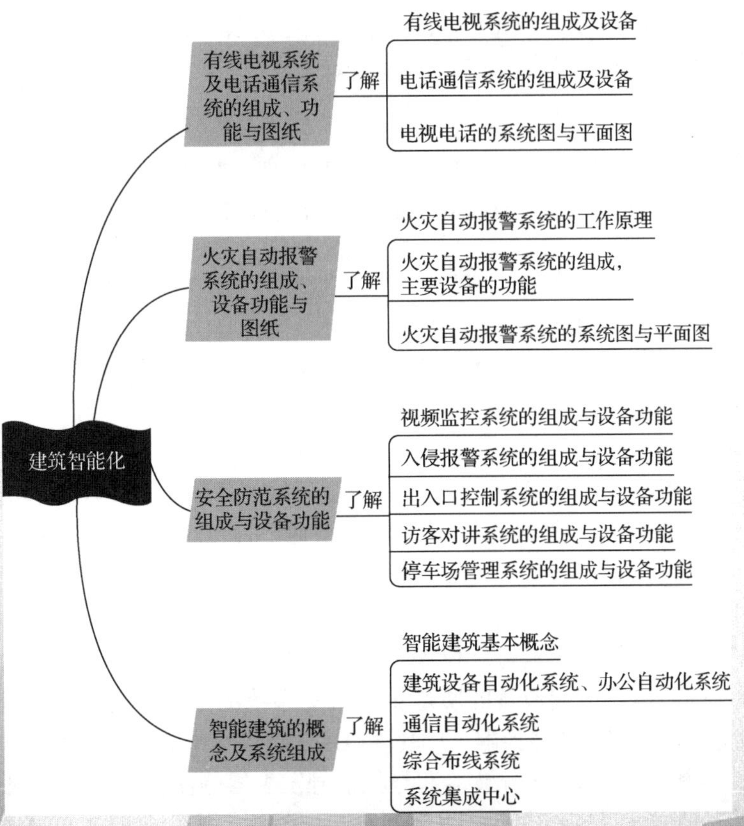

引 例

在建筑电气系统中，通常将系统分为强电系统和弱电系统两类。强电系统包括供电、配电、照明、防雷等系统；弱电系统包括通信、有线电视、广播、火灾自动报警、安防等系统。弱电系统对建筑物的信息、安全等方面起到尤为重要的作用。

本章引用两个实例：一个是某六层住宅楼，两个单元，一梯两户，该住宅楼配有有线电视系统和电话通信系统；另一个是某高层住宅楼的地下室，配有火灾自动报警及消防联动系统。

10.1 有线电视与电话通信系统

10.1.1 有线电视系统的组成及设备

有线电视系统是对电视广播信号进行接收、放大、处理、传输和分配的系统，英文缩写为 CATV 系统。CATV 系统是在早期的共享天线电视系统基础上发展为多功能、多媒体、多频道、高清晰和双向传输等技术先进的有线数字电视网，在信息传递、丰富人们文化生活方面起到重要的作用。CATV 系统广泛应用在住宅、宾馆、教学办公和体育场等建筑中。

知识链接

CATV 系统：共用天线电视(Community Antenna Television)系统或电缆电视(Cable Television)系统。

1. CATV 系统的基本组成

CATV 系统由信号源、前端设备和传输分配系统三部分组成，其组成原理如图 10-1 所示。

(1) 信号源

信号源部分包括广播电视接收天线(如单频道天线、分频段天线及全频道天线)、FM 天线、卫星直播地面接收站、视频设备(录像机、摄像机)和音频设备等。其功能是接收并输出图像和伴音信号。

(2) 前端设备

前端设备是指信号源与传输分配网络之间的所有设备，用于处理要传输分配的信号。前端设备是系统的心脏，前端设备的质量对 CATV 系统图像质量的好坏起着关键的作用。前端设备一般包括 UHF/VHF 转换器、VHF 和 UHF 频段宽带放大器、天线放大器、频道放大器、混合器、调制器、衰减器、分波器和导频信号发生器等器件。但是，并不是任何 CATV 系统的前端设备都必须具备以上所有器件，根据系统规模及要求的不同，其具体组成也不同。

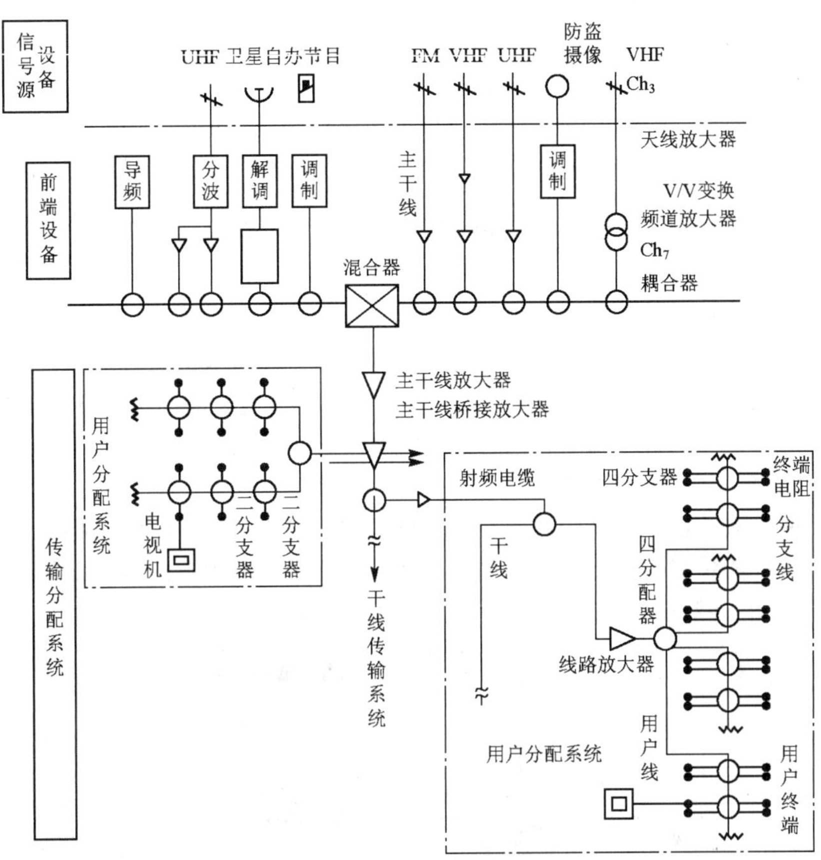

图 10-1 CATV 系统组成

(3) 传输分配系统

传输分配系统主要由干线传输系统和用户分配系统组成，其作用是将信号均匀地分配给各用户接收机，并使各用户之间相互隔离，互不影响。

干线传输系统主要由干线放大器、干线桥接放大器、分配器和主干射频电缆构成。

用户分配系统一般包括分配器、分支器、线路延长放大器、用户接线盒及射频电缆等器件。

2. CATV 系统的主要设备

① 接收天线。接收天线的主要作用是接收电磁信号、选择放大信号和抑制干扰等。

② 放大器。放大器的主要作用是放大信号。

③ 频道变换器。频道变换器的主要作用是将信号由高频道变成低频道进行传输。

④ 调制器。调制器的主要作用是将视频信号和音频信号加载到高频载波上，以便传输。

⑤ 解调器。解调器从射频信号中取出图像信号和伴音信号，并分别处理。

⑥ 混合器。混合器的主要作用是将多路信号混成一路(称为射频信号)，用一根电视电缆传输。

⑦ 分配器。分配器是将射频信号分配成多路信号输出，主要用于前端系统末端对总信号或干线分支和用户分配等。

⑧ 分支器。分支器从干线或支线取出一部分信号馈送给用户接收机，在用户分配系统中也可将一路信号分成多路信号使用。

⑨ 传输线缆。常用的传输线缆有同轴电缆和光缆。

⑩ 用户接线盒。用户接线盒为电视信号的接口设备，俗称电视插座。

10.1.2 电话通信系统的组成及设备

以前的电话通信系统主要满足语音信息传输功能，现代电话通信系统已发展为电话、传真、移动通信和数字信息处理等电信技术和电信设备组成的综合通信系统。科学技术的发展和社会信息化高速发展，推动了现代通信技术的变化，使得现代通信网正朝着数字化、智能化、综合化、宽带化和个人化的方向发展。

1. 电话通信系统的组成

电话通信系统由用户终端设备、交换设备和传输设备按一定的拓扑模式组合在一起。端局至汇接局的传输设备一般称为中继电路，端局至终端用户的传输设备称为用户电路。用户电路如图 10-2 所示。

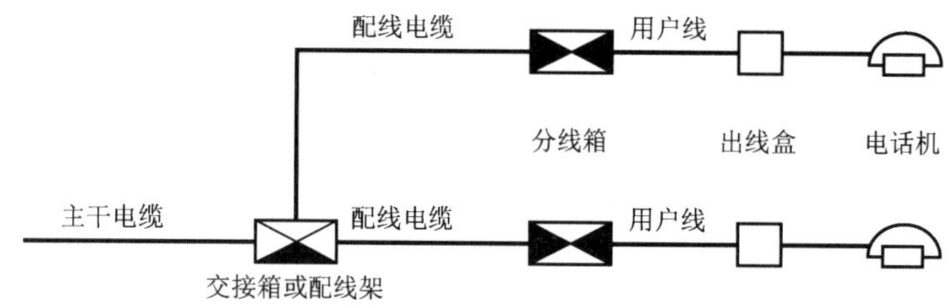

图 10-2　通信网络用户电路的组成

2. 电话通信系统的主要设备

① 交接箱。它是连接主干电缆与配线电缆的接口装置。从市话局引来的主干电缆在交接箱中与用户配线电缆连接。交接箱主要由接线模块、箱架结构和机箱组成。

② 分线箱与分线盒。分线箱的作用是连接交接箱(或配线架)或上一级分线设备的电缆，并将其分给各电话出线盒，是在配线电缆的分线点所使用的分线设备。

③ 电话出线盒。它是连接用户线与电话机的装置。其按安装方式不同可分为墙式和地式两种。

④ 用户终端设备。它包括电话机、电话传真机和用户保安器等。

10.1.3 有线电视及电话系统施工图识读

如图 10-3～图 10-5 所示为某住宅建筑有线电视系统、电话系统施工图。

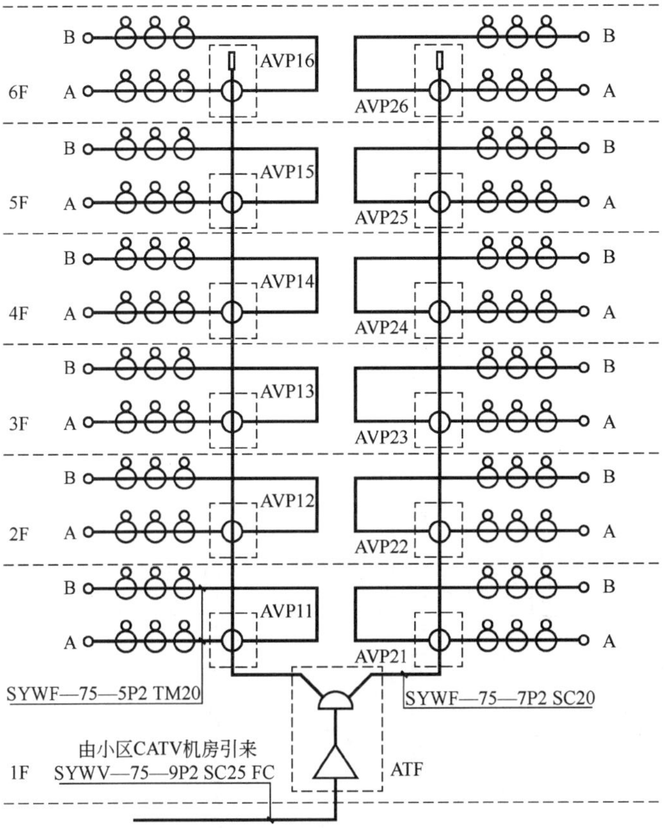

序号	符号	设备名称	安装方式
1		二分配器	箱内
2		放大器	箱内
3		二分支器	箱内
4		串接一分支器	底边距地 0.3mm
5		电视插座	底边距地 0.3mm
6		终端电阻	箱内
7	ATF	放大器前端箱	底边距地 1.5m
8	AVP	分配箱	底边距地 1.5m
9	SYWF—75—7P2	双屏蔽同轴电缆	层间电缆，穿 20mm 焊接钢管敷设
10	SYWF—75—5P2	双屏蔽同轴电缆	用户电缆，穿 20mm 电线管敷设
11	SYWV—75—9P2	双屏蔽同轴电缆	进线电缆，穿 25mm 焊接钢管敷设

图 10-3　某建筑有线电视系统图

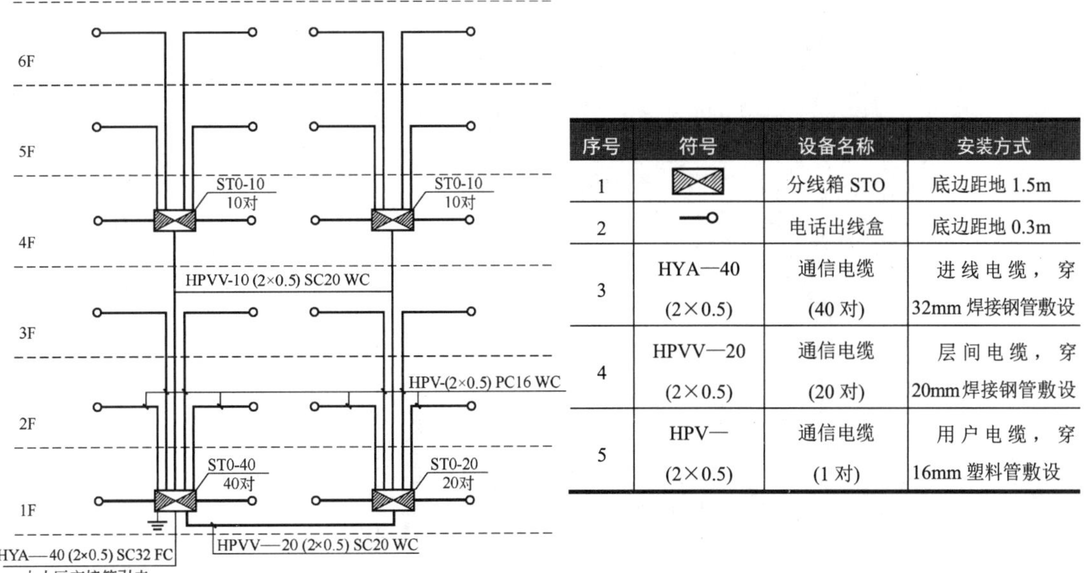

序号	符号	设备名称	安装方式
1		分线箱 STO	底边距地 1.5m
2		电话出线盒	底边距地 0.3m
3	HYA—40 (2×0.5)	通信电缆 (40 对)	进线电缆，穿 32mm 焊接钢管敷设
4	HPVV—20 (2×0.5)	通信电缆 (20 对)	层间电缆，穿 20mm 焊接钢管敷设
5	HPV— (2×0.5)	通信电缆 (1 对)	用户电缆，穿 16mm 塑料管敷设

图 10-4　某建筑电话系统图

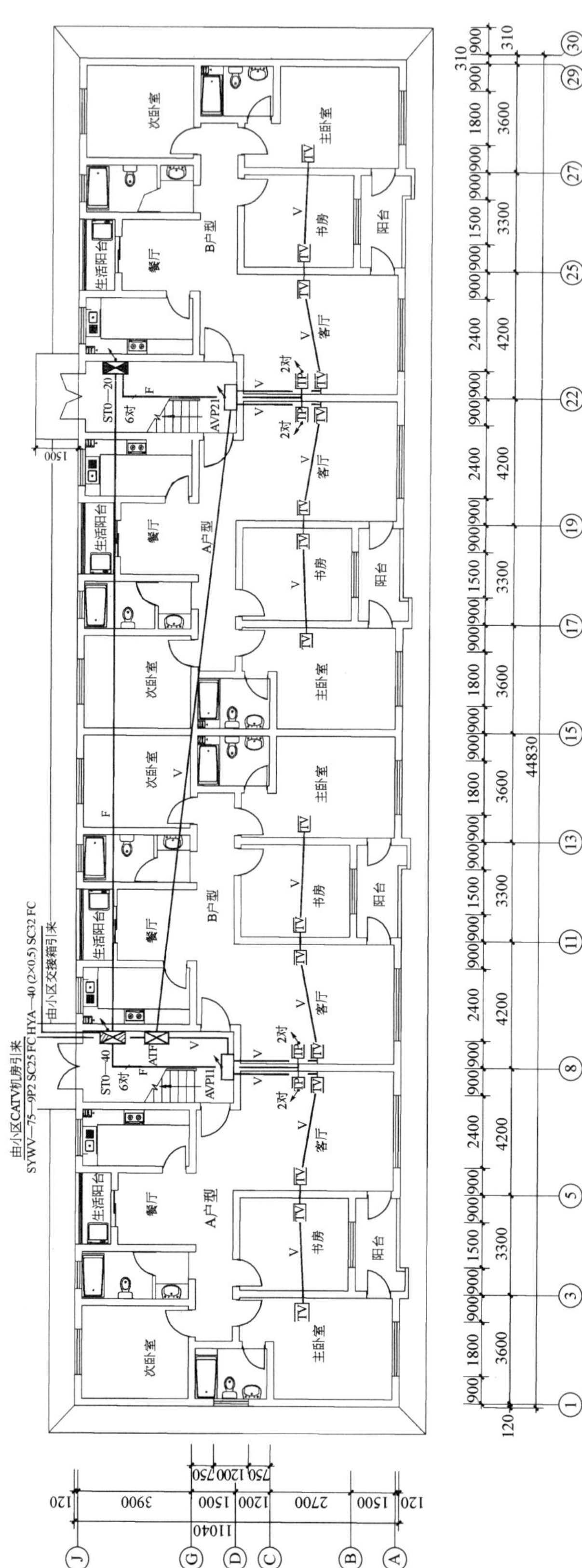

图 10-5 某建筑底层电视、电话系统平面图

1. 工程概况

该建筑为六层住宅楼，两单元，一梯两户。

2. 弱电系统

该工程有有线电视系统和电话系统两个弱电系统。

有线电视系统信号源来自小区有线电视机房，在进建筑物入口处设置 ATF 系统箱，将信号放大，并通过二分配器将信号分配给两个单元。单元内竖向配线，在每层设置一个二分支器将信号分配给两个用户。

电话系统由小区通信系统交接箱用 40 对通信电缆引至建筑内 STO—40 分线箱，再由此箱横向和竖向用通信电缆配线至各分线箱。由分线箱引出电话线，直接连接于各用户电话出线盒。

10.2 火灾自动报警系统

10.2.1 火灾自动报警系统的工作原理与保护对象

人类文明起源于火，火造福于人类，但火灾也给人类社会带来巨大的危害。火灾自动报警及消防联动控制系统能有效检测火灾、控制火灾、扑灭火灾，对于保障人民生命和财产的安全，起着非常重要的作用。

1. 火灾自动报警系统的工作原理

火灾自动报警系统的工作原理：被保护场所的各类火灾参数由火灾探测器或经人工发送到火灾报警控制器，控制器将信号放大、分析和处理后，以声、光和文字等形式显示或打印出来，同时记录下时间，根据内部设置的逻辑命令自动或人工手动启动相关的火灾警报设备和消防联动控制设备，进行人员的疏散和火灾的扑救。

2. 火灾自动报警系统的保护对象

火灾自动报警系统的基本保护对象是工业与民用建筑及场所，需要设置火灾自动报警系统的建筑及部位详见表 10-1。

表 10-1 设置火灾自动报警系统的建筑及部位

建筑类别	建筑或场所名称	设置部位
高层建筑	除住宅建筑以外的其他各类高层建筑	除卫生间、游泳池、浴室以外的房间、走道、楼梯间等部位
	建筑高度大于 100m 的住宅建筑	除卫生间以外的房间、走道、楼梯间等部位
	建筑高度大于 54m 但不大于 100m 的高层住宅建筑，其公共部位应设置火灾自动报警系统，套内宜设置火灾探测器	公共部位应设置火灾自动报警系统，套内宜设置火灾探测器

续表

建筑类别	建筑或场所名称	设置部位
高层建筑	建筑高度大于 27m 但不大于 54m 的高层住宅建筑	公共部位宜设置火灾自动报警系统； 当设置需联动控制的消防设施时，公共部位应设置火灾自动报警系统
建筑高度不超过 24m 的公共建筑	1. 任一层建筑面积大于 $1500m^2$ 或总建筑面积大于 $3000m^2$ 的商店、展览、财贸金融、客运和货运等类似用途的建筑。 2. 图书或文物的珍藏库，每座藏书超过 50 万册的图书馆，重要的档案馆。 3. 地市级及以上广播电视建筑、邮政建筑、电信建筑，城市或区域性电力、交通和防灾等指挥调度建筑。 4. 特等、甲等剧场，座位数超过 1500 个的其他等级的剧场或电影院，座位数超过 2000 个的会堂或礼堂，座位数超过 3000 个的体育馆。 5. 大、中型幼儿园的儿童用房等场所，老年人照料设施，任一层建筑面积大于 $1500m^2$ 或总建筑面积大于 $3000m^2$ 的疗养院的病房楼、旅馆建筑和其他儿童活动场所，不少于 200 个床位的医院门诊楼、病房楼和手术部等。 6. 歌舞、娱乐、放映、游艺场所。 7. 电子信息系统的主机房及其控制室、记录介质库，特殊贵重或火灾危险性大的机器、仪表、仪器设备室、贵重物品库房。 8. 机械式汽车库	除卫生间、游泳池、浴室以外的房间、走道、楼梯间等部位
地下民用建筑	1. 总建筑面积大于 $500m^2$ 的地下或半地下商店。 2. Ⅰ类汽车库、修车库。 3. Ⅱ类地下、半地下汽车库、修车库。 4. 采用汽车专用升降机作汽车疏散出口的汽车库	除卫生间以外的房间、走道、楼梯间等部位
工业建筑	1. 任一层建筑面积大于 $1500m^2$ 或总建筑面积大于 $3000m^2$ 的制鞋、制衣、玩具、电子等类似用途的厂房。 2. 每座占地面积大于 $1000m^2$ 的棉、毛、丝、麻、化纤及其制品的仓库，占地面积大于 $500m^2$ 或总建筑面积大于 $1000m^2$ 的卷烟仓库	除卫生间、浴室以外的房间、走道、楼梯间等部位

注：本表内容摘自《建筑设计防火规范》(GB 50016—2014)。

1. 其他建筑中，设置机械排烟、防烟系统，雨淋或预作用自动喷水灭火系统，固定消防水炮灭火系统、气体灭火系统等需与火灾自动报警系统联锁动作的场所或部位，应设置火灾自动报警系统。

2. 建筑内可能散发可燃气体、可燃蒸气的场所应设置可燃气体报警装置。

3. 5～9 个班规模的为中型幼儿园，10～12 个班规模的为大型幼儿园。

10.2.2 火灾自动报警系统的组成及常用设备

1. 火灾自动报警系统的组成

火灾自动报警系统由触发装置、报警装置、警报装置、控制装置和电源等组成，系统组成如图10-6所示。

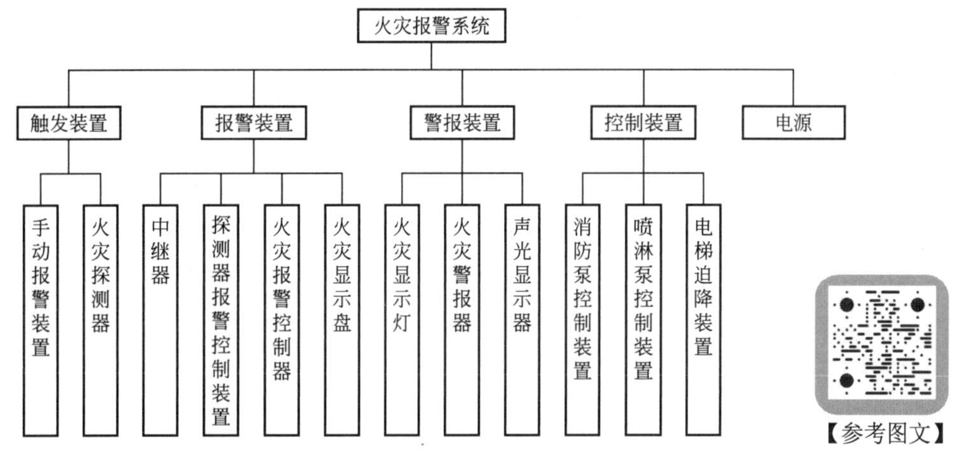

图10-6　火灾自动报警系统的组成

2. 火灾自动报警系统的常用设备

(1) 触发装置

① 火灾探测器。火灾探测器是对火灾现场的光、温、烟及焰火辐射等现象产生响应，并发出信号的现场设备。

根据其感测的参数不同，分为感烟火灾探测器、感温火灾探测器、感光火灾探测器、可燃气体探测器及复合式火灾探测器等。按结构造型分类不同，可分为点型和线型两类。

a. 感烟火灾探测器是感测环境烟雾浓度的探测器，主要有离子感烟探测器、光电感烟探测器及光束感烟探测器等。感烟探测器能通过烟雾早期感知火灾的危险。

b. 感温火灾探测器是对环境中的温度进行监测的探测器。根据监测温度参数的特性不同，可分为定温式、差温式及差定温式火灾探测器三类。感温火灾探测器特别适用于发生火灾时有剧烈温升的场所。

c. 感光火灾探测器是用来探测火焰辐射的红外光和紫外光，对感烟、感温探测器起到补充作用。感光火灾探测器特别适用于突然起火而无烟雾的易燃、易爆场所，室内外均可使用。

d. 可燃气体探测器主要用来探测可燃气体(如天然气等)在某区域内的浓度，在气体达到爆炸危险条件之前发出信号报警。

e. 复合式火灾探测器的探测参数不只是一种，其扩大了探测器的应用范围，提高火灾探测的可靠性。常见的有感烟感温火灾探测器、感光感烟火灾探测器及感光感温火灾探测器等。

② 手动报警按钮。手动报警按钮是手动方式产生火灾报警信号的器件，是火灾自动报警系统不可缺少的装置之一。

(2) 报警装置

火灾自动报警系统的核心报警装置是火灾报警控制器。按用途和设计使用要求分类，其可分为区域火灾报警控制器、集中火灾报警控制器及通用火灾报警控制器。区域火灾报警控制器与集中火灾报警控制器在结构上没有本质区别，只是在功能上分别适应于区域报警工作状态与集中报警工作状态。通用火灾报警控制器兼有区域、集中两级火灾报警控制功能，通过设置或修改相应参数即可作为区域或集中火灾报警控制器使用。

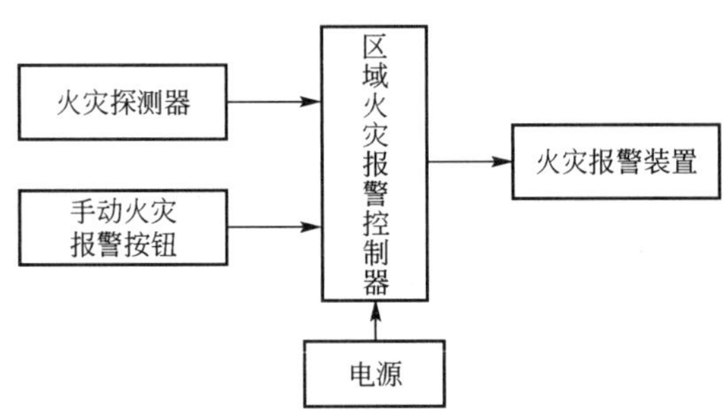

图 10-7　区域火灾报警系统组成

① 区域火灾报警控制器常用于规模小、局部保护区域的火灾自动报警系统。其系统组成如图 10-7 所示。

② 集中火灾报警控制器常用于规模较大的建筑或建筑群的火灾自动报警系统。其系统组成如图 10-8 所示。

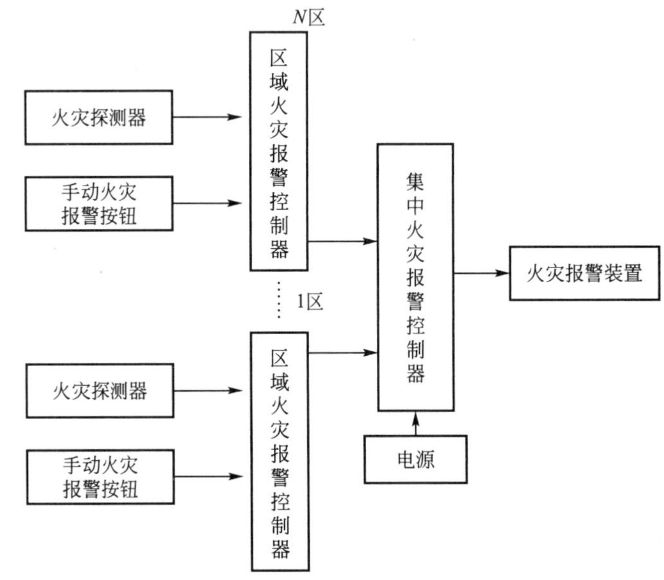

图 10-8　集中火灾报警系统组成

③ 控制中心火灾报警系统由消防控制室的消防控制设备、集中火灾报警控制器、区域火灾报警控制器和火灾探测器等组成。其系统容量大，消防设施的控制功能较全，适用于大型建筑的保护。其系统组成如图 10-9 所示。

(3) 警报装置

警报装置在发生火灾时，发出声和光信号报警，提醒人们注意。常用的警报装置有声光报警器、警铃和讯响器等。

(4) 控制(联动)装置

在火灾自动报警系统中，当接收到来自触发器的火灾信号后，能自动或手动启动相关消防设备并显示其工作状态的装置，称为控制装置。控制装置主要有自动灭火系统的控制装置、室内消火栓的控制装置、防烟排烟控制系统的控制装置、空调通风系统的控制装置、防火门控制装置及电梯迫降控制装置等。

(5) 电源(略)

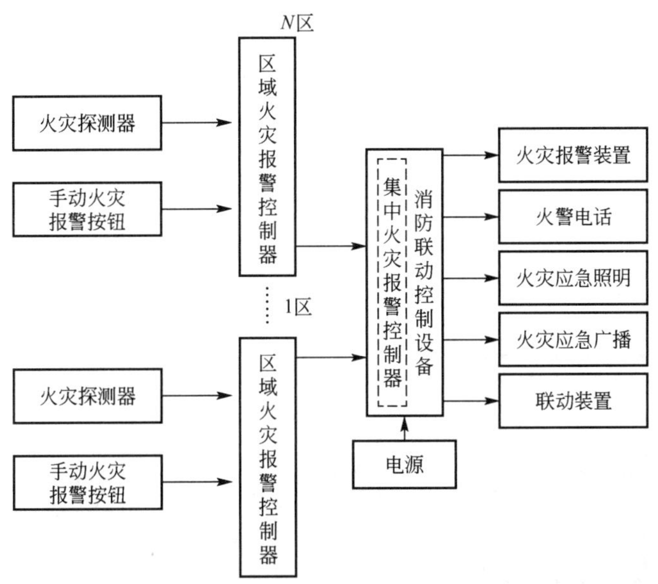

图 10-9 控制中心火灾报警系统组成

10.2.3 火灾自动报警系统施工图识读

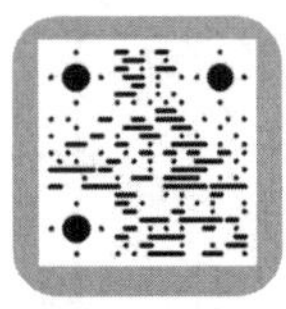

如图 10-10、图 10-11 所示为某建筑火灾自动报警系统施工图。

1. 工程概况

该工程为某高层(十二层)建筑地下室的火灾自动报警系统。系统主要包括火灾探测报警系统、消防电话系统和防烟排烟联动控制系统。

2. 系统作用

该高层共十二层，属于二类建筑，为火灾自动报警二级保护对象。按保护面积、结构等因素，在 13 轴线处，将该地下室分为两个防火区。

火灾自动报警系统采用总线制，火灾报警控制器设置在底层的消防控制室内，信号总线、消防电话线、24V 电源线和控制线由电缆竖井引入地下室，连接消防设备。探测设备主要采用感烟、感温火灾探测器，设置在主要通道、风机房和电缆竖井内。在消防前室处设置手动报警按钮，作为人工报警的设备，以弥补探测器灵敏度降低等故障不能及时报警的缺陷。声光报警器在发生火灾时，发出声音和闪光以提醒人们注意。排烟防火阀的作用是在发生火灾时，及时关闭排烟防火阀，以免扩大火灾范围。消火栓按钮的作用是在发生火灾时，按下按钮可以直接启动消防水泵，同时给火灾报警控制器发出信号，使系统做出

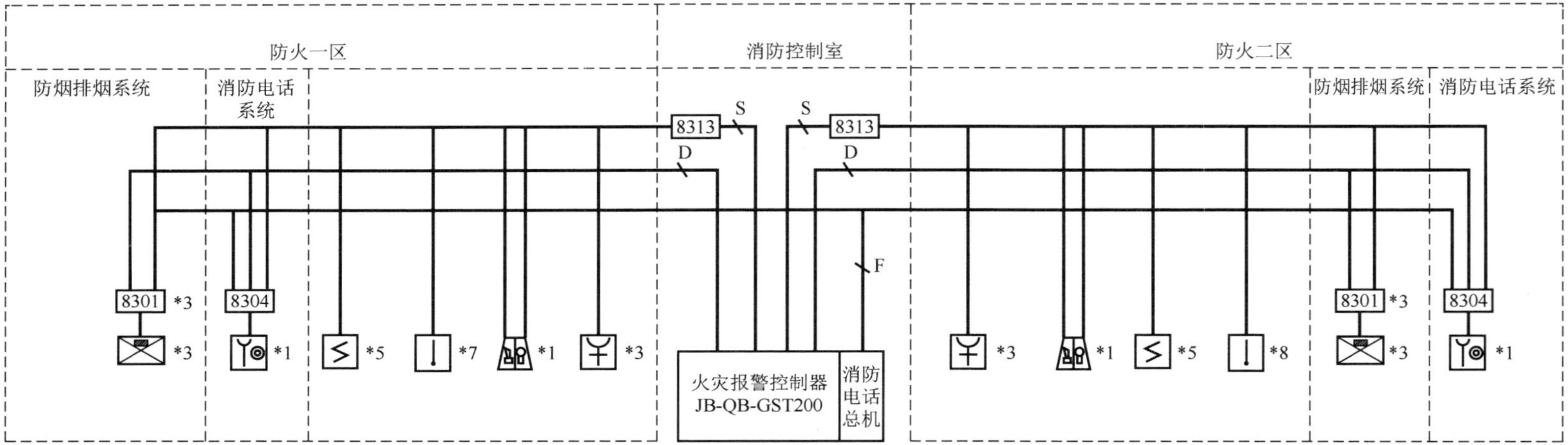

防火一区 消防控制室 防火二区

防烟排烟系统 消防电话系统 防烟排烟系统 消防电话系统

8313 S D 8313 S D F

8301 *3 8304 *1 *5 *7 *1 *3 *3 *1 *5 *8 8301 *3 *3 8304 *1

火灾报警控制器 JB-QB-GST200

消防电话总机

序号	符号	设备名称	型号规格	安装方式
1		消火栓按钮	J—SAM—GST9123	消防箱内安装
2		声光报警器	GST—HX—M8501/2	明装距顶 0.3m
3		感温火灾探测器	JTY—ZCD—G3N	吸顶安装
4		感烟火灾探测器	JTY—GD—G3	吸顶安装
5		排烟防火阀	FFH—3	—
6		手动报警按钮(带电话插孔)	J—SAM—GST9122	明装距地 1.3m
7	8301	输入/输出模块	GST—LD—8301	设备附近距顶 0.3m 明装或吸顶安装
8	8304	消防电话接口	GST—LD—8304	设备附近距顶 0.3m 明装或吸顶安装
9	8313	隔离器	GST—9LD—8313	设备附近距顶 0.3m 明装或吸顶安装
10	S	信号总线	ZR—RVS—2×1.5	CC
11	D	DC 24V 电源线	ZR—BV—2×6	CC
12	F	消防电话线	ZR—RVVP—2×1.0	CC

图 10-10 某建筑火灾自动报警系统图

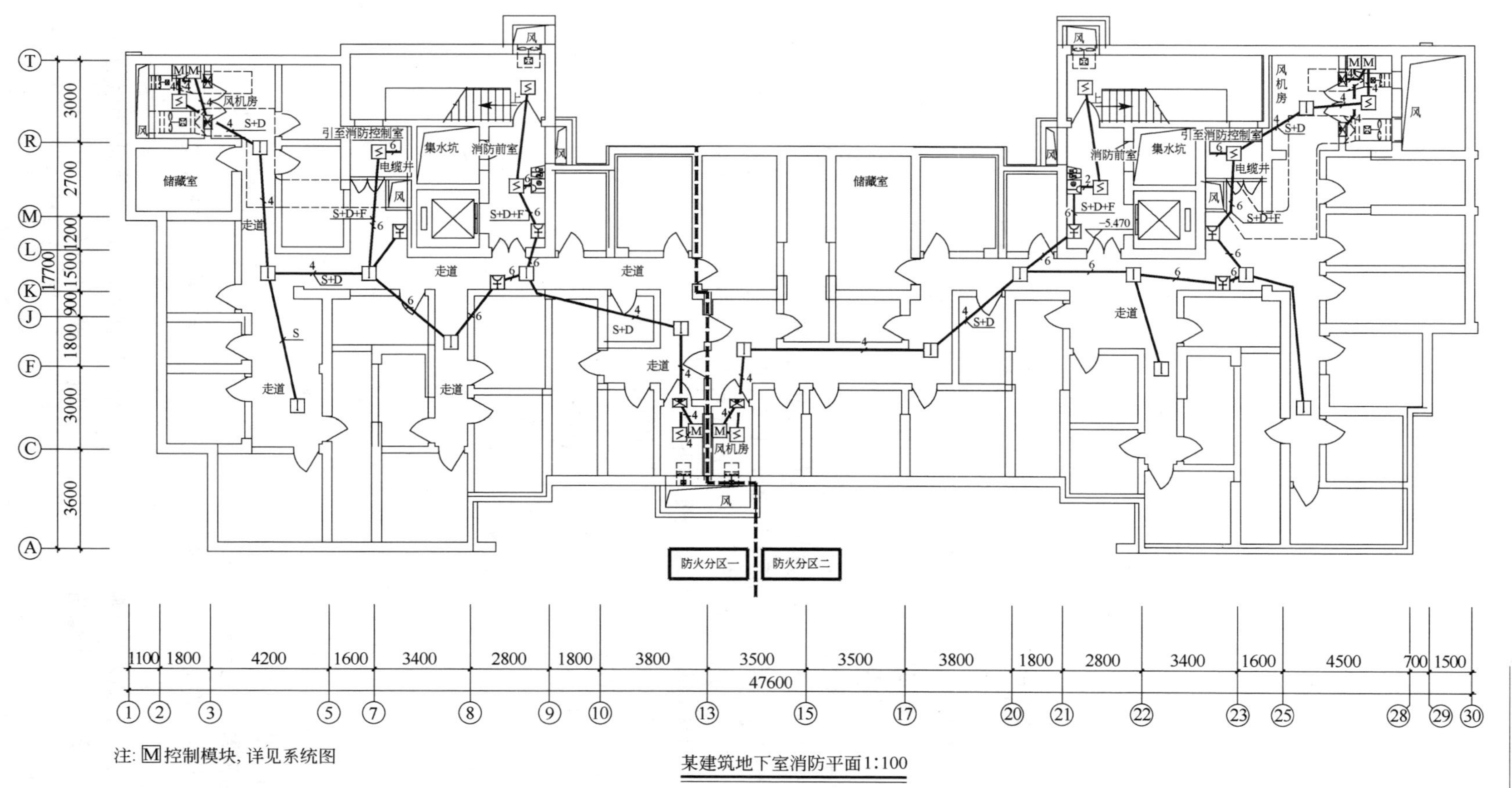

图 10-11　某建筑地下室火灾自动报警平面图

报警等反应。带有电话插孔的手动报警按钮，可以将电话插入电话插孔，直接和消防控制室的消防电话主机连通，进行报警。8313 隔离器安装在总线上，起到安全保护作用，防止因总线某设备短路，造成整个系统瘫痪等故障。8304 为消防电话专用的接口模块，主要起连接消防电话分机及连入总线消防电话系统作用。8301 为输入/输出模块，主要将联动设备(如排烟阀、送风阀和防火阀等)接在控制总线上。

10.3 安全防范系统

10.3.1 视频监控系统

1. 视频监控系统的功能与应用场所

(1) 视频监控系统的主要功能

视频监控系统的主要功能概括如下。

① 视频监控系统能对建筑物内的主要公共活动场所、通道、电梯前室、电梯轿厢及楼梯口等重要部位进行探测，并有效记录，再现画面、图像。

② 监视器画面显示有明确的摄像机编号、位置、时间等，能任意编程，手动或自动切换。

③ 视频监控系统可以自成网络独立运行，也可与入侵报警系统、火灾报警系统等系统联动，能对报警现场的声音和图像进行复核并录像。

④ 安防控制中心对视频监控系统进行集中管理和监控。

(2) 视频监控系统的应用场所

① 大型活动场所、机要单位的安全保卫位置。

② 自选商场、珠宝店、书店等商业经营单位。

③ 银行、金库等金融系统的营业厅、储藏间、办公场所、进出口等。

④ 博物馆、文物保护单位的展览厅、进出口等。

⑤ 机场、车站、港口、海关等交通要道。

⑥ 旅馆、宾馆的出入口、大厅、财务室、电梯轿厢及前室、走廊、内部商场等。

⑦ 医院的急救中心、候诊室、手术室等。

⑧ 建筑小区内主要道路、出入口、围墙周边等。

⑨ 具有流水线作业的工厂等。

2. 视频监控系统的组成及设备

视频监控系统一般由摄像、传输、控制、图像处理及显示四部分组成。

(1) 摄像

摄像为视频监控系统的前端部分，主要是探测现场视频信息，将信息传递给控制中心计算机。其主要设备包括摄像机、镜头、云台及防护罩等。

① 摄像机是采集现场视频信息的主要设备，目前广泛使用的是电荷耦合式摄像机，称为 CCD 摄像机。摄像机主要有黑白摄像机、彩色摄像机及红外摄像机等。

② 镜头分为定焦镜头和变焦镜头，与摄像机配合使用。

③ 云台是固定和安装摄像机的设备。电动云台可以在控制信号的作用下上下、左右运动，使摄像机的采集范围扩大。

④ 防护罩分室内、室外两种，主要作用为保护摄像机，使其免受损坏。

(2) 传输

传输部分为视频监控系统的缆线系统，主要传输由摄像机到控制中心的视频信号和由控制中心到现场云台等控制设备的控制信号。传输视频信号的缆线主要为视频同轴电缆、射频同轴电缆、平衡对电缆和光缆等。传输控制信号的缆线主要为双绞线和复用视频同轴电缆等。

(3) 控制

通过控制中心可以实现对云台、镜头和防护罩等动作控制，对视频信号的分配控制，对图像的切换、分割控制等。控制部分主要设备有视频切换器、画面分割器和控制台(控制中心计算机)等。

(4) 图像处理及显示

图像处理及显示是视频监控系统的终端部分，主要作用为显示现场的视频画面、储存视频信息等。其主要设备有监视器、磁带录像机、硬盘录像机等。

10.3.2 入侵报警系统

入侵报警系统是在探测到防范现场有入侵者时能发出警报的系统。

1. 入侵报警系统的功能

入侵报警系统的功能主要有以下几方面。

① 系统对设防区域的非法入侵，能实时、有效地探测与报警。

② 系统可以按时间、区域、部位任意编程设防和撤防。

③ 对设备工作状态能自检，及时发现故障，报告故障位置，提高系统工作可靠性。

④ 系统设备具有防破坏功能，现场遭到破坏具有报警功能。

⑤ 报警控制设备能记录和显示报警部位等参数。

⑥ 系统前端通过安装的各类入侵探测器构成点、线、面立体或综合防范体系。

⑦ 系统可以自成网络，独立运行，也可和其他安防系统联网。

2. 入侵报警系统的组成及设备

入侵报警系统一般由前端、传输系统、报警控制设备组成。

(1) 前端

系统的前端设备为各种类型的入侵探测器。探测器主要有磁控开关、紧急报警装置、被动红外入侵探测器、双鉴器(微波与被动红外双技术探测器)、玻璃破碎入侵探测器、主动红外入侵探测器、电动式振动入侵探测器、电动式振动电缆入侵探测器、泄露电缆传感器、平行线周边传感器等。

(2) 传输系统

传输系统一般敷设专用传输线或无线信道传输报警信息，配以必要的有线、无线接收装置，形成以有线传输为主、无线传输为辅的报警传输系统。

(3) 报警控制设备

报警控制设备是入侵报警系统的核心设备，主要设备为报警控制器。报警控制器自动接收前端设备发来的报警信息，在计算机屏幕上实时显示，同时发出声、光报警。在平时，报警控制器对前端设备进行巡检、监控，保障系统正常运行。

10.3.3 出入口控制系统

出入口控制系统对建筑物内外的正常出入信道进行管理，限制无关人员进入小区和建筑物内，以保障住宅小区和建筑物内的安宁。一般出入口控制系统可与访客对讲系统、入侵报警系统配合。

1. 出入口控制系统的主要功能

① 系统设备在建筑物出入口、通道、重要房间门等处设置，对设防区域的通过对象及时间进行实时和多级控制，具有报警功能。

② 具有信息自动记录、打印、储存、防篡改等功能。

③ 系统控制部分设置在安防监控中心，监控中心对出入口进行多级控制和集中管理。

④ 系统能独立运行，也能与火灾自动报警系统、视频监控系统、入侵报警系统联动。

2. 出入口控制系统的组成及设备

出入口控制系统一般由识别、控制及执行、管理三部分组成。

(1) 识别

识别系统对进入人员能够进行身份辨识。常用的识别技术主要有密码识别、读卡识别、人体生物识别等。识别部分主要设备为读卡机。

(2) 控制及执行

控制及执行部分对授权人员开启门放行通过，对非授权人员拒绝进入，甚至报警、阻拦。控制及执行部分由计算机控制的电控门锁装置构成。电控门锁主要有电控锁、电磁锁、点击锁等。

(3) 管理

管理部分为出入口控制系统的中心计算机配上适合的管理软件，实现对系统中所有控制器的管理，接收控制器发来的信息，发送控制命令，并记录、打印等。

10.3.4 访客对讲系统

访客对讲系统是把住宅入口、住户、保安人员三方面的通信联系在一个网络中，并与监控系统配合为住户提供安全、舒适的生活。

1. 访客对讲系统的主要功能

① 适用于智能化住宅小区、高层住宅、单元式公寓等。

② 访客对讲系统对主人和访客提供双向通话或可视通话，并由主人控制大门电控锁的

开启或向安防监控中心报警。

③ 管理主机控制门口机和各个副管理机，并具有抢线功能。

2. 访客对讲系统的组成及设备

访客对讲系统由对讲部分和控制部分组成。

(1) 对讲部分

对讲部分分语音对讲、可视对讲两种类型。语音对讲主要由门口机和室内对讲机组成；可视对讲由门口机和室内可视对讲机组成。可视对讲的门口机含有摄像头，一般具有夜视功能。

(2) 控制部分

控制部分一般是以门口机或控制中心计算机为控制核心部分，对系统中信号进行接收、传递、处理和发出指令等。不联网的访客对讲系统，完全由门口机进行控制和判断，独立运行，适合一般单元式公寓和高层住宅楼的选用。联网的访客对讲系统，由安防控制中心的计算机监视、控制门口机、电控锁等设备，可以对现场进行判断、核对，提高系统工作的可靠性、安全性等，适合智能住宅小区的选用。

10.3.5 停车场管理系统

停车场管理系统是为提高停车场的管理质量、效益和安全性而设置的管理系统。

1. 停车场管理系统的主要功能

① 入口处显示停车场内的车位信息。

② 出入口及场内通道有行车指示。

③ 车牌和车型的自动识别，防止车辆丢失。

④ 系统读卡识别系统，可以辨认出入的车辆，并记录。

⑤ 出入口栅栏门能自动控制车辆进出。

⑥ 自动计费及收费金额显示。

⑦ 多个出入口可以联网与管理。

⑧ 发生意外时报警。

⑨ 可自成网络，独立运行，也可与视频监控系统、入侵报警系统联动。

2. 停车场管理系统的组成及设备

停车场管理系统由停车场入口设备、出口设备、收费设备、中央管理站等组成。

① 停车场入口设备包括车位显示屏、感应线圈或光电收发装置、读卡器、出票机、栅栏门等。

② 出口设备包括感应线圈或光电收发装置、读卡器、验票机、栅栏门等。

③ 收费设备包括中央收费设备或收款机。

④ 中央管理站包括计算机、打印机、UPS 电源等。

10.4 智能建筑概述

10.4.1 智能建筑基本概念

智能建筑是以建筑为平台，兼备建筑设备、办公自动化、通信网络系统，集结构、系统、服务、管理及它们之间的最优化组合，向人们提供一个安全、高效、舒适、便利的建筑环境。

智能建筑与传统建筑相比有很多不同的特点。

① 智能建筑设备在最经济、最理想状态下运行，能源利用率高。

② 智能建筑具有适应环境等变化的灵活性。

③ 智能建筑中引进各种高新技术，各系统相互配合，更能体现“智能”。

④ 智能建筑的投资比一般建筑高。

智能建筑一般由建筑设备自动化系统、办公自动化系统、通信网络系统、综合布线系统和系统集成中心组成。智能建筑组成及功能如图 10-12 所示。

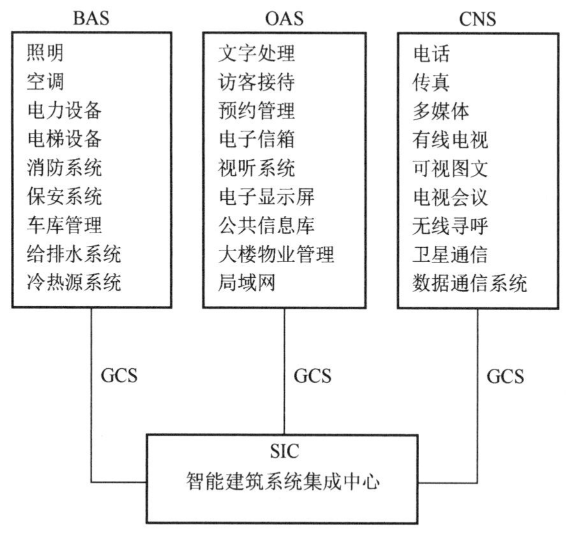

图 10-12　智能建筑组成及功能

10.4.2 建筑设备自动化系统

建筑设备自动化系统(Building Automation System，BAS)将建筑物内的电力、照明、空调、给排水、防灾、保安、电梯等设备或系统，构成综合系统，以集中监视、控制、测量和管理，做到运行安全、可靠，节省人力、能源。其主要功能包括以下几方面。

① 对空调系统、通风系统、环境检测系统中的设备等运行状况的监视、控制、测量和记录。

② 对供配电系统中变配电设备、电源设备等的监视、测量和记录。

③ 对动力设备、照明设备等的监视、控制。

④ 对给排水系统的给排水设备、饮水设备、污水处理设备等的监视、控制、测量和记录。

⑤ 对电梯、扶梯等电梯设备的监视、控制。

⑥ 对热力系统的热源设备等的监视、控制、测量和记录。

⑦ 对火灾自动报警与消防联动系统、安防系统等系统运行的监视和联动控制。

10.4.3 办公自动化系统

办公自动化系统(Office Automation System，OAS)是应用计算机技术、通信技术、多媒体技术和行为科学技术等先进技术，使人们的部分办公业务借助于各种办公设备，并由这些办公设备与办公人员构成的人机信息系统。其子系统和主要功能包括以下几方面。

① 物业管理营运信息子系统，能对建筑物内各类设施的资料、运行状况及维护进行管理。

② 办公和服务管理子系统，具有进行文字处理、文档管理、各类公共服务的计费管理、电子账务、人员管理等功能。

③ 信息服务子系统，具有共享信息库，向建筑物内公众提供信息采集、装库、检索、查询、发布、引导等功能。

④ 智能卡管理子系统，能识别身份、门匙、信息系统密匙等，并进行各类计费。

10.4.4 通信自动化系统

通信自动化系统(Communication Automation System，CAS)在楼内能进行语音、数据、图像的传输，同时与外部公用电话网、计算机互联网、卫星通信网等联网，确保信息畅通。其主要功能包括以下几方面。

① 将卫星通信网通过铜缆、光缆引入建筑物内，至用户工作区。

② 设置数字化、宽带化、综合化、智能化的用户入网设备。

③ 设置有线电视系统和卫星电视系统。

④ 设置会议电视系统，并提供系统通信路由。

⑤ 设置多功能会议厅，配置多语言同声传译扩音系统。

⑥ 设置公共广播系统，并与紧急广播系统联网。

⑦ 设置综合布线系统，向使用者提供宽带信息传输的物理链路。

10.4.5 综合布线系统

综合布线系统(Generic Cabling System，GCS)是建筑物内的传输网络。其使建筑物内语音设备、数据通信设备、信息交换设备、物业管理及建筑自动化管理设备等系统之间相连，建筑物内系统与外部网络相连。

综合布线系统包括建筑物到外部网络或电话局线路上的连线点与工作区的语音或数据终端之间的所有电缆及相关联的布线部件。其划分为六个子系统：工作区子系统、配线(水平)子系统、干线(垂直)子系统、设备间子系统、管理子系统、建筑群子系统。

① 工作区子系统，由终端设备连接到信息插座的连线(或软线)组成，它包括装配软线、连接器和连接所需的扩展软线，并在终端设备和输入/输出(I/O)之间搭接。工作区子系统相当于电话配线系统中连接话机的用户线及话机终端部分。

② 配线子系统，将干线子系统线路处延伸到用户工作区。配线子系统相当于电话配线系统中配线电缆或连接到用户出线盒的用户线部分。

③ 干线子系统，提供建筑物的干线(馈电线)电缆的路由。该子系统由布线电缆组成，或者由电缆和光缆以及将此干线连接到相关的支撑硬件组合而成。干线子系统相当于电话配线系统中干线电缆。

④ 设备间子系统，把中继线交叉连接处和布线交叉连接到公用系统设备上，由设备间中的电缆、连接器和相关支撑硬件组成，它把公用系统设备的各种不同设备互连起来。设备间子系统相当于电话配线系统中站内配线设备及电缆、导线连接部分。

⑤ 管理子系统，由交连、互连和输入/输出(I/O)组成，为连接其他子系统提供连接手段。管理子系统相当于电话配线系统中每层配线箱或电话分线盒部分。

⑥ 建筑群子系统，由一个建筑物中的电缆延伸到建筑群的另外一些建筑物中的通信设备和装置上，它提供楼群之间通信设施所需的硬件。其中有电缆、光缆和防止电缆的浪涌电压进入建筑物的电气保护设备。建筑群子系统相当于电话配线中的电缆保护箱及各建筑物之间的干线电缆。

10.4.6 系统集成中心

系统集成中心(Systems Integration Center，SIC)是将智能建筑内不同功能的智能子系统从物理上、逻辑上、功能上连接在一起，以实现信息综合、资源共享。系统集成中心具有如下特点。

① 系统集成汇集建筑内外各种信息。接口界面应标准化、规范化，以实现各智能化系统之间的信息交换。

② 系统能对建筑物内各子系统进行综合管理。

③ 系统具有相应的信息处理能力，实现信息管理自动化。

本章小结

有线电视系统是对电视广播信号进行接收、放大、处理、传输、分配的系统，由信号源、前端设备和传输分配网络三部分组成。

通信网络由用户终端设备、交换设备、传输设备按一定拓扑模式组合在一起。

火灾自动报警系统由触发装置、报警装置、警报装置、控制装置和电源等组成，火灾探测器根据其感测的参数不同，分为感烟火灾探测器、感温火灾探测器、感光火灾探测器、可燃气体探测器、复合式火灾探测器等。火灾自动报警系统的核心报警装置是火灾报警控制器。

安防系统主要由视频监控系统、入侵报警系统、出入口控制系统、访客对讲系统、停车场管理系统等组成。

视频监控系统一般由摄像、传输、控制、图像处理和显示等四部分组成。

入侵报警系统一般由前端、传输系统、报警控制设备组成。

出入口控制系统一般由识别、控制及执行、管理三部分组成。

访客对讲系统由对讲部分和控制部分组成。

停车场管理系统由停车场入口设备、出口设备、收费设备、中央管理站等组成。

智能建筑是以建筑为平台，兼备建筑设备、办公自动化、通信网络系统，集结构、系统、服务、管理及它们之间的最优化组合，向人们提供一个安全、高效、舒适、便利的建筑环境。智能建筑一般由建筑设备自动化系统、办公自动化系统、通信网络系统、综合布线系统和系统集成中心组成。

复习思考题

1. 填空题

(1) CATV 系统由________、________和________三部分组成。

(2) 通信网络由用________、________、________按一定拓扑模式组合在一起。

(3) 建筑高度超过 100m 的超高层建筑属于________保护对象。

(4) 火灾自动报警系统由________、________、________、________和电源等组成。

(5) 视频监控系统一般由________、________、________、________四部分组成。

(6) 入侵报警系统一般由________、________、________组成。

(7) 出入口控制系统一般由________、________及________三部分组成。

(8) 访客对讲系统由________、________组成。

(9) 停车场管理系统由停车场________、________、________、________等组成。

(10) 智能建筑一般由________、________、________、________和________组成。

2. 简答题

(1) 简述分配器的作用。

(2) 简述分支器的作用。

(3) 简述感烟火灾探测器的作用及种类。

(4) 简述感温火灾探测器的作用及种类。

(5) 简述火灾自动报警系统的工作原理。

参 考 文 献

程协瑞，2006．安装工程质量验收手册[M]．北京：中国建筑工业出版社．

姬海君，2005．水暖工[M]．北京：机械工业出版社．

贾永康，2005．供热通风与空调工程施工技术[M]．北京：机械工业出版社．

马誌溪，2006．建筑电气工程[M]．北京：化学工业出版社．

全国勘察设计注册工程师公用设备专业管理委员会秘书处，2007．全国勘察设计注册公用设备工程师给水排水专业考试复习教材[M]．2 版．北京：中国建筑工业出版社．

任义，2006．实用电气工程安装技术手册[M]．北京：中国电力出版社．

上海沪标工程建设咨询有限公司，2004．CECS 168—2004 建筑排水柔性接口铸铁管管道工程技术规程[S]．北京：中国计划出版社．

沈维道，童钧耕，2016．工程热力学[M]．5 版．北京：高等教育出版社．

汤万龙，2015．建筑设备安装识图与施工工艺[M]．3 版．北京：中国建筑工业出版社．

王东萍，王维红，2009．建筑设备工程[M]．哈尔滨：哈尔滨工业大学出版社．

王晋生，叶志琼，2005．电工作业安装图册[M]．北京：中国电力出版社．

王增长，2010．建筑给水排水工程[M]．6 版．北京：中国建筑工业出版社．

魏明，2010．建筑供配电与照明[M]．2 版．重庆：重庆大学出版社．

张健，2005．建筑给水排水工程 [M]．2 版．北京：中国建筑工业出版社．

赵宏家，2006．电气工程识图与施工工艺[M]．2 版．重庆：重庆大学出版社．

中华人民共和国住房和城乡建设部，2019．GB 50015—2019 建筑给水排水设计标准[S]．北京：中国计划出版社．

住房和城乡建设部工程质量安全监管司，中国建筑标准设计研究院，2009．全国民用建筑工程设计技术措施——给水排水[M]．北京：中国计划出版社．

沈阳市城乡建设委员会，中国建筑东北设计研究院，沈阳山盟建设（集团）公司，等，2004．GB 50242—2002 建筑给水排水及采暖工程施工质量验收规范[S]．北京：中国标准出版社．

中华人民共和国住房和城乡建设部，2016．GB 50019—2015 工业建筑供暖通风与空气调节设计规范[S]．北京：中国计划出版社．

中华人民共和国住房和城乡建设部，2014．GB 50016—2014 建筑设计防火规范[S]．北京：中国计划出版社．

中国疾病预防控制中心环境与健康相关产品安全所，广东省卫生监督所，浙江省卫生监督所，等，2007．GB 5749—2006 生活饮用水卫生标准[S]．北京：中国标准出版社．

中华人民共和国住房和城乡建设部，2019．JGJ 26—2018 严寒和寒冷地区居住建筑节能设计标准[S]．北京：中国建筑工业出版社．

中华人民共和国住房和城乡建设部，中华人民共和国国家质量监督检验检疫总局，2011．GB/T 50106—2010 建筑给水排水制图标准[S]．北京：中国建筑工业出版社．

中华人民共和国住房和城乡建设部，中华人民共和国国家质量监督检验检疫总局，2011．GB/T 50114—2010 暖通空调制图标准[S]．北京：中国建筑工业出版社．

北京城市排水集团有限责任公司，北京市城市排水监测总站有限公司，2016．GB/T 31962—2015 污水排入城镇下水道水质标准[S]．北京：中国标准出版社．

中华人民共和国住房和城乡建设部，2011．GB 50265—2010 泵站设计规范[S]．北京：中国计划出版社．

中华人民共和国住房和城乡建设部，2018．GB 50336—2018 建筑中水设计标准[S]．北京：中国建筑工业出版社．

中华人民共和国住房和城乡建设部，2015．GB 50314—2015 智能建筑设计标准[S]．北京：中国计划出版社．

中华人民共和国住房和城乡建设部，2017．GB 50084—2017 自动喷水灭火系统设计规范[S]．北京：中国计划出版社．

中华人民共和国住房和城乡建设部，2017．GB/T 50312—2016 综合布线系统工程验收规范[S]．北京：中国计划出版社．

中华人民共和国住房和城乡建设部，2017．GB 50311—2016 综合布线系统工程设计规范[S]．北京：中国计划出版社．

建筑 | 结构 | 水 | 暖通 | 电气

设计说明

一、工程概况

本工程为某学院宿舍楼，地上6层。均为砖混结构。

屋面为平屋面，建筑总高度21.100m，属多层建筑。单体建筑面积6301.50m²。

二、设计依据

1.《建筑给水排水设计标准》(GB 50015—2019)

《建筑设计防火规范》(GB 50016—2014)

《建筑灭火器配置设计规范》(GB 50140—2005)

《建筑排水内螺旋管管道工程技术规程》(T/CECS 94—2019)

2. 甲方提供的委托设计任务书及各项批文。

3. 相关专业提供的资料。

三、设计内容

本工程设计内容仅包括室内给水、排水系统；室外部分设计详见外网设计。

四、给水排水设计

1. 单体建筑盥洗室给水由校园生活供水管网直接供水，最高日用水量为 $Q_d=96m^3/d$；最大时用水量为 $Q_h=10.0m^3/h$；最高日排水量为 $Q_p=86.4m^3/d$。厕所冲洗用水采用中水，由校园中水管网直接提供，要求供水压力不小于0.40MPa，最高日用水量为 $Q_d=48m^3/d$。

2. 本建筑室内消火栓用水量15L/s；室外消火栓用水量25L/s，室内、外消火栓用水量均由校园区域性供水管网提供。

3. 本工程除大便器处的排水管采用环形通气管外，其余采用伸顶通气单立管排水系统，污废分流制排水。卫生间排水排到室外后先经化粪池初步处理，然后再排入污水管网。

4. 屋面雨水采用外排方式，设计重现期 $P=$ 5a，降雨强度 $H=206mm/h$，雨水排放系统施工详见建筑施工图。

施工说明

一、给水

1. 生活给水管采用内筋嵌入式衬塑钢管，卡环式连接。

室内消火栓给水系统和中水系统采用内外热镀锌钢管，$DN\geqslant 100$ 的采用卡箍连接，其余螺纹连接。

2. 室内生活给水管道横管安装时宜有0.002～0.005的坡度坡向给水立管。

3. 室内消火栓采用04S202—4(甲型)，型号：SN65，衬胶水龙带：$L=25m$，水枪：QZ19/ϕ19，消火栓箱为钢-铝合金箱，详见：SG24D65—P，并在图示暗装消火栓位置预留650mm×800mm（箱体尺寸）洞，洞底标高距楼面0.96m。

屋顶试验消火栓采用04S202—16，型号：SN65，衬胶水龙带：$L=25m$，水枪：QZ19/ϕ19，消火栓箱为铝钢-合金箱，详见：SG24A65—J。

4. 生活给水系统工作压力按0.40MPa计；消火栓给水系统工作压力按0.40MPa计。

5. 各给水系统安装完毕后须进行水压试验，试验的具体要求按《建筑给水排水及采暖工程施工质量验收规范》(GB 50242—2002)中的相关条款执行。

6. 水管穿楼板处均做钢套管，卫生间套管高出地面50mm，其他房间套管高出地面20mm。

7. 埋设的给水金属管道均先刷冷底子油两道，再涂刷沥青漆两道。

8. 明设的内、外热镀锌钢管和内筋嵌入式衬塑钢应涂刷银粉面漆两道。

二、排水

1. 卫生间排水管：立管采用内螺旋消声硬聚氯乙烯排水管，其余采用挤压成型排水U-PVC管；横管与立管连接处为螺母挤压密封圈连接，其余粘接。

2. 排水立管层高大于4m应设置一个伸缩节，横管直线管段大于4m时应设伸缩节，伸缩节之间最大间距不得大于4m，伸缩节不得固定，埋地管道不加伸缩节。

3. 排水立管伸缩节位置设置于水流汇合管件之下，横管设于水流汇合管件上游端；管端插入伸缩节应预留的间隙为：夏季5～10mm；冬季15～20mm。

4. 室内排水立管上的检查口，应高出安装处地面1m，且应高出该层卫生器具上边缘150mm，检查口的朝向应便于检修。

5. 排水管道的横管与横管，横管与立管的连接，应采用45°三通或45°四通和90°斜三通或90°斜四通，立管与排出管的连接，采用两个45°弯头或弯曲半径不小于4倍管径的90°弯头。

6. 管道穿越楼层时，管道安装结束应配合土建进行支模，并应用细石混凝土分两次浇捣密实。浇筑结束后，结合找平层或面层施工，在管道周围应筑成厚度不小于20mm，宽度不小于30mm的阻水圈。穿楼面、屋面做法详见96S406—13（I）。

7. 地漏应安装在地面的最低处，其箅子顶面应低于设置处地面10mm。水封地漏水封高度不小于5cm。

8. 排水管坡度无具体注明者，一律按以下标准坡度施工：

$De200$，$i=0.007$；$De160$，$i=0.010$；$De110$，$i=0.015$；$De75$，$i=0.020$；$De50$，$i=0.030$。

9. 暗装或埋地的排水管道，在隐蔽前必须做灌水试验，其灌水高度应不低于底层地面高度。其具体要求为：满水15min后，再灌满延续5min，液面不下降，各接口均不渗不漏为合格。

10. 排水系统安装完毕后，须进行通水试验。

三、其他

1. 图中尺寸单位：标高以米计，其余均以毫米计。

2. 给水管道标高是指管道中心标高；排水管道标高是指管道内底面标高。

3. 所有穿地下实墙管道均按不同管径，不同管材(钢管、UPVC管)按02S404制作并配合土建安装钢制套管，套管比相应管道管径大两号。

4. 本建筑灭火器配置场所的危险等级为严重危险级，主要属A类火灾。

在本建筑内图示位置处配置3具灭火级别为3A的手提式磷酸铵盐干粉灭火器，用灭火器箱盛放于图示位置。

5. 管道安装与验收具体要求按：

《建筑给水排水及采暖工程施工质量验收规范》(GB 50242—2002)。

《建筑排水内螺旋管管道工程技术规程》(T/CECS 94—2019)

6. 未详部分按国家现行规范执行。

图纸目录表

序号	图别	图号	图纸名称	数量	图纸规格	备注
1	水施	01	设计说明、施工说明、图纸目录表、图例说明、主材表			
2	水施	02	一层给水排水平面图	1	A2L	
3	水施	03	二层给水排水平面图	1	A2L	
4	水施	04	三～五层给水排水平面图	1	A2L	
5	水施	05	六层给水排水平面图	1	A2L	
6	水施	06	卫生间大样图、给水排水系统图	1	A2L	
7	水施	07	室内消火栓给水系统图	1	A2	

选用标准图

序号	标准名称	标准号	标准类型
1	单栓室内消火栓安装图（甲型）	04S202—4(甲)	国标
2	消防软管卷盘箱、屋顶试验用消火栓箱	04S202—16	国标
3	盥洗槽	09S304—26	国标
4	小便槽自动冲洗水箱	09S304—143	国标
5	坐式大便器	09S304—72	国标
6	蹲式大便器	09S304—87	国标
7	污水池	09S304—20	国标
8	建筑排水用硬聚氯乙烯（UPVC）管道安装	04S301	国标
9	室内管道支架及吊装	03S402	国标

图例说明

名称	图例	采用标准图或型号
拖布池		09S304—17
水龙头		
蹲式大便器		09S304—83
坐式大便器		09S304—72
支架式洗脸盆		09S304—37
室内消火栓		04S202—4
试验消火栓		04S202—16
水泵接合器		99S203—12
清扫口		04S301—13
地漏		04S301—27
通气帽		
检查口		
黄铜球阀		
截止阀		J11T—10
止回阀		HD71X—10
安全泄压阀		AX742X—10
蝶阀		DX71X—10
闸阀		Z15T—10
角阀		
自动排气阀		ZP—20
S、P存水弯		
压力表		Y—100 0—16
手提式干粉灭火器		MF/ABC5

主材表

序号	名称	型号及规格	单位	数量
1	小便槽(带冲洗水箱)		套	12
2	蹲式大便器	规格甲方定	套	94
3	盥洗槽		座	24
4	坐式大便器	规格甲方定	套	1
5	污水盆	规格甲方定	套	12
6	支架式洗脸盆	规格甲方定	套	1
7	室内消火栓	SN65	套	24
8	水泵接合器	99S203—12	套	2
9	止回阀	HD71X—10	个	
		DN100		2
		DN65		2
10	蝶阀	DA71X—10	个	
		DN100/DN65		10/1
11	截止阀	J11T—10		
		DN50	个	24
		DN15	个	12
12	闸阀	Z15T—10		
		DN65	个	12
13	自动排气阀	ZP—20	个	1
14	磷酸铵盐干粉灭火器	MF/ABC5	具	72
15	通气帽	De160	套	2
16	通气帽	De110	套	4
17	地漏	De50	套	24
18	清扫口	De110	套	6

审定			项目编号	
审核			专业	给水排水
项目负责人			阶段	施工图
	项目名称	某学院宿舍楼	图号	01
专业负责人			共7张	
校对	图名	设计说明 施工说明 图纸目录表 图例说明 主材表	日期	
设计				

附图1 设计说明、施工说明、图纸目录表、图例说明、主材表

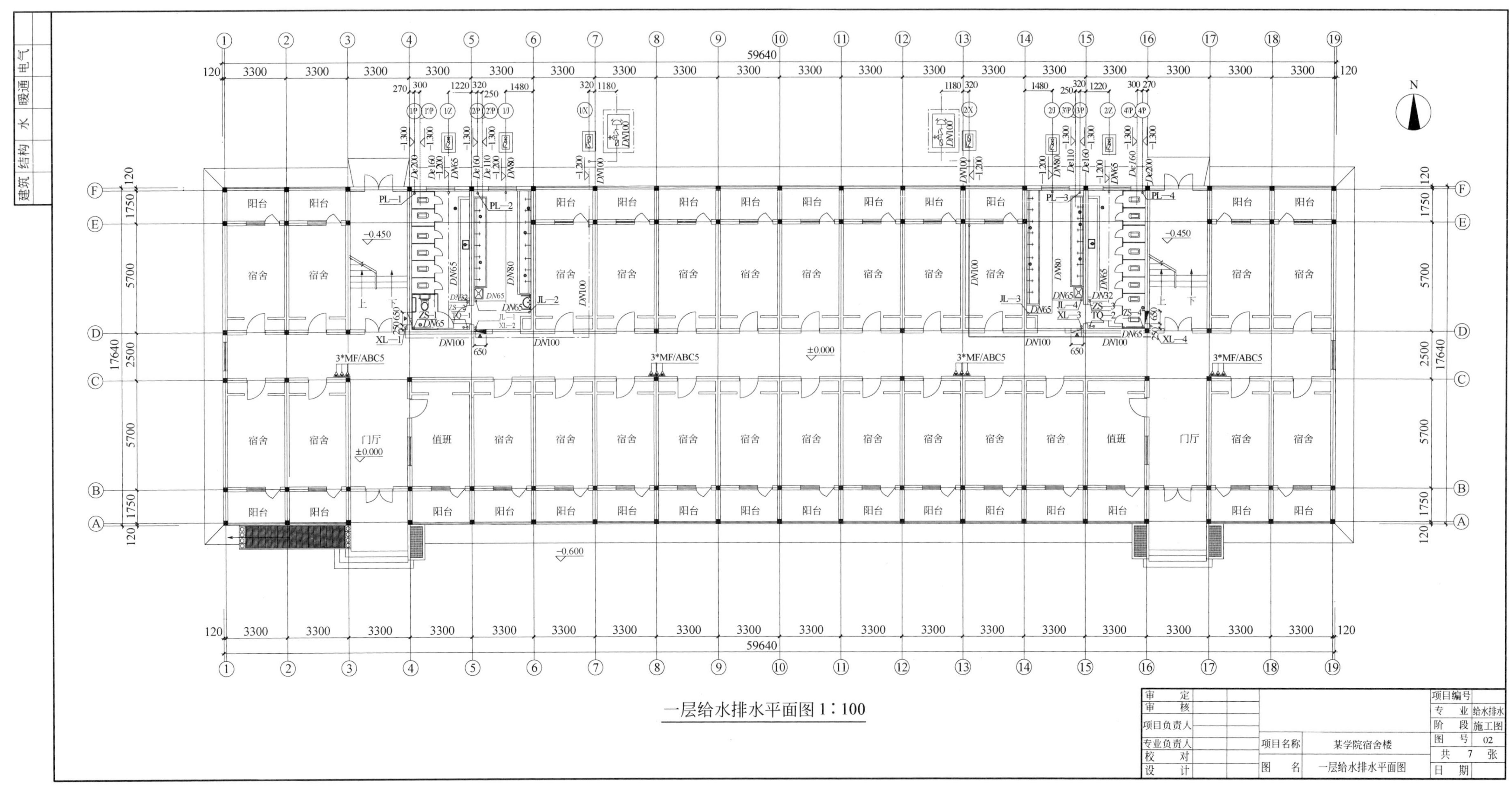

附图 2 一层给水排水平面图

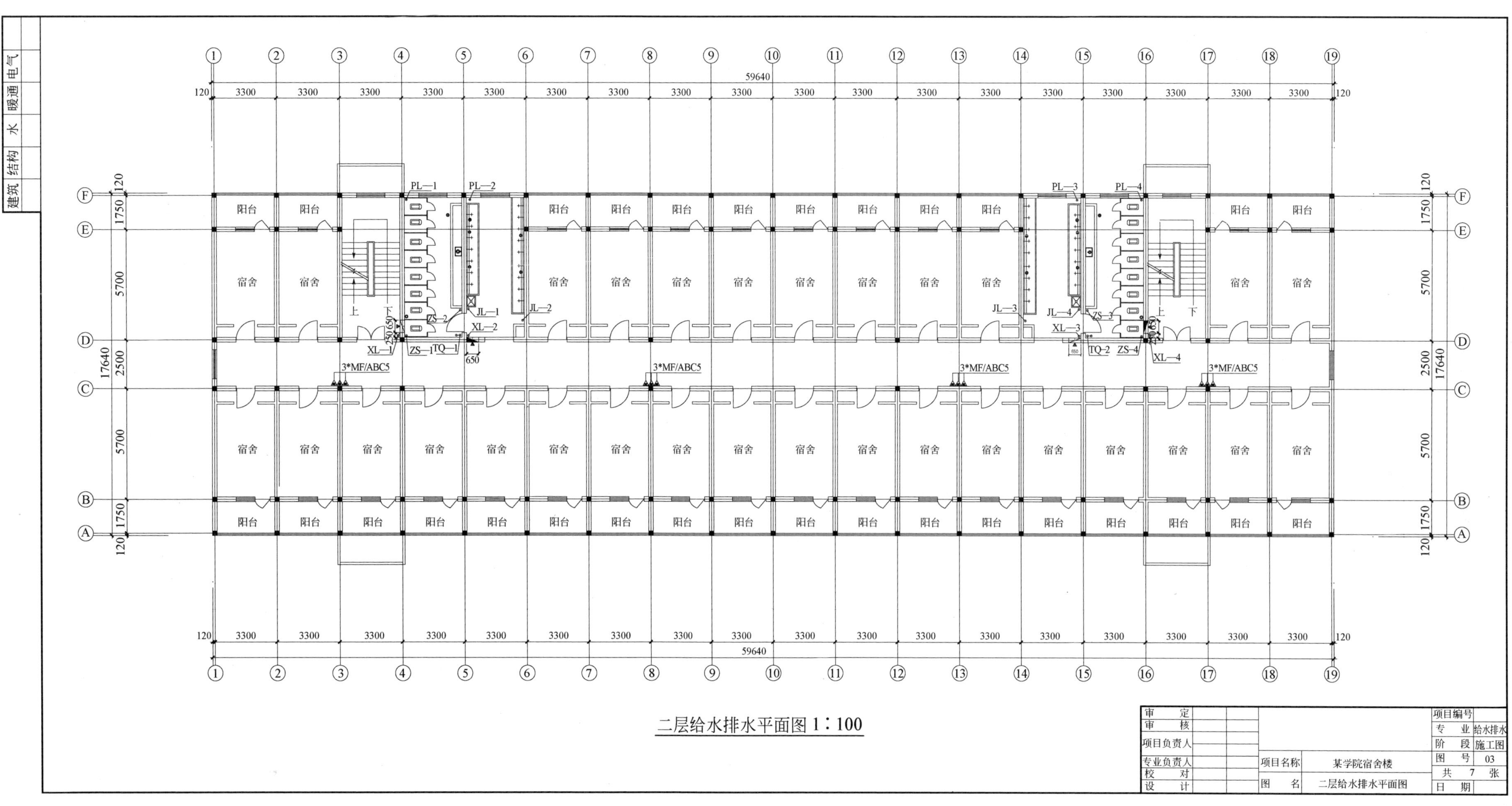

附图3　二层给水排水平面图

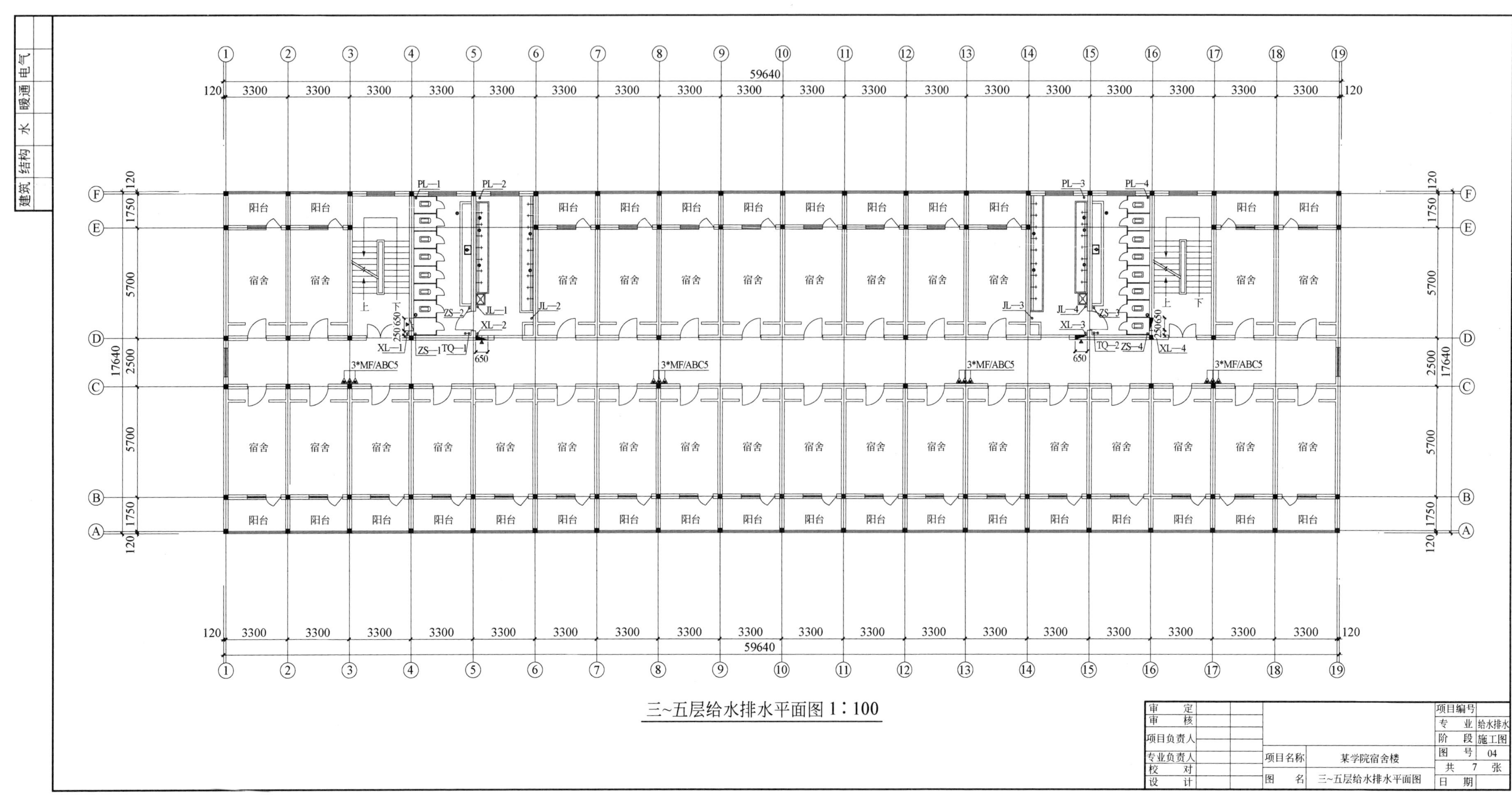

附图 4　三～五层给水排水平面图

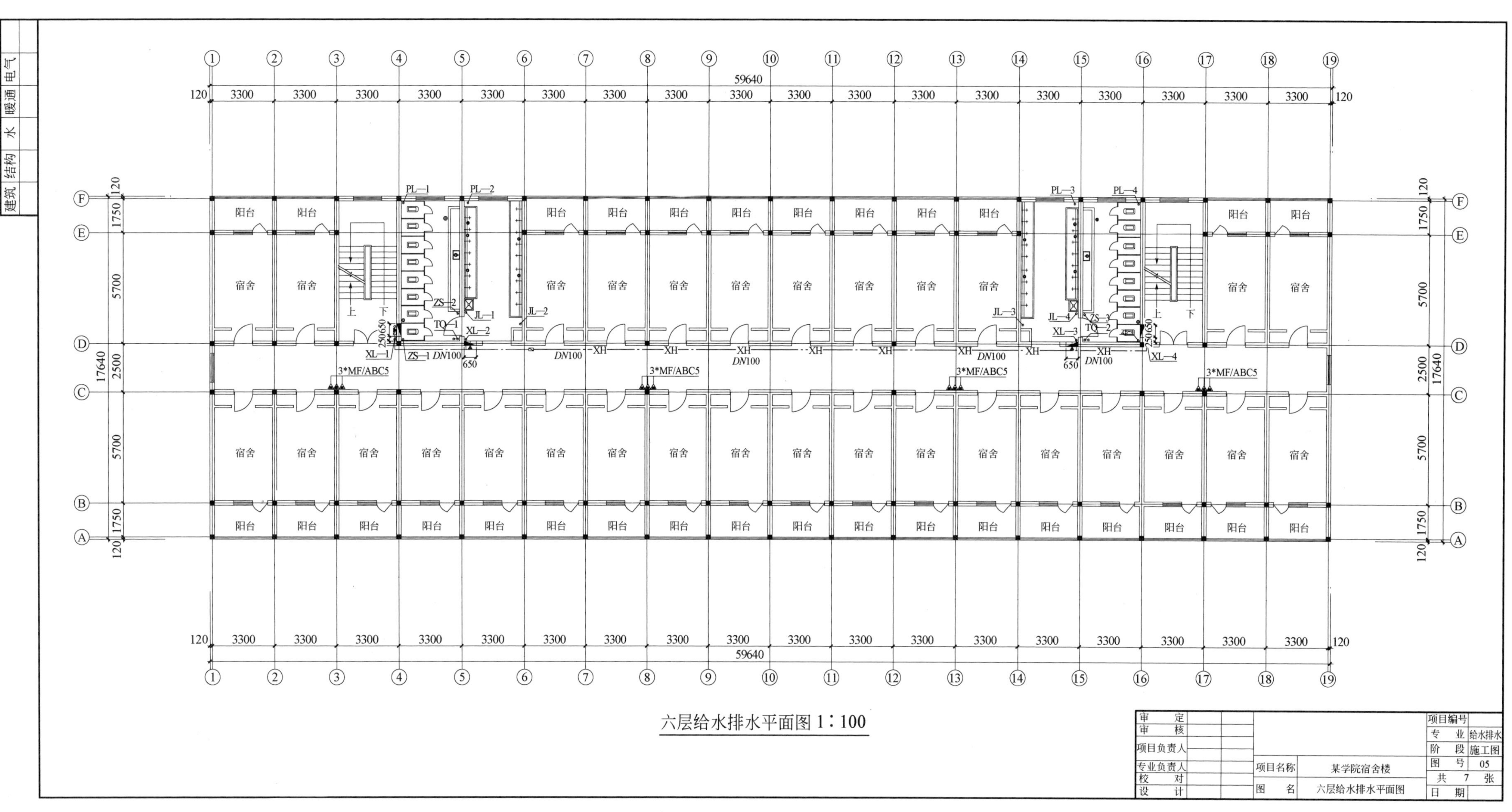

附图 5　六层给水排水平面图

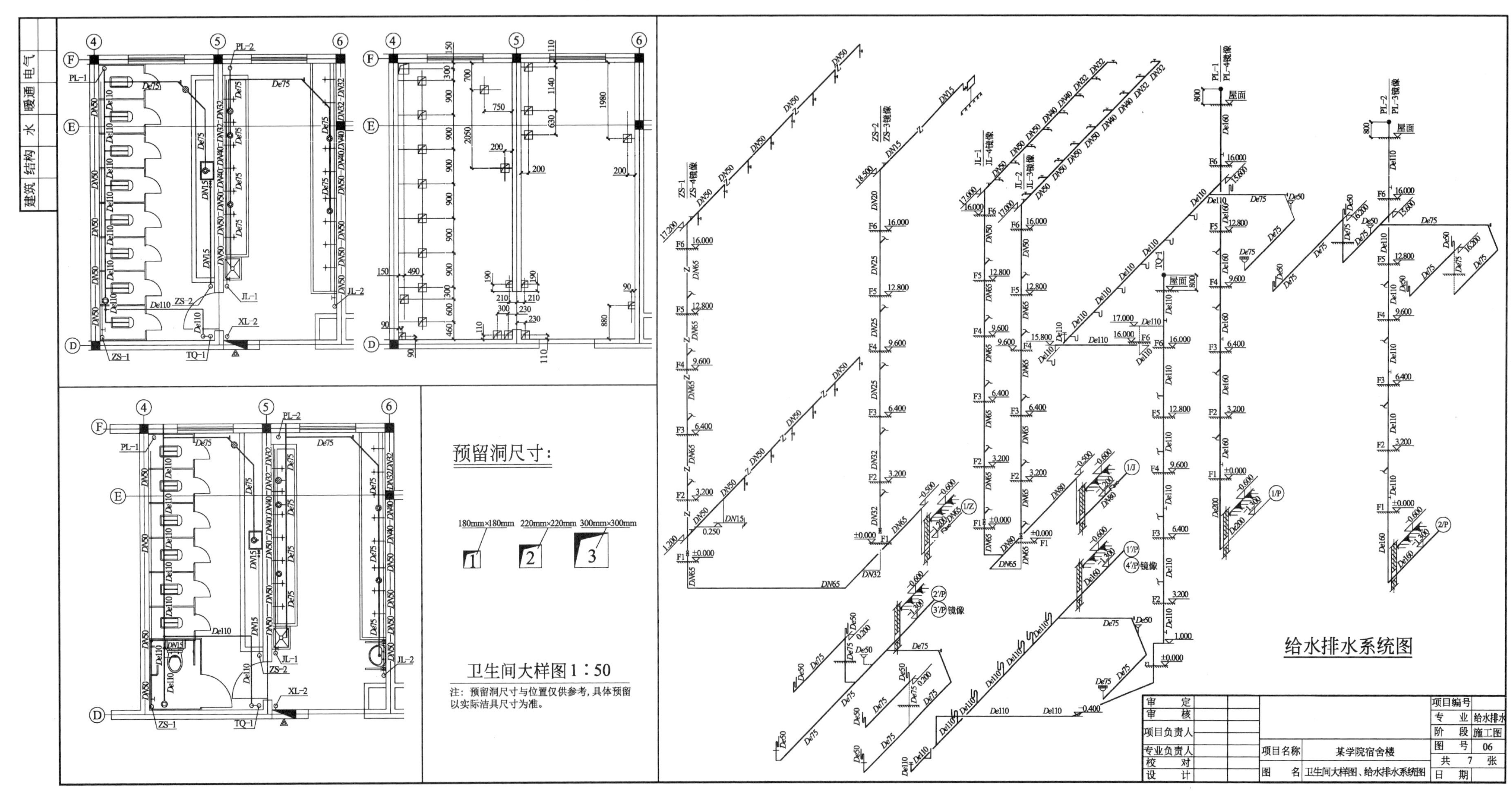

附图 6 卫生间大样图、给水排水系统图

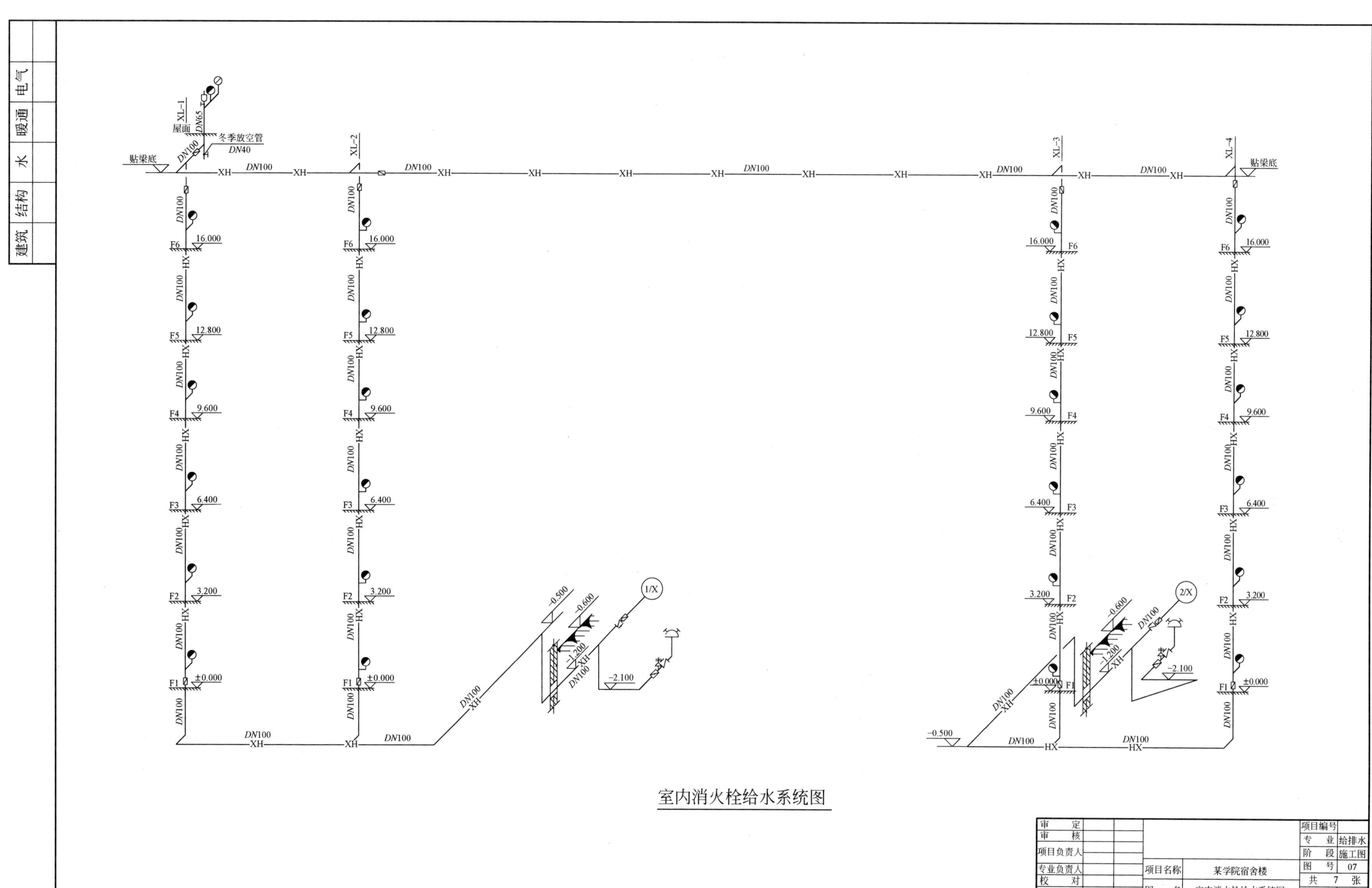

附图 7　室内消火栓给水系统图

设计施工说明

1. 单位：标高以米计，其余均以毫米计。给水管道标高为管中心线标高，排水管道为管内底标高。
2. 管材：给水系统：生活给水系统每层横支管采用PP-R管，热熔连接，规格用*De*表示；其余生活给水管道均采用衬塑镀锌钢管，丝扣连接，规格以*DN*表示。PP-R管采用PN1.25MPa管道。消防给水系统采用非镀锌焊接钢管，焊接，设附件处采用法兰连接。
   排水系统：排水立管采用内螺旋UPVC管，其余采用UPVC管，胶粘剂粘接，UPVC管均采用国标管。
3. 所有排水立管与排水横干管连接处均采用两个45°弯头。排水水平管道均采用 i=0.026 的坡度。排水立管检查口中心距地面 1.1m，检查口盖均朝外设置。
4. 管道防腐与保温：设于室外的给水管道外包2cm厚的保温棉保温，外做防水保护层。生活给水衬塑镀锌管刷银粉漆两道防腐；消防管道刷红丹防锈漆一道，银粉漆两道防腐。埋地钢管做加强防腐。
5. ±0.000 以下管道穿基础、穿墙处均做柔性防水套管。
6. 采用SQS$\frac{100}{150}$—C型地上式消防水泵接合器。灭火器装置按现行有关规定配置。
7. 消火栓采用*SN*65 单出口消火栓，安装时栓口垂直于墙面向外。采用QZ19ϕ19 水枪，*DN*65、25m长衬胶水龙带。
8. 施工及验收规范：《建筑给水排水及采暖工程施工质量验收规范》(GB 50242—2002)，
   《建筑排水塑料管道工程技术规程》(CJJ/T 29—2010)，
   《建筑给水塑料管道工程技术规程》(CJJ/T 98—2014)。

主要设备材料表、图例

序号	名称	符号	规格	数量	单位	备注
1	截止阀		*DN*65	2	个	铜阀门
2	截止阀		*DN*50	2	个	铜阀门
3	截止阀		*De*50	18	个	PP-R阀门
4	角式截止阀		*De*32	6	个	镀铬阀门
5	截止阀		*De*20	18	个	镀铬阀门
6	蝶阀		*DN*100	1	个	
7	蝶阀		*DN*100	18	个	
8	蝶阀		*DN*65	6	个	
9	蝶阀		*DN*50	1	个	
10	延时自闭冲洗阀		*De*40	78	个	
11	管道倒流防止器		*DN*65	1	套	标准图集号：05S108-7
12	止回阀		*DN*100			
13	水泵接合器		*DN*100	1	套	标准图集号：09S203-13
14	安全阀		*DN*100			
15	冲洗水箱		15.2L	6	个	
16	可曲挠橡胶接头		*DN*80	2	个	
17	柔性防水套管					标准图集号：02S404—5（A）
18	柔性防水套管					标准图集号：02S404—6（B）
19	单出口消火栓箱		650×800×320	2	个	标准图集号：04S202-5
20	水龙头		*De*20	12	个	PP-R龙头
21	自闭冲洗阀蹲便器			8	套	标准图集号：09S304-83
22	台式洗脸盆			18	套	标准图集号：09S304-43
23	污水池			12	个	标准图集号：09S304-20
24	小便槽			6	个	标准图集号：09S304-143
25	地漏		*DN*50	18	个	标准图集号：09S301-27
26	清扫口		*DN*100（Ⅰ型）	12	个	单向，2×45° 弯头
27	伸缩节					
28	检查口					
29	存水弯					
30	给水管					
31	排水管					
32	消防管	—x—				

××××× 设计院		资质等级	乙级	证书编号	
审定		工程名称	××××××× 2#教学楼		
专业负责人		项目	A区	合同编号	
审核		设计施工说明 主要设备材料表、图例		设计编号	
校对				图别	水施
项目负责人				图号	SS9—01
设计				日期	
制图					

附图 8 设计施工说明，主要设备材料表、图例

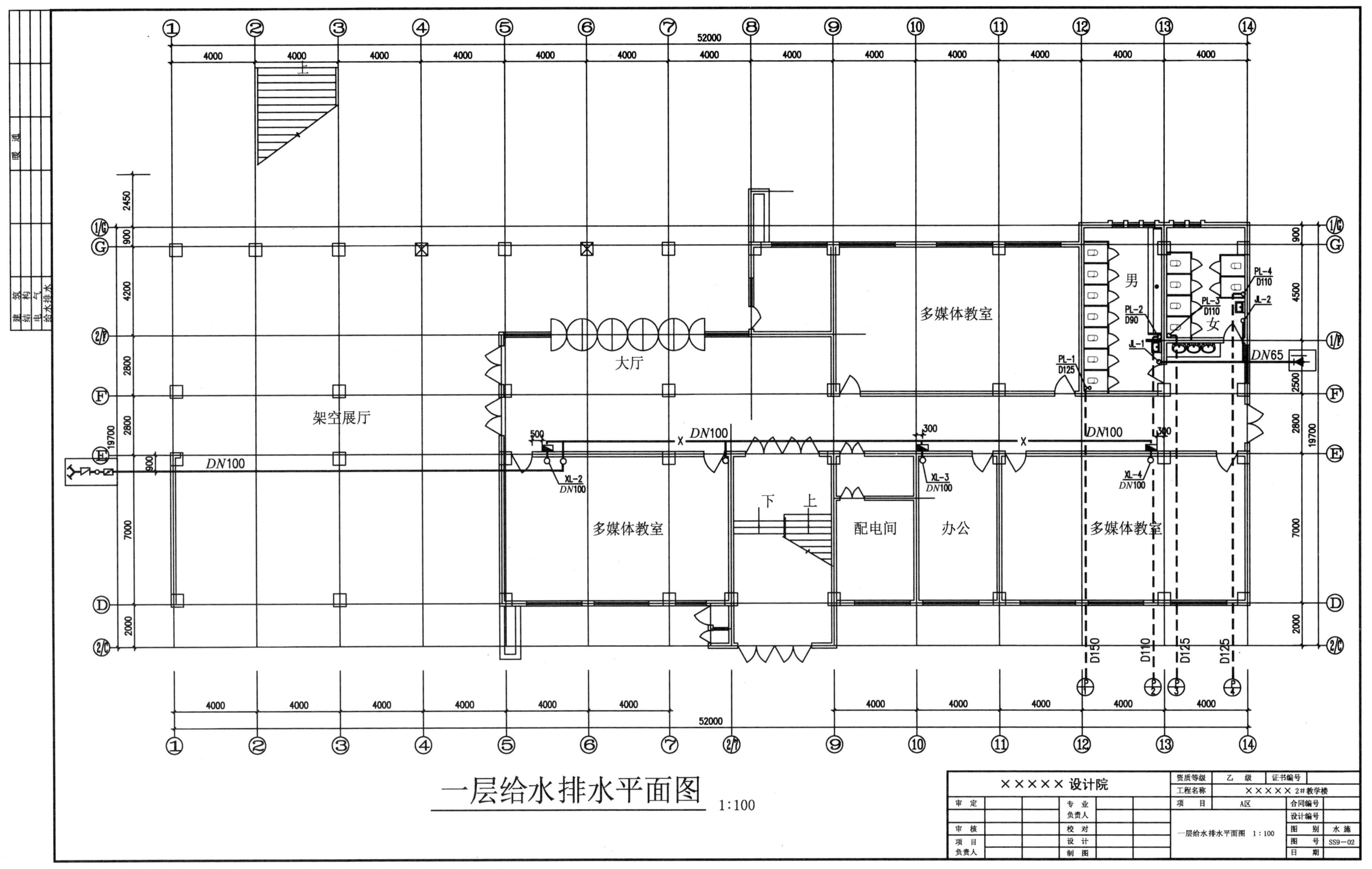

附图 9 一层给水排水平面图

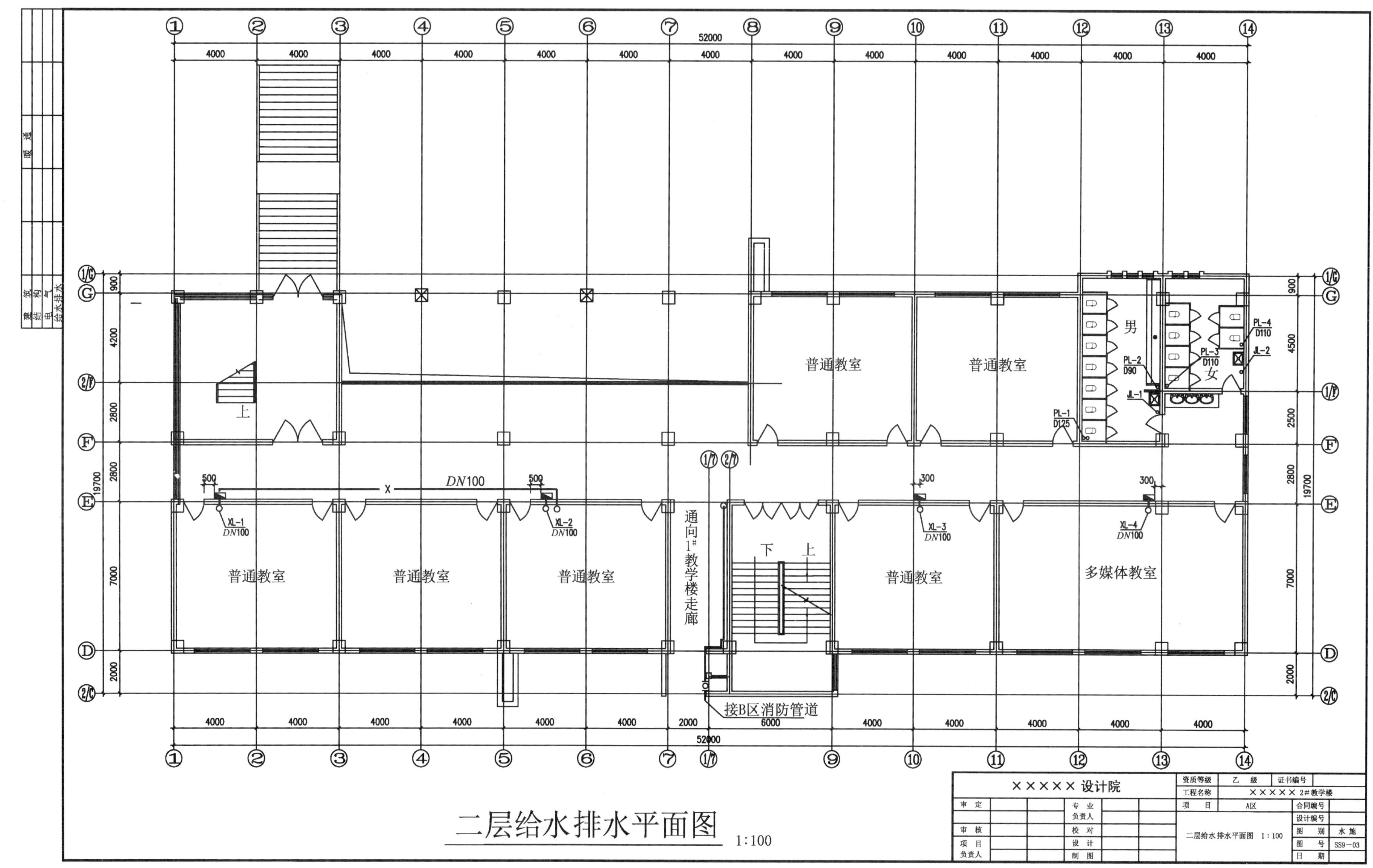

附图 10 二层给水排水平面图

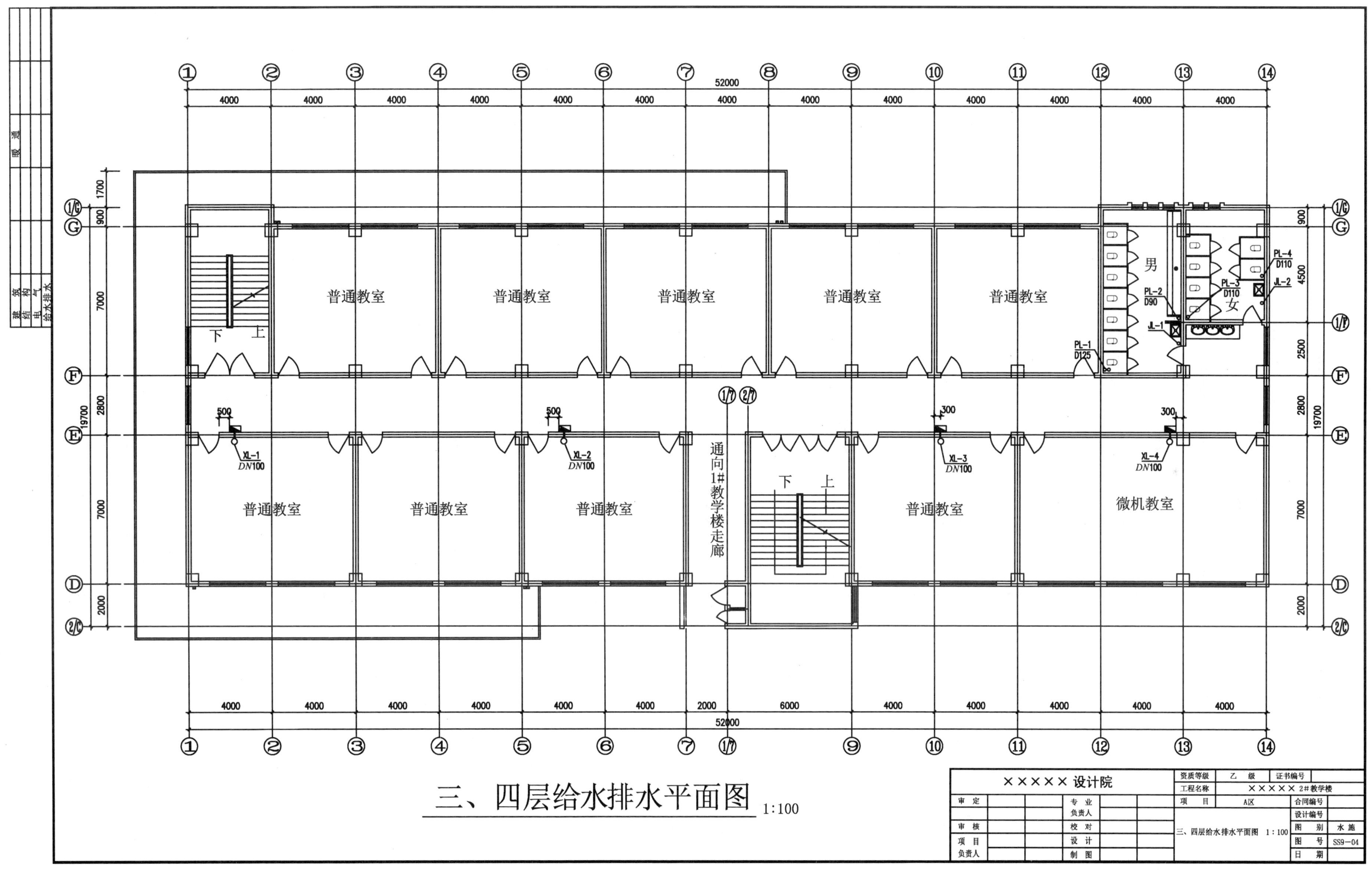

附图 11　三、四层给水排水平面图

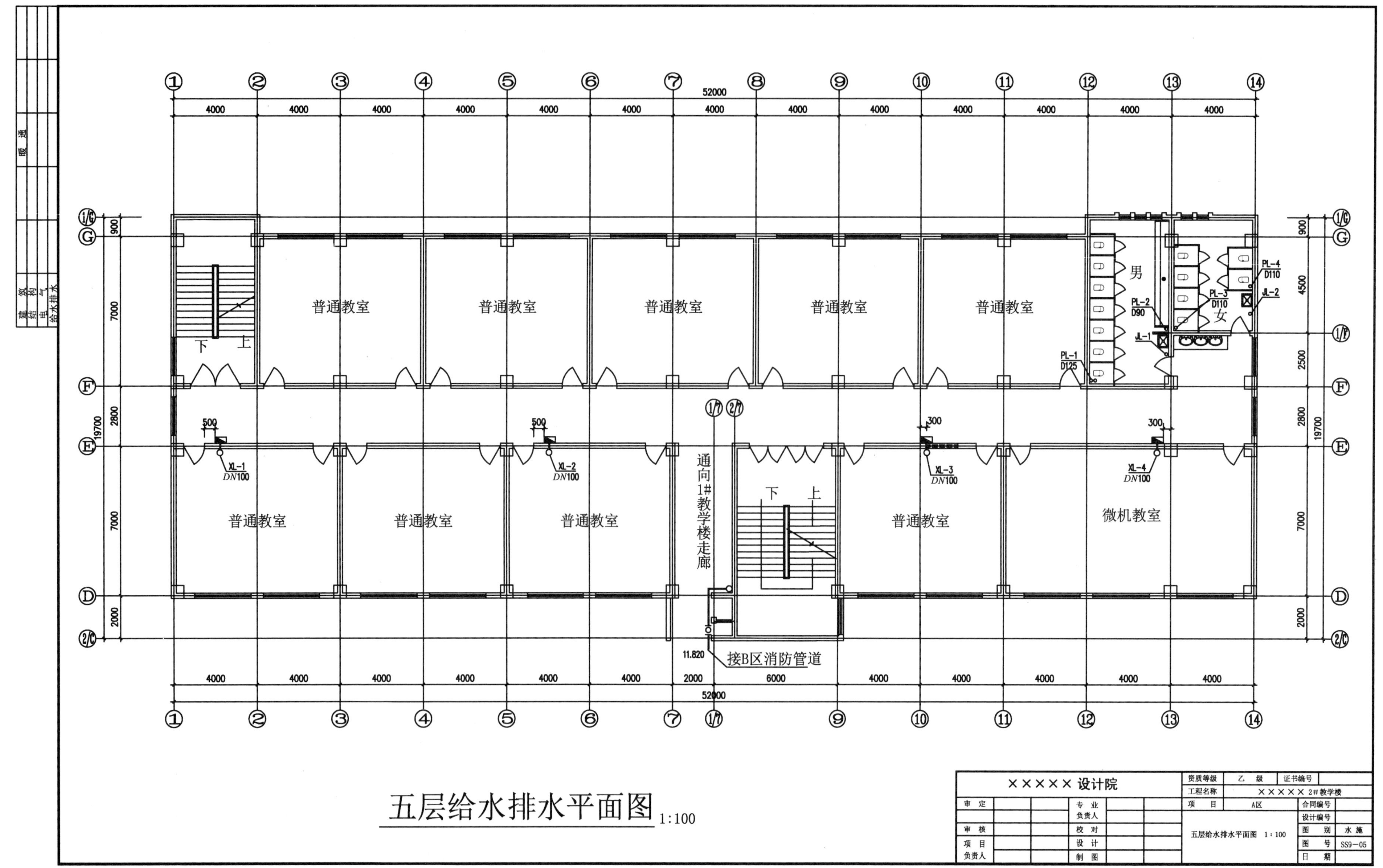

附图 12　五层给水排水平面图

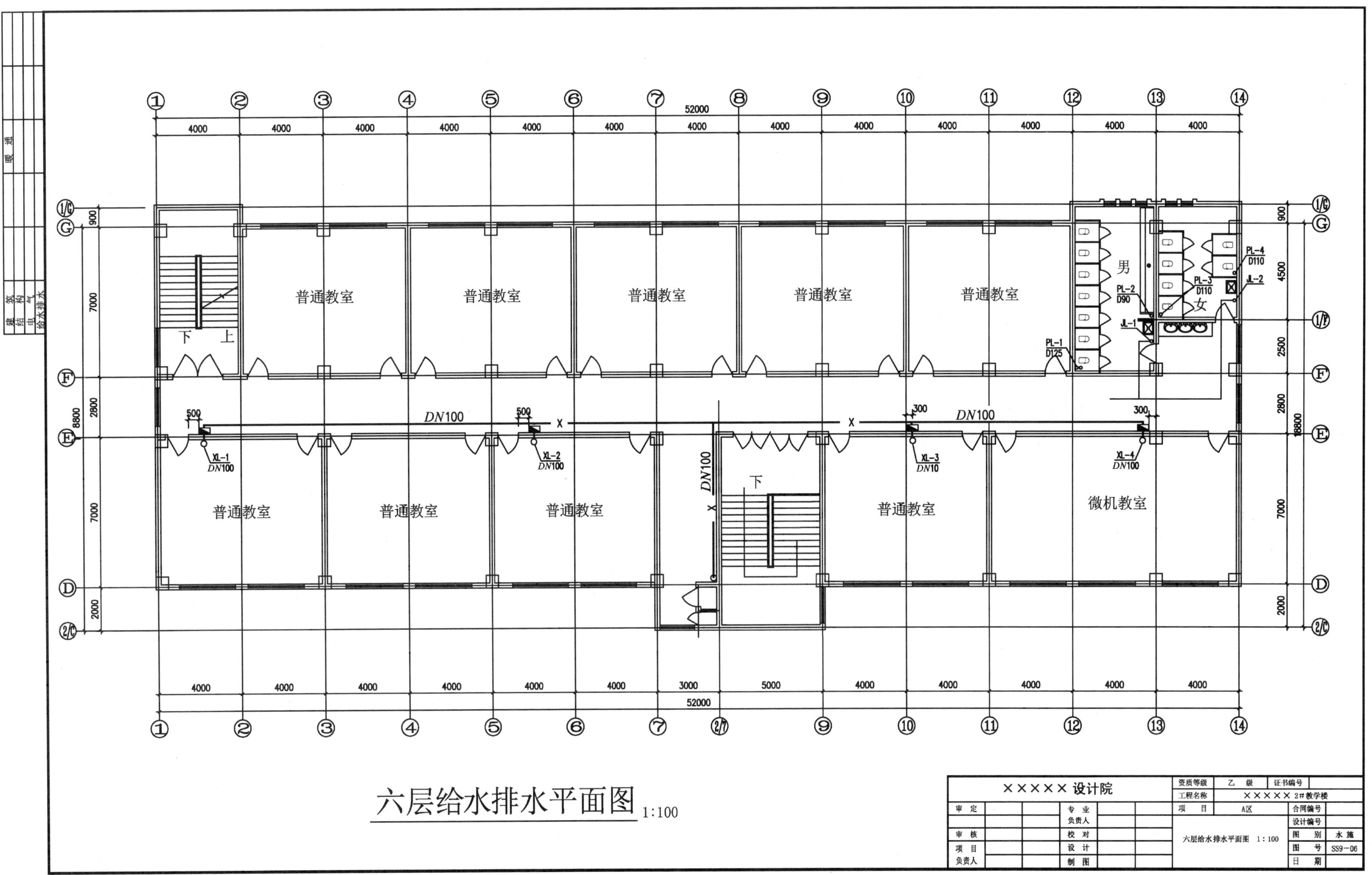

附图 13　六层给水排水平面图

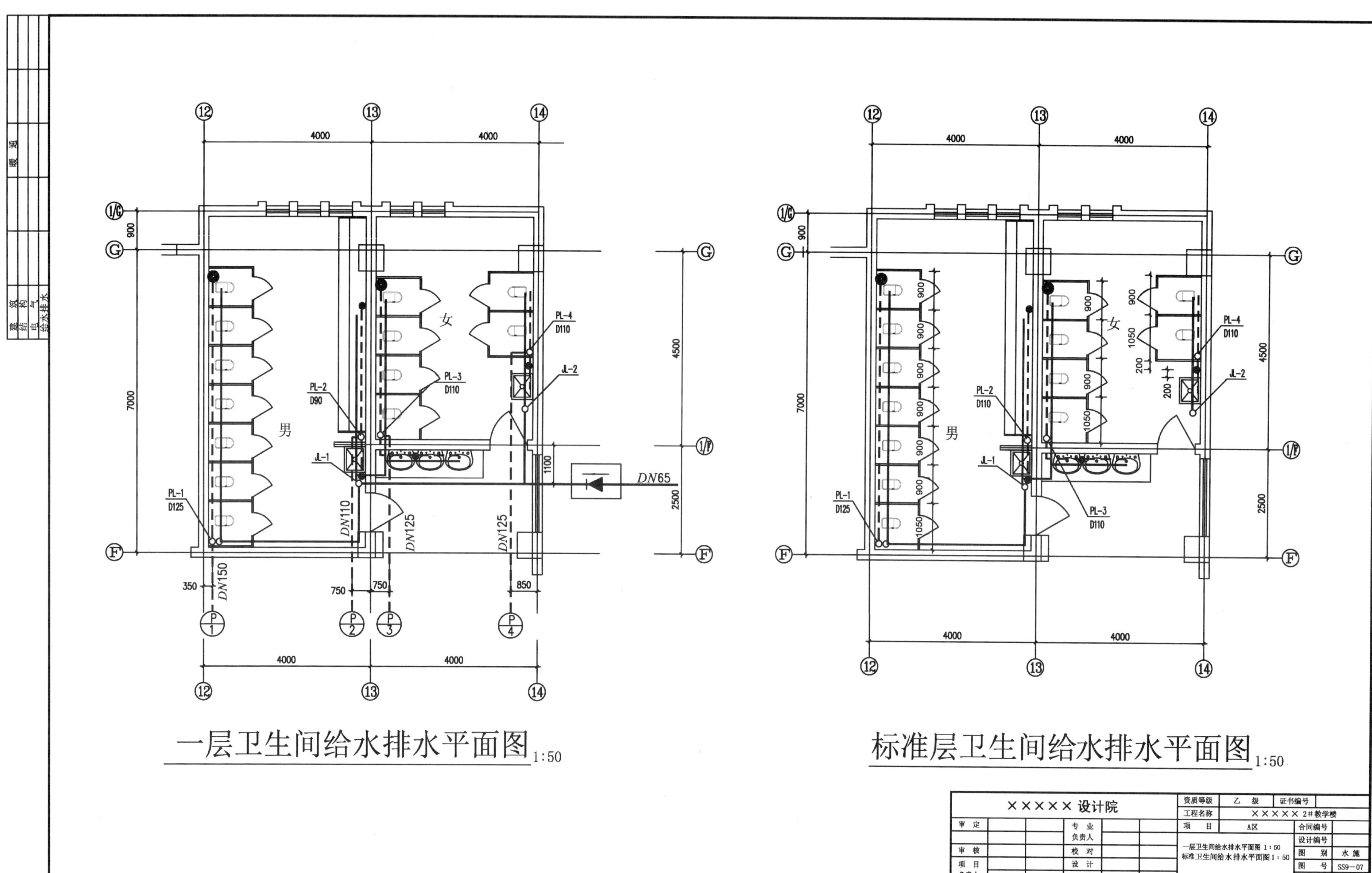

附图 14 一层卫生间给水排水平面图、标准层卫生间给水排水平面图

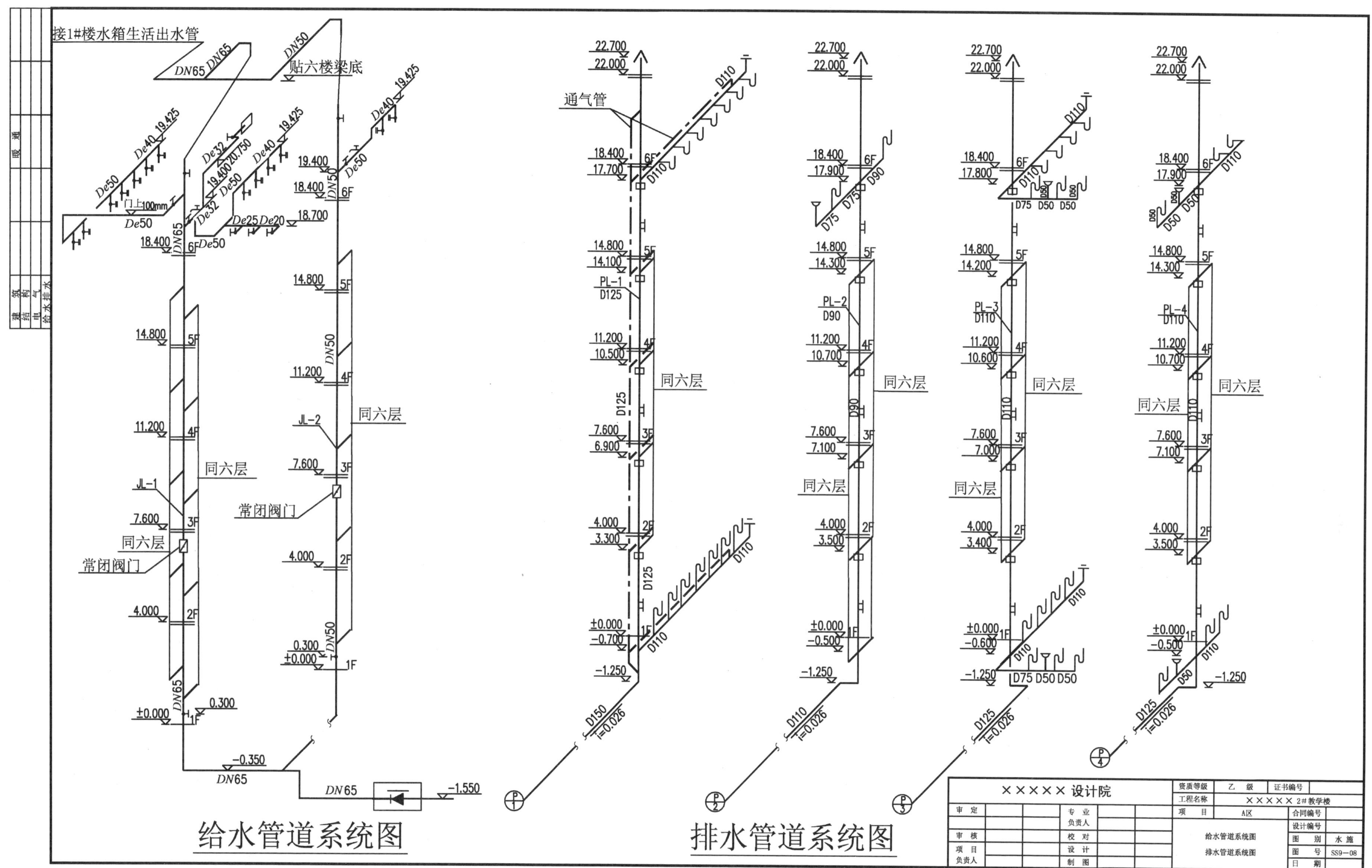

附图 15　给水管道系统图、排水管道系统图

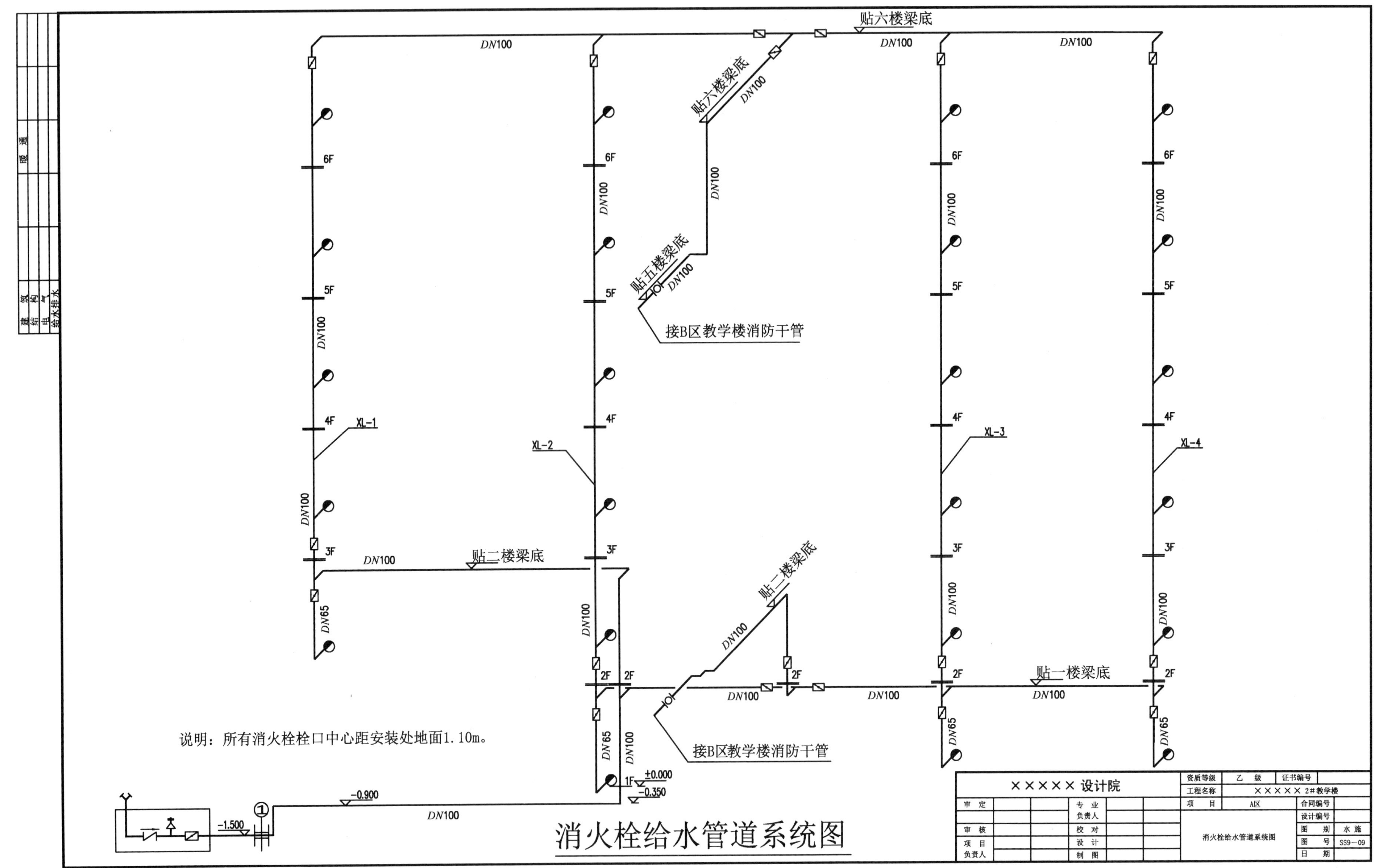

附图 16　消火栓给水管道系统图

建筑 结构 水 暖通 电气

设计施工说明

一、概述

某宿舍楼，共 6 层，建筑面积为 6301.50m^2，建筑总高度为 21.100m。

二、设计依据

1.《工业建筑供暖通风与空气调节设计规范》(GB 50019—2015)

2.《建筑设计防火规范》(GB 50016—2014)

三、采暖设计室内外计算参数及围护结构的传热系数

1. 冬季采暖室外计算温度：−5℃。室内设计温度：宿舍：t_n=16～18℃；走廊、楼梯间：t_n= 14℃；盥洗间、卫生间：t_n=16℃。

2. 围护结构的传热系数。外墙为 240mm 厚多孔砖墙，内部采用 40mm 厚硅酸铝隔热保温砂浆保温，传热系数为 1.1W/(m^2·℃)。

外墙门窗为 90 系列塑钢框中空玻璃，传热系数为 4.7W/(m^2·℃)。

30mm 厚挤塑聚苯乙烯板保温屋面，传热系数 K(冬)= 0.78W/(m·℃)。

四、采暖系统

1. 热媒为温度为 95℃/70℃的热水，由校区热力管网供给。

2. 本建筑采暖总耗热量为 330kW，采暖热指标为 52W/m^2。本系统总管阻为 30kPa。

3. 采暖系统形式。采暖系统采用上供中回单管顺流式热水供暖系统，供水干管敷设在六层梁下，回水干管敷设在一层梁下。

4. 供回水干管坡度见施工图，立管与散热器连接的支管坡度为 i=0.01，坡向为流水方向。

5. 采暖散热器采用铸铁四柱 760 型散热器，其标准散热量为 139W/片(ΔT=64.5℃)，散热面积为 0.237m^2/片。每组散热器均带排气阀。铸铁散热器为内腔无砂型。

五、通风系统

盥洗间、卫生间自然通风换气。

六、施工说明

1. 尺寸单位：除标高为米外，其他均以毫米为单位；管道标高为管中心；一层室内地坪为±0.000。

2. 管道材料：循环水管为镀锌钢管，螺纹连接。

3. 供暖总立管及敷设在不供暖房间的供回水管道应保温，以及与排水管道紧挨处做保温，管道保温材料采用超细玻璃棉制品，厚度为 40mm；穿越宿舍的水平干管做保温，材料采用超细玻璃棉制品，厚度为 20mm。

保温层外均包两层玻璃丝布保护层，其表面刷两道 191 聚酯漆；室外地下敷设管道保温采用硬质聚氨酯泡沫塑料，厚度为 50mm，外加玻璃钢保护层，其表面刷两道 191 聚酯漆；做法详见国标 08R418—1。

4. 管道穿墙及楼板时应加套管，其内径比管径(或保温管径外径)大 20mm，用钢套管制作；穿楼板时，套管高出地面 20mm，管道与套管之间的余隙用柔性不燃材料严密封堵。

5. 管道穿越建筑物基础、变形缝处设管沟。管道外设钢套管，并设柔性连接。

6. 管道支架、吊架、托架的安装视现场具体情况确定，详见国标 05R417—1。

7. 水系统管路中的最低点处、可能有水积存的部位应配置 DN=25mm 的泄水管，并配置相同直径的闸阀，或配置同管径的螺纹丝堵；在系统最高点处应配制 DN=20mm 的自动排气阀，型号为 ZP—20 型。

8. 管道刷油：油漆前，先清除金属表面的铁锈，支架、管接口处均刷红丹防锈底漆两道，非保温金属管道、支架、管接口处刷银粉两道；保温金属管道刷防锈底漆两道。详见国标 08R418—1。

9. 供回水管阀门、泄水装置设置于公共空间便于操作处。

10. 系统水压试验：系统安装完毕后，未保温前对系统试压，钢管试验压力为 0.6MPa，10min 内压力下降不大于 0.02MPa，降至 0.4MPa 后检查，不渗、不漏为合格。试压合格后对系统反复冲洗，排水中不含杂质且水色不浑浊方为合格。

11. 试调：系统经试压和冲洗合格以后，即可进行试运行和调试，调试的目的是使各环路的流量分配符合设计要求，以各房间的室内温度与设计温度相一致或保持在一定的差值范围内方为合格。

12. 施工及验收按照《建筑给水排水及采暖工程施工质量验收规范》(GB 50242—2002)和《通风与空调工程施工质量验收规范》(GB 50243—2016)执行。

13. 未详部分按国家现行规范执行。

标准图目录

国标	K402—1	采暖系统及散热器安装	甲方自购
	01R405	压力表安装图	甲方自购
	01R406	温度仪表安装图	甲方自购
	03R402	除污器设计选用安装	甲方自购
	05R417—1	室内热力管道支吊架	甲方自购
	08R418—1	管道及设备保温	甲方自购
	96KS402—2	散热器及管道安装	甲方自购

图纸目录表

序号	图别	图号	图纸名称	数量	图纸规格	备注
1	暖施	01	设计施工说明 标准图目录 图纸目录表 图例说明	1	A2L	
2	暖施	02	一层采暖平面图	1	A2L	
3	暖施	03	二层采暖平面图	1	A2L	
4	暖施	04	三层采暖平面图	1	A2L	
5	暖施	05	四层采暖平面图	1	A2L	
6	暖施	06	五层采暖平面图	1	A2L	
7	暖施	07	六层采暖平面图	1	A2L	
8	暖施	08	采暖系统图（一）及热力入口配件大样	1	A2L	
9	暖施	09	采暖系统图（二）及主要材料表	1	A2L	

图 例 说 明

名称	图例	名称	图例
供水管	———	固定卡	
回水管	-------	散热器	
闸阀		自动排气阀	
温度计		手动排气阀	
过滤器		压力表	
截止阀		热计量表	
泄水螺纹堵		静态平衡阀	

审定			项目名称	某学院宿舍楼	项目编号	
审核					专业	暖通
项目负责人					阶段	施工图
专业负责人					图号	01
校对			图名	设计施工说明 标准图目录 图纸目录表 图例说明	共 9 张	
设计					日期	

附图 17　设计施工说明、标准图目录、图纸目录表、图例说明

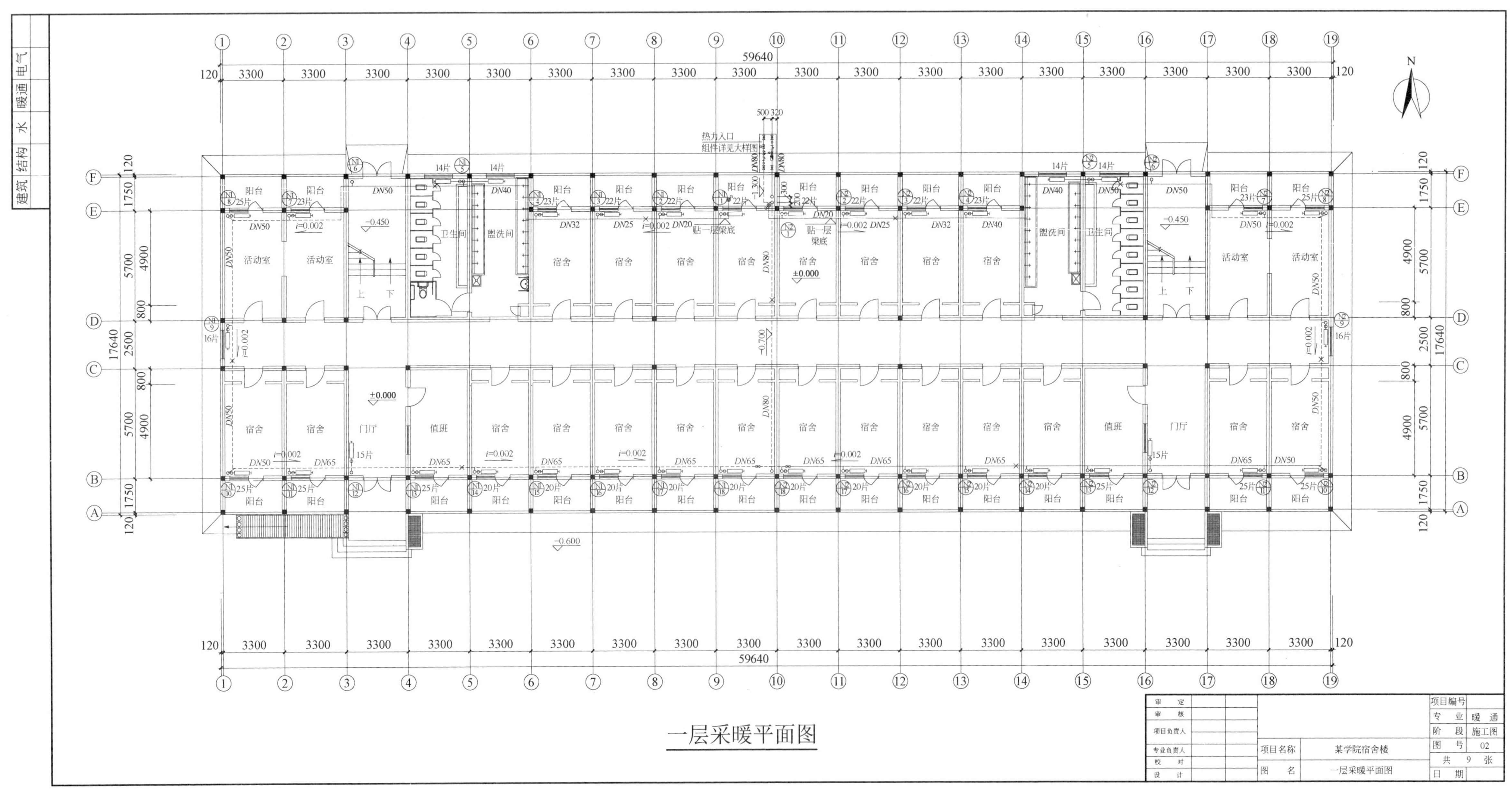

附图 18　一层采暖平面图

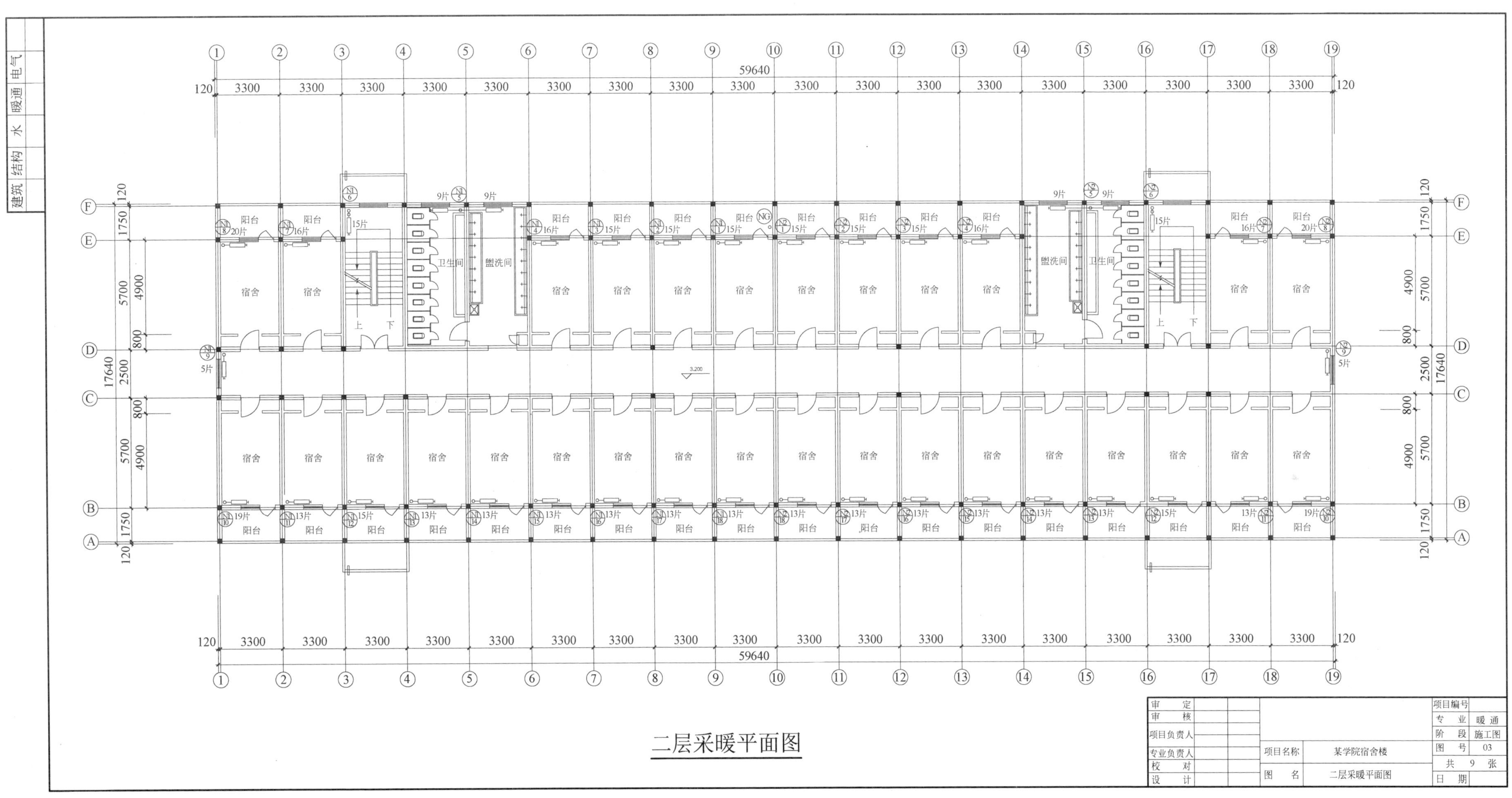

附图 19　二层采暖平面图

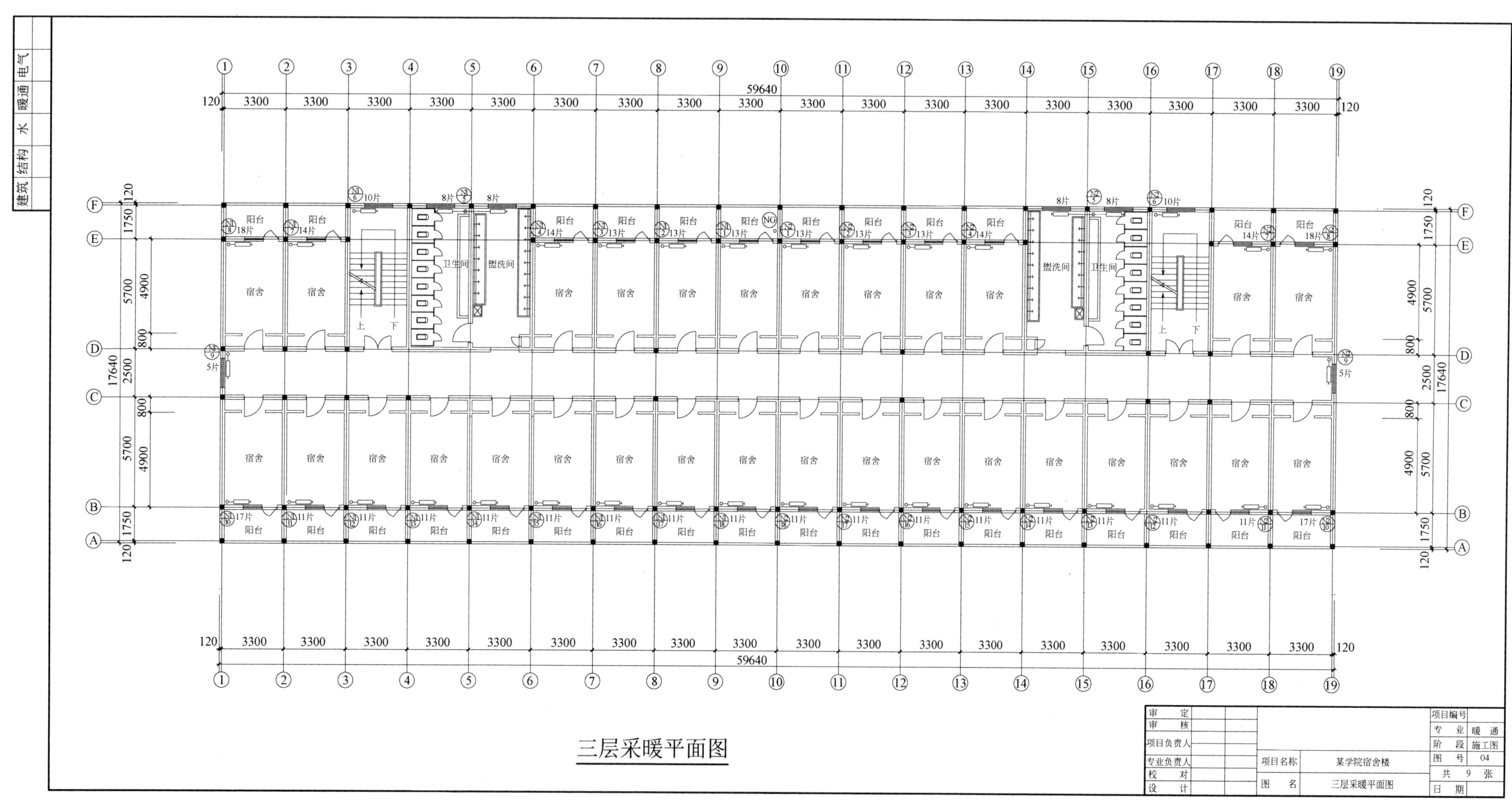

附图 20 三层采暖平面图

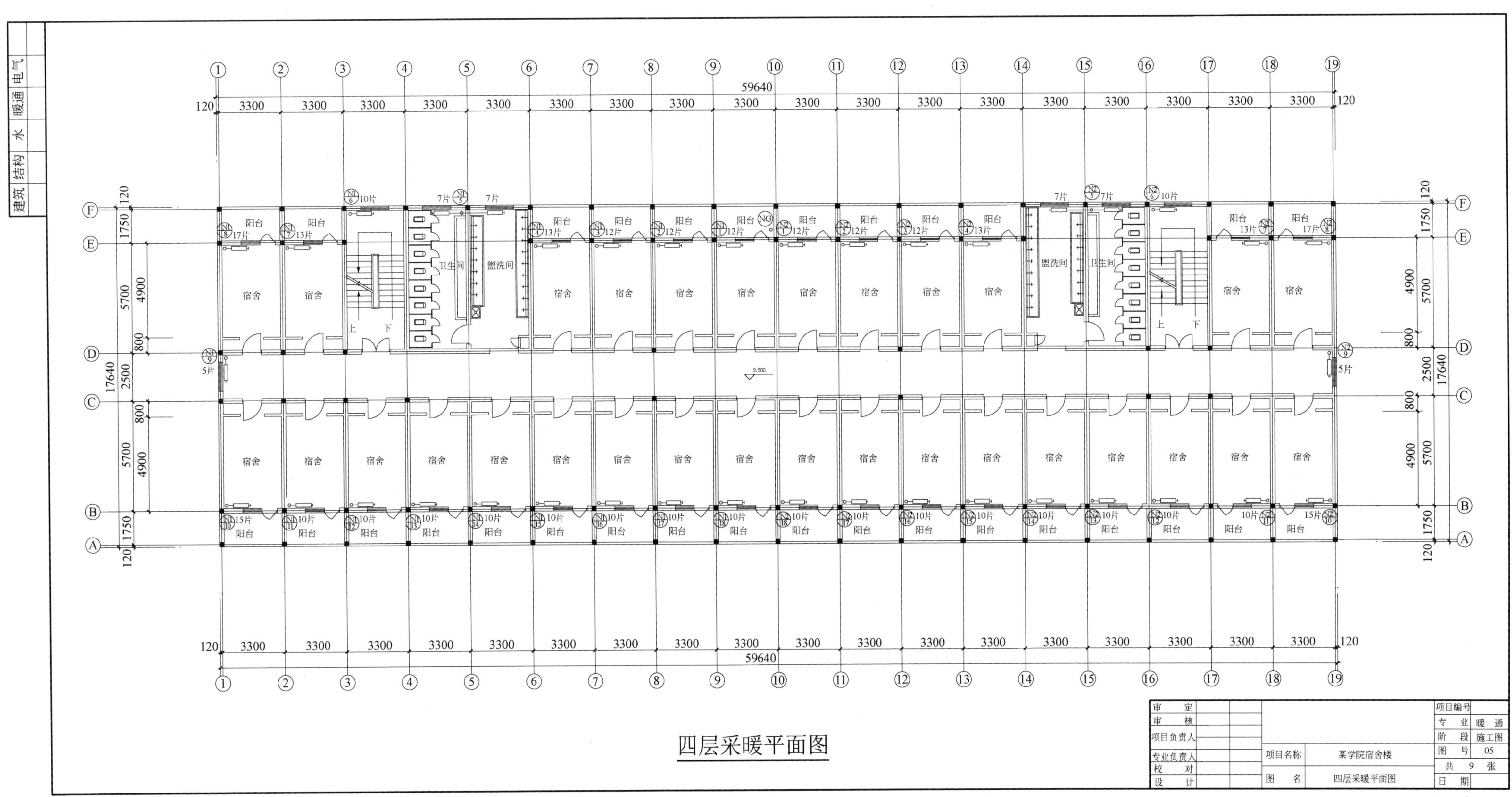

附图 21　四层采暖平面图

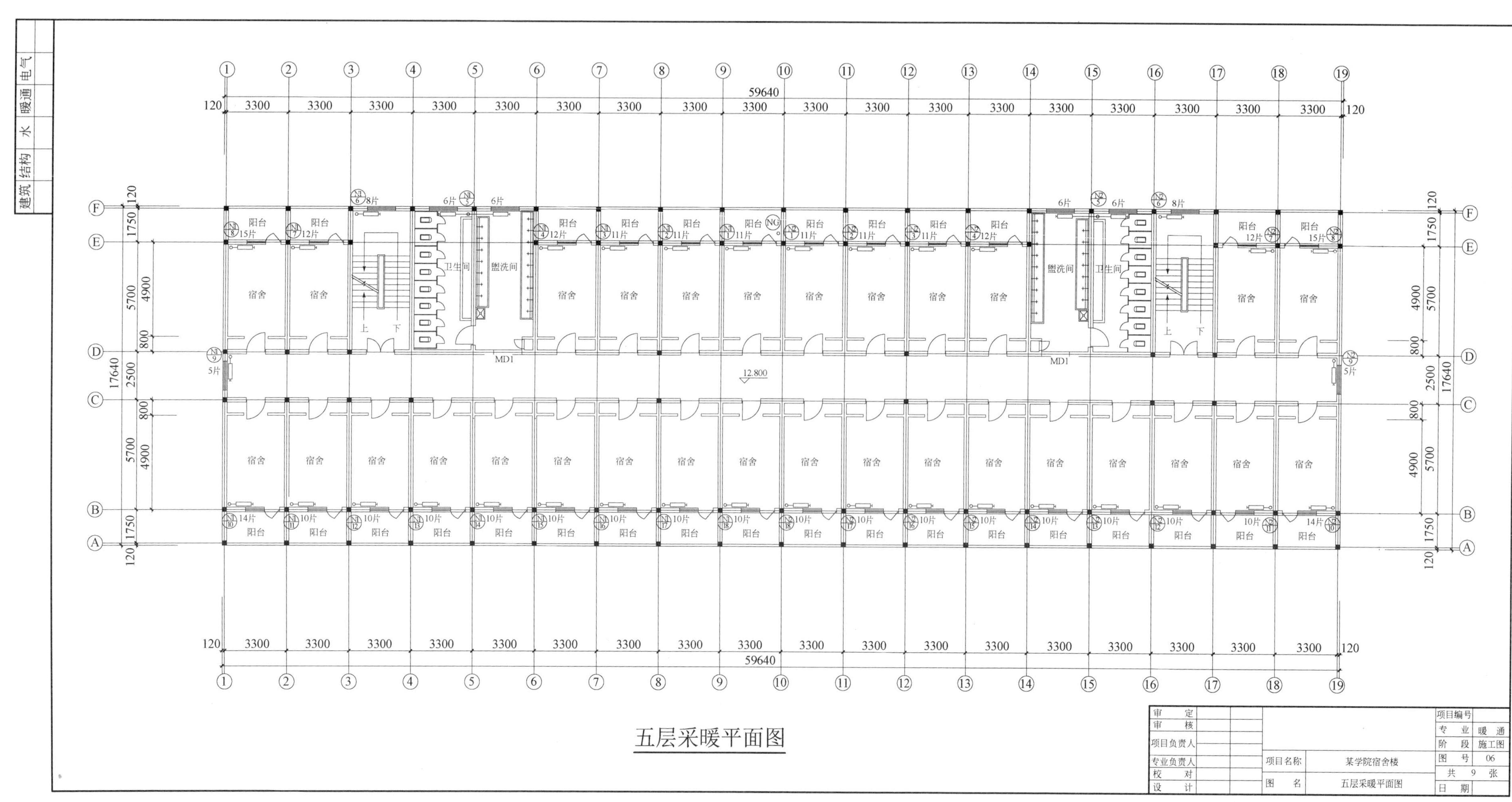

附图 22　五层采暖平面图

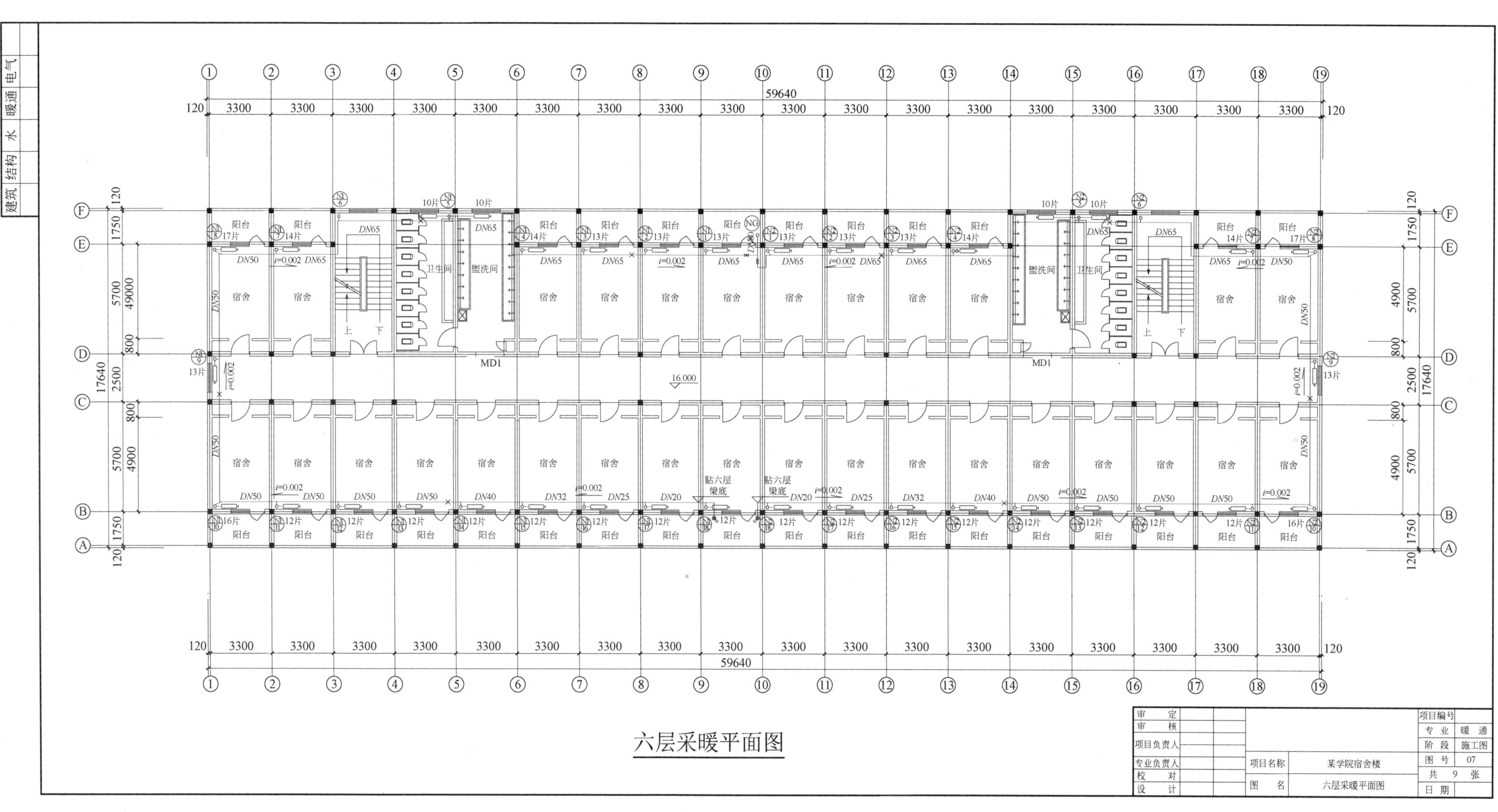

附图 23　六层采暖平面图

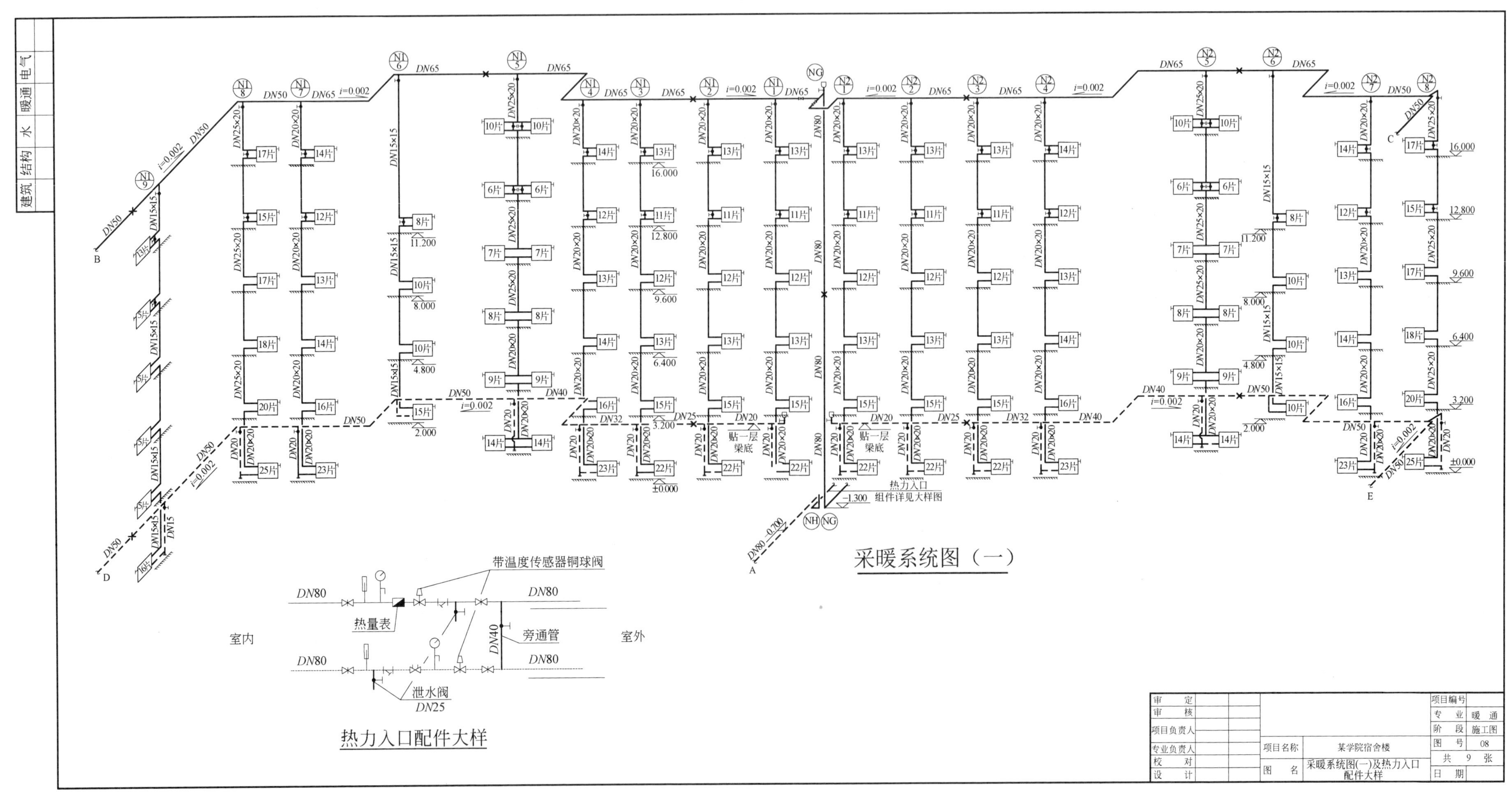

附图 24　采暖系统图(一)及热力入口配件大样

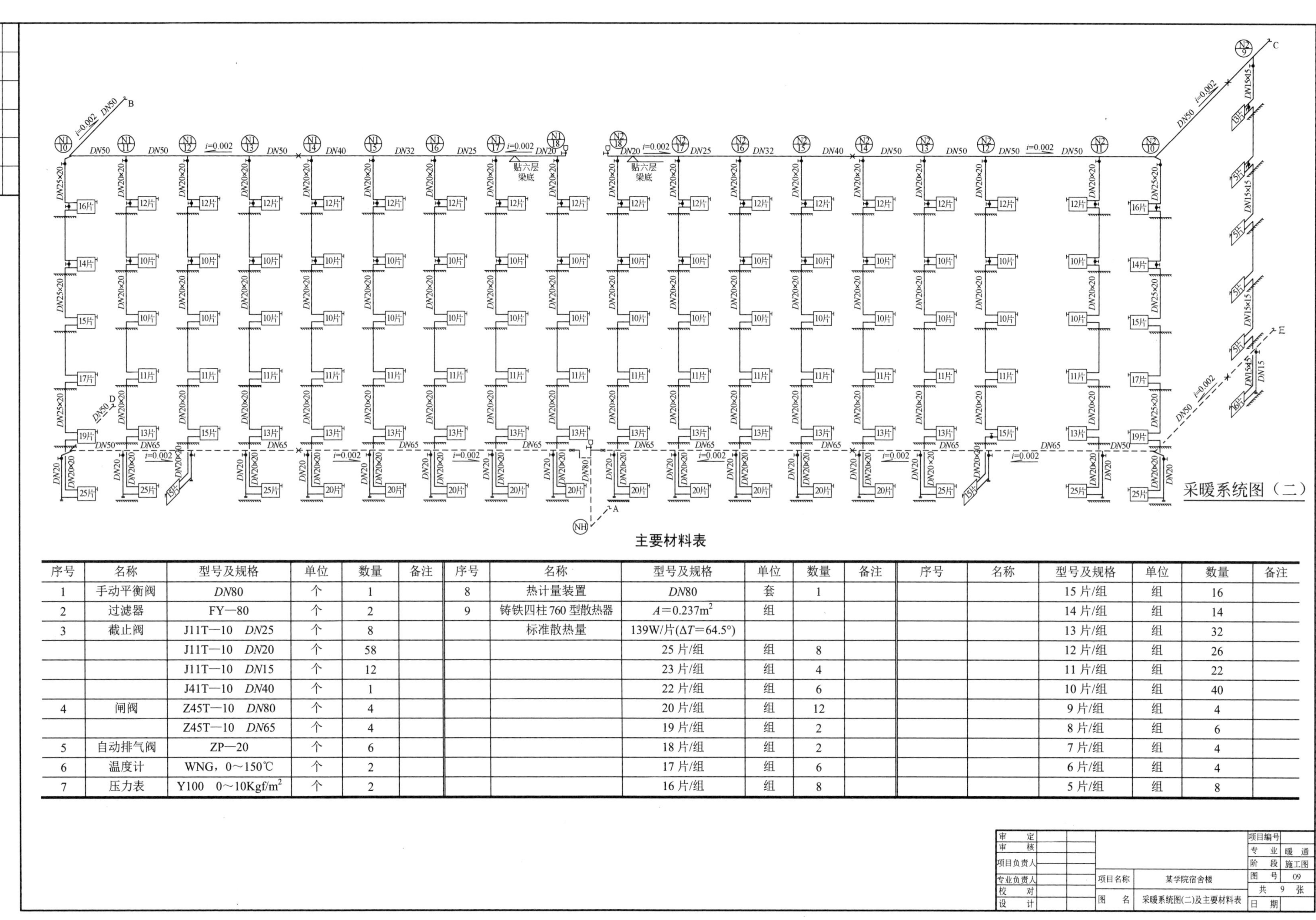

主要材料表

序号	名称	型号及规格	单位	数量	备注	序号	名称	型号及规格	单位	数量	备注	序号	名称	型号及规格	单位	数量	备注
1	手动平衡阀	*DN*80	个	1		8	热计量装置	*DN*80	套	1				15 片/组	组	16	
2	过滤器	FY—80	个	2		9	铸铁四柱 760 型散热器	$A=0.237\text{m}^2$	组					14 片/组	组	14	
3	截止阀	J11T—10 *DN*25	个	8			标准散热量	139W/片($\Delta T=64.5°$)						13 片/组	组	32	
		J11T—10 *DN*20	个	58				25 片/组	组	8				12 片/组	组	26	
		J11T—10 *DN*15	个	12				23 片/组	组	4				11 片/组	组	22	
		J41T—10 *DN*40	个	1				22 片/组	组	6				10 片/组	组	40	
4	闸阀	Z45T—10 *DN*80	个	4				20 片/组	组	12				9 片/组	组	4	
		Z45T—10 *DN*65	个	4				19 片/组	组	2				8 片/组	组	6	
5	自动排气阀	ZP—20	个	6				18 片/组	组	2				7 片/组	组	4	
6	温度计	WNG，0～150℃	个	2				17 片/组	组	6				6 片/组	组	4	
7	压力表	Y100 0～10Kgf/m²	个	2				16 片/组	组	8				5 片/组	组	8	

审定			项目编号	
审核			专业	暖通
项目负责人			阶段	施工图
专业负责人	项目名称	某学院宿舍楼	图号	09
校对			共 9 张	
设计	图名	采暖系统图(二)及主要材料表	日期	

附图 25 采暖系统图(二)及主要材料表

采暖设计施工说明

1. 设计依据。

(1) 甲方及建筑专业提供的相关条件。

(2)《工业建筑供暖通风与空气调节设计规范》(GB 50019—2015)。

(3)《暖通空调制图标准》(GB/T 50114—2010)。

2. 设计室外气象资料。

大气压力	冬季室外计算温度	室外计算相对湿度	冬季室外平均风速	日平均温度<5℃的天数
1012.8hPa	−5℃	60%	4.3m/s	102 天

3. 供暖房间的室内计算干球温度。

序号	房间名称或房间类别	计算干球温度/℃
1	教室	18
2	卫生间	15

4. 建筑物采暖设一个系统。系统负荷为 90kW，系统入口压差为 25kPa。

5. 供暖热煤采用由换热站提供的 60~85℃热水，系统定压由小区换热站考虑。在建筑物供暖入口处设温度计、压力表、除污器及水力平衡阀等配件。

6. 供暖方式采用单管上供中回式散热器采暖。供水干管敷设在六层顶板下，回水干管敷设在一层顶板下。

7. 散热器的外形尺寸及主要热工性能指标。

型号	高度/mm	宽度/mm	散热面积/(m^2/片)	散热量(ST=64.5℃)/W
GFC4	650	120	0.273	107.2

当散热器超过 20 片时，均为异侧安装。图中如未注明，均为 GFC4 型。

8. 供暖管道全部采用镀锌钢管，管道采用螺纹连接。敷设在地面下的供暖总干管采取保温措施，保温材料为岩棉管壳，δ=30mm，做法见 98R418。在明装管道保温材料外包一层金属铝箔。所有室外管道均要保温。

9. 供、回水干管转弯处采用煨弯；采暖管道穿越楼板、隔墙处应设套管；管道与附件在安装前应将铁锈及污物清除干净。

10. 在供暖管道系统中的最高点和最低点，分别设置自动排气阀和手动泄水装置。

11. 焊接钢管及安装附件均需刷红丹防锈漆、银粉漆各两道。

12. 管道施工安装及二次装修时，应采取严格管理措施，以避免将管道及其外保护层破坏。

13. 供暖管道及散热器采暖安装完毕后，需进行水压试验，试验压力为工作压力的 1.5 倍。本采暖系统工作压力为 0.7MPa。

14. 施工中应与各有关工种密切配合，做好管道留洞及管线排布工作，协调施工。

15. 管道及散热器施工安装请按当地标准图集执行。

16. 除上述说明外，未尽事宜应遵照《建筑给水排水及采暖工程施工质量验收规范》(GB 50242—2002)中的有关规定执行。

17. 本施工图按照《暖通空调制图标准》(GB/T 50114—2010)绘制。

18. 其他未尽事宜参见各图纸详细说明。

图纸目录

编号	图纸编号	图纸名称
1	NS07-01	采暖设计施工说明、图纸目录、图例、主要设备材料表
2	NS07-02	一层采暖平面图
3	NS07-03	二层采暖平面图
4	NS07-04	三层采暖平面图
5	NS07-05	四、五层采暖平面图
6	NS07-06	六层采暖平面图
7	NS07-07	采暖管道原理图

图　例

编号	图例	说明	编号	图例	说明
1		供水管	9		自动排气阀
2		回水管	10		丝堵
3		管道固定点	11		温度计
4		管道坡向	12		压力表
5		截止阀	13		手动调节阀
6		平衡阀	14		手动放气阀
7		过滤器	15		手动蝶阀
8	15　15	散热器			

主要设备材料表

序号	名称	型号及规格	单位	数量	备注
1	钢制管复合翅片管散热器	GFC4—1.2/6—1.0，每组 9 片	组	1	每组均带放气阀
		GFC4—1.2/6—1.0，每组 10 片	组	4	
		GFC4—1.2/6—1.0，每组 12 片	组	2	
		GFC4—1.2/6—1.0，每组 15 片	组	71	
		GFC4—1.2/6—1.0，每组 16 片	组	12	
		GFC4—1.2/6—1.0，每组 17 片	组	25	
		GFC4—1.2/6—1.0，每组 18 片	组	4	
		GFC4—1.2/6—1.0，每组 20 片	组	9	
		GFC4—1.2/6—1.0，每组 23 片	组	1	
		GFC4—1.2/6—1.0，每组 25 片	组	4	
2	无泄漏截止阀	J11W—10 型，DN20	个	14	
		J11W—10 型，DN25	个	40	
3	手动蝶阀	D71F—16 型，DN50	个	4	
	手动蝶阀	D71F—16 型，DN65	个	4	
4	数字锁定平衡阀	SP45F—16 型，DN65	个	1	
5	自动排气阀	5020 型，DN20	个	4	
6	弹簧管压力表	Y—100，P=0~1.0MPa	个	4	
7	工业内标式玻璃温度计	WNG—12 型，0~150℃ 最小分度值 1℃	支	2	上体长 220mm，下体长 60mm
8	Y 形过滤器	Y—70 型，ND65	个	2	

×××××设计院				资质等级	乙　级	证书编号	
				工程名称	×××××××2#教学楼		
				项　目	A区	合同编号	2004-12
项目负责人		专业负责人		采暖设计施工说明 图纸目录　图例 主要设备材料表		设计编号	2004-12
审　定		校　对				图　别	暖　施
审　核		设　计				图　号	NS07-01
		制　图				日　期	2005.01

附图 26　采暖设计施工说明、图纸目录、图例、主要设备材料表

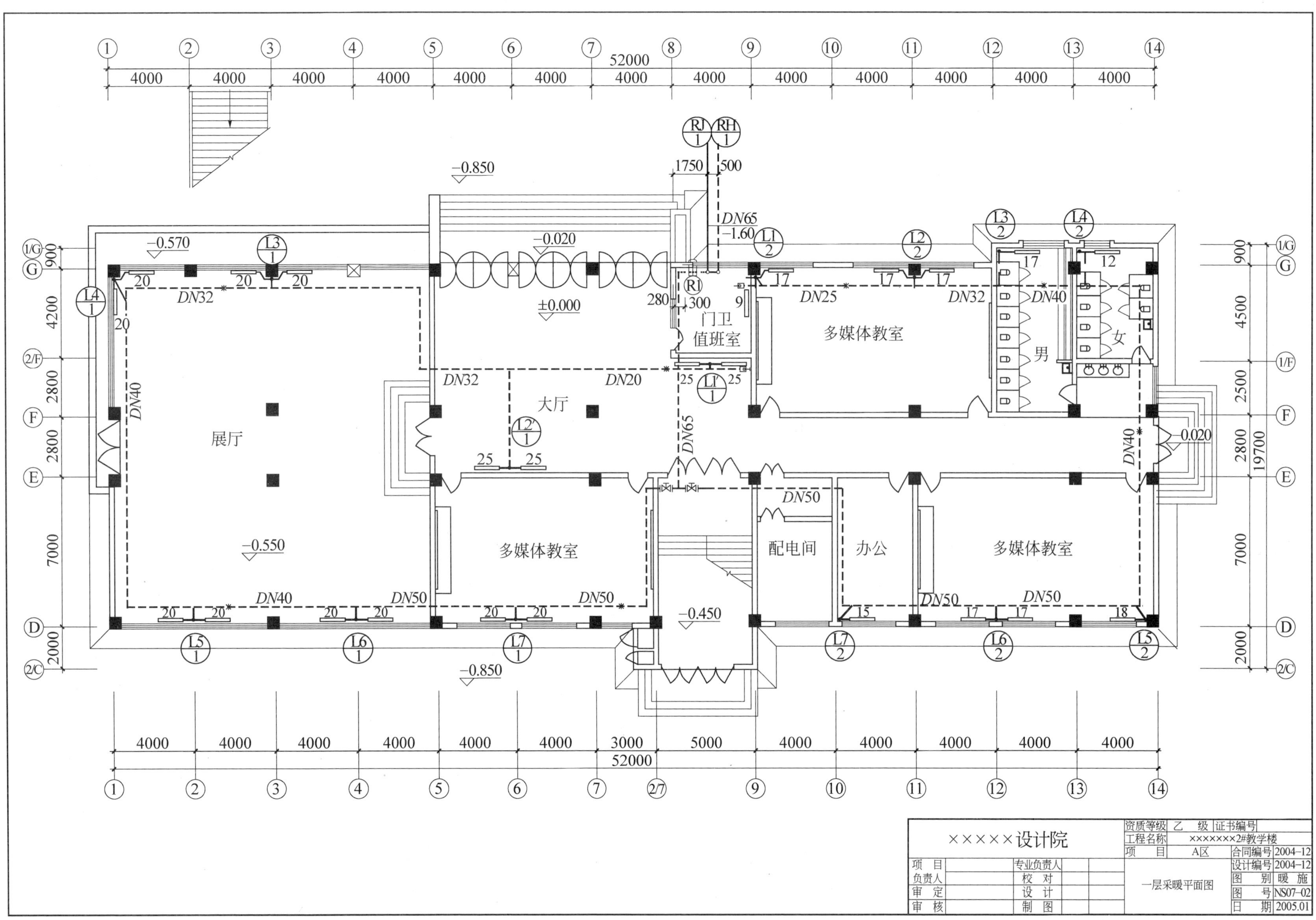

附图 27 一层采暖平面图

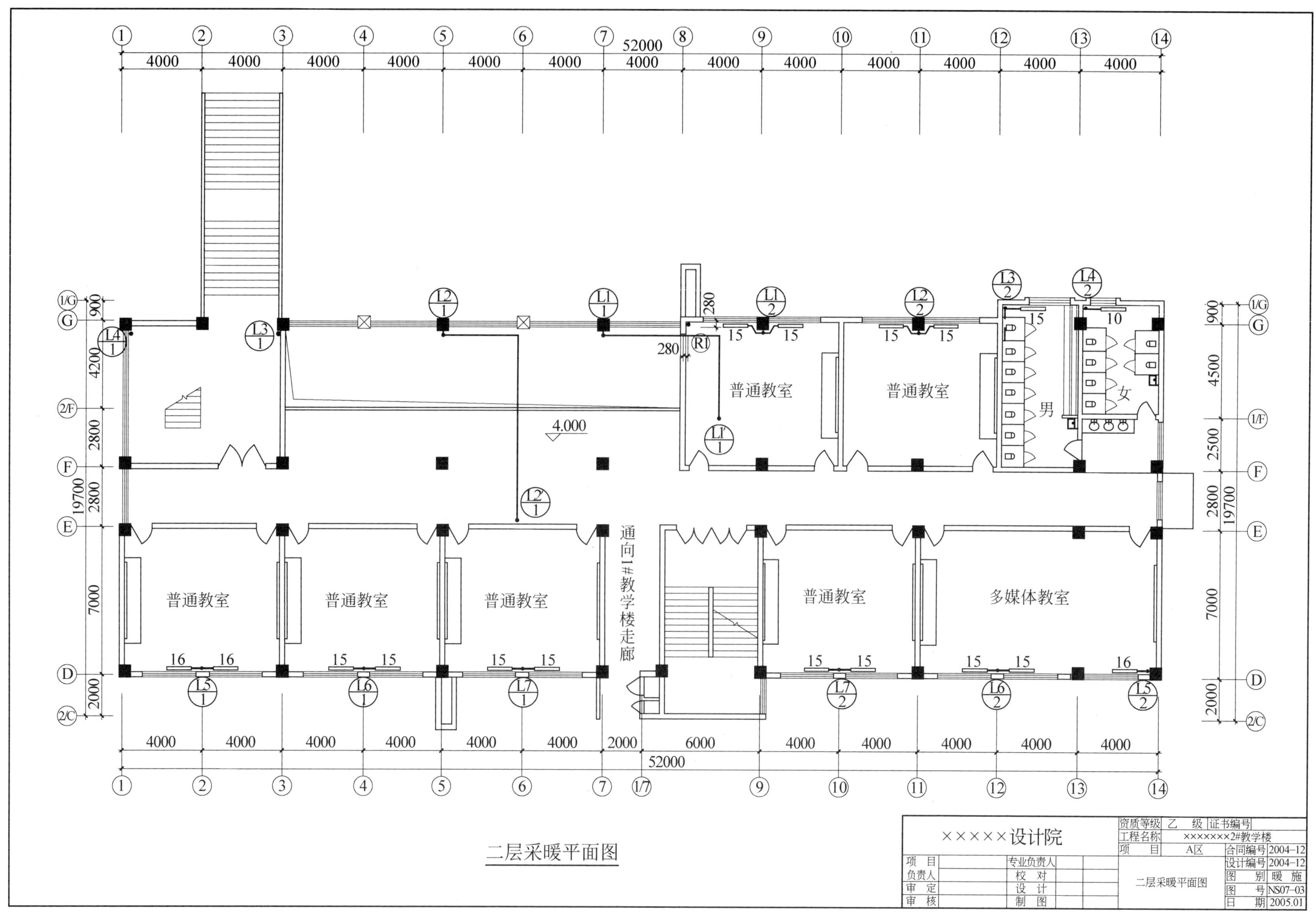

附图 28 二层采暖平面图

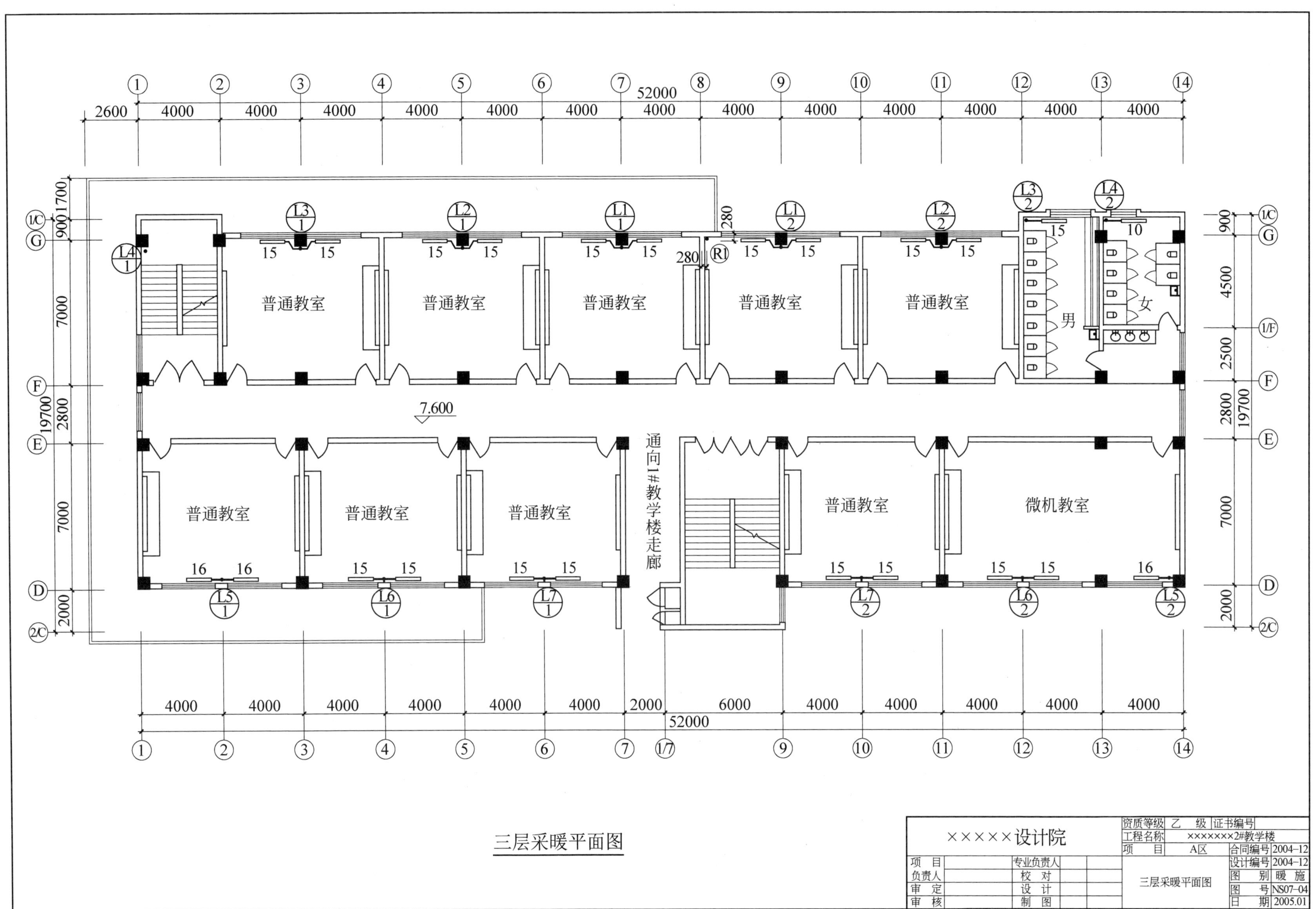

附图 29 三层采暖平面图

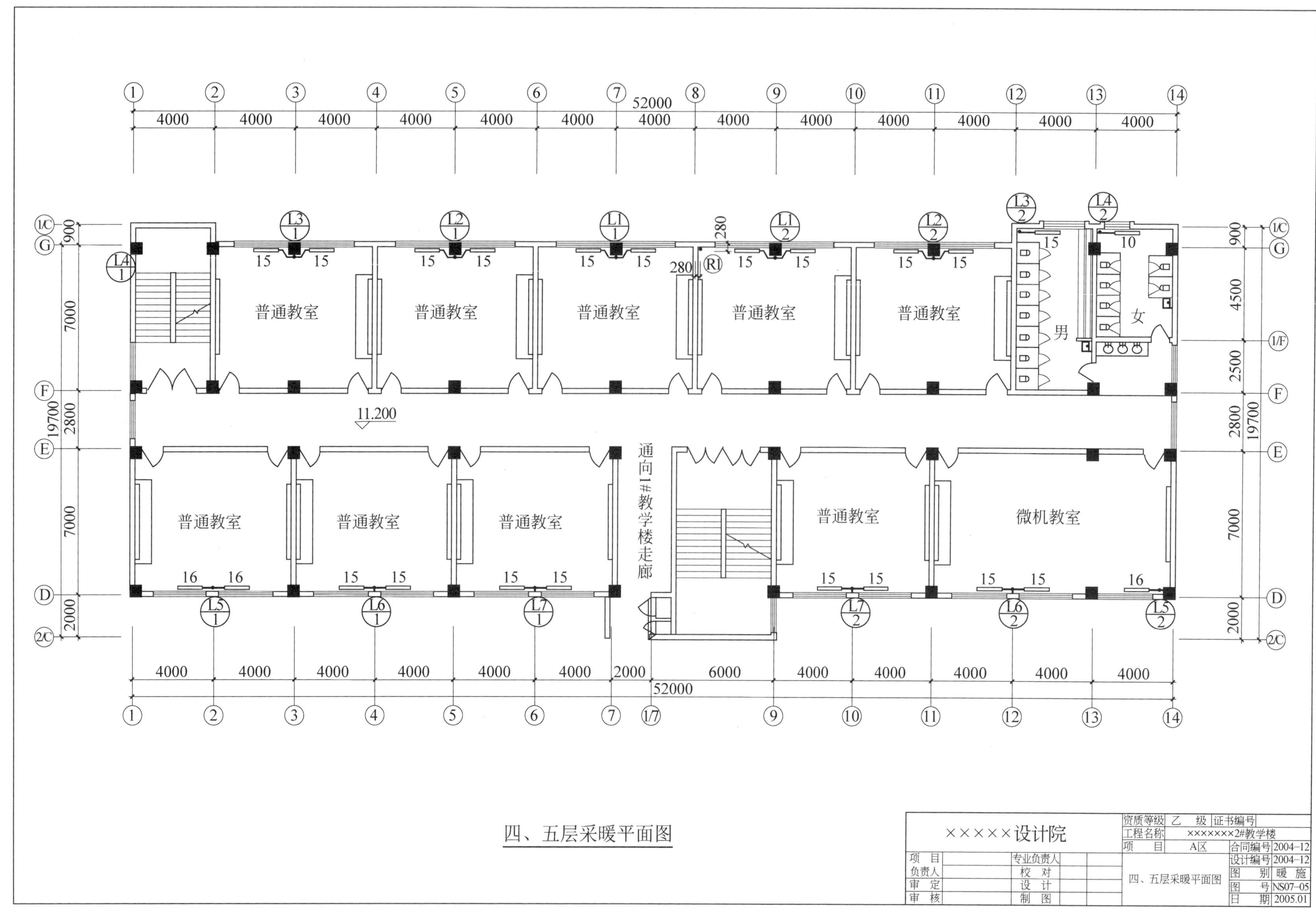

附图30 四、五层采暖平面图

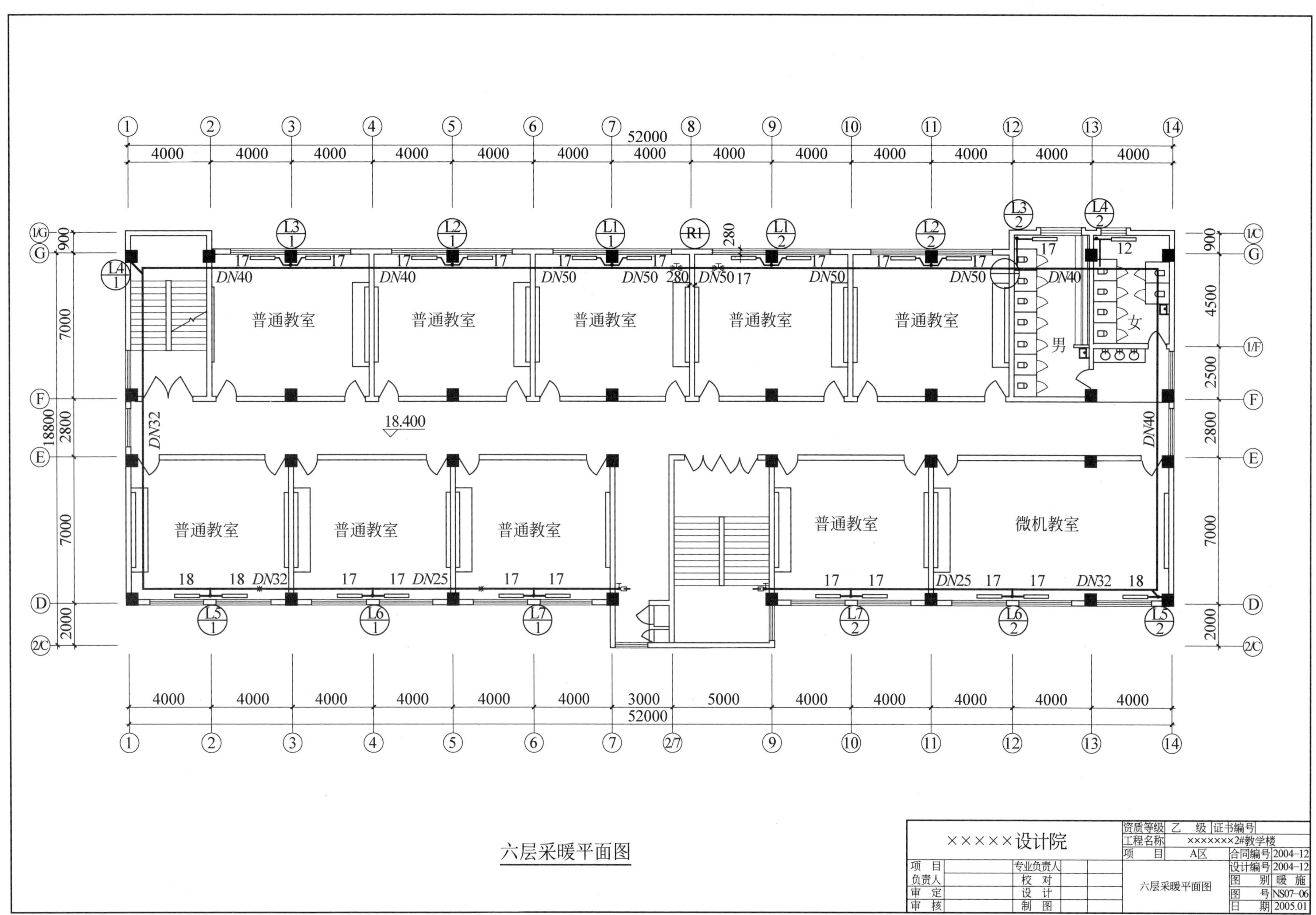

附图 31 六层采暖平面图

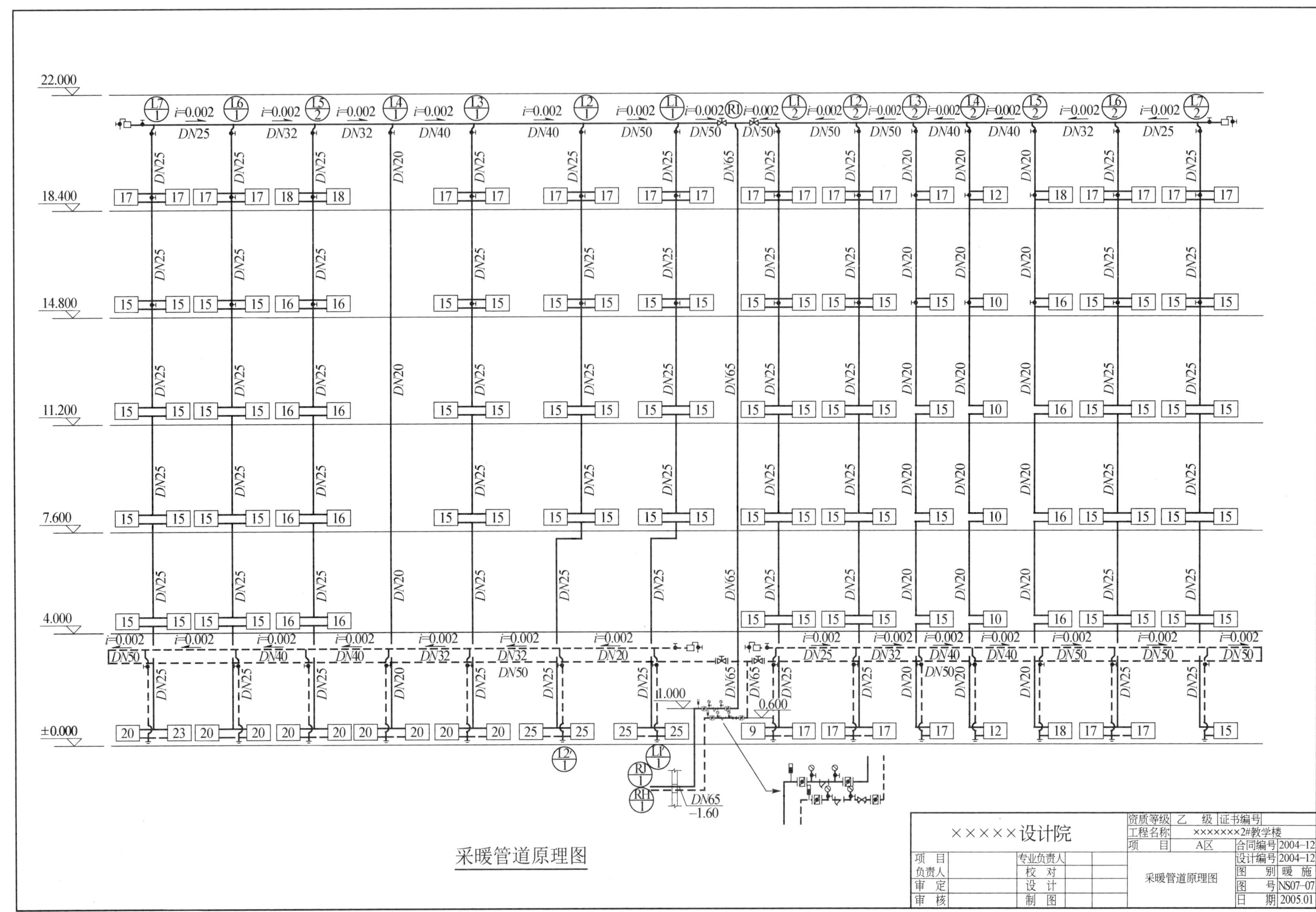

附图 32 采暖管道原理图

电气设计说明

一、工程概况

本工程为“物业管理楼”项目。建筑结构形式为框架结构，地下一层，地上二层，建筑高度为8.1m，总建筑面积为924.24m²。

二、设计依据

1. 本院建筑平面作业图，相关专业提供的工程设计资料。

2. 建设方提供的方案及相关资料。

3. 主要设计规范，规程：

《民用建筑电气设计规范》(JGJ 16—2008)

《建筑设计防火规范》(GB 50016—2014)

《建筑物防雷设计规范》(GB 50057—2010)

《低压配电设计规范》(GB 50054—2011)

《供配电系统设计规范》(GB 50052—2009)

《建筑机电工程抗震设计规范》(GB 50981—2014)

三、设计范围

照明及动力配电系统，弱电系统，防雷接地系统。

四、电源及负荷

电源引自小区变配电所，采用电缆直埋方式引入，电压为380V/220V。本工程接地型式采用TN—C—S系统，电源PEN在进户处做重复接地，并与防雷接地共用接地极。负荷：本工程为三级负荷，53kW。

五、设备安装

室外电缆采用YJV22型电力电缆，在地下一层设有总进线照明配电箱，其他部分分区有分配电箱，楼梯间公共灯及声光控开关采用吸顶安装。应急照明为自带蓄电池灯具，连续供电时间不少于30min。疏散指示灯平时为点亮状态。安装高度低于2.4m灯具及Ⅰ类灯具均应设置保护线。

六、弱电系统

1. 电话系统：电话分线箱设置在地下一层，由弱电机房引线直埋地引入，进线处穿SC50钢管保护，电话插座分别设置在管理室、办公室等房间内，安装高度底边距地0.3m。

2. 网络系统：网络配线箱设置在地下一层，由弱电机房引线直埋地引入，进线处穿SC50钢管保护，网络插座分别设置在办公室、管理室内。

电话、网络进线系统箱内进线处需设置浪涌保护器做防雷保护。

七、抗震设计说明

1. 抗震设防烈度为6度及6度以上地区的建筑物机电工程必须进行抗震设计。

2. 内径不小于60mm电气配管和重量不小于150N/m的电缆梯架、电缆槽盒、母线槽等均应进行抗震设防。配电箱（柜）、通信设备的安装设计应符合抗震设计规范规定。

3. 设在屋顶的共用天线设备应采取防止因地震导致设备或其零部件损坏坠落伤人的安全防范措施。

4. 引入建筑内的电气管路敷设应符合抗震设计规范规定。

八、室内线路敷设

本工程配线用电线电缆电压等级选用为强电电缆YJV—1kV，导线BV—750V。各回路导线穿PVC管在墙内，板内暗敷，BV—2.5mm。导线根数与管径关系：2-4根穿PVC16管；5-7根穿PVC20管；室内电话线路为RVS—2×0.5—PC16；有线电视线路为SYWV—75—5—PC20。敷设管路时，照明线路管埋深不小于15mm。强弱电线路穿管管径详见《04D×101—1建筑电气常用数据》中P6-24～58图。直线段管路超过30m时，管径应放大一级。

消防配电线路明敷时应穿防火保护的金属管或封闭金属桥架，消防配电线路在电井内采用矿物绝缘类不燃性电缆明敷设。暗敷时，均穿焊接钢管在墙内暗设，埋设深度不小于30mm。

与卫生间无关的线缆导管不得进入和穿过卫生间，线缆导管不应敷设在0、1区内，并不宜敷设在2区内。

九、防雷及接地系统

本工程年预计雷击次数为0.022次/年，按三类防雷建筑物设计，采用工作接地、弱电接地、防雷接地共用建筑物基础钢筋为接地体，将基础主筋连成一体，接地电阻R不大于1Ω。本工程采用建筑基础钢筋焊接成接地网。引下线利用构造柱内对角2根ϕ16或4根ϕ12及以上的主钢筋，与接地网焊接。对于进出建筑物内的电缆外皮，公用设施的金属管道，接地引线做总等电位联结；带洗浴的卫生间应做局部等电位联结。具体作法详见《等电位联结安装》15D502。所有高出屋面的金属构件需用ϕ16镀锌圆钢和避雷带焊接，连接点不小于两处。金属材料必须焊接圆钢两边对焊≥6D，单边焊接≥12D，扁钢≥2B并不少于三边。焊接处应刷防腐漆保护。

室内敷设线路用桥架应在全长不少于两处接地，且桥架段间应可靠连接。

十、节能措施

室内所有灯具均采用节能型灯具，日光灯电子式镇流器功率因数不小于0.9。楼梯间灯采用声光延时控制。办公室、管理室等房间照度值为300LX，室内照明功率密度值不大于9W/m²。

十一、其他

建筑物室内二次装修时，其装修所需容量不应超出配电箱所预留的容量，装修时，导线敷设及连接、配电器件的选择应满足有关国家规范。

以上未尽事宜，均按《建筑电气工程施工质量验收规范》(GB 50303—2015)执行。

图纸目录

图别	图号	图纸名称	图别	图号	图纸名称
电施	1	电气设计说明 主要设备及材料表 图纸目录	电施	8	一层照明平面图
电施	2	强、弱电干线系统图	电施	9	二层照明平面图
电施	3	配电箱系统图	电施	10	地下一层弱电平面图
电施	4	地下一层配电平面图	电施	11	一层弱电平面图
电施	5	一层配电平面图	电施	12	二层弱电平面图
电施	6	二层配电平面图			
电施	7	地下一层照明平面图			

主要设备材料表

序号	图例	名称	规格	单位	备注
1		照明配电箱	见系统图	台	底边距地1.5m
2		应急照明配电箱	见系统图	台	底边距地1.5m
3	MEB	总等位端子箱	甲方自定	台	底边距地0.3m
4		声光控制延时灯	5W（LED）	盏	吸顶安装
5		格栅灯	2×15W（LED）	盏	吸顶安装
6		自带电源事故照明灯	自带蓄电池30min	盏	底边距地2.5m
7		疏散指示灯	自带蓄电池30min	盏	底边距地0.5m
8		安全出口标志灯	自带蓄电池30min	盏	门上0.3m
9		防水防尘灯	11W（LED）	盏	吸顶安装
10		单、双管荧光灯	三T5 1×35W 2×35W	盏	吊链距地3.0m
11		求助报警按钮	甲方自定	个	底边距地1.0m
12		报警讯响器	甲方自定	个	门上0.3m
13		排气扇	220V，40W	个	吸顶安装
14		双联开关(宽板防漏电)	86K21—10	个	底边距地1.3m
15		单联开关(宽板防漏电)	86K11—10	个	底边距地1.3m
16		三联开关(宽板防漏电)	86K31—10	个	底边距地1.3m
17	TK	空调插座	86Z13—16安全型	个	底边距地1.8m
18		带保护接点暗装插座	86Z223—10安全型	个	底边距地0.3m
19		带保护接点暗装防水插座	86Z223—10安全型	个	底边距地1.5m
20	Wh	三相电度表	DTS862—3×30(100)	个	箱内安装
21		带漏电保护断路器	见系统图	个	箱内安装
22		带隔离功能断路器	见系统图	个	箱内安装
23		断路器	见系统图	个	箱内安装
24		浪涌保护器	见系统图	个	箱内安装
25	TP	电话插座	YV80432	个	底边距地0.3m
26	TO	网络插座	YV80431	个	底边距地0.3m
27		电话交接箱	STO-x	个	底边距地1.5m
28		网络、语音配线架	见系统	个	底边距地1.5m
29	HUB	集线器	设备厂商提供型号	个	底边距地1.5m
30	LIU	光纤连接盘	设备厂商提供型号	个	底边距地1.5m
31		光缆	见系统图		

利用国标图集:

1	15D502	等电位联结安装	4	15D501	建筑物防雷设施安装
2	04D702—1	常用低压配电设备安装	5	14D504	接地装置安装
3	15D503	利用建筑物金属体做防雷及接地装置安装	6	04D×101—1	建筑电气常用数据

资质等级		证书编号		
工程名称	物业管理楼			
项目			合同编号	
专业负责人			设计编号	
审核	校对	电气设计说明 主要设备材料表 图纸目录	图别	电施
项目负责人	设计		图号	01
	制图		日期	

附图33　电气设计说明　主要设备材料表　图纸目录

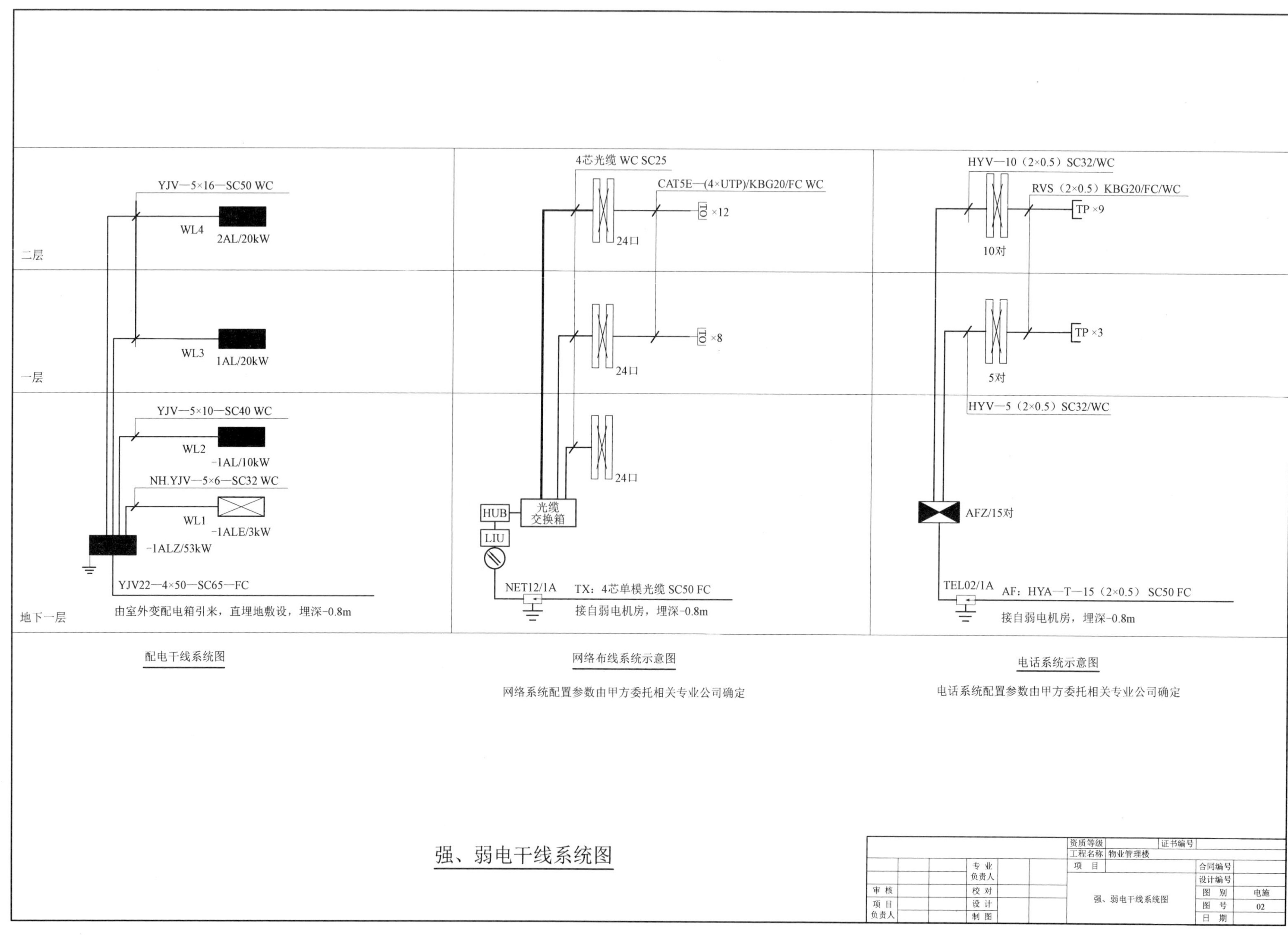

附图34 强、弱电干线系统图

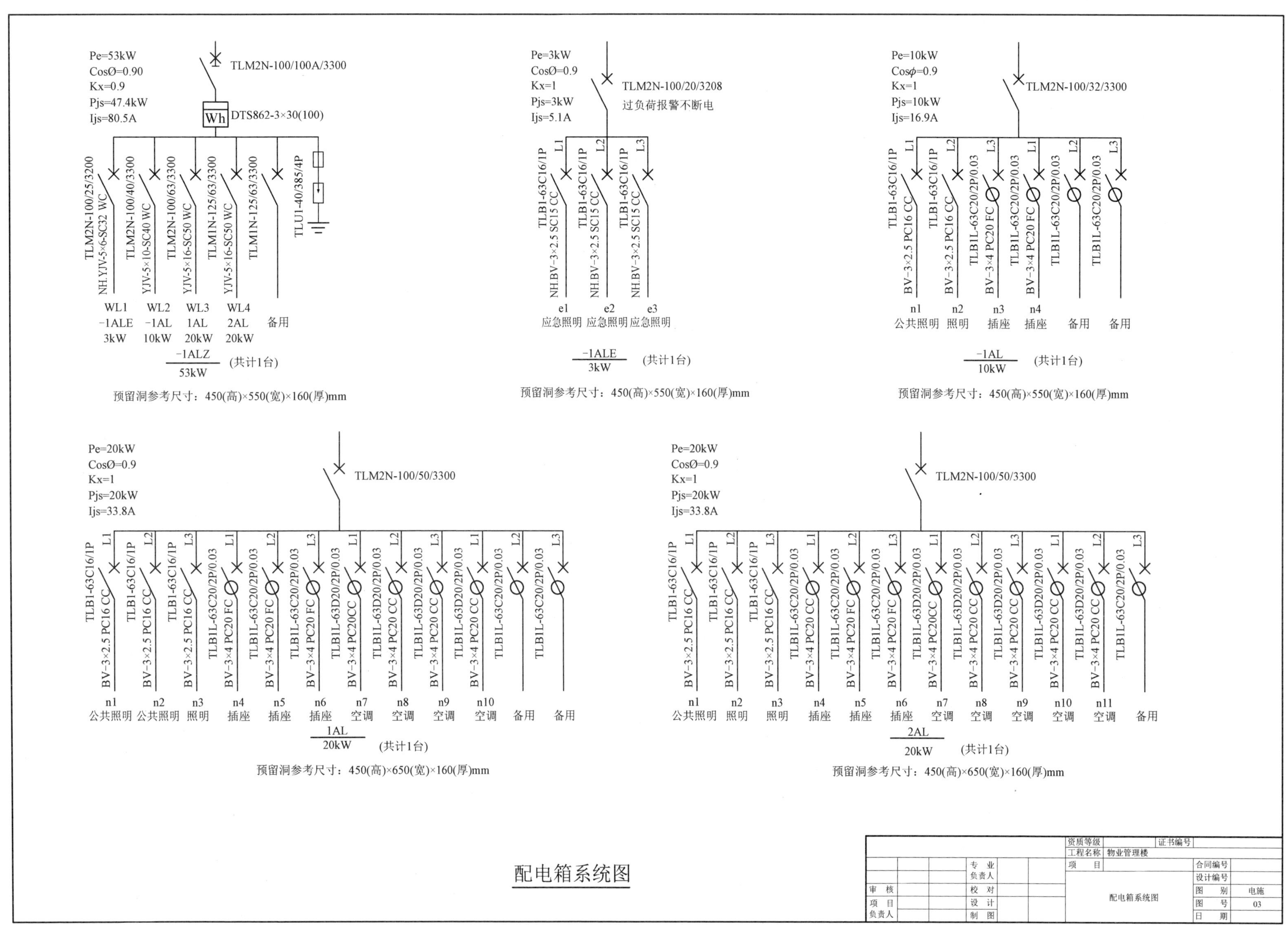

Pe=53kW
CosØ=0.90
Kx=0.9
Pjs=47.4kW
Ijs=80.5A
TLM2N-100/100A/3300
Wh
DTS862-3×30(100)
TLM2N-100/25/3200 NH.YJV-5×6-SC32 WC
TLM2N-100/40/3300 YJV-5×10-SC40 WC
TLM2N-100/63/3300 YJV-5×16-SC50 WC
TLM1N-125/63/3300 YJV-5×16-SC50 WC
TLM1N-125/63/3300
TLU1-40/385/4P
WL1 -1ALE 3kW
WL2 -1AL 10kW
WL3 1AL 20kW
WL4 2AL 20kW
备用
-1ALZ
53kW
(共计1台)
预留洞参考尺寸：450(高)×550(宽)×160(厚)mm
Pe=3kW
CosØ=0.9
Kx=1
Pjs=3kW
Ijs=5.1A
TLM2N-100/20/3208
过负荷报警不断电
L1 L2 L3
TLB1-63C16/1P NH.BV-3×2.5 SC15 CC
e1 e2 e3
应急照明 应急照明 应急照明
-1ALE
3kW
(共计1台)
预留洞参考尺寸：450(高)×550(宽)×160(厚)mm
Pe=10kW
Cosφ=0.9
Kx=1
Pjs=10kW
Ijs=16.9A
TLM2N-100/32/3300
TLB1-63C16/1P BV-3×2.5 PC16 CC
TLB1L-63C20/2P/0.03 BV-3×4 PC20 FC
TLB1L-63C20/2P/0.03
n1 公共照明
n2 照明
n3 插座
n4 插座
备用
备用
-1AL
10kW
(共计1台)
预留洞参考尺寸：450(高)×550(宽)×160(厚)mm
Pe=20kW
CosØ=0.9
Kx=1
Pjs=20kW
Ijs=33.8A
TLM2N-100/50/3300
TLB1-63C16/1P BV-3×2.5 PC16 CC
TLB1L-63C20/2P/0.03 BV-3×4 PC20 FC
TLB1L-63D20/2P/0.03 BV-3×4 PC20CC
TLB1L-63D20/2P/0.03 BV-3×4 PC20 CC
TLB1L-63C20/2P/0.03
n1 公共照明
n2 公共照明
n3 照明
n4 插座
n5 插座
n6 插座
n7 空调
n8 空调
n9 空调
n10 空调
备用
备用
1AL
20kW
(共计1台)
预留洞参考尺寸：450(高)×650(宽)×160(厚)mm
Pe=20kW
CosØ=0.9
Kx=1
Pjs=20kW
Ijs=33.8A
TLM2N-100/50/3300
TLB1-63C16/1P BV-3×2.5 PC16 CC
TLB1L-63C20/2P/0.03 BV-3×4 PC20 CC
TLB1L-63C20/2P/0.03 BV-3×4 PC20 FC
TLB1L-63D20/2P/0.03 BV-3×4 PC20CC
TLB1L-63D20/2P/0.03 BV-3×4 PC20 CC
TLB1L-63C20/2P/0.03
n1 公共照明
n2 照明
n3 照明
n4 插座
n5 插座
n6 插座
n7 空调
n8 空调
n9 空调
n10 空调
n11 空调
备用
2AL
20kW
(共计1台)
预留洞参考尺寸：450(高)×650(宽)×160(厚)mm
配电箱系统图
资质等级
证书编号
工程名称 物业管理楼
项 目
合同编号
设计编号
专 业 负责人
审 核
校 对
项 目 负责人
设 计
制 图
配电箱系统图
图 别 电施
图 号 03
日 期

附图 35 配电箱系统图

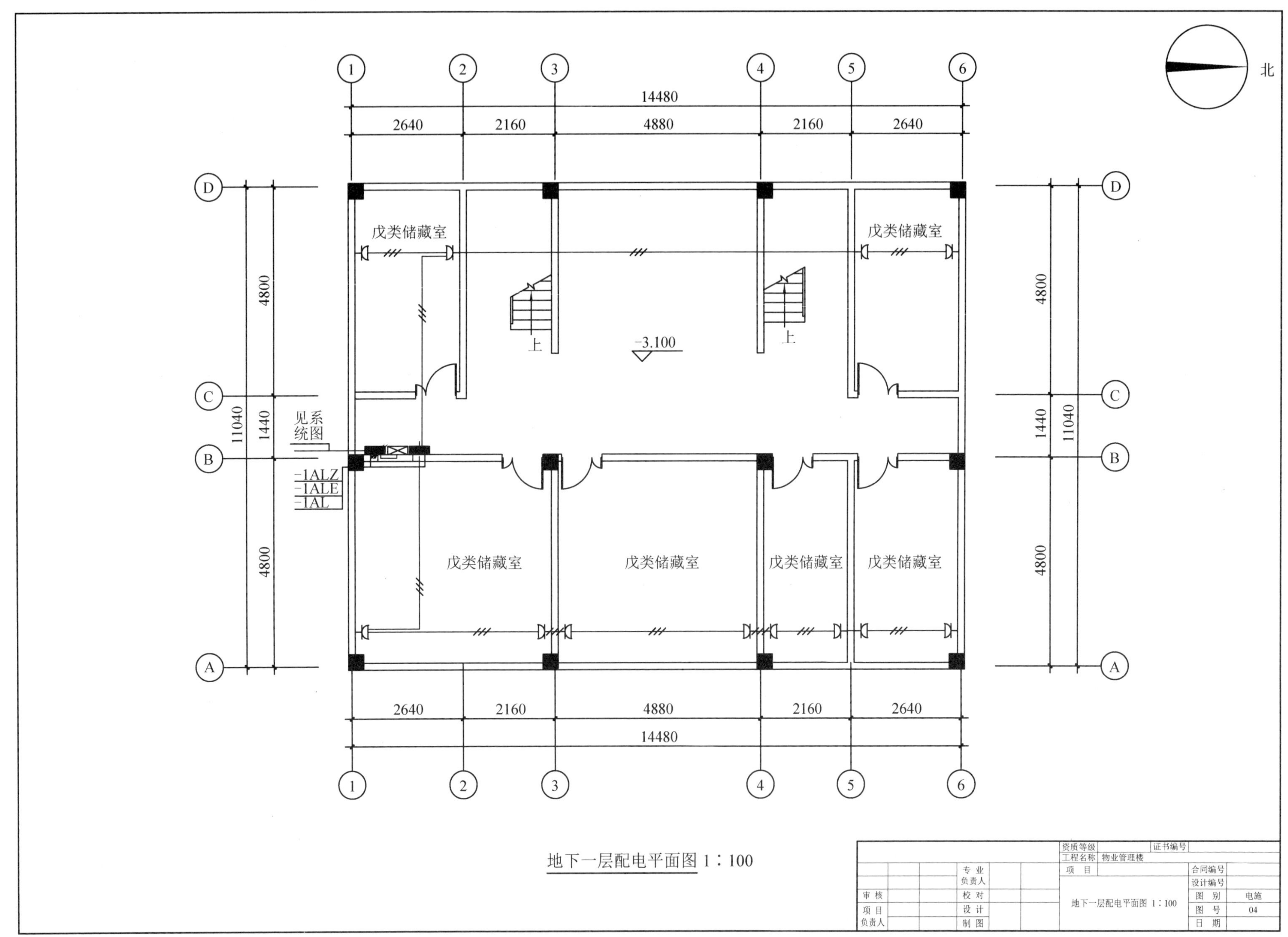

附图 36　地下一层配电平面图

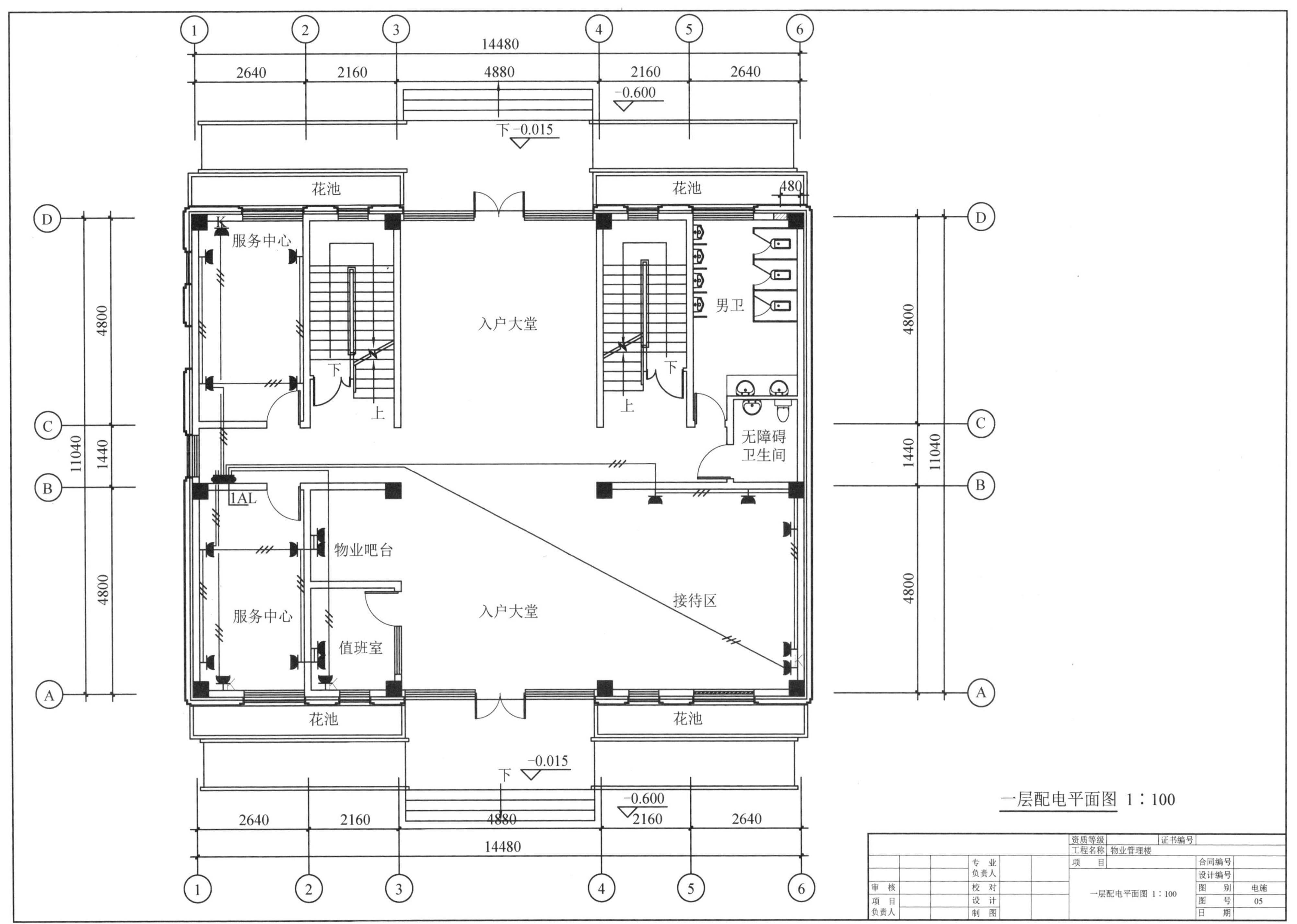

附图 37　一层配电平面图

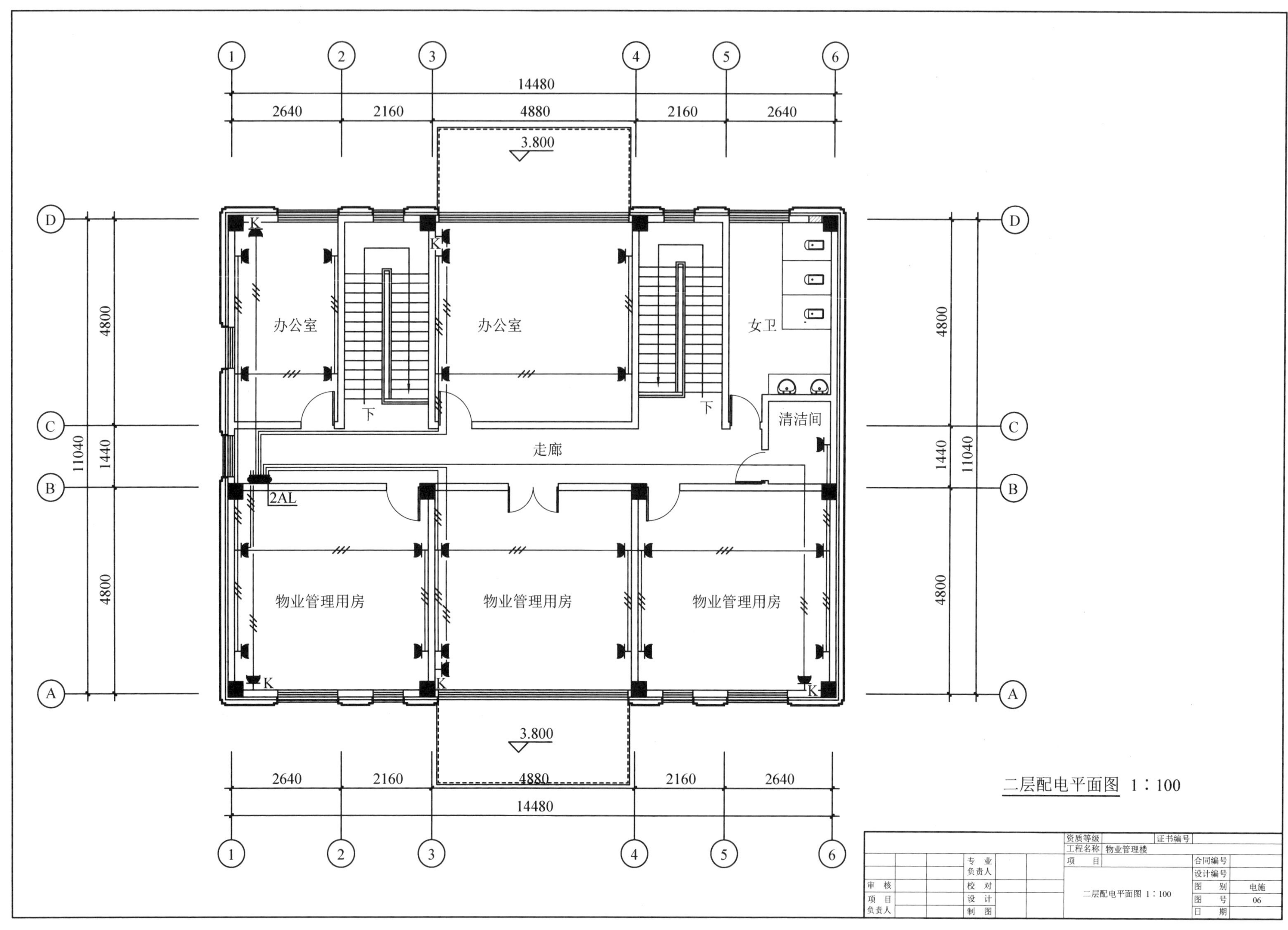

附图 38　二层配电平面图

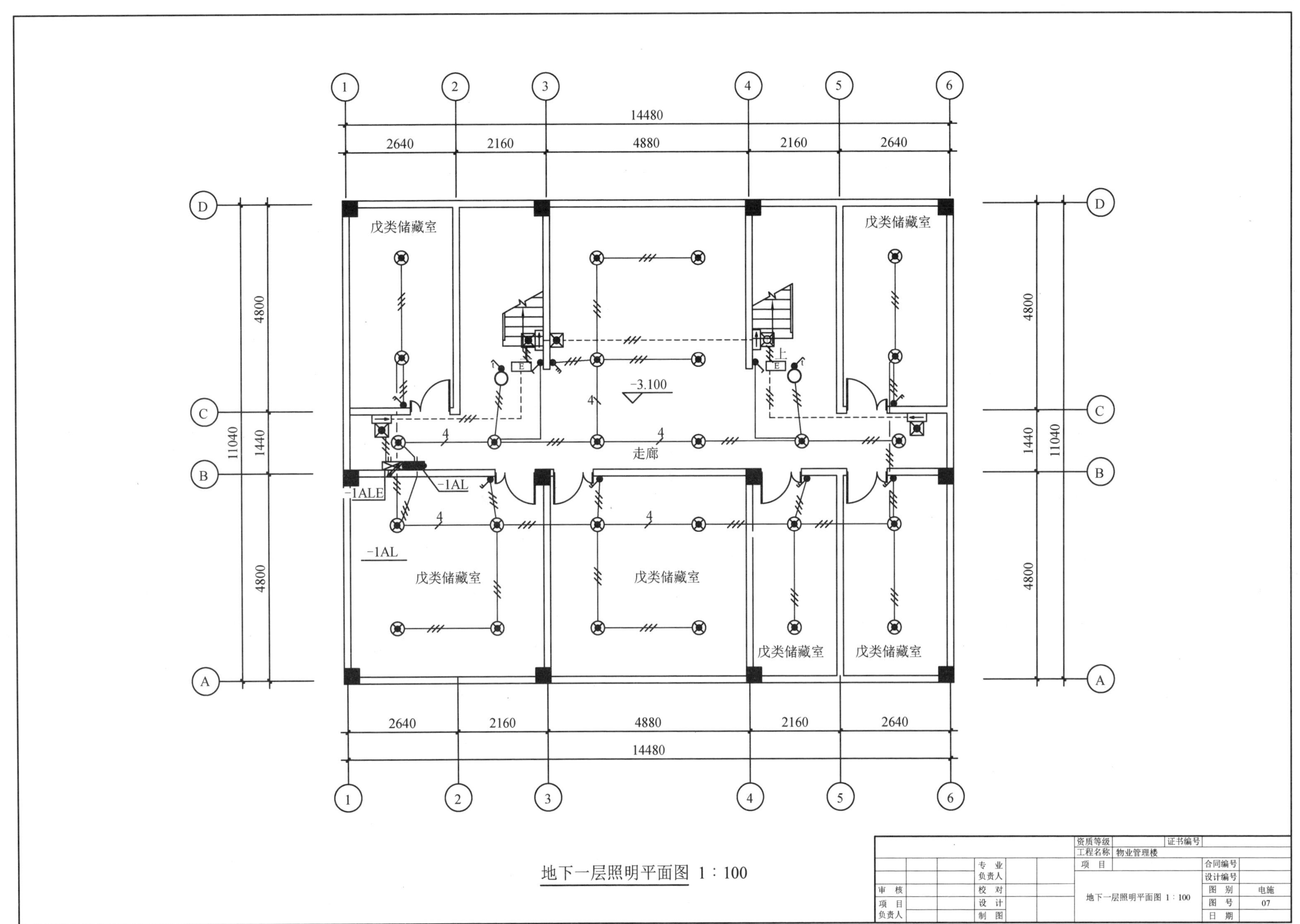

附图 39 地下一层照明平面图

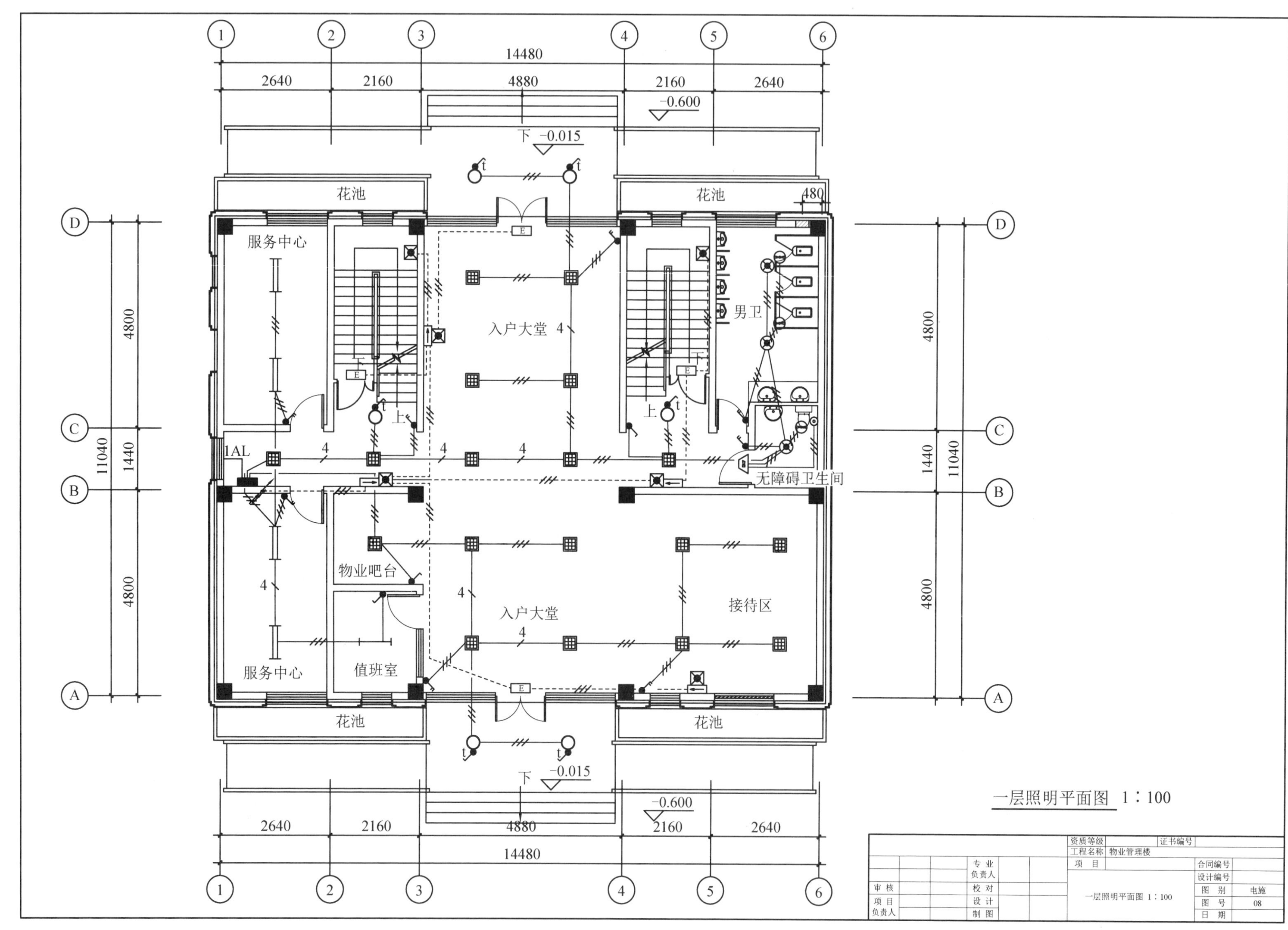

附图 40　一层照明平面图

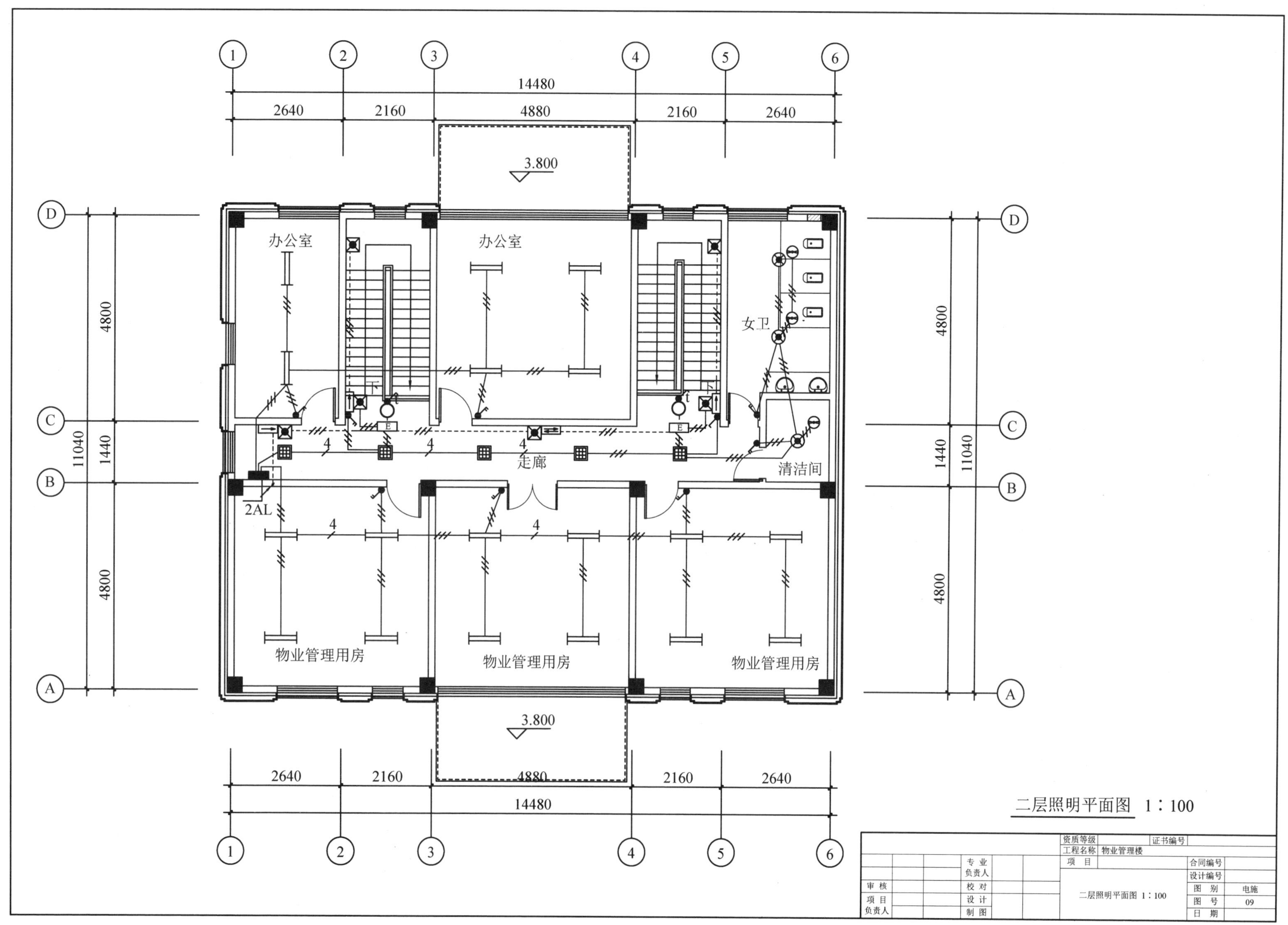

附图 41 二层照明平面图

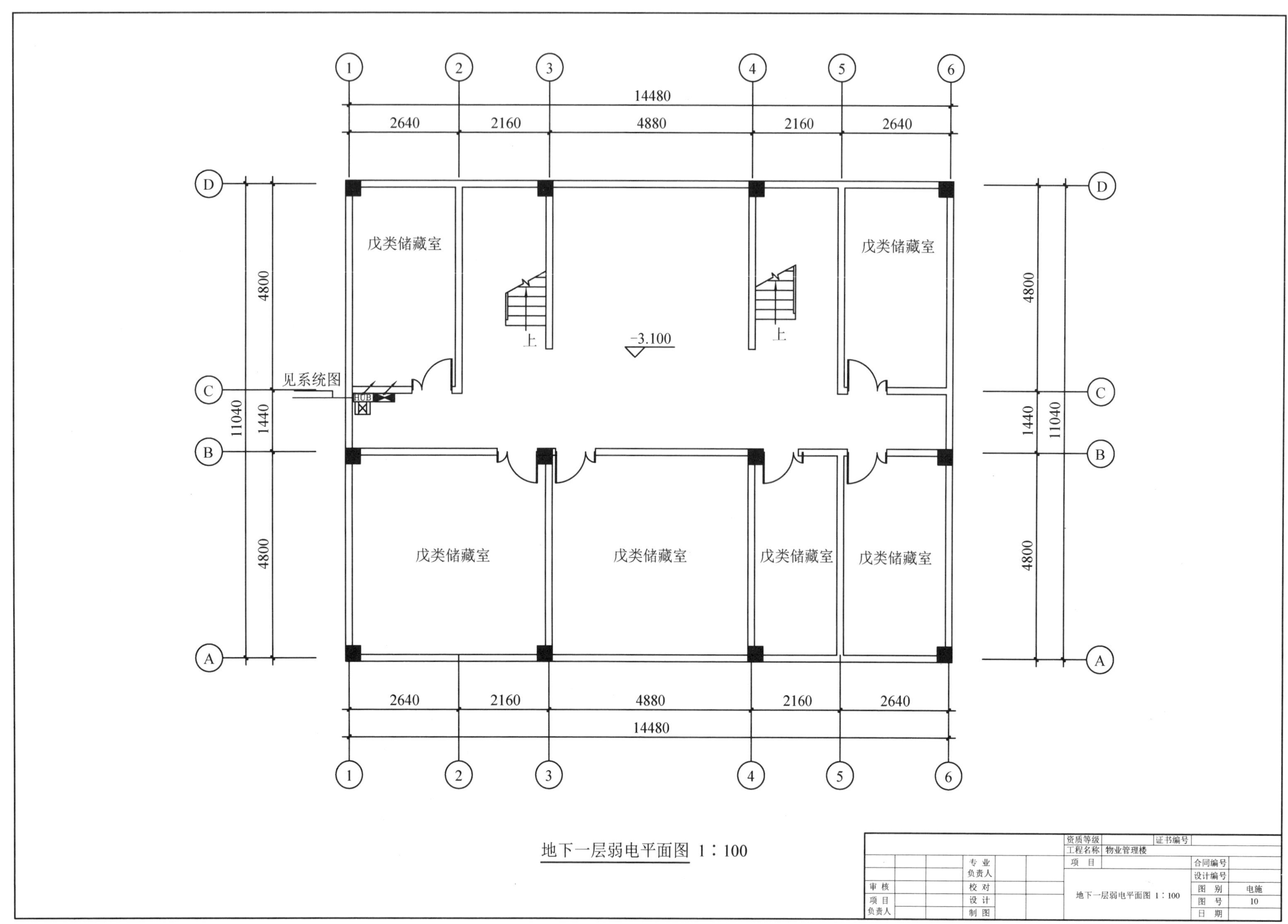

附图 42 地下一层弱电平面图

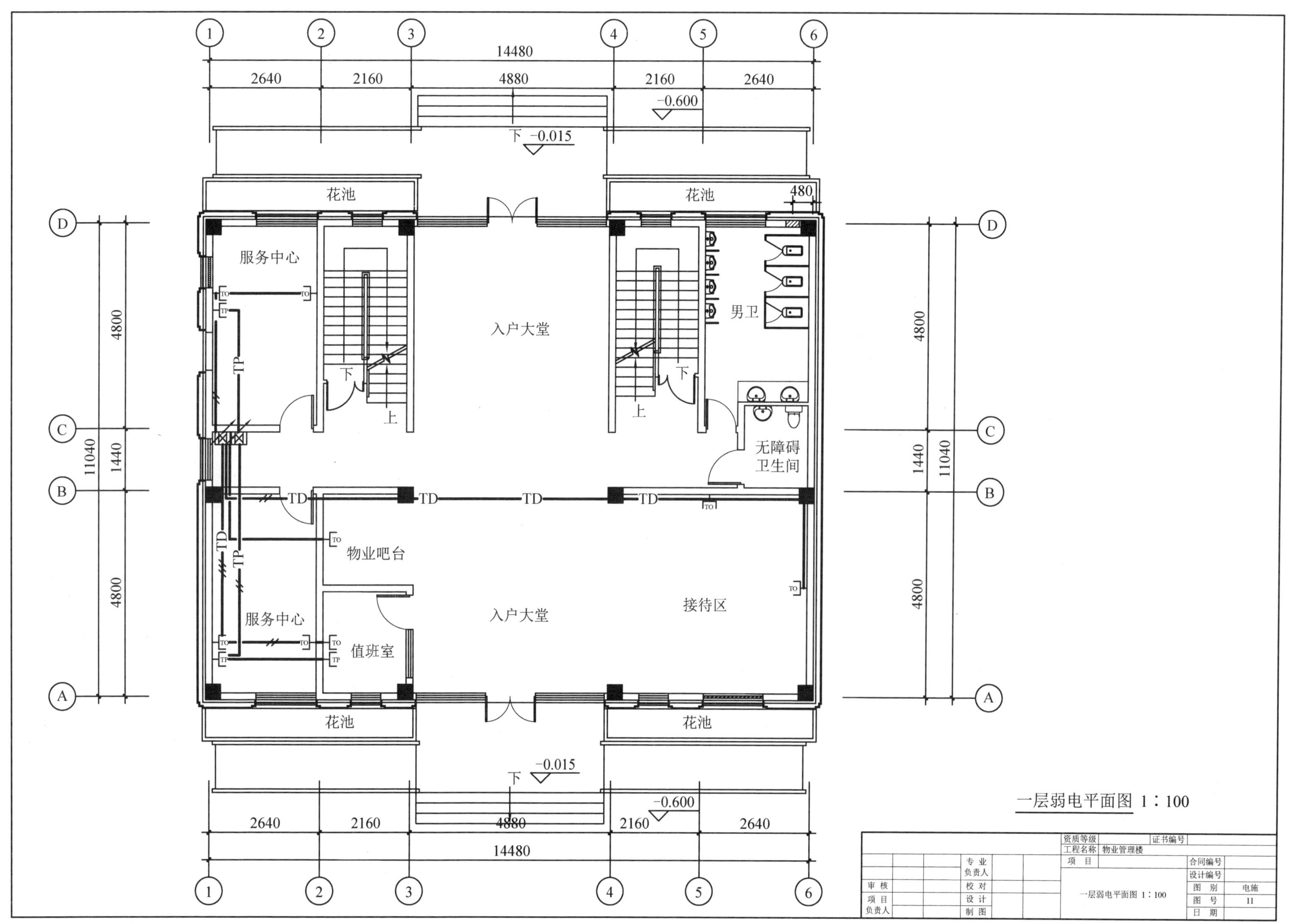

附图 43　一层弱电平面图

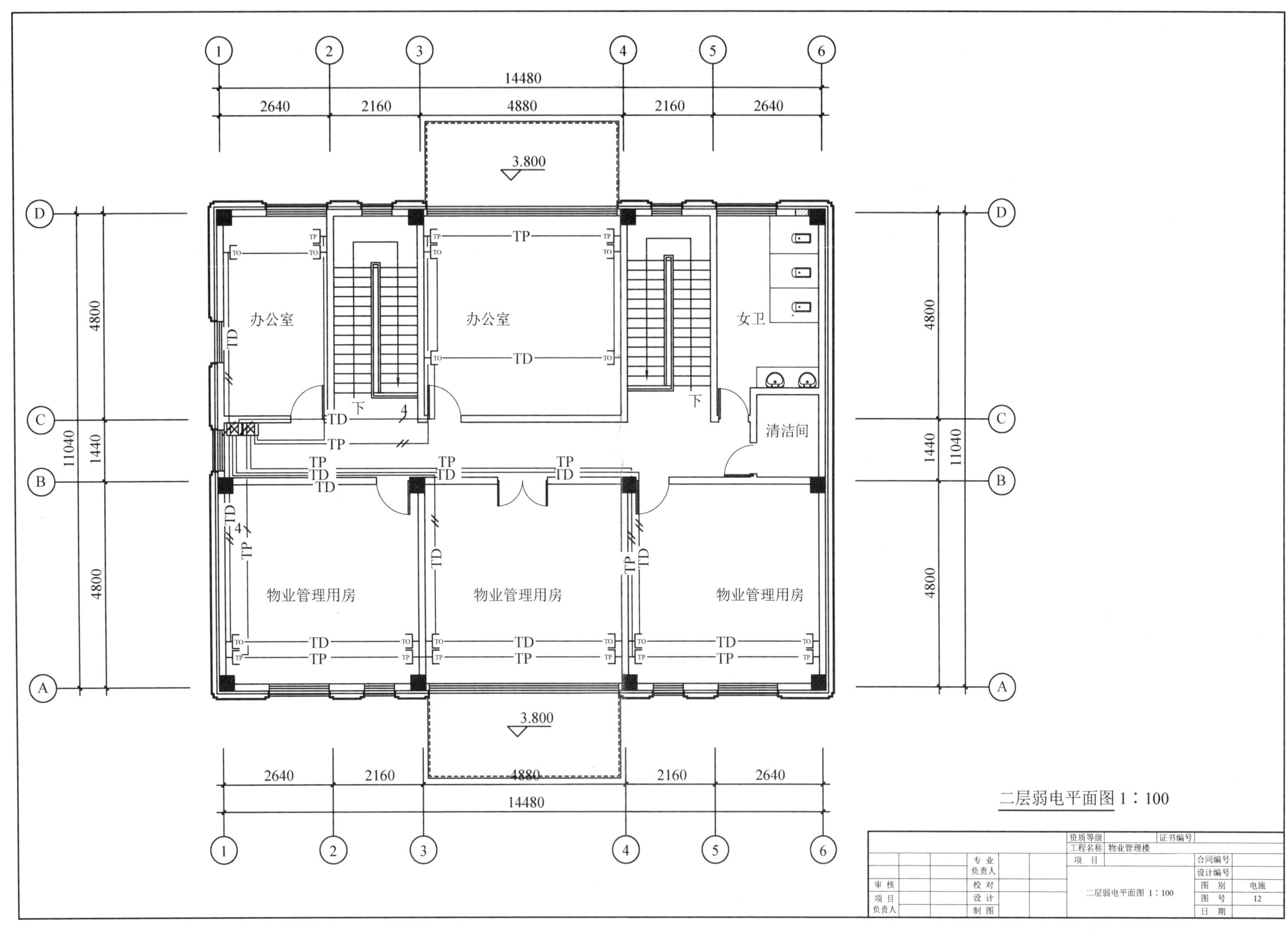

附图 44　二层弱电平面图